台区经理技能提升丛书

农网配电营业工
（台区经理）
技能等级认证参考题库

国网山东省电力公司人力资源部　编

中国电力出版社
CHINA ELECTRIC POWER PRESS

图书在版编目（CIP）数据

农网配电营业工（台区经理）技能等级认证参考题库/国网山东省电力公司人力资源部编. —北京：中国电力出版社，2018.8

ISBN 978-7-5198-2292-7

Ⅰ. ①农… Ⅱ. ①国… Ⅲ. ①农村配电–职业技能–鉴定–习题集 Ⅳ. ①TM727.1–44

中国版本图书馆 CIP 数据核字（2018）第 174877 号

出版发行：中国电力出版社
地　　址：北京市东城区北京站西街 19 号（邮政编码 100005）
网　　址：http://www.cepp.sgcc.com.cn
责任编辑：石　雪（010-63412557）李　跃　王　欢　刘红强
责任校对：朱丽芳
装帧设计：郝晓燕
责任印制：蔺义舟

印　　刷：三河市百盛印装有限公司
版　　次：2018 年 8 月第一版
印　　次：2018 年 8 月北京第一次印刷
开　　本：889 毫米×1194 毫米　16 开本
印　　张：27.75
字　　数：706 千字
定　　价：75.00 元

编 审 组

成员：刘仕栋　韩　磊　庄步波　谭　焱　刘东明　张京龙　彭　刚
　　　李军伟　杨大田　刘　军　岳　巍　董贤光　田茂林　袁德军
　　　葛旺泉　郑　浩　丁兆文　李然江　随力瑞　王思防　杨海生
　　　杨可滨　赵衍涛　孙建政　丛　锴　石霄鹏　孙文川　胡兴旺
　　　孙卫东　朱郊博　蒋东燃　彭　博

前　言

　　为贯彻落实《中共中央办公厅、国务院办公厅关于分类推进人才评价机制改革的指导意见》（中办发〔2018〕6号文）和中国电力企业联合会关于电力行业从业人员技能等级认证相关要求，进一步提升台区经理的整体素质和技能等级，促进安全生产和优质服务，国网山东省电力公司结合"全能型"供电所建设及低压配网生产经营生产实际，组织编写了台区经理技能提升丛书。

　　《农网配电营业工（台区经理）技能等级认证参考题库》是丛书之一，依据《农网配电营业工（台区经理）技能等级认证标准》编制而成，包括理论题库和实操题库两部分，是培训和评定从事农网配电营业工（台区经理）五级、四级、三级、二级岗位胜任能力的主要工具之一。

编　者

2018 年 6 月

前　言

目　录

前言

第一篇 理 论 题 库

理论题库开发以国网山东省电力公司《农网配电营业工（台区经理）技能等级认证实施细则》和《农网配电营业工（台区经理）技能等级认证岗位关键能力评价大纲》为依据，以岗位能力要求为导向，逐步梳理出知识点和考核点，合理选择考试题型和试题数量，命题围绕全覆盖、科学性、规范性展开。题库包括基础知识、配电理论、营销理论三部分。

农网配电营业工（台区经理）岗位评价项目细目表

序号	能力类别	能力等级	评价项目名称	评价项目编码	单选题	多选题	判断题	简答题	计算题	识图题	案例分析题
1	基础知识	五级	《国家电网公司电力安全工作规程（配电部分）》	JA01－1－01－Ⅴ	109	45	110	17	0	0	0
2			电工基础	JA02－1－02－Ⅴ	35	30	30	0	9	7	0
3			法律法规	JA03－1－03－Ⅴ	20	6	21	7	0	0	0
4			新型业务	JA01－1－04－Ⅴ	42	23	39	11	0	0	0
5	配电理论	五级	绝缘子顶扎法、颈扎法绑扎	ZD07－1－26－Ⅴ	19	10	15	5	0	0	0
6			更换低压蝶式绝缘子	ZD02－1－13－Ⅴ	20	10	15	4	0	1	0
7			接地体接地电阻测量	ZC03－1－10－Ⅴ	20	10	15	5	0	0	0
8			绳扣制作	ZD07－1－27－Ⅴ	20	10	15	0	0	5	0
9			更换直线杆横担	ZD02－1－14－Ⅴ	20	10	15	5	0	0	0
10			拉线制作	ZD05－1－23－Ⅴ	20	10	15	5	0	0	0
11		四级	更换10kV跌落式熔断器	ZD02－1－15－Ⅳ	21	10	16	0	0	4	0
12			钢芯铝绞线插接法连接	ZD04－1－20－Ⅳ	20	8	15	4	0	0	0
13			更换10kV避雷器	ZD02－1－16－Ⅳ	20	10	16	0	0	5	0
14			低压配电线路验电、装拆接地线	ZD06－1－25－Ⅳ	20	10	15	4	0	0	2
15			低压电力电缆故障查找	ZE04－1－32－Ⅳ	20	12	15	6	0	0	0
16			剩余电流动作保护器故障查找及排除	ZE03－1－31－Ⅳ	21	10	15	5	0	0	0

序号	能力类别	能力等级	评价项目名称	评价项目编码	单选题	多选题	判断题	简答题	计算题	识图题	案例分析题
17	配电理论	三级	低压回路故障查找及排除	ZE02-1-29-Ⅲ	10	5	10	1	1	0	0
18			配电变压器停送电操作	ZC01-1-08-Ⅲ	20	10	15	5	2	0	0
19			钢芯铝绞线钳压法连接	ZD04-1-21-Ⅲ	16	11	12	3	0	2	0
20			0.4kV电缆冷缩终端头制作	ZD03-1-18-Ⅲ	20	10	10	9	0	0	0
21			更换10kV悬式绝缘子	ZD02-1-17-Ⅲ	20	10	17	1	0	0	2
22			拉线制作安装	ZD05-1-24-Ⅲ	20	10	15	5	0	0	0
23		二级	10kV终端杆备料	ZD01-1-12-Ⅱ	21	10	15	1	0	4	0
24			低压回路故障查找及排除	ZE02-1-30-Ⅱ	10	5	8	1	3	0	0
25			配电变压器直流电阻测试	ZC02-1-09-Ⅱ	20	10	15	5	0	0	0
26			10kV电缆冷缩终端头制作	ZD03-1-19-Ⅱ	19	10	10	10	0	2	0
27			经纬仪测量对地距离及交叉跨越	ZC04-1-11-Ⅱ	55	0	0	0	0	8	0
28			配电故障抢修方案制定	ZE01-1-28-Ⅱ	20	10	15	2	0	0	2
29			0.4kV架空绝缘线承力导线钳压法连接	ZD04-1-22-Ⅱ	24	9	15	4	0	1	0
30	营销理论	五级	直接接入式电能表安装及接线	ZF01-1-33-Ⅴ	21	6	11	2	0	3	0
31			居民客户故障报修受理	ZK01-1-52-Ⅴ	20	10	15	5	0	0	0
32			电能表误差测量	ZG04-1-40-Ⅴ	20	10	10	3	6	0	1
33			低压采集装置安装	ZI01-1-46-Ⅴ	19	10	15	5	0	0	0
34		四级	经电流互感器接入式低压三相四线电能表安装及接线	ZF02-1-34-Ⅳ	17	9	18	1	0	2	0
35			低压客户分布式光伏项目新装受理	ZJ01-1-49-Ⅳ	20	10	15	5	0	0	0
36			低压客户业扩报装咨询受理	ZJ02-1-50-Ⅳ	20	10	15	5	0	0	0

序号	能力类别	能力等级	评价项目名称	评价项目编码	单选题	多选题	判断题	简答题	计算题	识图题	案例分析题
37		四级	低压信息采集故障分析及维修处理	ZI02-1-47-Ⅳ	20	10	15	5	0	0	0
38			低压客户抄表核算	ZH01-1-43-Ⅳ	20	10	15	3	2	0	0
39		三级	低压电能计量装置带电检查	ZG01-1-37-Ⅲ	20	10	11	4	6	2	0
40			大客户抄表及电费核算	ZH02-1-44-Ⅲ	20	10	15	3	2	0	1
41			低压三相四线电能表现场校验	ZG05-1-41-Ⅲ	20	10	11	8	0	0	0
42	营销理论		分布式电源电能计量装置安装及接线	ZF03-1-35-Ⅲ	9	5	14	3	0	1	0
43			低压居民客户串户排查	ZG02-1-38-Ⅲ	20	10	15	3	2	0	0
44			移动作业终端应用	ZK02-1-53-Ⅲ	20	10	15	5	0	0	0
45			高压电能计量装置和终端的安装与调试	ZF04-1-36-Ⅲ	9	6	11	4	0	1	0
46		二级	反窃电（违约）用电检查处理	ZG06-1-42-Ⅱ	20	8	10	7	2	0	2
47			高压电能计量装置带电检查	ZG03-1-39-Ⅱ	20	10	11	3	6	0	0
48			电能计量方案确定	ZJ03-1-51-Ⅱ	20	10	14	5	0	0	0
49			用电信息采集系统数据异常分析判断	ZI03-1-48-Ⅱ	20	10	15	5	0	0	0
50			低压台区营业普查	ZH03-1-45-Ⅱ	20	10	15	3	1	0	1
合计（2784题）					1118	528	825	211	43	48	11

第一章　基础知识部分

第一节　配电安规

一、单选题

1. 试验装置的金属外壳应可靠接地；高压引线应尽量缩短，并采用（　　）高压试验线，必要时用绝缘物支持牢固。

A. 常见的　　　　　B. 普通的　　　　　C. 便携式　　　　　D. 专用的

答案：D

2. 专责监护人临时离开时，应通知（　　）停止工作或离开工作现场，待专责监护人回来后方可恢复工作。

    A. 工作班成员　　　　B. 作业人员　　　　C. 小组负责人　　　D. 被监护人员

    答案：D

3. 高压配电线路不得进行（　　）作业。

    A. 中间电位　　　　B. 等电位　　　　C. 地电位　　　　D. 带电

    答案：B

4. 在带电杆塔上进行测量、防腐、巡视检查、紧杆塔螺栓、清除杆塔上异物等工作，风力应小于（　　）级。

    A. 6.0　　　　B. 5.0　　　　C. 4.0　　　　D. 3.0

    答案：B

5. 单梯的横档应嵌在支柱上，并在距梯顶（　　）m 处设限高标志。

    A. 1　　　　B. 1.2　　　　C. 1.5　　　　D. 1.8

    答案：A

6. 检修作业，若需将栏杆拆除时，应装设（　　），并在检修作业结束时立即将栏杆装回。

    A. 临时遮栏　　　　B. 固定遮栏　　　　C. 安全警示牌　　　D. 安全警示灯

    答案：A

7. 在低压用电设备上工作，需高压线路、设备配合停电时，应填用相应的（　　）。

    A. 工作票　　　　B. 任务单　　　　C. 工作记录　　　　D. 派工单

    答案：A

8. 邻近带电导线的工作中，应使用绝缘无极绳索，风力应小于（　　）级，并设人监护。

    A. 4　　　　B. 5　　　　C. 6　　　　D. 7

    答案：B

9. 掘路施工应做好防止（　　）的安全措施。

    A. 触电　　　　B. 交通事故　　　　C. 火灾　　　　D. 坍塌

    答案：B

10. 供电单位或施工单位到用户工程或设备上检修（施工）时，工作票应由有权签发的（　　）签发。

    A. 供电单位　　　　　　　　　　　　B. 用户单位、施工单位或供电单位

    C. 用户单位或供电单位　　　　　　　D. 施工单位或用户单位

    答案：B

11. 在下水道、煤气管线、潮湿地、垃圾堆或有腐质物等附近挖坑时，应设（　　）。

    A. 工作负责人　　　B. 工作许可人　　　C. 监护人　　　D. 工作班成员

    答案：C

12. 吊装带用于不同承重方式时，应严格按照（　　）使用。

    A. 人员的经验　　　B. 标签给予的定值　　C. 吊装带尺寸　　D. 吊装带长度

    答案：B

13. 操作票至少应保存（　　）。

    A. 6个月　　　　B. 1年　　　　C. 2年　　　　D. 1个月

答案：B

14. 在起吊、牵引过程中，受力钢丝绳的周围、上下方、转向滑车（　　　）、吊臂和起吊物的下面，禁止有人逗留和通过。

A. 前后方　　　　　　B. 上下方　　　　　　C. 内角侧　　　　　　D. 外角侧

答案：C

15. 在分布式电源并网点和公共连接点之间的作业，必要时应组织（　　　）。

A. 会议讨论　　　　　B. 作业分析　　　　　C. 方案审核　　　　　D. 现场勘察

答案：D

16. 地下配电站过道和楼梯处，应设（　　　）和应急照明等。

A. 防踏空线　　　　　B. 逃生指示　　　　　C. 防绊跤线　　　　　D. 挡鼠板

答案：B

17. 配电线路、设备检修，在显示屏上断路器（开关）或（　　　）的操作处应设置"禁止合闸，有人工作！"或"禁止合闸，线路有人工作！"以及"禁止分闸！"标记。

A. 接地刀闸　　　　　　　　　　　　　B. 母线刀闸

C. 隔离开关（刀闸）　　　　　　　　　D. 保护压板

答案：C

18. 为防止树木（树枝）倒落在线路上，应使用绝缘绳索将其拉向与线路（　　　）的方向，绳索应有足够的长度和强度，以免拉绳的人员被倒落的树木砸伤。

A. 相反　　　　　　　B. 60°　　　　　　　C. 90°　　　　　　　D. 相同

答案：A

19. 配电带电作业工作票，对（　　　）且依次进行的数条线路上的带电作业，可使用一张配电带电作业工作票。

A. 同一电压等级　　　　　　　　　　　B. 同一电压等级、同类型

C. 同一电压等级、相同安全措施　　　　D. 同一电压等级、同类型、相同安全措施

答案：D

20. 用于10kV电压等级时，绝缘隔板的厚度不得小于（　　　）mm。

A. 3.0　　　　　　　　B. 4.0　　　　　　　C. 5.0　　　　　　　D. 8.0

答案：A

21. 使用机械牵引杆件上山时，应将杆身绑牢，钢丝绳不得触磨岩石或坚硬地面，牵引路线两侧（　　　）m以内，不得有人逗留或通过。

A. 4　　　　　　　　　B. 5　　　　　　　　C. 6　　　　　　　　D. 7

答案：B

22. 低压装表接电时，（　　　）。

A. 应先安装计量装置后接电　　　　　　B. 应先接电后安装计量装置

C. 计量装置安装和接电的顺序无要求　　D. 计量装置安装和接电应同时进行

答案：A

23. 不需要办理许可手续的配电第二种工作票，由工作负责人向（　　　）提出申请，得到同意后给予办理。

A. 值班调控人员   B. 工作票签发人   C. 工作许可人   D. 运维人员

答案：B

24. 若需变更或增设（   ），应填用新的工作票，并重新履行签发、许可手续。

A. 安全条件   B. 施工范围   C. 工作任务   D. 安全措施

答案：D

25. 使用单梯工作时，梯与地面的斜角度约为（   ）。

A. 60°   B. 40°   C. 30°   D. 45°

答案：A

26. 填用配电第一种工作票的工作，应得到（   ）的许可，并由工作负责人确认工作票所列当前工作所需的安全措施全部完成后，方可下令开始工作。

A. 现场工作许可人   B. 配电运维人员

C. 全部工作许可人   D. 值班调控人员

答案：C

27. 对难以做到与电源完全断开的检修线路、设备，可（   ）其与电源之间的电气连接。

A. 断开   B. 拆除   C. 隔离   D. 拉开

答案：B

28. 伤员脱离电源后，判断伤员有无意识应在（   ）s 以内完成。

A. 5   B. 10   C. 30   D. 60

答案：B

29. 接地线截面积应满足装设地点短路电流的要求，且高压接地线的截面积不得小于（   ）mm^2。

A. 16   B. 25   C. 36   D. 20

答案：B

30. 配电站、开闭所户外 20kV 高压配电线路、设备所在场所的行车通道上，车辆（包括装载物）外廓至无遮栏带电部分之间的安全距离为（   ）m。

A. 0.7   B. 0.95   C. 1.05   D. 1.15

答案：C

31. 施工机具和安全工器具入库、出库、使用前应（   ），禁止使用损坏、变形、有故障等不合格的机具和安全工器具。

A. 检查   B. 试验   C. 鉴定   D. 擦拭

答案：A

32. 在带电设备区域内使用起重机等起重设备时，应安装接地线并可靠接地，接地线应用多股软铜线，其截面积不得小于（   ）mm^2。

A. 25.0   B. 16.0   C. 10.0   D. 35.0

答案：B

33. 拆除杆上导线前，应检查（   ），做好防止倒杆措施，在挖坑前应先绑好拉绳。

A. 卡盘   B. 拉线   C. 埋深   D. 杆根

答案：D

34. 柱上断路器应有分、合位置的（　　）指示。

A. 机械　　　　　　B. 电气　　　　　　C. 仪表　　　　　　D. 带电

答案：A

35. 低压接地线和个人保安线的截面积不得小于（　　）mm²。

A. 12.0　　　　　　B. 16.0　　　　　　C. 25.0　　　　　　D. 36.0

答案：B

36. 低压电气带电工作使用的工具应有（　　）。

A. 绝缘柄　　　　　B. 木柄　　　　　　C. 塑料柄　　　　　D. 金属外壳

答案：A

37. 砍剪靠近带电线路的树木，（　　）应在工作开始前，向全体作业人员说明电力线路有电。

A. 工作负责人　　　B. 工作许可人　　　C. 工作票签发人　　D. 专业室领导

答案：A

38. 更换绝缘子、移动或开断导线的作业，应有防止导线（　　）的后备保护措施。开断导线时不得两相及以上同时进行，开断后应及时对开断的导线端部采取绝缘包裹等遮蔽措施。

A. 脱落　　　　　　B. 断裂　　　　　　C. 坠落　　　　　　D. 移动

答案：A

39. 禁止作业人员越过（　　）的线路对上层线路、远侧线路进行验电。

A. 未停电　　　　B. 未经验电、接地　　C. 未经验电　　　D. 未停电、接地

答案：B

40. 重大物件不得直接用肩扛运，雨、雪后抬运物件时应有（　　）措施。

A. 防范　　　　　　B. 防滑　　　　　　C. 安全　　　　　　D. 防冻

答案：B

41. 停电拉闸操作应按照（　　）的顺序依次进行，送电合闸操作应按与上述相反的顺序进行。禁止带负荷拉合隔离开关（刀闸）。

A. 断路器（开关）—负荷侧隔离开关（刀闸）—电源侧隔离开关（刀闸）

B. 负荷侧隔离开关（刀闸）—断路器（开关）—电源侧隔离开关（刀闸）

C. 断路器（开关）—电源侧隔离开关（刀闸）—负荷侧隔离开关（刀闸）

D. 负荷侧隔离开关（刀闸）—电源侧隔离开关（刀闸）—断路器（开关）

答案：A

42. 电缆直埋敷设施工前，应先查清图纸，再开挖足够数量的（　　），摸清地下管线分布情况，以确定电缆敷设位置，确保不损伤运行电缆和其他地下管线设施。

A. 排水沟　　　　　B. 样洞（沟）　　　C. 电缆工井　　　　D. 电缆沟

答案：B

43. 接地线拆除后，（　　）不得再登杆工作或在设备上工作。

A. 工作班成员　　　B. 任何人　　　　　C. 运行人员　　　　D. 作业人员

答案：B

44. 保险带、绳使用长度在 3m 以上的应（　　）。

A. 缠绕使用　　　　　　　　　　　　　　B. 加缓冲器

C. 禁止使用

D. 采取减少长度的措施

答案：B

45. 带电、停电配合作业的项目，当带电、停电作业工序转换时，双方工作负责人应进行（   ），确认无误后，方可开始工作。

A. 口头交代　　　　　B. 安全技术交接　　　C. 任务交接　　　　D. 签字确认

答案：B

46. （   ）有权拒绝违章指挥和强令冒险作业；在发现直接危及人身、电网和设备安全的紧急情况时，有权停止作业或者在采取可能的紧急措施后撤离作业场所，并立即报告。

A. 工作人员　　　　　B. 管理人员　　　　　C. 作业人员　　　　D. 任何人

答案：C

47. 新参加电气工作的人员、实习人员和临时参加劳动的人员（管理人员、非全日制用工等），应经过（   ）后，方可下现场参加指定的工作，并且不得单独工作。

A. 专业技能培训　　　B. 安全生产知识教育　C. 考试合格　　　　D. 电气知识培训

答案：B

48. （   ）断路器（开关）前，宜对现场发出提示信号，提醒现场人员远离操作设备。

A. 远方遥控操作　　　B. 远方程序操作　　　C. 就地操作　　　　D. 拉开

答案：A

49. 填用配电第二种工作票的配电线路工作，可不履行（   ）手续。

A. 工作票　　　　　　B. 工作许可　　　　　C. 工作监护　　　　D. 工作交接

答案：B

50. 由工作班组现场操作时，若不填用操作票，应将设备的双重名称、（   ）及操作内容等按操作顺序填写在工作票上。

A. 设备名称和编号

B. 线路的名称、杆号、位置

C. 双重称号

D. 设备名称

答案：B

51. 在有分布式电源接入的低压配电网上工作，宜（   ）。

A. 采取停电工作方式

B. 采取带电工作方式

C. 使用低压工作票

D. 使用第二种工作票

答案：B

52. 直接接触设备的电气测量，应有人监护。测量时，人体与（   ）不得小于《安规（配电部分）》规定的 10kV 及以下不小于 0.7m 的安全距离。夜间测量，应有足够的照明。

A. 测量部位　　　　　B. 低压带电部位　　　C. 高压带电部位　　D. 电气设备

答案：C

53. 一回线路检修（施工），若配合停电线路属于其他单位，应由（   ）单位事先书面申请，经配合停电线路的运维管理单位同意并实施停电、验电、接地。

A. 运维　　　　　　　B. 施工　　　　　　　C. 检修　　　　　　D. 检修（施工）

答案：D

54. 特殊天气使用脚扣和登高板，应采取（   ）措施。

A. 绝缘　　　　　　　B. 防滑　　　　　　　C. 防护　　　　　　　D. 防断

答案：B

55. 在居民区及交通道路附近开挖的基坑，应设坑盖或可靠遮栏，加挂警告标示牌，夜间挂（　　）灯。

A. 黄　　　　　　　　B. 绿　　　　　　　　C. 红　　　　　　　　D. 红外

答案：C

56. 非连续进行的故障修复工作，应使用（　　）。

A. 故障紧急抢修单　　B. 工作票　　　　　　C. 施工作业票　　　　D. 故障应急抢修单

答案：B

57. 架空绝缘导线不得视为（　　）。

A. 绝缘设备　　　　　B. 导电设备　　　　　C. 承力设备　　　　　D. 载流设备

答案：A

58. 配电线路系指（　　）kV 及以下配电网中的架空线路、电缆线路及其附属设备等。

A. 6　　　　　　　　B. 10　　　　　　　　C. 20　　　　　　　　D. 35

答案：C

59. 电动工具应做到（　　）。

A. 一机一闸　　　　　　　　　　　　　　　B. 一机两闸一保护

C. 一机一闸一线路　　　　　　　　　　　　D. 一机一闸一保护

答案：D

60. 装设接地线应（　　），拆除接地线的顺序与此相反。

A. 先接母线侧、后接负荷侧　　　　　　　　B. 先接负荷侧、后接母线侧

C. 先接导体端、后接接地端　　　　　　　　D. 先接接地端、后接导体端

答案：D

61. 作业人员在接触运用中的二次设备箱体前，应（　　）确认其确无电压。

A. 用高压验电器　　　　　　　　　　　　　B. 用低压验电器或测电笔

C. 以手触试　　　　　　　　　　　　　　　D. 看带电显示

答案：B

62. 作业人员攀登杆塔时，手扶的构件应（　　）。

A. 牢固　　　　　　　B. 方便　　　　　　　C. 灵活　　　　　　　D. 耐用

答案：A

63. 低温或高温环境下的高处作业，应采取（　　）措施，作业时间不宜过长。

A. 保暖或防暑降温　　B. 保暖　　　　　　　C. 防暑降温　　　　　D. 专人监护

答案：A

64. 使用绝缘电阻表测量绝缘电阻时，应断开被测设备所有可能来电的电源，验明无电压，确认设备无人工作后，方可进行。测量中禁止他人（　　）。测量绝缘电阻前后，应将被测设备对地放电。

A. 接近被测设备　　B. 接触被测设备　　　C. 接触测试设备　　D. 接近测试设备

答案：A

65. 两台及两台以上链条葫芦起吊同一重物时，重物的重量应小于（　　）。

A. 所有链条葫芦的允许起重量相加　　　　B. 各链条葫芦的平均允许起重量

C. 每台链条葫芦的允许起重量　　　　　　D. 对角线上的链条葫芦的平均起重量

答案：C

66. 扶绝缘柄的人应（　　），并采取防灼伤措施。

A. 戴绝缘手套　　　　　　　　　　　　　B. 站在绝缘垫上

C. 穿绝缘靴　　　　　　　　　　　　　　D. 戴绝缘手套并站在绝缘垫上

答案：D

67. 电缆井、电缆隧道内作业过程中应用气体检测仪检查井内或隧道内的（　　）是否超标，并做好记录。

A. 易燃易爆及有毒气体的含量　　　　　　B. 易燃易爆气体的含量

C. 有毒气体的含量　　　　　　　　　　　D. 一氧化碳含量

答案：A

68. 在超过（　　）m深的基坑内作业时，向坑外抛掷土石应防止土石回落坑内，并做好防止土层塌方的临边防护措施。

A. 1　　　　　　　B. 1.5　　　　　　　C. 2　　　　　　　D. 2.5

答案：B

69. 带电设备附近测量绝缘电阻，移动引线时，应（　　），防止人员触电。

A. 加强监护　　　　B. 将设备停电　　　　C. 加挂临时接地　　　　D. 采取隔离措施

答案：A

70. 10kV 绝缘操作杆最小有效绝缘长度为（　　）m。

A. 0.7　　　　　　　B. 0.4　　　　　　　C. 0.8　　　　　　　D. 0.5

答案：A

71. 凡装有攀登装置的杆、塔，攀登装置上应设置（　　）标示牌。

A. "止步，高压危险！"　　　　　　　　　B. "禁止攀登，高压危险！"

C. "从此上下！"　　　　　　　　　　　　D. "有电危险！"

答案：B

72. 工作任务单由（　　）许可，一份由工作负责人留存，一份交小组负责人。

A. 值班调控人员　　　B. 工作许可人　　　C. 工作负责人　　　D. 运维负责人

答案：C

73. 在没有脚手架或者在没有栏杆的脚手架上高处工作，高度超过（　　）m时，应使用安全带，或采取其他可靠的安全措施。

A. 2　　　　　　　B. 1　　　　　　　C. 1.5　　　　　　　D. 2

答案：C

74. 雨雪天气室外设备宜采用间接验电；若直接验电，应使用（　　），并戴绝缘手套。

A. 声光验电器　　　B. 高压声光验电器　　　C. 雨雪型验电器　　　D. 高压验电棒

答案：C

75. 配电工作，需要将高压线路、设备停电或做安全措施者，应填用（　　）。

A. 配电线路第一种工作票　　　　　　　　B. 配电线路第二种工作票

C. 配电第一种工作票　　　　　　　　　　D. 配电第二种工作票

答案：C

76. 配电站、开闭所户内高压配电设备的裸露导电部分对地高度小于（　　）m时，该裸露部分底部和两侧应装设护网。

A. 2.8　　　　　　B. 2.5　　　　　　C. 2.6　　　　　　D. 2.7

答案：B

77. 挖到电缆保护板后，应由（　　）在场指导，方可继续进行。

A. 技术人员　　　　B. 工作负责人　　　C. 有经验的人员　　D. 专业人员

答案：C

78. 使用临时拉线时，一个锚桩上的临时拉线不得超过（　　）根。

A. 一　　　　　　　B. 两　　　　　　　C. 三　　　　　　　D. 四

答案：B

79. 安全带和专作固定安全带的绳索在使用前应进行（　　）。安全带应按《安规（配电部分）》附录O定期检验，不合格的不得使用。

A. 全面检查　　　　B. 质量检测　　　　C. 外观检查　　　　D. 应力试验

答案：C

80. 工作任务单一式两份，由工作票签发人或工作负责人签发，一份由（　　）留存，一份交小组负责人。

A. 工作许可人　　　B. 工作负责人　　　C. 工作票签发人　　D. 专责监护人

答案：B

81.（　　）时，禁止就地倒闸操作和更换熔丝。

A. 大风　　　　　　B. 雷电　　　　　　C. 大雨　　　　　　D. 大雪

答案：B

82.（　　）不得延期。

A. 配电第一种工作票　　　　　　　　　　B. 配电第二种工作票

C. 带电作业工作票　　　　　　　　　　　D. 低压工作票

答案：C

83. 以下所列的安全责任中，（　　）是动火工作负责人的一项安全责任。

A. 负责动火现场配备必要的、足够的消防设施

B. 工作的安全性

C. 向有关人员布置动火工作，交代防火安全措施和进行安全教育

D. 工作票所列安全措施是否正确完备，是否符合现场条件

答案：C

84. 杆塔无接地引下线时，可采用截面积大于190mm²（如ϕ16圆钢）、地下深度大于（　　）m的临时接地体。

A. 0.6　　　　　　B. 0.8　　　　　　C. 1.0　　　　　　D. 1.2

答案：A

85. 作业人员工作中正常活动范围与 10kV 高压线路、设备带电部分的安全距离为（   ）m。

A. 0.35 B. 0.6 C. 0.7 D. 1.0

答案：A

86. 掘路施工应做好防止交通事故的安全措施。施工区域应用标准路栏等进行分隔，并有明显标记，夜间施工人员应佩戴（   ），施工地点应加挂警示灯。

A. 照明灯 B. 护目眼镜 C. 反光标志 D. 标志牌

答案：C

87. 作业人员对《安规（配电部分）》应每（   ）考试一次。因故间断电气工作连续三个月及以上者，应重新学习该规程，并经考试合格后，方可恢复工作。

A. 月 B. 半年 C. 年 D. 两年

答案：C

88. 高处作业应使用工具袋。上下传递材料、工器具应使用绳索；邻近带电线路作业的，应使用绝缘绳索传递，较大的工具应用绳拴在（   ）上。

A. 牢固的构件 B. 设备 C. 设备外壳 D. 横担

答案：A

89. 短接故障线路、设备前，应确认故障已（   ）。

A. 消除 B. 隔离 C. 处理 D. 屏蔽

答案：B

90. 配电变压器柜的（   ）应有防误入带电间隔的措施，新设备应安装防误入带电间隔闭锁装置。

A. 柜体 B. 后盖 C. 柜门 D. 操作把手

答案：C

91. 沟（槽）开挖深度达到（   ）m 及以上时，应采取措施防止土层塌方。

A. 1.0 B. 1.5 C. 1.8 D. 2.0

答案：B

92. 旁路电缆使用前应进行试验，试验后应（   ）。

A. 接地 B. 短路 C. 充分放电 D. 立即放电

答案：C

93. 动火作业应有（   ）监护，动火作业前应清除动火现场及周围的易燃物品，或采取其他有效的防火安全措施，配备足够适用的消防器材。

A. 动火工作负责人 B. 运维许可人 C. 专人 D. 两人

答案：C

94. 在绝缘导线所有电源侧及适当位置（如支接点、耐张杆处等）、柱上变压器高压引线，应装设（   ）或其他验电、接地装置。

A. 验电环 B. 接地环 C. 带电显示器 D. 验电接地环

答案：D

95.（   ）报告应简明扼要，并包括下列内容：工作负责人姓名，某线路（设备）上某处（说明起止杆塔号、分支线名称、位置称号、设备双重名称等）工作已经完工等。

A. 工作间断　　　　　B. 工作许可　　　　　C. 工作终结　　　　　D. 工作转移

答案：C

96. 电力电缆施工在 10kV 运行设备附近使用喷灯作业，火焰与带电部分的安全距离应大于（　　）m。

A. 1.0　　　　　　　B. 1.5　　　　　　　C. 2.0　　　　　　　D. 3.0

答案：B

97. 工作班成员的变更，应经（　　）的同意，并在工作票上做好变更记录。

A. 工作票签发人　　　　　　　　　　　B. 工作许可人

C. 工作负责人　　　　　　　　　　　　D. 工作票签发人与工作许可人

答案：C

98. 当验明确已无电压后，应立即将检修的高压配电线路和设备接地并（　　）短路。

A. 单相　　　　　　　B. 两项　　　　　　　C. 三相　　　　　　　D. 中相和边相

答案：C

99. 断路器（开关）与隔离开关（刀闸）无机械或电气闭锁装置时，在拉开隔离开关（刀闸）前应（　　）。

A. 确认断路器（开关）操作电源已完全断开　　B. 确认断路器（开关）已完全断开

C. 确认断路器（开关）机械指示正常　　　　　D. 确认无负荷电流

答案：B

100. 摘挂跌落式熔断器的熔管，应使用（　　），并派人监护。

A. 绝缘棒　　　　　　B. 验电器　　　　　　C. 操作杆　　　　　　D. 专用工具

答案：A

101. 配电站、开闭所户外 10kV 高压配电线路、设备所在场所的行车通道上，车辆（包括装载物）外廓至无遮栏带电部分之间的安全距离为（　　）m。

A. 0.7　　　　　　　B. 0.95　　　　　　　C. 1.05　　　　　　　D. 1.15

答案：B

102. 测量用的仪器、仪表应保存在（　　）的室内。

A. 明亮　　　　　　　B. 通风　　　　　　　C. 干燥　　　　　　　D. 阴凉

答案：C

103. 环网柜部分停电工作，若进线柜线路侧有电，进线柜应设遮栏，悬挂"（　　）"标示牌。

A. 止步，高压危险！　　　　　　　　　B. 禁止合闸，有人工作！

C. 禁止攀登、高压危险！　　　　　　　D. 从此进出

答案：A

104. 在杆塔上使用梯子或临时工作平台，应将两端与固定物可靠连接，一般应由（　　）人在其上作业。

A. 一　　　　　　　　B. 二　　　　　　　　C. 三　　　　　　　　D. 四

答案：A

105. 使用钳形电流表测量，应保证钳形电流表的（　　）与被测设备相符。

A. 量程　　　　　　　B. 规格　　　　　　　C. 电压等级　　　　　　D. 参数

答案：C

106. 登杆塔前，应核对（　　　）。

A. 杆号　　　　　B. 线路名称和杆号　　　　C. 杆基　　　　D. 线路名称

答案：B

107. 安全工器具宜存放在温度为（　　　）℃、相对湿度为 80%以下、干燥通风的安全工器具室内。

A. −10～+35　　　B. −10～+30　　　C. −15～+35　　　D. −15～+30

答案：C

108. 带电断开架空线路与空载电缆线路的连接引线之前，应检查电缆所连接的（　　　），确认电缆空载。

A. 架空线路状态　　B. 开关设备状态　　C. 互感器状态　　D. 设备状态

答案：B

109. 不宜在跌落式熔断器（　　　）新装、调换引线，若必须进行，应采用绝缘罩将跌落式熔断器上部隔离，并设专人监护。

A. 上部　　　　　B. 下部　　　　C. 左侧　　　　D. 右侧

答案：B

二、多选题

1. 对于因（　　　）带电线路、设备导致检修线路或设备可能产生感应电压时，应加装接地线或使用个人保安线。

A. 交叉跨越　　　B. 接触　　　C. 平行　　　D. 邻近

答案：ACD

2. 工作许可后，工作负责人、专责监护人应向工作班成员交代（　　　），告知危险点，并履行签名确认手续，方可下达开始工作的命令。

A. 工作内容　　　B. 人员分工　　　C. 带电部位　　　D. 现场安全措施

答案：ABCD

3. 在有分布式电源接入电网的高压配电线路、设备上停电工作，应（　　　）。

A. 断开分布式电源并网点的断路器（开关）

B. 断开分布式电源并网点的隔离开关（刀闸）或熔断器

C. 在用户侧接地

D. 在电网侧接地

答案：ABD

4. 倒闸操作的设备应具有明显的标志，包括（　　　）、切换位置的指示及设备相色等。

A. 名称　　　　　B. 编号　　　C. 分合指示　　　D. 旋转方向

答案：ABCD

5. 雨天室外高压操作，应使用有防雨罩的绝缘棒，并穿戴（　　　）。

A. 绝缘鞋　　　　B. 绝缘靴　　　C. 绝缘手套　　　D. 安全帽

答案：BC

6. 检修动力电源箱的支路开关、临时电源都应加装剩余电流动作保护装置。剩余电流动作保护装置应定期（　　　）。

A. 检查　　　　　　　B. 试验　　　　　　C. 测试动作特性　　D. 清洁

答案：ABC

7. 接入低压配电网的分布式电源，并网点应安装（　　　）、具备开断故障电流能力的开断设备。

A. 易操作　　　　　　　　　　　　　B. 可闭锁

C. 具有明显开断指示　　　　　　　　D. 电网侧应能接地

答案：AC

8. 若在有分布式电源接入的低压配电网上停电工作，至少应采取以下（　　　）措施之一防止反送电。

A. 接地　　　　　　　　　　　　　　B. 绝缘遮蔽

C. 在断开点加锁　　　　　　　　　　D. 悬挂标示牌

答案：ABCD

9. 为保证在电缆隧道内施工作业安全，电缆隧道内应有（　　　）。

A. 防火、防水措施　　B. 充足的照明　　　C. 防毒面具　　　　D. 通风措施

答案：ABD

10. 作业时，起重机（　　　）。

A. 应置于平坦、坚实的地面上　　　　B. 不得在暗沟上面作业

C. 不得在地下管线上面作业　　　　　D. 不得在人行道上作业

答案：ABC

11. 工作地点，应停电的线路和设备中，包含危及线路停电作业安全，且不能采取相应安全措施的（　　　）线路。

A. 交叉跨越　　　　　　　　　　　　B. 平行线路

C. 同杆（塔）架设　　　　　　　　　D. 通信线路

答案：ABC

12. 安全工器具运输或存放在车辆上时，不得与酸、碱、油类和化学药品接触，并有（　　　）的措施。

A. 防晒　　　　　　　B. 防滑　　　　　　C. 防损伤　　　　　D. 防绝缘性能破坏

答案：CD

13. 开断电缆前，应（　　　）后，方可工作。

A. 与电缆走向图核对相符

B. 使用仪器确认电缆无电压后，用接地的带绝缘柄的铁钎钉入电缆芯

C. 检查电缆型号

D. 落实中间头是否合适

答案：AB

14. 安全带的腰带、保险带、绳有哪些要求（　　　）。

A. 应有足够的机械强度　　　　　　　B. 材质应有耐磨性

C. 卡环（钩）应具有保险装置，操作应灵活　　D. 外形应美观

答案：ABC

15. 使用临时拉线的安全要求有（　　）。

A. 不得利用树木或外露岩石作受力桩

B. 一个锚桩上的临时拉线不得超过 3 根

C. 临时拉线不得固定在有可能移动或其他不可靠的物体上

D. 临时拉线绑扎工作应由有经验的人员担任

答案：ACD

16. 配电站、开闭所户外高压配电线路、设备的裸露部分在跨越人行过道或作业区时，若 10kV、20kV 导电部分对地高度分别小于（　　）m，则该裸露部分底部和两侧应装设护网。

A. 2.5　　　　　　　B. 2.6　　　　　　　C. 2.7　　　　　　　D. 2.8

答案：CD

17. 现场勘察应查看检修（施工）作业需要停电的范围、保留的带电部位、装设接地线的位置、（　　）、多电源、自备电源、地下管线设施和作业现场的条件、环境及其他影响作业的危险点，并提出针对性的安全措施和注意事项。

A. 平行线路　　　　B. 邻近线路　　　　C. 交叉跨越　　　　D. 用户配变

答案：BC

18. 开启电缆井井盖、电缆沟盖板及电缆隧道人孔盖时（　　）。

A. 应注意站立位置，以免坠落　　　　　　B. 应使用专用工具

C. 开启后应设置遮栏（围栏），并派专人看守　　D. 作业人员撤离后，应立即恢复

答案：ABCD

19. 凡盛有或盛过易燃易爆等化学危险物品的容器、设备、管道等生产、储存装置，在动火作业前应（　　）后，方可动火作业。

A. 将其与生产系统彻底隔离　　　　　　　B. 进行清洗置换

C. 检测可燃气体的可燃蒸汽含量合格　　　D. 检测易燃液体的可燃蒸汽含量合格

答案：ABCD

20. 杆塔作业应禁止以下行为：（　　）。

A. 攀登杆基未完全牢固或未做好临时拉线的新立杆塔

B. 携带器材登杆或在杆塔上移位

C. 利用绳索、拉线上下杆塔

D. 顺杆下滑

答案：ABCD

21. 在带电杆塔上进行（　　）、清除杆塔上异物等工作，作业人员活动范围及其所携带的工具、材料等与带电导线最小距离不得小于规定值。若不能保证要求的距离时，应按照带电作业或停电进行。

A. 测量　　　　　　B. 防腐　　　　　　C. 巡视检查　　　　D. 紧杆塔螺栓

答案：ABCD

22. （　　）停电检修，无法装设接地线时，应采取绝缘遮蔽或其他可靠隔离措施。

A. 低压配电设备　　B. 配电变压器　　　C. 集束导线　　　　D. 低压电缆

答案：ACD

23. 配电设备系指 20kV 及以下配电网中的配电站、开闭所、箱式变电站、柱上变压器、柱上开关（包括柱上断路器、柱上负荷开关）、环网单元、电缆分支箱、（　　）等。

A. 变电站内开关柜　　　B. 低压配电箱　　　C. 电表计量箱　　　D. 充电桩

答案：BCD

24. 当验明检修的低压配电线路、设备确已无电压后，至少应采取以下（　　）措施之一防止反送电。

A. 装设遮栏

B. 所有相线和零线接地并短路

C. 绝缘遮蔽

D. 在断开点加锁、悬挂"禁止合闸，有人工作！"或"禁止合闸，线路有人工作！"的标示牌

答案：BCD

25. 接入高压配电网的分布式电源（　　）应有名称并报电网管理单位备案。

A. 逆变设备　　　　　　　　　　　B. 用户进线开关

C. 并网点开断设备　　　　　　　　D. 电气接线图

答案：BC

26. 运用中的配电线路和设备，系指（　　）的配电线路和设备。

A. 全部带有电压　　　B. 一部分带有电压　　　C. 一经操作即带有电压　　　D. 已安装完毕

答案：ABC

27. 电力电缆的标志牌应与（　　）的名称一致。

A. 电网系统图　　　B. 电缆走向图　　　C. 电缆厂家　　　D. 电缆资料

答案：ABD

28. 对同杆（塔）架设的多层电力线路验电，应（　　）。禁止作业人员越过未经验电、接地的线路对上层、远侧线路验电。

A. 先验低压、后验高压　　　　　　B. 先验下层、后验上层

C. 先验近侧、后验远侧　　　　　　D. 先验内侧、后验外侧

答案：ABC

29. 在一经合闸即可送电到工作地点的（　　），应悬挂"禁止合闸，有人工作！"标示牌；若线路上有人工作，应悬挂"禁止合闸，线路有人工作！"标示牌。

A. 断路器（开关）和隔离开关（刀闸）的操作处

B. 断路器（开关）和隔离开关（刀闸）的机构箱门锁把手上

C. 熔断器操作处

D. 接地刀闸操作处

答案：ABC

30. 配电线路、设备故障紧急处理，系指配电线路、设备发生故障被迫紧急停止运行，（　　）的故障修复工作。

A. 需短时间恢复供电　　　　　　　B. 需短时间排除故障

C. 连续进行　　　　　　　　　　　D. 长时间

答案：ABC

31. 绝缘手套应（　　），长度应超衣袖。

A. 干燥　　　　　B. 柔软　　　　　C. 接缝少　　　　　D. 紧密牢固

答案：BCD

32. 可使用其他书面记录或按口头、电话命令执行的工作有（　　）。

A. 测量接地电阻　　　　　　　　　　　B. 砍剪树木

C. 涂写杆塔号、安装标志牌　　　　　　D. 低压分支线的停电工作

答案：AB

33. 低压配电线路和设备检修，应断开所有可能来电的电源（包括解开电源侧和用户侧连接线），对工作中有可能触碰的相邻带电线路、设备应采取（　　）措施。

A. 停电　　　　　B. 绝缘遮蔽　　　　　C. 可靠　　　　　D. 装设遮栏

答案：AB

34. 低压电气工作前，应用低压验电器或测电笔检验（　　）是否有电。

A. 检修设备　　　　　　　　　　　　　B. 金属外壳

C. 相邻设备　　　　　　　　　　　　　D. 所有可能来电的各端

答案：ABC

35. （　　）可不使用操作票。

A. 事故紧急处理　　　　　　　　　　　B. 拉合断路器（开关）的单一操作

C. 计划工作　　　　　　　　　　　　　D. 线路停电

答案：AB

36. 成套接地线使用前应检查确认完好，禁止使用（　　）的接地线。

A. 绞线松股　　　　　B. 绞线断股　　　　　C. 护套严重破损　　　　D. 夹具断裂松动

答案：ABCD

37. 下列为工作许可人应具备的基本条件的有（　　）。

A. 熟悉配电网络接线方式　　　　　　　B. 熟悉工作范围内的设备情况

C. 熟悉《安规（配电部分）》　　　　　D. 经工区批准，名单应公布

答案：ABCD

38. 装设同杆（塔）架设的多层电力线路接地线，应（　　）。

A. 先装设低压、后装设高压　　　　　　B. 先装设下层、后装设上层

C. 先装设近侧、后装设远侧　　　　　　D. 先装设高压、后装设低压

答案：ABC

39. 配电线路、设备停电时，熔断器的熔管应摘下或悬挂（　　）的标示牌。

A. "止步，高压危险！"　　　　　　　　B. "禁止分闸！"

C. "禁止合闸，有人工作！"　　　　　　D. "禁止合闸，线路有人工作！"

答案：CD

40. 在下水道、煤气管线、潮湿地、垃圾堆或有腐质物等附近挖坑时，应设监护人。在挖深超过 2m 的坑内工作时，应采取安全措施，如（　　）等。

A. 戴口罩　　　　　B. 戴防毒面具　　　　　C. 向坑中送风　　　　D. 持续检测

答案：BCD

41. 纤维绳（麻绳）有（   ）者不得用于起重作业。

A. 霉烂　　　　　　　B. 拧股　　　　　　　C. 腐蚀　　　　　　　D. 损伤

答案： ACD

42. 检修作业，若需将盖板取下，应（   ）。

A. 设临时围栏　　　　　　　　　　　　B. 设置警示标识

C. 夜间还应设黄灯示警　　　　　　　　D. 夜间还应设红灯示警

答案： ABD

43. 高处作业时，梯子的支柱应能承受攀登时（   ）的总重量。

A. 所携带的工具　　B. 材料　　　　　　C. 胖人　　　　　　D. 作业人员

答案： ABD

44. 环网柜部分停电工作，若进线柜线路侧有电，（   ）。

A. 进线柜应设遮栏，悬挂"止步，高压危险！"标示牌

B. 在进线柜负荷开关的操作把手插入口加锁

C. 在进线柜负荷开关的操作把手悬挂"禁止合闸，有人工作！"标示牌

D. 在进线柜接地刀闸的操作把手插入口加锁

答案： ABCD

45. 装卸高压熔断器，应戴（   ）。必要时使用绝缘操作杆或绝缘夹钳。

A. 绝缘鞋　　　　　　B. 护目镜　　　　　　C. 绝缘靴　　　　　　D. 绝缘手套

答案： BD

三、判断题

1. 装设、拆除接地线可不在监护下进行。（   ）

答案： 错误

解析： 装设、拆除接地线应有人监护。

2. 对同一个工作日的多条低压配电线路或设备上的工作，可使用一张低压工作票。（   ）

答案： 错误

解析： 对同一个工作日、相同安全措施的多条低压配电线路或设备上的工作，可使用一张低压工作票。

3. 工作负责人在带电作业开始前，应与值班调控人员或运维人员联系。（   ）

答案： 正确

4. 雨天在户外操作电气设备时，操作杆的绝缘部分应有防雨罩或使用带绝缘子的操作杆。（   ）

答案： 正确

5. 在有同杆（塔）架设的 10（20）kV 及以下线路带电情况下，应做好安全措施后再进行另一回线路的停电施工作业。（   ）

答案： 错误

解析： 禁止在有同杆（塔）架设的 10（20）kV 及以下线路带电情况下，进行另一回线路的停电施工作业。

6. 配电设备接地电阻应合格。（   ）

答案：正确

7. 待砍剪的树木下方和倒树范围内不得有人逗留。（   ）

答案：正确

8. 部分停电的工作，小于高压线路、设备不停电时规定安全距离的未停电设备，应装设临时遮栏，临时遮栏可用坚韧铁质材料制成，装设应牢固，并悬挂"止步，高压危险！"标示牌。（   ）

答案：错误

解析：部分停电的工作，小于高压线路、设备不停电时规定安全距离的未停电设备，应装设临时遮栏，临时遮栏与带电部分的距离不得小于作业人员工作中正常活动范围与高压线路、设备带电部分规定的安全距离。临时遮栏可用坚韧绝缘材料制成，装设应牢固，并悬挂"止步，高压危险！"标示牌。

9. 带电短接设备时，短接开关设备的绝缘分流线截面积和两端线夹的载流容量，应满足最大允许电流的要求。（   ）

答案：错误

解析：带电短接设备时，短接开关设备的绝缘分流线截面积和两端线夹的载流容量，应满足最大负荷电流的要求。

10. 杆塔无接地引下线时，可采用截面积大于 $190mm^2$（如ϕ16 圆钢）、地下深度大于 0.6m 的临时接地体。（   ）

答案：正确

11. 配合停电的同杆（塔）架设线路装设接地线要求与检修线路相同。（   ）

答案：正确

12. 正确使用施工机具、安全工器具和劳动防护用品是工作班成员的安全责任。（   ）

答案：正确

13. 低压验电前应先在有电部位上试验，以验证验电器或测电笔良好。（   ）

答案：错误

解析：低压验电前应先在低压有电部位上试验，以验证验电器或测电笔良好。

14. 施工机具应不定期按标准试验。（   ）

答案：错误

解析：施工机具应定期按标准试验。

15. 杆塔基础附近开挖时，应在开工前检查杆塔稳定性。若开挖影响杆塔的稳定性时，应在开挖的反方向加装临时拉线，开挖基坑完毕后拆除临时拉线。（   ）

答案：错误

解析：杆塔基础附近开挖时，应随时检查杆塔稳定性。若开挖影响杆塔的稳定性时，应在开挖的反方向加装临时拉线，开挖基坑未回填时禁止拆除临时拉线。

16. 电缆沟的盖板开启后，应自然通风一段时间，经检测合格后方可下井沟工作。（   ）

答案：正确

17. 绝缘斗臂车应选择适当的工作位置，支撑应稳固可靠；机身倾斜度不得超过有关技术规定，必要时应有防倾覆措施。（   ）

答案：错误

解析： 绝缘斗臂车应选择适当的工作位置，支撑应稳固可靠；机身倾斜度不得超过制造厂的规定，必要时应有防倾覆措施。

18. 同一高压配电站、开闭所内，在几个电气连接部分上依次进行的同类型不停电工作可使用一张配电第一种工作票。（　　）

答案： 错误

解析： 同一高压配电站、开闭所内，全部停电或属于同一电压等级、同时停送电、工作中不会触及带电导体的几个电气连接部分上的工作可使用一张配电第一种工作票。

19. 杆塔上下无法避免垂直交叉作业时，应做好防落物伤人的措施，作业时要相互照应，密切配合。（　　）

答案： 正确

20. 若需变更或增设安全措施，应填用新的工作票，并重新履行签发、许可手续。（　　）

答案： 正确

21. 工作负责人、工作许可人、专责监护人应始终在工作现场。（　　）

答案： 错误

解析： 工作负责人、专责监护人应始终在工作现场。

22. 开启高压电缆分支箱（室）门应两人进行，接触电缆设备前应验明确无电压并接地。（　　）

答案： 正确

23. 伤员脱离电源后，当发现触电者呼吸微弱或停止时，应立即通畅触电者的气道以促进触电者呼吸或便于抢救。（　　）

答案： 正确

24. 沟（槽）开挖时，应将路面铺设材料和泥土统一堆置，堆置处和沟（槽）之间应保留通道供施工人员正常行走。在堆置物堆起的斜坡上不得放置工具、材料等器物。（　　）

答案： 错误

解析： 沟（槽）开挖时，应将路面铺设材料和泥土分别堆置，堆置处和沟（槽）之间应保留通道供施工人员正常行走。在堆置物堆起的斜坡上不得放置工具、材料等器物。

25. 在配电柜（盘）内工作，相邻设备应全部停电或采取绝缘遮蔽措施。（　　）

答案： 正确

26. 直接接触设备的电气测量，可单人进行。（　　）

答案： 错误

解析： 直接接触设备的电气测量，应有人监护。

27. 雷电时，禁止无照明灯具巡线。（　　）

答案： 错误

解析： 雷电时，禁止巡线。

28. 电缆试验过程中需更换试验引线时，作业人员应先穿好绝缘鞋对被试电缆充分放电。（　　）

答案： 错误

解析： 电缆试验过程中需更换试验引线时，作业人员应先戴好绝缘手套对被试电缆充分放电。

29. 滑车不得拴挂在不牢固的结构物上。（　　）

答案：正确

30. 高压配电线路不得进行地电位作业。（   ）

答案：错误

解析：高压配电线路不得进行等电位作业。

31. 使用绝缘斗臂车的作业，禁止绝缘斗超载工作。（   ）

答案：正确

32. 安全带的挂钩或绳子应挂在结实牢固的构件上，或专为挂安全带用的钢丝绳上，并应采用高挂低用的方式。禁止挂在移动或不牢固的物件上。（   ）

答案：正确

33. 工作负责人应提前知晓工作票内容，并做好工作准备。（   ）

答案：正确

34. 电动工具的开关应设在监护人伸手可及的地方。（   ）

答案：正确

35. 测量带电线路导线对地面、建筑物、树木的距离以及导线与导线的交叉跨越距离时，禁止使用普通绳索、线尺等非绝缘工具。（   ）

答案：正确

36. 在杆塔上使用梯子或临时工作平台，应将两端与固定物可靠连接，一般应由两人在其上作业。（   ）

答案：错误

解析：在杆塔上使用梯子或临时工作平台，应将两端与固定物可靠连接，一般应由一人在其上作业。

37. 电缆井、电缆隧道内工作时，应只打开电缆井一只井盖。（   ）

答案：错误

解析：电缆井、电缆隧道内工作时，通风设备应保持常开。禁止只打开电缆井一只井盖（单眼井除外）。

38. 环网柜、电缆分支箱等箱式配电设备宜装设验电、接地装置。（   ）

答案：正确

39. 一个工作负责人不能同时执行多张工作票。（   ）

答案：正确

40. 接户、进户计量装置上的停电工作，可使用其他书面记录或按口头、电话命令执行。（   ）

答案：错误

解析：接户、进户计量装置上的不停电工作，可使用其他书面记录或按口头、电话命令执行。

41. 低压电气带电工作应戴手套、护目镜，并保持对地绝缘。（   ）

答案：正确

42. 同杆（塔）架设多回线路中部分线路停电的工作，工作负责人在接受许可开始工作的命令前，应与工作许可人核对停电线路名称无误后，方可宣布开始工作。（   ）

答案：错误

解析：同杆（塔）架设多回线路中部分线路停电的工作，工作负责人在接受许可开始工作的命令前，应与工作许可人核对停电线路双重称号无误，方可宣布开始工作。

43. 若遇雷电、雪、雹、雨、雾等不良天气，禁止带电作业。（ ）

答案：正确

44. 配电线路、设备故障紧急处理应填用工作票或配电故障紧急抢修单。（ ）

答案：正确

45. 测量杆塔、配电变压器和避雷器的接地电阻，若线路和设备带电，解开或恢复杆塔、配电变压器和避雷器的接地引线时，应戴绝缘手套。禁止直接接触与地断开的接地线。（ ）

答案：正确

46. 现场心肺复苏应坚持不断地进行，如需将伤员由现场移往室内，中断操作时间不得超过 7s；通道狭窄、上下楼层、送上救护车等的操作中断不得超过 30s。（ ）

答案：正确

47. 怀疑可能存在有害气体时，应立即将人员撤离现场，转移到通风良好处休息。抢救人员进入险区应戴防毒面具。（ ）

答案：正确

48. 已经立起的杆塔，可撤去拉绳及叉杆。（ ）

答案：错误

解析：已经立起的杆塔，回填夯实后方可撤去拉绳及叉杆。

49. 带电断、接引线作业应戴护目镜，使用的安全带应有良好的绝缘性能。（ ）

答案：正确

50. 在起吊、牵引过程中，受力钢丝绳的周围、上下方、转向滑车内角侧、吊臂和起吊物的下面，禁止有人逗留和通过。（ ）

答案：正确

51. 邻近带电线路工作时，人体、导线、施工机具等与带电线路的距离如满足《安规（配电部分）》规定的邻近或交叉其他高压电力线工作的安全距离，作业地点的导线、绞车等牵引工具可不用接地。（ ）

答案：错误

解析：邻近带电线路工作时，人体、导线、施工机具等与带电线路的距离应满足《安规（配电部分）》表 5−1 规定，作业的导线应在工作地点接地，绞车等牵引工具应接地。

52. 风力超过 5 级时，禁止砍剪高出或接近带电线路的树木。（ ）

答案：正确

53. 绝缘操作杆、验电器和测量杆允许使用电压应与设备运行状况相符。（ ）

答案：错误

解析：绝缘操作杆、验电器和测量杆允许使用电压应与设备电压等级相符。

54. 有分布式电源接入的电网管理单位应及时掌握分布式电源接入情况，并在系统接线图上标注完整。（ ）

答案：正确

55. 装设的接地线应接触良好、连接可靠。（ ）

答案：正确

56. 低压配电网巡视时，禁止触碰裸露带电部位。（　　）

答案：正确

57. 有刀开关和熔断器的回路停电，应先取下熔断器，后拉开刀开关。送电操作顺序与此相反。（　　）

答案：错误

解析：有刀开关和熔断器的回路停电，应先拉开刀开关，后取下熔断器。送电操作顺序与此相反。

58. 在土质松软处挖坑，应有防止塌方措施，如加挡板、撑木等。（　　）

答案：正确

59. 因工作原因需短时移动或拆除遮栏（围栏）、标示牌时，应有人监护。完毕后应立即恢复。（　　）

答案：正确

60. 低压配电线路和设备停电后，检修或装表接电前，应在与停电检修部位或表计电气上直接相连的可验电部位验电。（　　）

答案：正确

61. 任何人不得解除闭锁装置。（　　）

答案：错误

解析：任何人不得随意解除闭锁装置。

62. 所有吊物孔、没有盖板的孔洞、楼梯和平台，应装设不低于 1000mm 高的栏杆和不低于 100mm 高的护板。（　　）

答案：错误

解析：所有吊物孔、没有盖板的孔洞、楼梯和平台，应装设不低于 1050mm 高的栏杆和不低于 100mm 高的护板。

63. 雷雨时，应停止室内起重作业。（　　）

答案：错误

解析：雷雨时，应停止野外起重作业。

64. 进出配电站、开闭所应随手关门。（　　）

答案：正确

65. 现场倒闸操作应执行唱票、复诵制度，宜全过程录音。（　　）

答案：正确

66. 人在梯子上时，禁止长距离移动梯子。（　　）

答案：错误

解析：人在梯子上时，禁止移动梯子。

67. 一张配电工作票中，现场工作许可人与工作负责人不得相互兼任。（　　）

答案：错误

解析：一张配电工作票中，工作许可人中只有现场工作许可人可与工作负责人相互兼任。

68. 检修人员（包括工作负责人）不宜单独进入高压配电室、开闭所等带电设备区域内。（　　）

答案：正确

69. 任何人在发现直接危及人身、电网和设备安全的紧急情况时，有权停止作业或者在采取可能紧急措施后撤离作业场所，并立即报告。（　　）

答案：正确

70. 工作人员禁止擅自开启直接封闭带电部分的高压配电设备柜门、箱盖、封板等。（　　）

答案：正确

71. 配电工作票的有效期，以批准的停电时间为限。（　　）

答案：错误

解析：配电工作票的有效期，以批准的检修时间为限。

72. 恢复送电，应接到用户停送电联系人的工作结束报告，做好录音并记录后方可进行。（　　）

答案：正确

73. 变压器高压侧短路接地或采取绝缘遮蔽措施后，方可进入变压器室工作。（　　）

答案：错误

解析：变压器高压侧短路接地、低压侧短路接地或采取绝缘遮蔽措施后，方可进入变压器室工作。

74. 填用配电第一种工作票的工作：配电工作，需要将高压线路、设备停电者。（　　）

答案：错误

解析：填用配电第一种工作票的工作：配电工作，需要将高压线路、设备停电或做安全措施者。

75. 高处作业应使用绳索。上下传递材料、工器具应使用工具袋。（　　）

答案：错误

解析：高处作业应使用工具袋。上下传递材料、工器具应使用绳索。

76. 起吊电杆等长物件应选择合理的吊点，并采取防止突然倾倒的措施。（　　）

答案：正确

77. 低压电气工作，应采取措施防止误入相邻间隔、误碰相邻带电部分。（　　）

答案：正确

78. 工作时人身与 10kV 带电体的距离为 0.35m 时，应采取带电作业方式。（　　）

答案：错误

解析：工作时人身与 10kV 带电体的距离小于 0.35m 时，应采取带电作业方式。

79. 在低压用电设备上停电工作前，应验明确无电压，方可工作。（　　）

答案：正确

80. 测量杆塔的接地电阻，若线路带电，在解开或恢复杆塔的接地引线时，应戴手套。禁止直接接触与地断开的接地线。（　　）

答案：错误

解析：测量杆塔、配电变压器和避雷器的接地电阻，若线路和设备带电，解开或恢复杆塔、配电变压器和避雷器的接地引线时，应戴绝缘手套。

81. 搬运试验设备时应防止误碰运行设备，造成相关运行设备继电保护误动。（　　）

答案：正确

82. 机械驱动时必须使用纤维绳。（　　）

答案：错误

解析：机械驱动时禁止使用纤维绳。

83. 现场办理工作许可手续前，工作许可人应与工作票签发人核对线路名称、设备双重名称，检查核对现场安全措施，指明保留带电部位。（　　　）

答案：错误

解析：现场办理工作许可手续前，工作许可人应与工作负责人核对线路名称、设备双重名称，检查核对现场安全措施，指明保留带电部位。

84. 配电线路和设备停电检修，接地前，应使用接触式验电器或测电笔。（　　　）

答案：错误

解析：配电线路和设备停电检修，接地前，应使用相应电压等级的接触式验电器或测电笔，在装设接地线或合接地刀闸处逐相分别验电。

85. 高低压配电室、开闭所部分停电检修或新设备安装，应在工作地点两旁及对面运行设备间隔的遮栏（围栏）上和禁止通行的过道遮栏（围栏）上悬挂"在此工作！"标示牌。（　　　）

答案：错误

解析：高低压配电室、开闭所部分停电检修或新设备安装，应在工作地点两旁及对面运行设备间隔的遮栏（围栏）上和禁止通行的过道遮栏（围栏）上悬挂"止步，高压危险！"标示牌。

86. 停电时应拉开隔离开关（刀闸），手车开关应拉至试验或检修位置，使停电的线路和设备两端都有明显断开点。（　　　）

答案：错误

解析：停电时应拉开隔离开关（刀闸），手车开关应拉至试验或检修位置，使停电的线路和设备各端都有明显断开点。

87. 不得随意拆除未采取补强措施的受力构件。（　　　）

答案：正确

88. 低压电气设备电压等级为 1000V 以下。（　　　）

答案：错误

解析：低压电气设备电压等级为 1000V 及以下。

89. 检修联络用的断路器（开关）、隔离开关（刀闸），应在其来电侧验电。（　　　）

答案：错误

解析：检修联络用的断路器（开关）、隔离开关（刀闸），应在两侧验电。

90. 工作票只能延期一次。延期手续应记录在记录簿上。（　　　）

答案：错误

解析：工作票只能延期一次。延期手续应记录在工作票上。

91. 伤员脱离电源后，对伤者有无脉搏的判断应同时触摸两侧颈动脉。（　　　）

答案：错误

解析：伤员脱离电源后，对伤者有无脉搏的判断应触摸一侧颈动脉。

92. 挖到电缆保护板后，应由有经验的人员在场指导，方可继续进行。（　　　）

答案：正确

93. 低压电气带电工作，应采取绝缘隔离措施防止相间短路和单相接地。（　　　）

答案：正确

94. 砍剪树木应有人监护。（　　）

答案：正确

95. 成套接地线应用有透明护套的多股软铜线和专用线夹组成，且高压接地线的截面积不得小于 16mm²。（　　）

答案：错误

解析：成套接地线应用有透明护套的多股软铜线和专用线夹组成，接地线截面积应满足装设地点短路电流的要求，且高压接地线的截面积不得小于 25mm²。

96. 禁止使用出现松股、散股、断股、严重磨损的纤维绳。（　　）

答案：正确

97. 禁止使用木质锚桩。（　　）

答案：错误

解析：禁止使用出现横向裂纹以及有严重纵向裂纹或严重损坏的木质锚桩。

98. 配电设备的盘柜检修、查线、试验、定值修改输入等工作，宜在盘柜的前后分别悬挂"在此工作！"标示牌。（　　）

答案：正确

99. 在电缆隧道内巡视时，作业人员应携带正压式空气呼吸器，通风不良时还应携带便携式气体检测仪。（　　）

答案：错误

解析：在电缆隧道内巡视时，作业人员应携带便携式气体测试仪，通风不良时还应携带正压式空气呼吸器。

100. 电气测量工作一般在良好天气时进行。（　　）

答案：正确

101. 工作票签发人应由熟悉人员文化水平、熟悉配电网络接线方式、熟悉设备情况、熟悉《安规（配电部分）》的人员担任。（　　）

答案：错误

解析：工作票签发人应由熟悉人员技术水平、熟悉配电网络接线方式、熟悉设备情况、熟悉《安规（配电部分）》，并具有相关工作经验的生产领导、技术人员或经本单位批准的人员担任，名单应公布。

102. 土壤电阻率较高地区如岩石、瓦砾、沙土等，应采取增加接地体根数、长度、截面积或埋地深度等措施改善接地电阻。（　　）

答案：正确

103. 配电线路、设备停电时，对不能直接在地面操作的断路器（开关）、隔离开关（刀闸）的操作机构应加锁。（　　）

答案：错误

解析：配电线路、设备停电时，不能直接在地面操作的断路器（开关）、隔离开关（刀闸）应悬挂"禁止合闸，有人工作！"或"禁止合闸，线路有人工作！"的标示牌。

104. 杆塔上有人时，可以调整但禁止拆除拉线。（　　）

答案：错误

解析：杆塔上有人时，禁止调整或拆除拉线。

105. 工作期间，专责监护人若需暂时离开工作现场，应指定能胜任的人员临时代替，离开前应将工作现场交代清楚，并告知全体工作班成员。（　　　）

答案：错误

解析：工作期间，工作负责人若需暂时离开工作现场，应指定能胜任的人员临时代替，离开前应将工作现场交代清楚，并告知全体工作班成员。

106. 带电断、接架空线路与空载电缆线路的连接引线应采取消弧措施，不得直接带电断、接。（　　　）

答案：正确

107. 使用钳形电流表测量低压线路和配电变压器低压侧电流，应注意不触及其他带电部位，以防接地短路。（　　　）

答案：错误

解析：使用钳形电流表测量低压线路和配电变压器低压侧电流,应注意不得触及其他带电部位,以防相间短路。

108. 创伤急救止血时，可用电线、铁丝、细绳等作止血带使用。（　　　）

答案：错误

解析：创伤急救止血时，严禁用电线、铁丝、细绳等作止血带使用。

109. 处理放线、紧线过程中卡、挂现象时操作人员应站在卡线处外侧,用手拉、推导线。（　　　）

答案：错误

解析：处理放线、紧线过程中卡、挂现象时，操作人员应站在卡线处外侧，采用工具、大绳等撬、拉导线。禁止用手直接拉、推导线。

110. 多小组工作，工作负责人应在得到主要小组负责人工作结束的汇报后，方可与工作许可人办理工作终结手续。（　　　）

答案：错误

解析：多小组工作，工作负责人应在得到所有小组负责人工作结束的汇报后，方可与工作许可人办理工作终结手续。

四、简答题

1. 现场勘察的内容包含哪些？

答案：现场勘察应查看检修（施工）作业需要停电的范围、保留的带电部位、装设接地线的位置、邻近线路、交叉跨越、多电源、自备电源、地下管线设施和作业现场的条件、环境及其他影响作业的危险点。

2. 根据工作票制度，在配电线路和设备上工作，按哪些方式进行？

答案：在配电线路和设备上工作，应按下列方式进行：

（1）填用配电第一种工作票。

（2）填用配电第二种工作票。

（3）填用配电带电作业工作票。

（4）填用低压工作票。

（5）填用配电故障紧急抢修单。

（6）使用其他书面记录或按口头、电话命令执行。

3.《安规（配电部分）》对工作许可人规定的安全责任有哪些？

答案：（1）审票时，确认工作票所列安全措施是否正确完备。对工作票所列内容发生疑问时，应向工作票签发人询问清楚，必要时予以补充。

（2）保证由其负责的停、送电和许可工作的命令正确。

（3）确认由其负责的安全措施正确实施。

4.《安规（配电部分）》对专责监护人规定的安全责任有哪些？

答案：（1）明确被监护人员和监护范围。

（2）工作前，对被监护人员交代监护范围内的安全措施、告知危险点和安全注意事项。

（3）监督被监护人员遵守本规程和执行现场安全措施，及时纠正被监护人员的不安全行为。

5.《安规（配电部分）》对工作班成员规定的安全责任有哪些？

答案：（1）熟悉工作内容、工作流程，掌握安全措施，明确工作中的危险点，并在工作票上履行交底签名确认手续。

（2）服从工作负责人（监护人）、专责监护人的指挥，严格遵守本规程和劳动纪律，在指定的作业范围内工作，对自己在工作中的行为负责，互相关心工作安全。

（3）正确使用施工机具、安全工器具和劳动防护用品。

6. 登杆塔前，应做好哪些工作？

答案：（1）核对线路名称和杆号。

（2）检查杆根、基础和拉线是否牢固。

（3）检查杆塔上是否有影响攀登的附属物。

（4）遇有冲刷、起土、上拔或导地线、拉线松动的杆塔，应先培土加固、打好临时拉线或支好架杆。

（5）检查登高工具、设施（如脚扣、升降板、安全带、梯子和脚钉、爬梯、防坠装置等）是否完整牢靠。

（6）攀登有覆冰、积雪、积霜、雨水的杆塔时，应采取防滑措施。

（7）攀登过程中应检查横向裂纹和金具锈蚀情况。

7. 使用临时拉线的安全要求？

答案：（1）不得利用树木或外露岩石作受力桩。

（2）一个锚桩上的临时拉线不得超过两根。

（3）临时拉线不得固定在有可能移动或其他不可靠的物体上。

（4）临时拉线绑扎工作应由有经验的人员担任。

（5）临时拉线应在永久拉线全部安装完毕承力后方可拆除。

（6）杆塔施工过程中需要采用临时拉线过夜时，应对临时拉线采取加固和防盗措施。

8. 同杆（塔）架设多回线路中部分线路停电的工作，为防止误登有电线路，应采取哪些措施？

答案：（1）每基杆塔应设识别标记（色标、判别标志等）和线路名称、杆号。

（2）工作前应发给作业人员相对应线路的识别标记。

（3）经核对停电检修线路的识别标记和线路名称、杆号无误，验明线路确已停电并挂好接地线后，工作负责人方可宣布开始工作。

（4）作业人员登杆塔前应核对停电检修线路的识别标记和线路名称、杆号无误后，方可攀登。

（5）登杆塔和在杆塔上工作时，每基杆塔都应设专人监护。

9. 电网管理单位与分布式电源用户签订的并网协议中，在安全方面至少应明确哪些内容？

答案：并网协议至少应明确下述内容：

（1）并网点开断设备（属于用户）操作方式。

（2）检修时的安全措施。双方应相互配合做好电网停电检修的隔离、接地、加锁或悬挂标示牌等安全措施，并明确并网点安全隔离方案。

（3）由电网管理单位断开的并网点开断设备，仍应由电网管理单位恢复。

10. 哪些安全工器具应进行试验？

答案：应试验的安全工器具如下：

（1）规程要求试验的安全工器具。

（2）新购置和自制的安全工器具。

（3）检修后或关键零部件已更换的安全工器具。

（4）对机械、绝缘性能产生疑问或发现缺陷的安全工器具。

（5）出了问题的同批次安全工器具。

11. 高压触电可采用哪些方法使触电者脱离电源？

答案：高压触电可采用下列方法之一使触电者脱离电源：

（1）立即通知有关供电单位或用户停电。

（2）戴上绝缘手套，穿上绝缘靴，用相应电压等级的绝缘工具按顺序拉开电源开关或熔断器。

（3）抛掷裸金属线使线路短路接地，迫使保护装置动作，断开电源。注意抛掷金属线之前，应先将金属线的一端固定可靠接地，然后另一端系上重物抛掷，注意抛掷的一端不可触及触电者和其他人。另外，抛掷者抛出线后，要迅速离开接地的金属线 8m 以外或双腿并拢站立，防止跨步电压伤人。在抛掷短路线时，应注意防止电弧伤人或断线危及人员安全。

12. 杆塔上作业应注意哪些安全事项？

答案：（1）作业人员攀登杆塔、杆塔上移位及杆塔上作业时，手扶的构件应牢固，不得失去安全保护，并有防止安全带从杆顶脱出或被锋利物损坏的措施。

（2）在杆塔上作业时，宜使用有后备保护绳或速差自锁器的双控背带式安全带，安全带和保护绳应分挂在杆塔不同部位的牢固构件上。

（3）上横担前，应检查横担腐蚀情况、联结是否牢固，检查时安全带（绳）应系在主杆或牢固的构件上。

（4）在人员密集或有人员通过的地段进行杆塔上作业时，作业点下方应按坠落半径设围栏或其他保护措施。

（5）杆塔上下无法避免垂直交叉作业时，应做好防落物伤人的措施，作业时要相互照应，密切配合。

（6）杆塔上作业时不得从事与工作无关的活动。

13. 哪些项目应填入操作票内？

答案：（1）拉合设备［断路器（开关）、隔离开关（刀闸）、跌落式熔断器、接地刀闸等］，验电，装拆接地线，合上（安装）或断开（拆除）控制回路或电压互感器回路的空气开关、熔断器，切换保护回路和自动化装置，切换断路器（开关）、隔离开关（刀闸）控制方式，检验是否确无电压等。

（2）拉合设备［断路器（开关）、隔离开关（刀闸）、接地刀闸等］后检查设备的位置。

（3）停、送电操作，在拉合隔离开关（刀闸）或拉出、推入手车开关前，检查断路器（开关）确在分闸位置。

（4）在倒负荷或解、并列操作前后，检查相关电源运行及负荷分配情况。

（5）设备检修后合闸送电前，检查确认送电范围内接地刀闸已拉开、接地线已拆除。

（6）根据设备指示情况确定的间接验电和间接方法判断设备位置的检查项。

第二节 电 工 基 础

一、单选题

1. 电流的基本国际单位是（ ）。

A. 焦耳　　　　　　　B. 瓦特　　　　　　　C. 安培　　　　　　　D. 伏特

答案：C

2. 银、铜、铝、铁四种常用的导体材料中，电阻率最小的是（ ）。

A. 银　　　　　　　　B. 铜　　　　　　　　C. 铝　　　　　　　　D. 铁

答案：A

3. 将一均匀长直导体对折使用，其阻值为原来的（ ）。

A. 1/2　　　　　　　B. 1/4　　　　　　　C. 1/8　　　　　　　D. 1/16

答案：B

4. 灯泡的钨丝断了，将其搭接起来，结果发现比原来亮了许多，这是因为（ ）。

A. 电源电压提高了　　　　　　　　　B. 灯泡的阻值变大了

C. 灯泡的阻值减小了　　　　　　　　D. 灯泡的阻值不变

答案：C

5. 将"110V、100W"和"110V、40W"的两个灯泡串接在220V的电路中，结果是（ ）。

A. "110V、100W"比"110V、40W"亮　　　B. "110V、100W"比"110V、40W"暗

C. "110V、100W"将烧毁　　　　　　　　D. "110V、40W"将烧毁

答案：D

6. 额定功率相同，额定电压不同的两个电阻并联，消耗功率大的是（ ）。

A. 额定电压高的　　　B. 额定电压低的　　　C. 一样大　　　　　D. 不一定

答案：B

7. 若单只电容器的电容量不够，可将两只或几只电容器（ ）。

A. 串联　　　　　　　B. 并联　　　　　　　C. 混联　　　　　　　D. 任意

答案：B

8. 判断通电直导体产生磁场的方向用（ ）。

A. 左手定则　　　　　B. 右手定则　　　　　C. 右手螺旋定则　　　D. 楞次定律

答案：C

9. 下列哪种情况是利用自感现象的？（ ）

A. 日光灯的启动
B. 电动机的启动
C. 电炉子接通瞬间
D. 开关断开瞬间

答案：A

10. 用交流电压表测电压时，表计显示的读数是交流电的（　　）值。

A. 有效　　　　　　B. 最大　　　　　　C. 瞬时　　　　　　D. 平均

答案：A

11. 交流电路中，电容元件电压和电流的相位关系是（　　）。

A. 电压与电流同相位
B. 电压超前电流 90°
C. 电压滞后电流 90°
D. 电压与电流的相位差在 0°～60° 之间

答案：C

12. 有 5 个 10Ω 的电阻并联，再和 10Ω 的电阻串联，总电阻是（　　）Ω。

A. 8　　　　　　　　B. 10　　　　　　　C. 12　　　　　　　D. 14

答案：C

13. 感性负载并联电容器可以（　　）。

A. 提高负载的功率因数
B. 延长负载的使用寿命
C. 提高电路的功率因数
D. 提高设备利用率

答案：C

14. 电阻、电感、电容串联电路中，当电路中的总电流滞后于电路两端电压的时候（　　）。

A. $X=X_L-X_C>0$　　B. $X=X_L-X_C<0$　　C. $X=X_L-X_C=0$　　D. $X=X_L=X_C$

答案：A

15. 用一个恒定电动势 E 和一个内阻 R_0 串联组合来表示一个电源。用这种方式表示的电源称为（　　）源。

A. 电压　　　　　　B. 电流　　　　　　C. 电阻　　　　　　D. 电位

答案：A

16. 在半导体中掺入微量的有用杂质，制成掺杂半导体。掺杂半导体有（　　）。

A. W 型　　　　　　B. N 型有 P 型　　　C. U 型　　　　　　D. V 型

答案：B

17. N 型半导体自由电子数远多于空穴数，这些自由电子是多数载流子，而空穴是少数载流子，导电能力主要靠自由电子，称为电子型半导体，简称（　　）型半导体。

A. W　　　　　　　　B. U　　　　　　　　C. P　　　　　　　　D. N

答案：D

18. 在 PN 节之间加（　　）电压，多数载流子的扩散增强，有电流通过 PN 节，就形成了 PN 节导电。

A. 前向　　　　　　B. 后向　　　　　　C. 正向　　　　　　D. 反向

答案：C

19. 在 PN 节之间加（　　）电压，多数载流子扩散被抑制，反向电流几乎为零，就形成了 PN 节截止。

A. 前向　　　　　　B. 后向　　　　　　C. 正向　　　　　　D. 反向

答案：D

20. 三极管内部由三层半导体材料组成，分别称为发射区、基区和集电区，结合处形成两个 PN 结，分别称为发射结和（　　）。

A. 集中结　　　　　　B. 集成结　　　　　　C. 集电结　　　　　　D. 集合结

答案：C

21. 当三极管集电极与发射极之间的电压 U_{ce} 为一定值时，基极与发射极间的电压 U_{be} 与基极电流 I_b 之间的关系，称为三极管的（　　）特性。

A. 输入　　　　　　　B. 输出　　　　　　　C. 放大　　　　　　　D. 机械

答案：A

22. 金属导体的电阻随温度升高而增大，其主要原因是（　　）。

A. 电阻率随温度升高而增大　　　　　　　B. 导体长度随温度升高而增大

C. 导体的截面积随温度升高而增大　　　　D. 不确定

答案：A

23. 电阻和电感串联电路中，用（　　）三角形表示电阻、电感及阻抗之间的关系。

A. 电压　　　　　　　B. 功率　　　　　　　C. 阻抗　　　　　　　D. 电流

答案：C

24. 电能的法定单位是（　　）。

A. J 和 kWh　　　　　B. kWh 和度　　　　　C. Wh 和度　　　　　D. kVA

答案：A

25. 电场的方向是（　　）在电场该点中所受电场力的方向。

A. 小磁针　　　　　　B. 正电荷　　　　　　C. 负电荷　　　　　　D. 半导体

答案：B

26. 电感元件在正弦交流电路中（　　）。

A. 流过的正弦电流与电压同相位　　　　　B. 流过的正弦电流超前电压相位角

C. 流过的正弦电流滞后电压相位角　　　　D. 所耗功率任何瞬间不为负值

答案：C

27. 下面不是国家规定的电压等级是（　　）kV。

A. 10　　　　　　　　B. 22　　　　　　　　C. 220　　　　　　　D. 500

答案：B

28. 参考点也叫做零电位点，它是（　　）。

A. 人为规定的　　　B. 由参考方向决定的　　C. 由电位的实际方向决定的　　D. 大地

答案：A

29. 电场对于该电场中的电荷产生作用力，称为（　　）力。

A. 电场　　　　　　　B. 电磁　　　　　　　C. 电动　　　　　　　D. 静电

答案：A

30. A 点电位为 65V，B 点电位为 35V，则 $U_{BA}=$（　　）V。

A. 100　　　　　　　B. 30　　　　　　　　C. 0　　　　　　　　D. −30

答案：D

31. 将 220V 的交流电压加到电阻值为 22Ω 的电阻器两端，则电阻器两端（ ）。

A. 电压有效值为 220V，流过的电流的有效值为 10A

B. 电压的最大值为 220V，流过的电流的最大值为 10A

C. 电压的最大值为 220V，流过的电流的有效值为 10A

D. 电压的有效值为 220V，流过的电流的最大值为 10A

答案：A

32. 金属导体的电阻 $R=U/I$，因此可以说（ ）。

A. 导体的电阻与它两端的电压成正比　　　　B. 导体的电阻与通过它的电流成反比

C. 电流强度与这段导体的电阻成反比　　　　D. 电压大小与这段导体电阻成反比

答案：C

33. 我国交流电的频率为 50Hz，其周期为（ ）s。

A. 0.01　　　　　B. 0.02　　　　　C. 0.1　　　　　D. 0.2

答案：B

34. 有一只内阻为 0.15Ω，最大量程为 1A 的电流表，现给它并联一个 0.05Ω 的小电阻，则这只电流表的量程将扩大为（ ）A。

A. 3　　　　　B. 4　　　　　C. 6　　　　　D. 8

答案：B

35. 电路由（ ）和开关四部分组成。

A. 电源、负载、连接导线　　　　　B. 发电机、电动机、母线

C. 发电机、负载、架空线路　　　　D. 电动机、灯泡、连接导线

答案：A

二、多选题

1. 影响导体电阻的因素有导体的（ ）。

A. 长度　　　　　B. 截面积　　　　　C. 温度　　　　　D. 材料

答案：ABCD

2. 电源力的作用是（ ）。

A. 将正电荷移到电源的正极　　　　　B. 将正电荷移到电源的负极

C. 将负电荷移到电源的正极　　　　　D. 将负电荷移到电源的负极

答案：AD

3. 下列属于电路组成部分的是（ ）。

A. 电源　　　　　B. 导线　　　　　C. 负载　　　　　D. 继电器

答案：ABC

4. 电路的基本定律是（ ）定律。

A. 欧姆　　　　　B. 楞次　　　　　C. 电磁感应　　　　　D. 基尔霍夫

答案：AD

5. 串联电路的特点有（ ）。

A. 流过各电阻的电流相同

B. 电路总电压等于各电阻上的电压降之和

C. 电路总电阻（等效电阻）等于各电阻阻值之和

D. 各电阻上的电压与该电阻的阻值成正比

答案：ABCD

6. 并联电路的特点有（　　）。

A. 电路中各电阻上所承受的电压相同

B. 电路中的总电流等于各电阻中的电流之和

C. 电路中的总电阻（等效电阻）的倒数等于各电阻的倒数之和

D. 各电阻上的电流与该电阻的阻值成反比

答案：ABCD

7. 下列现象属于电流的热效应的是（　　）。

A. 利用电炉子烧水　　　　　　　　　B. 电机运行一段时间后外壳发热

C. 太阳能热水器　　　　　　　　　　D. 地热

答案：AB

8. 下列可以表示磁场强弱的是（　　）。

A. 磁力线的疏密程度　　　　　　　　B. 磁力线的方向

C. 磁通的大小　　　　　　　　　　　D. 磁感应强度

答案：ACD

9. 通电直导体在磁场中受到的电磁力的大小与（　　）有关。

A. 电流的大小　　B. 电流的方向　　C. 磁场的强弱　　D. 磁场的方向

答案：AC

10. 直导体产生的感应电势的大小与（　　）有关。

A. 磁场的强弱　　　　　　　　　　　B. 导体的有效长度

C. 导体与磁场的相对运动速度　　　　D. 导体的运动方向

答案：ABCD

11. 线圈产生的感应电势的大小与（　　）有关。

A. 磁场的强弱　　B. 磁通的变化量　　C. 磁通的变化率　　D. 线圈的匝数

答案：CD

12. 下列元件中，（　　）属于储能元件。

A. 电阻元件　　　　B. 电感元件　　　　C. 电容元件　　　　D. 都不是

答案：BC

13. 下列元件中，（　　）是有无功的元件。

A. 电阻元件　　　　B. 电感元件　　　　C. 电容元件　　　　D. 都没有

答案：BC

14. 根据电感和电容在电路中所起的作用不同，RLC 串联电路有如下（　　）性质。

A. 感性　　　　　　B. 容性　　　　　　C. 阻性　　　　　　D. 混合性

答案：ABC

15. 交流电路的功率包括（　　）功率。

A. 瞬时　　　　　　B. 有功　　　　　　C. 无功　　　　　　D. 视在

答案：ABCD

16. 表示二次回路的图纸有（   ）图。

A. 平面   B. 原理   C. 展开   D. 安装接线

答案：BCD

17. 提高功率因数的意义是（   ）。

A. 提高设备有功出力   B. 降低功率损耗和电能损失

C. 减少电力设备的投资   D. 减少电压损失，改善电压质量

答案：ABCD

18. 对同一正弦电流而言，（   ）。

A. 电阻电流与电压同相   B. 电感电压超前电流

C. 电容电压滞后电流   D. 电感电压与电容电压反相

答案：ABCD

19. 对于储能元件，（   ）不能突变的说法正确。

A. 电容的电压   B. 电感的电流

C. 电容的电流   D. 电感的电压

答案：AB

20. 对某一具体线性电阻，由欧姆定律 $U=IR$ 得出（   ）。

A. U 变大，I 变大   B. U 变大，R 不变   C. I 变小，R 变大   D. U 变大，R 变大

答案：AB

21. 三相电路的连接方式有（   ）。

A. $Y-Y$ B. $Y-Y_0$ C. $Y-\triangle$ D. $\triangle-Y$

答案：ABCD

22. 电流形成的内因是导体内部存在大量的自由电荷。下面属于自由电荷的是（   ）。

A. 电子   B. 自由电子   C. 离子   D. 原子核

答案：BC

23. 对称三相负载是指（   ）。

A. 每相电阻相等   B. 每相电抗相等

C. 必须是纯电阻负载   D. 必须是感性负载

答案：AB

24. 导体的电阻与（   ）有关。

A. 磁导率   B. 电阻率   C. 导体长度   D. 导体截面

答案：BCD

25. 农村电网无功补偿的原则是（   ）。

A. 全面规划   B. 合理布局   C. 分散补偿   D. 就地平衡

答案：ABCD

26. 电容元件具有（   ）性质。

A. 交流电的频率越低，容抗越大   B. 直流不易通过电容

C. 交流容易通过电容   D. 交流电的频率越高，容抗越小

答案： ABCD

27. 属于电工基础中的理想元件是（ ）。

A. 电阻 B. 电感 C. 电容 D. 电动机

答案： ABC

28. 在电阻串联电路中，下列叙述正确的是（ ）。

A. 各电阻上的电压与电阻大小成正比 B. 各电阻上的电压与电阻大小成反比

C. 各电阻上的电压均相同 D. 各电阻上的功率与电阻大小成正比

答案： AD

29. 耐压同为 250V 的两只电容器 C1、C2，C1=0.3μF，C2=0.6μF，将它们串联接入电源，则有（ ）。

A. 它们的等效电容 C=0.9μF B. 所带的电荷量相同

C. C1 承受的电压高，C2 承受的电压低 D. C1 承受的电压低，C2 承受的电压高

答案： BC

30. 下列描述中，符合对称正弦量的是（ ）。

A. 大小相等 B. 相位相同 C. 频率相同 D. 相位互差 120°

答案： ACD

三、判断题

1. 纯电阻单相正弦交流电路中的电压与电流，其瞬时值遵循欧姆定律。（ ）

答案： 正确

2. 电位高低的含义，是指该点对参考点间的电位大小。（ ）

答案： 错误

解析： 电压高低的含义，是指该点对参考点间的电位大小。

3. 习惯上规定正电荷运动的方向为电流的正方向。（ ）

答案： 错误

解析： 习惯上规定正电荷移动的方向为电流的方向。

4. 电流的方向与电子流的方向相同。（ ）

答案： 错误

解析： 电流的方向与电子流的方向相反。

5. 根据欧姆定律可得：导体的电阻与通过它的电流成反比。（ ）

答案： 错误

解析： 根据欧姆定律可得，导体的电阻大小可用加在两端的电压和通过的电流的比值求得，但电阻本身是一种性质，与电流和电压无关。

6. 交流电最大值是正弦交流电在变化过程中出现的最大瞬时值。（ ）

答案： 正确

7. 电动势的实际方向规定为从正极指向负极。（ ）

答案： 错误

解析： 电动势的实际方向规定为从负极指向正极。

8. 两个同频率正弦量相等的条件是最大值相等。（ ）

答案： 错误

解析： 两个同频率正弦量相等的条件是最大值相等，相位相同。

9. 补偿容量过大，在负荷低谷时段无功倒送，网络损耗有可能不降低反而增加。（　　）

答案： 正确

10. 三相四线制电路中，中性线电流等于零。（　　）

答案： 错误

解析： 三相四线制电路中，中性线电流不一定等于零。

11. 三相对称电路的瞬时功率总是等于三相对称电路的有功功率。（　　）

答案： 正确

12. 造成用户电压偏低的原因之一是无功功率不足。（　　）

答案： 正确

13. 半导体自由电子数远多于空穴数称为电子型半导体，简称 N 型半导体。

答案： 正确

14. 由 $R=U/I$，可知 R 与 U 成正比，与 I 成反比。（　　）

答案： 错误

解析： R 与 U、I 无关。

15. 电力系统的负荷是指在各种用电设备中消耗的有功功率。（　　）

答案： 错误

解析： 电力系统的负荷是指在各种用电设备中消耗的视在功率。

16. 在电路中，纯电阻负载的功率因数为 $\cos\varphi=0$，纯电感和纯电容的功率因数为 1。（　　）

答案： 错误

解析： 在电路中，纯电阻负载的功率因数为 $\cos\varphi=1$，纯电感和纯电容的功率因数为 0。

17. 节点电流定律也叫基尔霍夫第一定律。（　　）

答案： 正确

18. 人们常用"负载大小"来指负载电功率大小，在电压一定的情况下，负载大小是指通过负载的电流大小。（　　）

答案： 正确

19. 由电阻欧姆定律可知，导体的电阻率可表示为：$\rho=RS/L$。因此，导体电阻率的大小和导体的长度及横截面积有关。（　　）

答案： 错误

解析： 由电阻欧姆定律可知，导体的电阻率可表示为：$\rho=RS/L$。因此，导体电阻的大小和导体的长度及横截面积有关。

20. 在串联电容器中，电容量较小的电容器所承受的电压较高。（　　）

答案： 正确

21. 一只 220V、1kW 的电炉，若每天用电 1h，则 30 天用电 7.2kWh。（　　）

答案： 错误

解析： 一只 220V、1kW 的电炉，若每天用电 1h，则 30 天用电 30kWh。

22. 电路中两点的电位分别是 $U_1=10V$，$U_2=-5V$ 这两点间的电压是 15V。（　　）

答案：正确

23. 所谓交流电就是指电流（或电压、电动势）的大小随时间作周期性变化，它是交流电流、交流电压、交流电动势的总称。（　　　）

答案：错误

解析：所谓交流电就是指电流（或电压、电动势）的大小随时间作周期性变化，它是交流电流、交流电压的总称。

24. 电阻两端的交流电压与流过电阻的电流相位相同，在电阻一定时，电流与电压成正比。（　　　）

答案：正确

25. 在两个感抗相同的电感两端加大小相同的电压，由于所加电压的频率不同，因此，电流和电压之间的相位差也不同。（　　　）

答案：错误

解析：不管电压幅值和频率如何，感抗的电流始终滞后电压90°相位。

26. 视在功率就是有功功率加上无功功率。（　　　）

答案：错误

解析：不是简单的相加，是矢量和，有功的平方加上无功的平方再开根号。

27. 电压三角形、阻抗三角形、功率三角形都是相量三角形。（　　　）

答案：错误

解析：阻抗三角形和功率三角形都不是相量图，而电压三角形是相量图。

28. 在对称三相电路中，负载作星形连接时，线电压是相电压的$\sqrt{3}$倍，线电压的相位超前相应的相电压。（　　　）

答案：正确

29. 交流电的超前和滞后，只能对同频率的交流电而言，不同频率的交流电，不能说超前和滞后，也不能进行数学运算。（　　　）

答案：正确

30. 三相对称负载作三角形连接时，线电压等于相电压。（　　　）

答案：正确

四、计算题

1. 已知电源的电动势 $E=12\text{V}$，内阻 $r_0=0.1\Omega$，负荷电阻 $R=3.9\Omega$，求电路中的电流 I，电源内阻 r_0 上的电压降 U_0 及电源端电压 U。

解：

$$I=\frac{E}{R+r_0}=\frac{12}{3.9+0.1}=3\ (\text{A})$$

$$U_0=Ir_0=3\times 0.1=0.3\ (\text{V})$$

$$U=E-U_0=12-0.3=11.7\ (\text{V})$$

2. 有一台三相异步电动机，其额定功率为20kW，额定电压为380V，效率为0.8，功率因数为0.8。求电动机的额定电流。

解：

$$I_N = \frac{P_N}{\sqrt{3}U_N\eta\cos\varphi} = \frac{20\times1000}{\sqrt{3}\times380\times0.8\times0.8} = 47.35(\text{A})$$

3. 电烙铁的额定电压为 220V，功率为 45W，试计算它的电阻和电流。如果连续使用 3h，问消耗多少电能？

解：

$$R = \frac{U^2}{P} = \frac{220^2}{45} = 1076\ (\Omega)$$

$$I = \frac{P}{U} = \frac{45}{220} = 0.205\ (\text{A})$$

连续使用 3h 所消耗的电能为

$$W = Pt = 45\times3 = 135\ (\text{Wh}) = 0.135\ (\text{kWh})$$

4. 电阻值为 484Ω 的电熨斗，接在 220V 的电源上，消耗的电功率是多少？连续工作 10h，共用多少千瓦时电？放出多少热量？

解： 电熨斗消耗的功率为

$$P = U^2 / R = 220^2 / 484 = 100\ (\text{W})$$

连续工作 10h 所消耗的电能为

$$W = Pt = 100\times10^{-3}\times10 = 1\ (\text{kW}\cdot\text{h})$$

放出热量 Q 为

$$Q = Pt = 100\times3600\times10 = 3.6\times10^6\ (\text{J})$$

5. 有一日光灯电路，测得电源电压 220V，灯管两端的电压是 110V，求镇流器两端的电压是多少？

解：

$$U_L = \sqrt{U^2 - U_R^2} = \sqrt{220^2 - 110^2} = 190.5\ (\text{V})$$

6. 30W 的日光灯，用 220V、50Hz 的交流电，已知日光灯的功率因数为 0.33，求通过它的电流？

解： 日光灯相当于电阻和电感相串联的负载，根据电阻、电感串联负载有功功率的计算公式，可得 $P = UI\cos\varphi$

$$I = \frac{P}{U\cos\varphi} = \frac{30}{220\times0.33} \approx 0.413\ (\text{A})$$

7. 有一三相对称负载，每相的电阻 $R = 8\Omega$，感抗 $X_L = 6\Omega$，如果负载接成星形，接到 $U_L = 380\,\text{V}$ 的三相电源上，求负载的相电流和线电流？

解： 因为负载接成星形，所以每相负载上承受的是相电压，已知 $U_L = 380\,\text{V}$，所以

$$U_P = \frac{U_L}{\sqrt{3}} = \frac{380}{\sqrt{3}} \approx 220\ (\text{V})$$

每相负载的阻抗为

$$Z = \sqrt{R^2 + X_L^2} = \sqrt{8^2 + 6^2} = 10\ (\Omega)$$

流过每相负载的电流为

$$I_P = \frac{U_P}{Z} = \frac{220}{10} = 22\ (\text{A})$$

因为负载是星形连接，所以线电流等于相电流

即
$$I_L = I_P = 22 \,(\text{A})$$

8. 额定容量 $S_N = 50\text{kVA}$ 的单相变压器一台，额定电压 $U_{1N} = 10\text{kV}$，$U_{2N} = 0.22\text{kV}$，二次侧接有三台 220V、10kW 的电阻炉，如忽略变压器的漏阻抗和损耗，试求：

（1）变比；

（2）一、二次侧电流 I_1、I_2；

（3）一、二次侧额定电流 I_{1N}、I_{2N}。

解：（1）变比 $K = \dfrac{U_{1N}}{U_{2N}} = \dfrac{10 \times 10^3}{220} = 45.45$

（2）二次侧电流 $I_2 = \dfrac{10}{0.22} \times 3 = 136.36 \,(\text{A})$

一次侧电流 $I_1 = \dfrac{I_2}{K} = \dfrac{136.36}{45.45} = 3 \,(\text{A})$

（3）一次额定电流 $I_{1N} = \dfrac{S_N}{U_{1N}} = \dfrac{50}{10} = 5 \,(\text{A})$

二次额定电流 $I_{2N} = \dfrac{S_N}{U_{2N}} = \dfrac{50}{0.22} = 227.27 \,(\text{A})$

9. 有一盏 40W 的荧光灯，电源电压 220V、50Hz，荧光灯管的电阻 300Ω，镇流器电感量 1.65H，求电路的功率因数。如果将原来的功率因数提高到 0.95，应并一只多大容量的电容器？

解： 先求镇流器的阻抗 X_L

$$X_L = 2\pi f L = 2 \times 3.14 \times 50 \times 1.65 \approx 518 \,(\Omega)$$

总阻抗为

$$Z = \sqrt{R^2 + X_L^2} = \sqrt{300^2 + 518^2} = 599 \,(\Omega)$$

电流为
$$I = \frac{U}{Z} = \frac{220}{599} = 0.367 \,(\text{A})$$

功率因数为
$$\cos\varphi = \frac{P}{UI} = \frac{40}{220 \times 0.367} = \frac{40}{80.74} \approx 0.5$$

五、识图题

1. 下图是什么设备的安装接线方式？

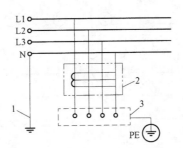

答案： 三相四线制剩余电流动作保护器。

2. 下图是什么控制电路图？

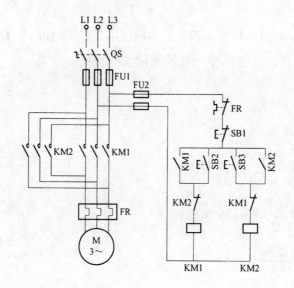

答案：三相感应电动机接触器连锁正反转。

3. 下图是什么图？

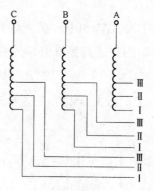

答案：10kV 配电变压器分接线。

4. 下图是什么接线图？

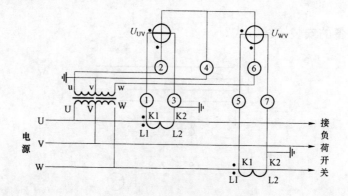

答案：三相三线电能表经电压、电流互感器接入的接线图。

5. 下图属于什么电路图？

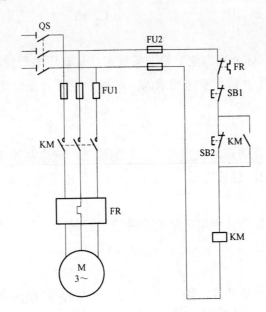

答案：电动机单向旋转控制电路图。

6. 下图表示的是什么？

答案：熔断器。

7. 下图表示的是什么？

答案：隔离开关。

第三节 法 律 法 规

一、单选题

1. 在所有电力法律法规中，具有最高法律效力的是（　　）。

A.《供电营业规则》　　　　　　　　　　B.《中华人民共和国电力法》

C.《用电检查管理办法》　　　　　　　　D.《电力供应与使用条例》

答案：B

2.《电力设施保护条例》是（　　）。

A. 行政法规　　　　　B. 法律　　　　　C. 部门规定　　　　　D. 基本法律

答案：A

3.《中华人民共和国电力法》第三十二条规定，对危害供电、用电安全和扰乱供电、用电秩序的，（　　）有权制止。

A. 政府机关　　　　　B. 公安机关　　　　　C. 供电企业　　　　　D. 电力使用者

答案：C

4.《电力设施保护条例》规定：1～10kV 架空电力线路保护区为导线边线向外侧水平延伸并垂

直于地面所形成的两平行面内（　　）m 的区域。

A. 5 　　　　　　B. 10 　　　　　　C. 15 　　　　　　D. 20

答案： A

5.《居民用户家用电器损坏处理办法》第七条规定：从家用电器损坏之日起（　　）日内，受害居民客户未向供电企业投诉并提出索赔要求的，即视为受害者已自动放弃索赔权。

A. 5 　　　　　　B. 7 　　　　　　C. 10 　　　　　　D. 15

答案： B

6. 建筑物与供电设施相互妨碍，应按（　　）的原则，确定其担负责任。

A. 安全第一　　　B. 建设先后　　　C. 供电设施优先　　D. 建筑物优先

答案： B

7. 供电设施计划检修需要停止供电，供电企业应当提前（　　）通知用户或者进行公告。

A. 24 小时　　　　B. 3 天　　　　　C. 7 天　　　　　D. 15 天

答案： C

8. 产权属于供电企业的计量装置，因（　　）而发生的故障由用户负责。

A. 雪灾　　　　　B. 过负荷烧坏　　C. 卡字　　　　　D. 雷击

答案： B

9.《供电营业规则》第七十一条规定：在客户受电点内难以按电价类别分别装设用电计量装置时，可以（　　），然后按其不同电价类别的用电设备容量的比例或实际可能的用电量，确定不同电价类别用电量的比例或定量进行分算，分别计价。

A. 与客户协商每月定量计量　　　　　B. 装设总的用电计量装置

C. 多月计量用电量　　　　　　　　　D. 在方便的位置装设计量装置

答案： B

10.《供电营业规则》第七十六条规定：对不具备安装计量装置条件的临时用电客户，可以按其（　　）、使用时间、规定的电价计收电费。

A. 用电容量　　　B. 设备容量　　　C. 用电类别　　D. 支付能力

答案： A

11.《中华人民共和国电力法》从（　　）起开始施行。

A. 1995 年 12 月 28 日　　　　　　B. 1996 年 4 月 1 日

C. 1996 年 12 月 28 日　　　　　　D. 1995 年 4 月 1 日

答案： A

12.《中华人民共和国电力法》第六十条规定：电力运行事故因（　　）造成的，电力企业不承担赔偿责任。

A. 供电企业的输配电设备故障　　　　B. 不可抗力

C. 未事先通知用户中断供电给用户造成损失　　D. 意外事故

答案： B

13.《电力设施保护条例实施细则》第十条规定：任何单位和个人不得在距电力设施周围（　　）m 范围内进行爆破作业。

A. 50 　　　　　　B. 100 　　　　　　C. 300 　　　　　　D. 500

答案：D

14.《供电营业规则》第三十三条规定：用户连续（　　）个月不用电，也不申请办理暂停用电手续，供电企业须以销户终止其用电。

　　A. 3　　　　　　　　B. 6　　　　　　　　C. 9　　　　　　　　D. 12

答案：B

15.《电力供应与使用条例》规定，（　　）应当加强对供用电的监督管理，协调供用电各方关系，禁止危害供用电安全和非法侵占电能的行为。

　　A. 供电企业　　　　B. 电力管理部门　　C. 当地人民政府　　D. 电力使用者

答案：B

16.《电力供应与使用条例》规定，公用供电设施建成投产后，由（　　）统一维护管理。

　　A. 供电单位　　　　B. 电力管理部门　　C. 当地人民政府　　D. 用电单位

答案：A

17.《电力设施保护条例实施细则》第十四条规定：超过（　　）m高度的车辆或机械通过架空电力线路时，必须采取安全措施，并经县级以上的电力管理部门批准。

　　A. 4　　　　　　　　B. 5　　　　　　　　C. 6　　　　　　　　D. 7

答案：A

18. 因高压电造成的人身损害赔偿案件，由（　　）依照《民法通则》第一百二十三条的规定承担民事责任。

　　A. 供电企业　　　　　　　　　　　　　　B. 电力管理部门

　　C. 电力设施产权人　　　　　　　　　　　D. 受害者亲属

答案：C

19. 不经过批准即可中止供电的是（　　）。

　　A. 确有窃电行为　　　　　　　　　　　　B. 私自向外转供电力者

　　C. 拖欠电费经通知催交后仍不交者　　　　D. 私自增容者

答案：A

20.《中华人民共和国电力法》第五十四条规定：任何单位和个人需要在依法划定的电力设施保护区内进行可能危及电力设施安全的作业时，应当经（　　）批准并采取安全措施后，方可进行作业。

　　A. 电力管理部门　　B. 发电企业　　　　C. 公安机关　　　　D. 供电企业

答案：A

二、多选题

1. 调整供用电法律关系的国家法律和行政法规有（　　）。

　　A.《中华人民共和国电力法》　　　　　　B.《用电检查管理办法》

　　C.《电力供应与使用条例》　　　　　　　D.《供电营业规则》

答案：ABCD

2. 国家对电力供应和使用，实行的管理原则是（　　）。

　　A. 安全用电　　　　B. 合理用电　　　　C. 节约用电　　　　D. 计划用电

答案：ABC

3. 任何单位或个人在架空电力线路保护区内，必须遵守（　　　）规定。

A. 不得堆放谷物、草料、垃圾、矿渣、易燃物、易爆物及其他影响安全供电的物品

B. 不得烧窑、烧荒

C. 不得兴建建筑物、构筑物

D. 不得种植可能危及电力设施安全的植物

答案：ABCD

4. 供用电合同纠纷的处理方式有（　　　）。

A. 协商　　　　　　　B. 调解　　　　　　　C. 仲裁　　　　　　　D. 诉讼

答案：ABCD

5. 常见的危害电力设施建设的行为有（　　　）。

A. 涂改测量标桩　　　　　　　　　B. 侵占依法征用的土地

C. 封堵施工道路　　　　　　　　　D. 挖坑

答案：ABC

6. 《供电营业规则》第七十六条规定：对不具备安装计量装置条件的临时用电客户，可以按其（　　　）和规定的电价计收电费。

A. 用电容量　　　　　　B. 设备容量　　　　　　C. 支付能力　　　　　　D. 使用时间

答案：AD

三、判断题

1. 电力供应与使用双方应根据平等自愿、协商一致的原则签订供用电合同，确定双方权利、义务。（　　　）

答案：正确

2. 在供用电合同中，电力的价格可以由供电人和用电人双方协商。（　　　）

答案：错误

解析：在供用电合同中，电力的价格不可以由供电人和用电人双方协商。

3. 电力违法行为，只能用书面方式举报。（　　　）

答案：错误

解析：电力违法行为，可以用电话、书面、网络等方式举报。

4. 破坏电力、煤气或者其他易燃易爆设备，危害公共安全，尚未造成严重后果的，处 6 个月以上 3 年以下有期徒刑。（　　　）

答案：错误

解析：破坏电力、煤气或者其他易燃易爆设备，危害公共安全，尚未造成严重后果的，处三年以上十年以下有期徒刑。

5. 因电力运行事故给用户或者第三人造成损害的，电力企业应当依法承担赔偿责任。（　　　）

答案：正确

6. 临时用电到期必须办理延期手续或永久性正式用电手续，否则应终止供电。（　　　）

答案：正确

7. 农网改造后，农村用户可以随意迁移用电地址。（　　　）

答案：错误

解析： 农网改造后，农村用户不得随意迁移用电地址。

8. 用户办理暂拆手续后，供电企业应按用户要求，随时给予恢复供电。（　　　）

答案： 错误

解析： 用户办理暂拆手续后，供电企业应在 5 天内执行暂拆

9. 供电设施上发生事故引起的法律责任，全部由产权所有者承担。（　　　）

答案： 错误

解析： 在供电设施上发生事故引起的法律责任，按供电设施产权归属确定。

10. 电力企业或者用户违反供用电合同，给对方造成损失的，应当依法承担赔偿责任。（　　　）

答案： 正确

11. 破产用户的电费债务，依法由清理该破产户债务组安排偿还，破产用户分离出的新用户，可以办理变更用电手续。（　　　）

答案： 错误

解析： 从破产用户分离出去的新用户，必须在偿清原破产用户电费和其他债务后，方可办理变更用电手续，否则，供电企业可按违约用电处理。

12. 用户拖欠电费经通知催交仍不交者，可不经批准终止供电。（　　　）

答案： 错误

解析： 用户拖欠电费经通知催交仍不交者，按供电营业规定终止供电。

13. 私自向外转供电力，必须经批准方可终止供电。（　　　）

答案： 正确

14. 供电企业在引起停限电原因消除后，不能按规定期限恢复供电的，应向用户说明原因。（　　　）

答案： 正确

15. 供用电双方协商同意，且不损害国家利益和扰乱供用电秩序，可以变更或解除合同。（　　　）

答案： 正确

16. 依照电力法律、法规可能追究法律责任的电力违法行为，电力管理部门应当立案。（　　　）

答案： 正确

17. 用户更名只有在原用户与供电企业结清债务后，才能解除原供用电关系。（　　　）

答案： 正确

18. 凡逾期未交付电费的用户，供电企业就可以采取停电措施。（　　　）

答案： 错误

解析： 对逾期未交付电费的用户，供电企业应当及时催交。用户自逾期之日起超过三十日，经催交仍未交付电费的，对居民用户，供电企业应当至少提前七日通知后，方可中止供电。

19. 电力设施的保护，实行电力管理、公安部门、电力企业和人民群众相结合的原则。（　　　）

答案： 正确

20. 电力设施建设项目依法征用的土地，任何单位和个人均不得非法侵占。（　　　）

答案： 正确

21. 《居民家用电器损坏处理办法》规定：从家用电器损坏之日起 7 日内，受害居民客户未向供电企业投诉并提出索赔要求的，即视为受害者已自动放弃索赔权。（　　　）

答案：正确

四、简答题

1.《中华人民共和国合同法》对供用电合同是如何定义的？

答案：供用电合同是供电人向用电人供电，用电人支付电费的合同。

2. 目前常见的危害电力线路设施安全的违法行为有哪几种？

答案：① 非法侵占电力设施建设项目依法征用的土地。② 涂改、移动、损害、拔除电力设施建设的测量标桩和标记。③ 破坏、封堵施工道路，截断施工水源或电源。

3. 依据《电力设施保护条例》，任何单位或个人在架空电力线路保护区内必须遵守哪些规定？

答案：任何单位或个人在架空电力线路保护区内，必须遵守下列规定：① 不得堆放谷物、草料、垃圾、矿渣、易燃物、易爆物及其他影响安全供电的物品；② 不得烧窑、烧荒；③ 不得兴建建筑物、构筑物；④ 不得种植可能危及电力设施安全的植物。

4. 依据《电力设施保护条例》，任何单位或个人在电力电缆线路保护区内必须遵守哪些规定？

答案：任何单位或个人在电力电缆线路保护区内，必须遵守下列规定：① 不得在地下电缆保护区内堆放垃圾、矿渣、易燃物、易爆物，倾倒酸、碱、盐及其他有害化学物品，兴建建筑物或种植树木、竹子；② 不得在海底电缆保护区内抛锚、拖锚；③ 不得在江河电缆保护区内抛锚、拖锚、炸鱼、挖沙。

5. 2013 年 8 月，某村电工在接线过程中，将相线与中性线接错，致使居民王某的电视机被烧坏，经检查电视机不能修复，发票上显示购买日期为 2003 年 12 月，价格为 9800 元。计算供电公司应赔偿的数额。

答案：电视机的使用寿命为 10 年，则每年应提的折旧为（1/10）×9800＝980（元）。

由于购买时间将近 10 年，按规定，不足原价的 10%，应按原价的 10%赔偿，赔偿数额为980 元。

6.《山东省电力设施和电能保护条例》规定的窃电行为有哪些？

答案：《山东省电力设施和电能保护条例》第三十三条规定，任何单位和个人不得以非法占有电能为目的，实施下列窃电行为：① 擅自在供电企业的供电设施或者他人的电力设施上接线用电；② 绕越法定的用电计量装置用电；③ 伪造或者开启计量检定机构加封的用电计量装置封印用电；④ 以改变接线等方式故意使用电计量装置计量不准或者失效用电；⑤ 擅自变更计量用电压互感器和电流互感器变比等计量设备参数，造成电费损失；⑥ 擅自改变用电类别用电；⑦ 使用电费卡非法充值后用电；⑧ 采用其他手段实施的窃电行为。

7.《山东省电力设施和电能保护条例》中规定，窃电量按照哪些方法确定？

答案：《山东省电力设施和电能保护条例》第三十四条规定窃电量按照下列方法确定：① 按照私接用电设备额定容量乘以实际窃电时间计算；② 按照用电计量装置标定电流值（装有限流器的，按限流器整定电流值）所指的容量乘以实际窃电时间计算；通过互感器窃电的，应当再乘以相应的互感器倍率计算确定。

窃电时间无法查明的，窃电日数以一百八十日计算，用电时间不足一百八十日的，窃电日数以实际用电日数计算。每日窃电时间：居民用户按照六小时计算，其他用户按照十二小时计算。用电信息采集设备所记录的相关数据可以作为窃电时间和窃电量计算的依据。

第四节　新　型　业　务

一、单选题

1. （　　）是指光明供电服务公司接受委托，派驻供电所负责 10kV 及以下配电设备运维、台区营销管理和客户服务的复合型外勤人员。

　　A. 配电营业工　　　　　B. 综合班员　　　　　C. 台区经理　　　　　D. 客户经理

答案：C

2. "（　　）"是把互联网的创新成果与经济社会各领域深度融合，推动技术进步、效率提升和组织变革，提升实体经济创新力和生产力，形成更广泛的以互联网为基础设施和创新要素的经济社会发展新形态。

　　A. 互联网＋　　　　　B. 大数据　　　　　C. 一带一路　　　　　D. 大采集

答案：A

3. 下列分散电采暖技术，经济性较好的是（　　）。

　　A. 碳晶　　　　　B. 电热膜　　　　　C. 发热电缆　　　　　D. 电锅炉

答案：A

4. 加快充电业务发展，是落实国家能源战略和节能减排，（　　），推动"以电代煤、以电代油、电从远方来"的重要举措。

　　A. 履行央企社会责任　　　　　　　　B. 发展新型产业

　　C. 加快能源结构转变　　　　　　　　D. 落实公司党组要求

答案：A

5. 按照国家电网充换电设施运营要求，严格按照（　　）原则开展工作，不得私搭乱接、旁路数据，造成信息泄露、丢失等安全问题将严肃处理。

　　A. 集中控制　　　　　B. 集中管理　　　　　C. 集中运营　　　　　D. 集中传输

答案：C

6. 为贯彻落实国家电网公司党组决策部署，加快推进电动汽车车联网平台建设，抢占先机，打造全面开放的、全国（　　）的电动汽车车联网公共服务平台。

　　A. 最大　　　　　B. 最优　　　　　C. 覆盖　　　　　D. 最大最优

答案：D

7. 我国电动汽车市场发展迅猛，为满足电动汽车充电需求，国家高度重视充电（　　）建设，出台了一系列支持政策措施。

　　A. 基础设备　　　　　B. 基础设施　　　　　C. 基础技术　　　　　D. 基础应用

答案：B

8. 充电设施运维中特殊巡视是指对于已投运充电站进行（　　）性巡视工作。

　　A. 周期　　　　　B. 非周期　　　　　C. 定期　　　　　D. 非定期

答案：B

9. 直流充电桩必须安装（　　），以紧急的时候切断供电设备和电动汽车之间的能源传输。

　　A. 电流保护器　　　　　B. 电源开关　　　　　C. 急停装置　　　　　D. 绝缘挡板

答案：C

10. 国家电网公司的充电桩应具备（　　）三种充电方式。

A. 国网电卡充电、验证码充电、账号充电

B. 国网电卡充电、二维码扫码充电、账号充电

C. 验证码充电、账号充电、二维码扫码充电

D. 国网电卡充电、二维码扫码充电

答案：B

11. 充换电设施发生起火后，下列哪种灭火行为不当？（　　）

A. 注意自身安全，避免伤亡　　　　　　B. 需先汇报上级得到指令后再行动

C. 因灭火需要将水龙带扭转、折弯　　　D. 灭火后应迅速离开，避免窒息

答案：B

12. 投运第二年的高速公路充电站点至少应（　　）巡视一次。

A. 每天　　　　B. 每周　　　　C. 每两周　　　　D. 每月

答案：B

13. 为保证充电设施稳定运行，法定节假日巡视频次应不少于（　　）。

A. 每周1次　　　B. 每周2次　　　C. 每周3次　　　D. 每天1次

答案：B

14. 在电动汽车充电过程中，如果客户想提前停止充电，可在充电监控界面中点击（　　），则跳入充电结束选择界面。

A. 停止　　　　B. 启动　　　　C. 离开　　　　D. 结束

答案：A

15. 电动汽车充电前按照操作流程应首先（　　）。

A. 充电枪与车辆连接，并确保连接可靠

B. 点击充电桩待机界面进入选择充电界面

C. 在充电界面，选择预充电金额

D. 在选择充电方式界面，点击选择不同方式充电的图

答案：A

16. "掌上电力"手机APP首次登录的用户需要注册，默认同意注册协议和成为（　　）注册会员，点击"注册"即可完成注册。

A. 电e宝　　　B. e充电　　　C. 95598智能互动网站　　D. 国网商城

答案：D

17. "掌上电力"手机APP用电查询密码修改，将自动检测是否有（　　）。

A. 电力公司的客户号　　　　　　B. 在电力公司注册的手机号

C. 电e宝注册账号　　　　　　　D. 验证码

答案：B

18. "掌上电力"手机APP户号被他人绑定，需他人解绑后才能再次绑定。如果户号被他人绑定，可以拨打（　　）电话申诉解绑。

A. 供电营业厅　　　B. 抄表班　　　C. 95598　　　D. 催费班

答案：C

19. 注册"电e宝"可选择 PC 电脑端进行注册，也可通过（　　）进行基本信息注册。

A. 下载"电e宝"APP
B. 微信账号
C. 支付宝
D. 下载掌上电力 APP

答案：A

20."电e宝"可以通过普通登录和（　　）登录。

A. 手机号　　　　　B. 身份证号　　　　　C. 户号　　　　　D. 员工编号

答案：C

21."电e宝"是国家电网公司互联网线上供电服务的主营载体之一，集支付结算和（　　）服务为一体。

A. 智能　　　　　B. 供电　　　　　C. 金融　　　　　D. 便民

答案：C

22."电e宝"网银支付直接跳转至（　　）界面。

A. 电e宝　　　　　B. 国网商城　　　　　C. 银行支付　　　　　D. 支付宝

答案：C

23. 如确认是"电e宝"平台原因导致，款项退款审批后 2～（　　）个工作日会退还用户。

A. 5　　　　　B. 7　　　　　C. 10　　　　　D. 15

答案：D

24."电e宝"老用户，每月缴纳电费的笔数按照单日 50 笔、单月累计 50 笔进行控制，余额支付未认证每笔限额（　　）元。

A. 500　　　　　B. 1000　　　　　C. 1500　　　　　D. 2000

答案：B

25.（　　）是国家电网公司自有全网通互联网电费代收支付平台。

A. 掌上电力　　　　　B."电e宝"　　　　　C. 95598 智能互动网站　　　D."e充电"

答案：B

26."电e宝"用户登录口令和密码输入错误的限制次数是（　　）次。

A. 3　　　　　B. 4　　　　　C. 5　　　　　D. 6

答案：C

27."电e宝"客服电话是（　　）。

A. 400－60－95598
B. 400－70－95598
C. 400－80－95598
D. 400－90－95598

答案：B

28."电e宝"每天最多可以查询（　　）个户号信息。

A. 5　　　　　B. 10　　　　　C. 30　　　　　D. 50

答案：B

29. 在没有绑定银行卡的状态下，"电e宝"可以使用（　　）缴纳电费。

A. 支付宝支付　　　　　B. 微信支付　　　　　C. 银行快付　　　　　D. 信用卡支付

答案：C

30. 用户在进行实名认证时，以下（　　）描述正确。

A. 通过身份证认证时，用户需要持本人身份证拍摄近照

B. 通过身份证认证时，用户需上传本人近照

C. 通过银行卡认证时，用户需要上传身份证照片

D. 通过身份证认证时，用户需填写身份证号码

答案：B

31. "电e宝"的主界面指的是（　　）界面。

A. "我的"　　　　　　B. "服务"　　　　　　C. "钱包"　　　　　　D. "生活"

答案：D

32. 用户登录"电e宝"，选择供电窗功能键进入，要想查看自己的用电信息，应进行（　　）。

A. 实名认证　　　　B. 户号认证　　　　C. 户号绑定　　　　D. 户号交费

答案：C

33. 某用户在"电e宝"的交费盈模块开通了自动缴费功能，他将在（　　）收到扣款信息。

A. 每月15日　　　　B. 每月8日　　　　C. 每月1日　　　　D. 每月20日

答案：B

34. "电e宝"用户交纳电费需要设置（　　）密码。

A. 登录密码　　　　　　　　　　　　　B. 登录密码和支付密码

C. 银行卡密码和支付密码　　　　　　　D. 登录密码和银行卡密码

答案：B

35. 用户在"电e宝"进入"我的账单"界面，他可以查询的信息中不包括以下（　　）内容。

A. 用能分析　　　　B. 电子账单　　　　C. 电费发票　　　　D. 充值记录

答案：D

36. 通过"电e宝"中的生活缴费缴纳电费时，需输入（　　）进行电费缴纳。

A. 客户编号　　　　B. 客户名称　　　　C. 联系电话　　　　D. 通信地址

答案：A

37. "电e宝"个人每天提现总额不超过（　　）元。

A. 2000　　　　　　B. 5000　　　　　　C. 6000　　　　　　D. 8000

答案：B

38. 从"电e宝"账户转账到银行卡中，会收取（　　）的服务费。

A. 0.05%　　　　　B. 0.1%　　　　　C. 0.15%　　　　　D. 0.2%

答案：C

39. "电e宝"致力于为广大用户提供安全、可靠、（　　）的第三方支付服务。

A. 经济　　　　　　B. 便捷　　　　　　C. 高效　　　　　　D. 实用

答案：B

40. "电e宝"APP使用的适用对象（　　）。

A. 变更用电客户　　B. 支付宝用户　　C. 新装用电客户　　D. 全体个人电e宝用户

答案：D

41. 注册"电e宝"密码为英文字母和数字的组合，长度为（　　）位，如输入特殊字符请勿包含"<>\"字符，登录密码不能与支付密码一致。

A. 8~12　　　　　　B. 6~10　　　　　　C. 8~10　　　　　　D. 6~12

答案： A

42. 为大规模、大范围应用风电、水电、光伏发电等清洁能源实施电能替代提供了坚强保障的项目是（　　　）建设。

A. 配电网络　　　　　B. 特高压电网　　　　C. 国家开发　　　　　D. 智能电网

答案： B

二、多选题

1. 台区经理是指光明供电服务公司接受委托，派驻供电所负责 10kV 及以下（　　　）的复合型外勤人员。

A. 变电检修　　　　　B. 配电设备运维　　　C. 台区营销管理　　　D. 客户服务

答案： BCD

2. 制定"互联网＋"行动计划，推动（　　　）等与现代制造业结合，促进电子商务、工业互联网和互联网金融健康发展，引导互联网企业拓展国际市场。

A. 移动互联网　　　　B. 云计算　　　　　　C. 大数据　　　　　　D. 物联网

答案： ABCD

3.《国家电网公司关于印发分布式电源并网服务管理规则的通知（国家电网营销〔2014〕174号）》规定，分布式电源包括太阳能、（　　　）、地热能、海洋能、资源综合利用发电（含煤矿瓦斯发电）等。

A. 天然气　　　　　　B. 生物质能　　　　　C. 风能　　　　　　　D. 潮汐能

答案： ABCD

4. 电能替代就是用电能替代（　　　）等化石能源，以减少污染物排放，进而达到改善终端能源结构、促进环境保护的目的。

A. 煤　　　　　　　　B. 石油　　　　　　　C. 太阳能　　　　　　D. 风能

答案： AB

5. 电采暖技术目前主要分为（　　　）三类。

A. 集中式电采暖　　　B. 分散式电采暖　　　C. 电锅炉　　　　　　D. 热泵

答案： BCD

6. 电能替代关键五大领域是（　　　）、农业生产领域、家居家电领域。

A. 供热供冷领域　　　B. 工业制造领域　　　C. 基础建设领域　　　D. 交通运输领域

答案： ABD

7. 智能充换电服务网络建设，坚持"统一（　　　）、按需建设、经济实用、安全可靠"的原则。

A. 标准　　　　　　　B. 规范　　　　　　　C. 标识　　　　　　　D. 符号

答案： ABC

8. 充换电设施的设备巡视检查制度规定，一般分为（　　　）巡视。

A. 临时　　　　　　　B. 正常　　　　　　　C. 特殊　　　　　　　D. 计划

答案： BC

9. 电动汽车充换电设施运行管理规定，充换电设施正常巡视检查的内容包括（　　　）。

A. 充电桩的外观、功能、安全防护等措施是否正常

B. 连接线接触良好，接头无过热

C. 设备底座、支架坚固完好，金属部位无锈蚀

D. 大风扬尘、雾天、雨天时，检查外

答案：ABC

10. 以下属于充电设施巡视检查作业主要工作项目的有（　　）。

A. 安防监控　　　　B. 消防设施　　　　C. 配电设施　　　　D. 充电桩设备

答案：ABCD

11. 充电设施巡视检查作业中巡视充电桩设备主要工具包括（　　）。

A. 专用检测设备　　B. 试电笔　　　　C. 毛刷　　　　D. 万用表

答案：ABCD

12. 用户登录"掌上电力"低压版的方式有两种：方式一，在"用户登录"页面，输入登录账号及密码直接登录。方式二，在"用户登录"页面，点击（　　）等第三方按钮，通过第三方应用软件授权后完成"掌上电力"登录。

A. 微信　　　　B. 微博　　　　C. QQ　　　　D. 以上都可以

答案：AC

13. "掌上电力"手机 APP 用电查询功能包括（　　）。

A. 电费余额　　　B. 交费购电记录　　C. 电量电费　　　D. 费控预警

答案：ABC

14. "电 e 宝"是国家电网公司自有全网通互联网电费代收支付平台，是国家电网继（　　）后，为用电客户提供的一种全新的"拇指生活体验"电力服务渠道。

A. 供电营业厅　　B. 95598 服务热线　　C. 95598 智能互动网站　　D. 掌上电力

答案：ABCD

15. "电 e 宝"注册时需要设置（　　）密码。

A. 认证　　　　B. 支付　　　　C. 登录　　　　D. 手势

答案：BC

16. "电 e 宝""生活缴费"菜单设置包括（　　）的缴纳。

A. 电费　　　　B. 暖气费　　　　C. 有线电视　　　D. 水费

答案：ABCD

17. 目前，"电 e 宝"支持交费的用户类型是（　　）。

A. 本地费控居民用户　B. 远程费控居民用户　C. 企业用户　　D. 实名制的用户

答案：BD

18. "电 e 宝"实名认证分为（　　）认证。

A. 手机号　　　B. 银行卡　　　C. 客户编号　　　D. 身份证

答案：BD

19. "电 e 宝"实名认证，能够更好地保障（　　），客户可享有更高的交易限额。

A. 客户账户　　B. 资金安全　　　C. 管理资金　　　D. 方便使用

答案：AB

20. "电 e 宝"APP 具备的特色功能包括（　　）。

A. 生活缴费　　　　　B. 国网商城　　　　　C. 电费小红包　　　　D. 掌上电力

答案：ABCD

21. "电 e 宝"的基本功能包括（　　　　）。

A. 充值　　　　　　　B. 提现　　　　　　　C. 转账　　　　　　　D. 账单

答案：ABCD

22. 国网自有线上渠道，可以缴纳电费的包括（　　　　）。

A. 掌上电力手机 APP　B. 国网商城　　　　　C. 电 e 宝　　　　　　D. 财富好管家

答案：ABC

23. "e 充电"APP 中找桩搜索，可对桩的（　　　　）、支付方式、电桩类型、电站类型进行筛选。

A. 功率　　　　　　　B. 充电接口类型　　　C. 充电标准　　　　　D. 运营商

答案：ABD

三、判断题

1. 电动汽车充换电设施用电执行峰谷分时电价政策，鼓励电动汽车在电力系统用电高峰时段充电。（　　　）

答案：错误

解析：电动汽车充换电设施用电执行峰谷分时电价政策。鼓励电动汽车在电力系统用电低谷时段充电，提高电力系统利用效率，降低充电成本。

2. 充电设施巡视作业人员必须具备必要的低压电理论知识和技能，能够正确操作使用工具，了解充电桩有关技术标准要求，能正确分析充电桩情况，熟悉现场作业流程。（　　　）

答案：正确

3. 充电设施运维人员进行设备操作应严格执行《国家电网公司电力安全工作规程》及相关规定。（　　　）

答案：正确

4. 电动汽车充换电设施巡视检查一般分为一般巡视和高级巡视。（　　　）

答案：错误

解析：电动汽车充换电设施巡视检查一般分为一般巡视和特殊巡视。

5. 充电枪插入电动汽车充电插座前，必须将电动汽车电源关闭，否则会导致充电设备与电动汽车出现通信链接故障。（　　　）

答案：正确

6. 开始充电前，应确保充电枪与车辆充电插座连接和锁止正确。（　　　）

答案：正确

7. 在充电期间，如闻到有异味，烟雾从车辆或者充电设备中冒出，或者其他危险情况发生，一定要立即按下充电桩急停按钮停止充电，严禁直接强制断开充电枪。（　　　）

答案：正确

8. 充电设施运维人员如发现监控、车辆限位装置、消防设施存在问题，应使用巡检 APP 进行报修。（　　　）

答案：正确

9. 计划巡视是指对于已投运充电站进行周期性巡视工作，每个站点每月应至少巡视一次。（　　　）

答案：错误

解析：计划巡视是指对于已投运充电站进行周期性巡视工作，每个站点每周应至少巡视一次。

10. 特殊巡视是指对于已投运充电站进行非周期性巡视工作。（　　）

答案：正确

11. 巡视员在现场巡视应严格按照巡视内容逐一巡视，并备有事故应急处理预案。（　　）

答案：正确

12. 只要是光伏项目都能享受省级 0.05 元的政府补贴。（　　）

答案：错误

解析：2013—2015 年所有发电量在国家规定的每千瓦时 0.42 元补贴标准基础上，省级再给予每千瓦时 0.05 元的电价补贴。

13. 充电设施新装申请用户填写基本信息、上传相关资料并提交成功后即可完成申请。其中，低压非居新装必须上传的资料包括营业执照照片或组织机构代码证照片，以及低压非居新装人的身份证正反面照片。（　　）

答案：正确

14. 用户在"掌上电力"低压版 APP、电力营业厅、银行、自助缴费终端等渠道交费完成后，均可通过购电记录功能查询已绑定客户编号最近 9 个月的购电记录以及历史购电记录信息，方便客户对交费情况进行核查。（　　）

答案：错误

解析：用户在"掌上电力"低压版 APP、电力营业厅、银行、自助缴费终端等渠道交费完成后，均可通过购电记录功能查询已绑定客户编号最近 6 个月的购电记录以及历史购电记录信息，方便客户对交费情况进行核查。

15. 某用户是光伏用户，拥有关联户号和发电户号两个户号，其想要使用掌上电力进行用电信息查询，该用户可以在户号绑定界面输入关联户号进行绑定，但是不能使用发电户号进行绑定。（　　）

答案：正确

16. "电 e 宝"集成了供电窗、国网商城等特色功能，简单易用；储备了电费充值卡、信用卡还款等拓展功能。（　　）

答案：正确

17. 提现银行卡绑定成功，或已经绑定提现银行卡用户，只需输入金额，确认提现，就可以。（　　）

答案：正确

18. 用户为"电 e 宝"余额账户进行充值，需先绑定快捷支付银行卡。（　　）

答案：正确

19. 在"电 e 宝"交电费成功，电费已到账，可以退款。（　　）

答案：错误

解析：在"电 e 宝"交电费成功，电费已到账，不可以退款。（　　）

20. "电 e 宝"交电费不可以开具发票。（　　）

答案：错误

解析:"电 e 宝"交电费可以开具发票。

21. 某用户忘记"电 e 宝"的支付密码,点击"忘记支付密码"后,系统会要求其输入身份证号。(　　)

答案: 正确

22."电 e 宝"可以通过信用卡进行充值。(　　)

答案: 错误

解析:"电 e 宝"不可以通过信用卡进行充值。

23."电 e 宝"账户可以绑定非本人的银行卡。(　　)

答案: 错误

解析:"电 e 宝"账户不可以绑定非本人的银行卡。

24. 推广二维码主要是用来记录推广人员的推广数量等信息的。(　　)

答案: 正确

25. 客户在交费页面,选择右上角的交费历史记录,可查看历史交费信息。(　　)

答案: 正确

26. 如果客户使用个人网银付款,则点击"个人支付"。(　　)

答案: 正确

27"电 e 宝"APP 登录账户手机号可以进行更改。(　　)

答案: 正确

28."电 e 宝"不进行实名认证,会在单笔交易、当月限额等方面受限制。(　　)

答案: 正确

29. 一个"电 e 宝"账户可以交多户电表。(　　)

答案: 正确

30. 用户在"电 e 宝"进行快捷支付失败,其应核实是否已扣款,若已扣款,需提供快捷支付失败报错的提示信息、账户名、交易流水号、开户行、卡号的后四位(储蓄卡或信用卡),反馈至相关部门处理;若无扣款,重新下单支付。(　　)

答案: 正确

31."电 e 宝"不能提现。(　　)

答案: 错误

解析:"电 e 宝"能提现。

32."电 e 宝"适用对象只限于个人用户。(　　)

答案: 错误

解析:"电 e 宝"适用对象个人用户和企业用户。

33."电 e 宝"的注册方式只能是手机号码注册。(　　)

答案: 错误

解析:"电 e 宝"的注册方式只能是手机号码注册。

34."电 e 宝"能通过手机下载 APP 注册,也可以用邮箱注册。(　　)

答案: 错误

解析:"电 e 宝"能通过手机下载 APP 注册,也可以在电脑上注册。

35. "e充电"APP使用的适用范围：车联网服务平台的各个用户。（   ）

答案：正确

36. "e充电"用户可在"我的钱包"中查看资金信息及余额明细并可办理账户充值业务。（   ）

答案：正确

37. "e充电"线路导航为用户提供实时语音导航功能。（   ）

答案：正确

38. 电能替代工作既是国家电网公司响应国家能源消费革命、促进节能减排的重大战略，也是应对售电市场增速下滑、增加售电增量、支撑公司发展的重要举措。（   ）

答案：正确

39. 出台客户实施电能替代项目引起的配套电网改造支持和接入电网工程优惠等措施，降低客户初期投入，提高实施电能替代积极性。（   ）

答案：正确

四、简答题

1. 国家电网公司提出的电能替代发展战略是什么？

答案：以电代煤、以电代油、电从远方来。

2. 什么是"互联网+"？

答案："互联网+"是把互联网的创新成果与经济社会各领域深度融合，推动技术进步、效率提升和组织变革，提升实体经济创新力和生产力，形成更广泛的以互联网为基础设施和创新要素的经济社会发展新形态。

3. 什么是电能替代？

答案：电能替代是指在能源消费上，以利用便捷、高效、安全、优质的电力能源代替煤炭、石油、天然气等化石能源的直接消费，通过大规模集中转化来提高燃料使用效率、减少污染物排放，提高电能在终端能源消费中的比重，实现社会的清洁发展。

4. 实施电能替代的现实意义？

答案：从外部看，国家加强大气污染治理，为电能替代提供了有利环境和重大机遇，电能替代对环境问题起积极作用，开展电能替代是电网企业切实履行国有骨干能源企业的社会责任的表现之一。从内部看，售电市场增长持续放缓，增供扩销支持公司发展的任务更加凸显。电能替代成为公司增供扩销突破点之一。

5. 用户在使用电e宝时发现短信验证码收不到，这可能是什么原因导致的？

答案：如是在绑卡过程中，请核对绑定银行卡的银行预留手机号码、姓名与注册"电e宝"的注册手机号码、姓名是否一致；可能是手机默认将平台短信加入黑名单，请客户从短信黑名单中还原至正常状态；可能是短信平台系统问题。

6. 用户在"电e宝"APP进行充值缴费的步骤是什么？

答案：① 进入生活缴费，选择缴费类型；② 选择缴费地区，填写客户编号；③ 选择支付方式；④ 输入支付密码并确定。

7. "电e宝"的基本功能包括哪些？

答案："电e宝"的基本功能包括银行卡绑定、充值、提现、转账、账单、设置、二维码扫描、付款码。

8."电 e 宝"具备哪 4 项特色功能？

答案："电 e 宝"具备生活缴费、国网商城、电费小红包、掌上电力 4 项特色功能。

9. 用户在"电 e 宝"网站进行交易记录查询时，可以看到哪些信息？

答案：消费记录、充值记录、提现记录、转账记录、退款记录。

10."e 充电"中，充电桩筛选内容的有哪些？

答案：可对充电桩的功率、充电接口类型、运营商、支付方式、电桩类型、电站类型进行筛选，或直接选择已保存的偏好设置。

11. 风能发电的优缺点是什么？

答案：优点：清洁，环境效益好；可再生，永不枯竭；基建周期短；装机规模灵活。缺点：噪声、视觉污染；占用大片土地；不稳定，不可控；目前成本仍然很高。

第二章 配电理论部分

第一节 五 级 题 库

一、单选题

1. 绑扎导线用铝绑线的直径应在（　　）mm 范围内。

A. 2.2～2.6　　　　B. 3～3.3　　　　C. 3.3～3.6　　　　D. 2.6～3

答案：D

2. 绑扎导线用铜绑线的直径应在（　　）mm 范围内，使用前应做退火处理。

A. 2.2～2.6　　　　B. 3～3.3　　　　C. 3.3～3.6　　　　D. 2.6～3

答案：A

3. 低压架空线路导线最小允许截面积为（　　）mm²。

A. 10　　　　B. 16　　　　C. 25　　　　D. 35

答案：B

4. 低压接户线不允许跨越建筑物，如果必须跨越，则接户导线在最大弧垂时距建筑物的垂直距离不应小于（　　）m。

A. 1.5　　　　B. 2　　　　C. 2.5　　　　D. 3

答案：C

5. 低压接户线从电杆上引下时的线间距离最小不得小于（　　）mm。

A. 150　　　　B. 200　　　　C. 250　　　　D. 300

答案：A

6. 低压接户线两悬挂点的间距不宜大于（　　）m，若超过就应加装接户杆。

A. 15　　　　B. 20　　　　C. 25　　　　D. 30

答案：C

7. 低压接户线至通车道路中心的垂直距离不得小于（　　）m。

A. 2　　　　B. 3　　　　C. 5　　　　D. 6

答案：D

8. 电杆的倾斜度不应大于杆长的（　　）倍。

A. 0.015　　　　B. 0.02　　　　C. 0.025　　　　D. 0.03

答案：A

9. 电杆偏离线路中心线不应大于（　　）m。

A. 0.1　　　　B. 0.2　　　　C. 0.25　　　　D. 0.3

答案：A

10. 架空低压配电线路的导线在绝缘子上的固定，普遍采用（　　）法。

A. 金具连接　　　　B. 螺栓压紧　　　　C. 绑线缠绕　　　　D. 线夹连接

答案：C

11. 配电线路的导线必须用绑线牢固地绑在绝缘子上，中间绝缘子用（　　）。

A. 顶绑法　　　　　　B. 侧绑法　　　　　　C. 回绑法　　　　　　D. 花绑法

答案：A

12. 配电线路的导线必须用绑线牢固地绑在绝缘子上，转角绝缘子用（　　　）。

A. 顶绑法　　　　　　B. 侧绑法　　　　　　C. 回绑法　　　　　　D. 花绑法

答案：C

13. 配电线路导线必须用绑线牢固地绑在绝缘子上，转角绝缘子用（　　　）。

A. 顶绑法　　　　　　B. 侧绑法　　　　　　C. 回绑法　　　　　　D. 花绑法

答案：B

14. 混凝土电杆的拉线当装设绝缘子时，在断拉线情况下，拉线绝缘子距地面不得小于（　　　）m。

A. 1.5　　　　　　　B. 2.0　　　　　　　C. 2.5　　　　　　　D. 3.0

答案：C

15. 线路名称及编号若采用悬挂标志牌方式，悬挂高度应距地面（　　　）m左右。

A. 1.5　　　　　　　B. 2.0　　　　　　　C. 2.5　　　　　　　D. 3.0

答案：C

16. 一般情况下拉线与电杆的夹角不应小于（　　　）。

A. 15°　　　　　　　B. 30°　　　　　　　C. 45°　　　　　　　D. 60°

答案：B

17. 在绑扎铝导线时，应在导线与绝缘子接触处缠绕（　　　）。

A. 铝包带　　　　　　B. 黑胶布　　　　　　C. 绝缘胶布　　　　　　D. 黄蜡带

答案：A

18. 在绑扎铝导线时，铝包带应超出绑扎部分或金具外（　　　）mm。

A. 10　　　　　　　　B. 20　　　　　　　　C. 30　　　　　　　　D. 40

答案：C

19. 直线转角杆在线路转角角度小于（　　　）时才能采用。

A. 10°　　　　　　　B. 15°　　　　　　　C. 20°　　　　　　　D. 30°

答案：B

20. 下列绝缘子型号为悬式绝缘子的是（　　　）。

A. CD10－1　　　　　B. XP－7C　　　　　C. ED－3　　　　　　D. PD－1T

答案：B

21. 100kVA 以上变压器其一次侧熔丝可按变压器额定电流（　　　）倍选用。

A. 1～1.5　　　　　　B. 1.5～2　　　　　　C. 2～2.5　　　　　　D. 2～3

答案：B

22. 100kVA 以下变压器其一次侧熔丝可按变压器额定电流（　　　）倍选用，考虑到熔丝的机械强度，一般不小于10A。

A. 1～1.5　　　　　　B. 1.5～2　　　　　　C. 2～2.5　　　　　　D. 2～3

答案：D

23. 220V 单相供电电压允许偏差上限值为额定电压的（　　　）%。

A. 5　　　　　　B. 7　　　　　　C. 10　　　　　　D. -5

答案：B

24. 测量 380V 以下电气设备的绝缘电阻，一般应选用（　　）V 的绝缘电阻表。

A. 380　　　　　B. 500　　　　　C. 1000　　　　　D. 2500

答案：B

25. 测量绝缘电阻时，绝缘电阻表摇把的摇动转速为（　　）r/min。

A. 50　　　　　　B. 120　　　　　C. 220　　　　　D. 380

答案：B

26. 测量绝缘电阻使用的仪表是（　　）。

A. 绝缘电阻表　　B. 万用表　　　　C. 功率表　　　　D. 接地电阻测试仪

答案：A

27. 低压电缆施工前应用 1kV 绝缘电阻表测量电缆的（　　）。

A. 绝缘电压　　　B. 绝缘电阻　　　C. 负荷电流　　　D. 工作频率

答案：B

28. 低压接户线最大风偏时与烟筒、拉线、电杆距离不得小于（　　）mm。

A. 200　　　　　　B. 300　　　　　C. 350　　　　　D. 400

答案：A

29. 下列绝缘子型号为低压针式绝缘子的是（　　）。

A. CD10-1　　　B. XP-7C　　　C. ED-3　　　D. PD-1T

答案：D

30. 下列绝缘子型号为蝶式绝缘子的是（　　）。

A. CD10-1　　　B. XP-7C　　　C. ED-3　　　D. PD-1T

答案：C

31. 对脚扣做人体冲击试验，试验时将脚扣扣在电杆离地约（　　）m 处。

A. 0.5　　　　　　B. 0.8　　　　　C. 0.9　　　　　D. 1

答案：A

32. 横担上下倾斜、左右歪斜不应大于其长度的（　　）%。

A. 2　　　　　　　B. 3　　　　　　C. 4　　　　　　D. 5

答案：A

33. 拉线棒通常采用直径不小于（　　）mm 的圆钢制作。

A. 10　　　　　　B. 16　　　　　C. 18　　　　　D. 20

答案：B

34. 配电线路的相序排列，按 U、V、W 顺序，用（　　）颜色表示。

A. 红、绿、黄　　B. 黄、绿、红　　C. 黄、红、绿　　D. 红、黄、绿

答案：B

35. 三相短路接地线，应采用多股软铜绞线制成，其截面应符合短路电流的要求，但不得小于（　　）mm²。

A. 10　　　　　　B. 20　　　　　C. 25　　　　　D. 35

答案：C

36. 一般测量 100V 以下低压电气设备或回路的绝缘电阻时，应使用（　　）V 电压等级的绝缘电阻表。

A. 250　　　　　　B. 380　　　　　　C. 500　　　　　　D. 1000

答案：A

37. 占全线路电杆基数最多的杆型是（　　）。

A. 直线杆　　　　B. 转角杆　　　　C. 分支杆　　　　D. 终端杆

答案：A

38. 绝缘电阻表应根据被测电气设备的额定（　　）来选择。

A. 电压　　　　　B. 电流　　　　　C. 功率　　　　　D. 电阻

答案：A

39. 锥形电杆的锥度为（　　）。

A. 1/25　　　　　B. 1/50　　　　　C. 1/75　　　　　D. 1/100

答案：C

40. 接地电阻测试仪的接地棒插入地面深度为（　　）mm。

A. 40　　　　　　B. 400　　　　　　C. 200　　　　　　D. 50

答案：B

41. 接地装置的地下部分应采用焊接，其搭接长度：圆钢为直径的（　　）倍。

A. 5　　　　　　　B. 6　　　　　　　C. 4　　　　　　　D. 7

答案：B

42. 接地线与电气设备的连接应采用（　　）。

A. 螺栓连接　　　B. 焊接　　　　　C. 压接　　　　　D. 任何一种连接皆可

答案：A

43. 测量接地电阻使用的仪表型号是（　　）。

A. ZC-8　　　　　B. Z-8　　　　　　C. 万用表　　　　D. 功率表

答案：A

44. 独立的防雷保护接地电阻应小于等于（　　）Ω。

A. 5　　　　　　　B. 7　　　　　　　C. 10　　　　　　D. 4

答案：C

45. 用接地电阻测试仪测量时，标度盘读数 0.3，倍率是 10，测得接地电阻为（　　）Ω。

A. 3.33　　　　　B. 3　　　　　　　C. 10　　　　　　D. 0.3

答案：B

46. 用接地电阻测试仪测量时，将倍率开关放在（　　）倍率挡位上，慢摇发电机手柄，同时调整"测量标度盘"。当指针接近中心红线时，再加速至标准转速，此时继续调整"测量标度盘"，直至指针平衡，使指针稳定指向中心红线位置。

A. 最小　　　　　B. 最大　　　　　C. 第二挡　　　　D. 适中

答案：B

47. 用接地电阻测试仪测量铁塔接地电阻时，应选用（　　）端钮测试仪测量。

A. 3 　　　　　 B. 5 　　　　　 C. 4 　　　　　 D. 2

答案：C

48. 用接地电阻测试仪测量小于 1Ω 的接地电阻，应采用（ ）端钮测试仪测量。

A. 3 　　　　　 B. 4 　　　　　 C. 5 　　　　　 D. 2

答案：B

49. 400kVA 配电变压器接地电阻不应大于（ ）Ω。

A. 10 　　　　 B. 5 　　　　　 C. 7 　　　　　 D. 4

答案：D

50. 测量铁塔接地电阻时，需同时连接铁塔本体的接线柱是（ ）。

A. P1、P2 　　 B. C1、P2 　　 C. C2、P2 　　 D. C1、C2

答案：C

51. 台架式配电变压器地下水平接地扁钢，搭接长度为其宽度的（ ）倍，四面施焊，连接处应做好防腐处理。

A. 1 　　　　　 B. 1.5 　　　　 C. 2 　　　　　 D. 3

答案：C

52. 测量变压器铁芯对地的绝缘电阻，应先拆开（ ）。

A. 铁芯接地片 　 B. 绕组间的引线 　 C. 穿芯螺栓 　 D. 外壳接地线

答案：A

53. 接地就是与零电位的（ ）相连接。

A. 设备外壳 　　 B. 中性点 　　　 C. 大地 　　　 D. 自来水或暖气管道

答案：C

54. 1000kVA 配电变压器接地电阻不应大于（ ）Ω。

A. 10 　　　　 B. 5 　　　　　 C. 4 　　　　　 D. 2

答案：C

55. 测量接地电阻时使用的仪表是（ ）。

A. 接地电阻测试仪 　 B. 绝缘电阻表 　 C. 万用表 　 D. 功率表

答案：A

56. 用接地电阻测试仪测量接地电阻时，摇动转速约为（ ）r/min。

A. 160 　　　　 B. 120 　　　　 C. 220 　　　　 D. 50

答案：B

57. 配电设备及线路接地体一般刷（ ）的标识漆。

A. 黑黄相间 　　 B. 绿黄相间 　　 C. 红黄相间 　　 D. 绿色

答案：B

58. 用接地电阻测试仪测量接地电阻时，电压极探杆应位于被测体（ ）m 处。

A. 5 　　　　　 B. 20 　　　　　 C. 40 　　　　　 D. 50

答案：B

59. 用接地电阻测试仪测量接地电阻时，电流极探杆应位于被测体（ ）m 处。

A. 5 　　　　　 B. 20 　　　　　 C. 40 　　　　　 D. 50

答案：C

60. （ ）是最古老、最实用、最通行的结，也是最基本的结，有很多绳扣都是由它演化而成的。它常用来连接一条绳的两头或临时将两根绳连接结在一起，也常作终端使用。

A. 直扣 B. 活扣 C. 背扣 D. 平扣

答案：A

61. 物体吊起时能保证不摆动，而且扣结较结实可靠，吊瓷套管等物体多用（ ）。

A. 倒背扣 B. 背扣 C. 猪蹄扣 D. 瓶扣

答案：D

62. （ ）多用做临时拖、拉、升降物件之用，不受物体体积大小的限制，此结简单而实用，但必须在受张力下才能发挥扣的作用，并会越拉越紧；在高处作业时，上下传递材料、工具时常用之。

A. 倒背扣 B. 猪蹄扣 C. 背扣 D. 倒扣

答案：C

63. （ ）的特点是可以自由调节绳的长短，结扣、解扣都极为方便，在电力施工中，电杆或抱杆起立时，用此绳扣将临时拉线在地锚上固定时用。

A. 倒背扣 B. 猪蹄扣 C. 背扣 D. 倒扣

答案：D

64. 用于起吊时能保持物体不摆动，扣结较结实可靠，是指（ ）。

A. 倒背扣 B. 猪蹄扣 C. 瓶扣 D. 倒扣

答案：C

65. 下图所示绳扣称为（ ）。

A. 猪蹄扣 B. 背扣 C. 倒扣 D. 拴马扣

答案：C

66. 下图所示绳扣称为（ ）。

A. 直扣 B. 活扣 C. 背扣 D. 接续扣

答案：A

67. 下图所示绳扣称为（ ）。

A. 倒背扣 B. 背扣 C. 猪蹄扣 D. 倒扣

答案：C

68. 下图所示绳扣称为（ ）。

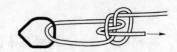

A. 背扣   B. 拴马扣   C. 瓶扣   D. 吊钩扣

答案：B

69. 下图所示绳扣称为（   ）。

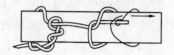

A. 倒背扣   B. 背扣   C. 猪蹄扣   D. 倒扣

答案：A

70. 下图所示绳扣称为（   ）。

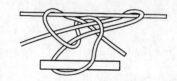

A. 倒背扣   B. 背扣   C. 抬扣   D. 倒扣

答案：C

71. 俗称倒背扣的是（   ）。

A. 双环绞缠结   B. 背扣   C. 猪蹄扣   D. 双套结

答案：A

72. 木匠结又称（   ）。

A. 倒背扣   B. 背扣   C. 猪蹄扣   D. 倒扣

答案：B

73. 十字结又称（   ）。

A. 倒背扣   B. 猪蹄扣   C. 直扣   D. 倒扣

答案：C

74. 双环绞缠结又称（   ）。

A. 倒背扣   B. 背扣   C. 猪蹄扣   D. 倒扣

答案：A

75. 双套结又称（   ）。

A. 倒背扣   B. 背扣   C. 猪蹄扣   D. 倒扣

答案：C

76. 在绑扎临时拉绳时用（   ）。

A. 猪蹄扣   B. 背扣   C. 倒扣   D. 拴马扣

答案：D

77. 在传递物件和抱杆顶部等处绑绳时用（   ）。

A. 倒背扣   B. 猪蹄扣   C. 背扣   D. 倒扣

答案：B

78. 在垂直起吊重量轻而长的物件时使用（　　）。

A. 倒背扣 　　　　　B. 背扣 　　　　　C. 猪蹄扣 　　　　　D. 倒扣

答案：A

79. 俗称猪蹄扣的是（　　）。

A. 双环绞缠结 　　　B. 背扣 　　　　　C. 猪蹄扣 　　　　　D. 双套结

答案：D

80. 当线路直线杆沿线路方向出现不平衡张力，又没有条件装设普通拉线时，可在两电杆之间装设（　　）拉线。

A. 人字 　　　　　　B. 水平 　　　　　C. 共用 　　　　　　D. V 形

答案：C

81. 1kV 及以下线路接户线横担安装应位置适当，距上层横担不小于（　　）mm，且安装应紧固、横平、不歪扭。

A. 100 　　　　　　B. 200 　　　　　　C. 300 　　　　　　D. 400

答案：C

82. 横担组装应平整，端部上下和左右斜扭不得大于（　　）mm。

A. 5 　　　　　　　B. 10 　　　　　　　C. 15 　　　　　　　D. 20

答案：D

83. 参加高处作业的人员，应每（　　）进行一次体检。

A. 季 　　　　　　　B. 年 　　　　　　　C. 1.5 年 　　　　　D. 2 年

答案：B

84. 对于分支杆、转角杆及终端杆，单横担应装于（　　）。

A. 电源侧 　　　　　B. 负荷侧 　　　　　C. 拉线侧 　　　　　D. 高压侧

答案：C

85. 对于直线杆，单横担应装于（　　）。

A. 来电侧 　　　　　B. 受电侧 　　　　　C. 拉线侧 　　　　　D. 高压侧

答案：B

86. 当电杆基础采用卡盘设计无要求时，卡盘上平面距地面不应小于（　　）mm。

A. 300 　　　　　　B. 500 　　　　　　C. 600 　　　　　　D. 800

答案：B

87. 当电杆基础采用卡盘时，卡盘安装深度的允许偏差为（　　）mm。

A. ±30 　　　　　　B. ±50 　　　　　　C. ±60 　　　　　　D. ±80

答案：B

88. 低温或高温环境下的高处作业，应采取（　　）措施，作业时间不宜过长。

A. 保暖或防暑降温 　B. 保暖 　　　　　　C. 防暑降温 　　　　D. 专人监护

答案：A

89. 低压架空绝缘线放线后用 500V 绝缘电阻表摇测 1min 后的稳定绝缘值，其值不应小于（　　）MΩ。

A. 0.1 　　　　　　B. 0.5 　　　　　　C. 1.5 　　　　　　D. 2

答案：B

90. 低压架空线路档距内的各相弧垂应一致，相差不应大于（　　）mm。

A. 30　　　　　　B. 40　　　　　　C. 50　　　　　　D. 60

答案：D

91. 低压架空线路绝缘子在安装前用 2500V 绝缘电阻表摇测 1min 后的稳定绝缘值，其值不应小于（　　）MΩ。

A. 5　　　　　　B. 10　　　　　　C. 15　　　　　　D. 20

答案：D

92. 低压绝缘线路每相过引线、引下线与邻相的过引线、引下线之间的净空距离不应小于（　　）mm。

A. 50　　　　　　B. 100　　　　　　C. 150　　　　　　D. 200

答案：B

93. 低压线路与高压线路同杆架设时，分支杆和转角杆横担间的垂直距离不应小于（　　）m。

A. 0.8　　　　　　B. 1.0　　　　　　C. 1.2　　　　　　D. 1.5

答案：B

94. 低压线路与高压线路同杆架设时，直线杆横担间的垂直距离不应小于（　　）m。

A. 0.8　　　　　　B. 1.0　　　　　　C. 1.2　　　　　　D. 1.5

答案：C

95. 低压线路与弱电线路同杆架设时，电力线路应敷设在弱电线路的上方，且架空电力线路最下层导线与弱电线路的最高层导线之间垂直距离，不应小于（　　）m。

A. 1.0　　　　　　B. 1.5　　　　　　C. 2.0　　　　　　D. 2.5

答案：B

96. 电杆立好后直线杆电杆倾斜不应使杆稍的位移大于杆稍直径的（　　）。

A. 1/2　　　　　　B. 1/3　　　　　　C. 1/4　　　　　　D. 1/5

答案：A

97. 电杆组立后（未架线），杆位横向偏离线路中心线不应大于（　　）mm。

A. 30　　　　　　B. 40　　　　　　C. 50　　　　　　D. 60

答案：C

98. 杆上作业人员操作时，地面操作人员应避免在电杆下方工作，防止（　　）伤人。

A. 高空落物　　　B. 倒杆　　　　　C. 断线　　　　　D. 触电

答案：A

99. 高处作业应使用工具袋，上下传递材料、工器具应（　　）。

A. 使用绳索　　　B. 抛掷　　　　　C. 有经验的人抛掷　D. 导线

答案：A

100. 由两条普通拉线组成，装在线路垂直方向的两侧，多用于中间直线杆，其作用是用来加强电杆防风倾倒的能力的拉线叫（　　）拉线。

A. 人字　　　　　B. 水平　　　　　C. 共用　　　　　D. V 形

答案：A

68

101. 10kV 及以下架空电力线路直线杆横线路方向位移不应超过（　　）mm。

A. 30　　　　　　B. 50　　　　　　C. 60　　　　　　D. 80

答案：B

102. 10kV 及以下架空电力线路直线杆顺线路方向位移不应超过设计档距的（　　）%。

A. 1　　　　　　B. 2　　　　　　C. 3　　　　　　D. 4

答案：C

103. 10kV 及以下架空电力线路转角杆、分支杆的横线路、顺线路方向位移不应超过（　　）mm。

A. 30　　　　　　B. 50　　　　　　C. 60　　　　　　D. 80

答案：B

104. 拆除导线时设置的临时拉线对地夹角应不大于（　　）。

A. 60°　　　　　B. 45°　　　　　C. 30°　　　　　D. 15°

答案：B

105. 当一基电杆上装设多条拉线时，拉线不应有过松、过紧、（　　）现象。

A. 松动　　　　B. 脱落　　　　C. 拆除　　　　D. 受力不均匀

答案：D

106. 跌落式熔断器的安装应牢固、排列整齐，熔管轴线与地面的垂线夹角为（　　）。

A. 10°～20°　　B. 15°～25°　　C. 15°～30°　　D. 20°～30°

答案：C

107. 绝缘子在安装前应逐个清污并作外观检查，抽测率不少于（　　）%。

A. 3　　　　　　B. 4　　　　　　C. 5　　　　　　D. 6

答案：C

108. 拉线加装警示套管时应涂有明显（　　）油漆的标志。

A. 红　　　　　B. 黑　　　　　C. 白　　　　　D. 黄、黑相间

答案：D

109. 拉线绝缘子的强度安全系数不应小于（　　）。

A. 1　　　　　　B. 2　　　　　　C. 3　　　　　　D. 40

答案：C

110. 拉线坑、杆坑的回填，最后培起高出地面（　　）m 的防沉土台。

A. 0.1　　　　　B. 0.2　　　　　C. 0.3　　　　　D. 0.4

答案：C

111. 拉线应采用镀锌钢绞线，其截面应按受力情况计算确定，且不应小于（　　）mm²。

A. 15　　　　　B. 25　　　　　C. 35　　　　　D. 50

答案：B

112. 拉线与电杆的夹角不宜小于 45°，当受地形限制时，不应小于（　　）。

A. 30°　　　　　B. 40°　　　　　C. 50°　　　　　D. 60°

答案：A

113. 铝绞线、钢芯铝绞线的强度安全系数不应小于（　　）；架空绝缘线不应小于（　　）。

A. 1.0、1.5   B. 1.5、2.0   C. 2.0、2.5   D. 2.5、3.0

答案：D

114. 一般在耐张杆处装设，目的是加强耐张杆的稳定性，安装顺线路人字拉线和横线路人字拉线，总称（   ）拉线。

A. 人字   B. 水平   C. 十字   D. V形

答案：C

115. 用螺栓连接构件时，当必须加垫圈时，每端垫圈不应超过（   ）个。

A. 1   B. 2   C. 3   D. 4

答案：B

116. 运行中要求绝缘子应无裂纹，釉面剥落面积不应大于（   ）mm^2。

A. 50   B. 100   C. 150   D. 200

答案：B

117. 在不能直接做普通拉线的地方，为了不妨碍交通应装设（   ）拉线。

A. 弓形   B. 水平   C. 共用   D. V形

答案：B

118. 当电杆较高，横担较多且同杆多条线路使电杆受力不均匀时，为了平衡此种电杆的受力应装设（   ）拉线。

A. 弓形   B. 水平   C. 共用   D. V形

答案：D

119. 在受地形和周围环境的限制而不能直接安装普通拉线的地方，可以安装（   ）拉线。

A. 弓形   B. 水平   C. 共用   D. V形

答案：A

二、多选题

1. 正常巡视线路时对沿线情况应检查（   ）内容。

A. 有无其他工程妨碍或危及线路的安全运行

B. 线路上有无断落悬挂的树枝、风筝、金属物，防护地带内有无堆放的杂草、木材、易燃易爆物等

C. 在防护区内有无土建施工、开渠挖沟、平整土地、植树造林、堆放建筑材料等

D. 与公路、河流、房屋、弱电线以及其他电力线路的交叉跨越距离是否符合要求

答案：BCD

2. 正常巡视线路时，对绝缘子应重点检查（   ）等。

A. 歪斜   B. 脏污   C. 闪络   D. 裂纹

答案：ABCD

3. 正常巡视线路时，对电杆应重点检查（   ）等。

A. 杂物堆放   B. 歪斜   C. 基础下沉   D. 裂纹及露筋

答案：BCD

4. 造成线路过负荷的原因主要有（   ）。

A. 过负荷保护整定值偏大，使线路长期过负荷运行

B. 导线截面选择偏小

C. 线路所接的用电设备增加时，未能及时更换大截面积导线

D. 线路安装不正确

答案：ABC

5. 线路巡视能达到的目的有（　　　）。

A. 降低线路损耗

B. 掌握线路及设备运行情况，包括观察沿线的环境状况，做到心中有数

C. 发现并消除缺陷，预防事故发生

D. 提供翔实的线路设备检修的内容

答案：BCD

6. 下列关于绝缘电阻表的使用方法，说法正确的是（　　　）。

A. 按被测设备的电压等级选择绝缘电阻表

B. 绝缘电阻表有线（L）、地（E）和屏（G）三个接线柱，测量时，把被测绝缘电阻接在 L 和 E 在被测绝缘电阻表面不干净或潮湿的情况下，必须拆除屏蔽 G 接线柱

C. 测量前，先将绝缘电阻表做开路和短路校验，短路时看指针是否指到 0 位，开路时看指针是否指到∞位

D. 对于电容量大的设备，在测量完毕后，必须将被测设备对地进行放电

答案：ACD

7. 使用绝缘电阻表时应注意（　　　）。

A. 按被测电气设备的电压等级正确选择电阻表

B. 严禁在有人工作的线路上进行测量工作

C. 雷电时，绝缘电阻表在停电的高压线路上测量绝缘电阻时，必须做好安全措施

D. 使用绝缘电阻表测量设备绝缘时，应由两人操作

答案：ABD

8. 使用高压验电器应注意（　　　）。

A. 使用高压验电器验电时，应选用与被测设备额定电压相应电压等级的专用验电器，并戴绝缘手套操作

B. 使用高压验电器前，先要在带电的设备上检查验电器是否完好

C. 雨天可在户外使用带有防雨罩的进行验电

D. 验电时，要做到一人操作、一人监护

答案：ABD

9. 设备的工作状态有（　　　）。

A. 检修　　　　　　　　B. 运行　　　　　　　　C. 热备用　　　　　　　　D. 冷备用

答案：ABCD

10. 配电线路拉线的主要作用是（　　　）。

A. 固定杆塔　　　　　　　　　　　　　　B. 稳定杆塔

C. 减少杆塔的受力　　　　　　　　　　　　D. 平衡导（地）线的不平衡张力

答案：BCD

11. 配电线路导线的截面选择应注意（　　）。

A. 截面积越大越好
B. 机械强度
C. 经济电流密度
D. 电压损失、导线发热

答案：BCD

12. 农村电网中的配电线路，主要由（　　）组成。

A. 电杆、导线　　　B. 电能表、表箱　　　C. 拉线、基础　　　D. 绝缘子、金具

答案：ACD

13. 拉线主要由（　　）组成。

A. 钢绞线　　　　　B. 拉线盘　　　　　C. 拉线棒　　　　　D. 拉线金具、绝缘子

答案：ABCD

14. 拉线按实际作用分（　　）几类。

A. 普通拉线
B. 高桩拉线
C. 自身拉线及撑杆
D. 固定拉线

答案：ABC

15. 护套线线路的优点有（　　）。

A. 导线截面大，大容量电路应用广泛
B. 耐潮性能好，抗腐蚀性强
C. 线路整齐美观，造价较低
D. 适用于户内外

答案：BCD

16. 动力配电箱安装时，安装高度应满足的要求有（　　）。

A. 暗装时底口距地面 1.4m
B. 明装时底口距地面 1.2m
C. 明装电能表表箱应不低于 1.8m
D. 配电箱安装的垂直偏差不应大于 3mm

答案：ABCD

17. 常用裸绞线类型及型号有（　　）等。

A. 钢铜绞线 TJ
B. 铝绞线 LJ
C. 钢芯铝绞线 LGJ
D. 防腐型钢芯铝绞线 LGJF

答案：BCD

18. 变压器并联运行的条件是（　　）。

A. 容量相同
B. 一次、二次侧的额定电压一致
C. 阻抗电压百分数相同
D. 联结组别一致

答案：BCD

19. 被测（　　）等电容较大的设备时，绝缘电阻表必须在摇转状态下方可将测电笔接触或离开被测设备，以避免因电容放电而损坏绝缘电阻表。

A. 电容器　　　　　B. 电力电缆　　　　C. 大容量变压器　　　D. 电机

答案：ABCD

20. 100kVA 以上的变压器，（　　）选用。

A. 一次侧熔丝，按其额定电流的 1.5～2 倍
B. 一次侧熔丝，按其额定电流的 2.5～3 倍
C. 二次侧熔丝按额定电流
D. 二次侧熔丝按 1.2 倍额定电流

答案：AC

21. 架设绝缘线时可以采用的放线滑轮有（　　）。

A. 铁滑轮　　　　　　　　　　　　　　　B. 铝滑轮

C. 塑料滑轮　　　　　　　　　　　　　　D. 套有橡胶护套的铝滑轮

答案：CD

22. 架空配电线路主要是由（　　）、金具和拉线等构成。

A. 电杆　　　　　　　B. 横担　　　　　　　C. 绝缘子　　　　　　　D. 导线

答案：ABCD

23. 杆塔作业应禁止以下行为（　　）。

A. 攀登杆基未完全牢固或未做好临时拉线的新立电杆

B. 携带器材登杆或在杆塔上移位

C. 利用绳索、拉线上下杆塔

D. 顺杆下滑

答案：ABCD

24. 电力器材使用前须进行检查，且符合（　　）。

A. 外观检查无损坏或变形　　　　　　　　B. 型号正确

C. 技术文件齐全　　　　　　　　　　　　D. 规格正确

答案：ABCD

25. 电杆基础采用卡盘时，应符合（　　）。

A. 卡盘上口距地面不应小于 0.5m

B. 直线杆：卡盘应与线路平行并应在线路电杆左、右侧交替埋设

C. 卡盘下口距地面不应小于 0.5m

D. 承力杆：卡盘埋设在承力侧

答案：ABD

26. 电杆按其在线路中的用途可分为直线杆、耐张杆、（　　）等。

A. 转角杆　　　　　　B. 分支杆　　　　　　C. 终端杆　　　　　　D. 跨越杆

答案：ABCD

27. 登杆塔前应检查（　　）。

A. 杆跟　　　　　　　　　　　　　　　　B. 基础

C. 拉线是否牢固　　　　　　　　　　　　D. 杆塔上是否有影响攀登的附属物

答案：ABCD

28. 登杆塔前应核对（　　）。

A. 色标　　　　　　　B. 线路名称　　　　　C. 杆号　　　　　　　D. 杆基

答案：BC

29. 撤线、收线前应先检查（　　），如不牢固时，应加设临时拉绳加固。

A. 拉线　　　　　　　B. 横担　　　　　　　C. 绝缘子　　　　　　D. 杆根

答案：AD

30. 安装金具前，应进行外观检查，且符合下列要求（　　）。

A. 表面光洁，无裂纹、毛刺、飞边、砂眼、气泡等缺陷

B. 线夹转动灵活，与导线接触的表面光洁

C. 螺杆与螺母配合紧密适当

D. 镀锌良好，无剥落、锈蚀

答案：ABCD

31. 土壤电阻率较高地区，如岩石、瓦砾、沙土等，应采取增加接地体（　　）等措施改善接地电阻（　　）。

A. 根数　　　　　　B. 长度　　　　　　C. 截面积　　　　　　D. 埋地深度

答案：ABCD

32. 用接地电阻测试仪测量接地电阻时，装设地下探测棒应注意（　　）。

A. 操作前，探测棒表面应用清洁的干布擦拭干净，使棒表面干燥、清洁

B. 操作时，应戴线手套，站在绝缘垫（台）上作业

C. 插入后不得触碰导线及探测棒

D. 入地深度至少达到探测棒长度的 3/4

答案：ACD

33. 用接地电阻测试仪测量接地电阻时，用 5m 线连接表上接线柱（　　）和接地装置的接地体。

A. E　　　　　　B. C2、P2　　　　　　C. C1、P1　　　　　　D. C1

答案：AB

34. 用接地电阻测试仪测量接地电阻时，对接地引线与接地体连接点的处理正确的是（　　）。

A. 专人监护，戴绝缘手套断开或恢复引下线与接地体的连接

B. 严禁直接接触与地断开的接地引线

C. 用砂纸或平锉刀对连接点进行处理

D. 避免在雷雨时测试，夜间测试应有足够的照明

答案：ABD

35. 下列关于 10kV 高压接地线说法正确的是（　　）。

A. 装设接地线必须先装接地端，后接导体端，且应接触良好。应使用专用线夹固定在导体上，严禁用缠绕方法进行接地或短路，拆接地线顺序与此相反

B. 装拆接地线应使用绝缘棒和绝缘手套

C. 三相短路接地线，应采用多股软铜绞线制成，其截面积应符合短路电流热稳定的要求，但不得小于 16mm²

D. 接地线应编号，固定存放

答案：ABD

36. 常用绝缘电阻表的电压有（　　）V 等几种。

A. 500　　　　　　B. 1000　　　　　　C. 2500　　　　　　D. 3000

答案：ABC

37. 接地装置的运行与维护工作主要包括（　　）。

A. 安装　　　　　　B. 检查　　　　　　C. 维护　　　　　　D. 测量

答案：BCD

38. 接地电阻测量作业中对于接地电阻测试仪布线正确的有（   ）。

A. 检查并核对测试接地体，戴绝缘手套断开接地引线与接地体的连接，在拆开的接地引线断开处装设临时接地线

B. 用皮卷尺测量接地体、探测棒间隔距离，将探测棒用手锤垂直地插入地面深处 400mm

C. 用 5m 线连接表上接线柱 P1 和接地装置的接地体

D. 用 40m 线连接表上接线柱 C（或 C1）和 40m 处电流探测棒，测量引线两端连接牢靠

答案：ABD

39. 接地电阻测量作业时，防止设备或仪器损坏注意事项有（   ）。

A. 将接地体与被保护的电气设备断开，不得带电检测

B. 仪表水平放置，检查表针是否指向中心线，否则必须调"零"处理

C. 接地电阻测试仪不准开路状态下摇动，否则将损坏仪表

D. 雨后不得测量接地电阻，此时所测得的数据不是正常的接地电阻数据

答案：ABCD

40. 接地电阻测量作业防止触电伤害的注意事项有（   ）。

A. 专人监护，戴绝缘手套断开或恢复引下线与接地体的连接

B. 严禁直接接触与地断开的接地引线，恢复接地引下线的连接后，才能拆除临时接地线

C. 接地电阻测量时，附近应无带电设备。当有带电设备时，带电设备应有防护或者安全距离达到要求

D. 避免在雷雨时测试，夜间测试应有足够的照明

答案：ABC

41. 电力工程施工常用的绳扣有（   ）。

A. 倒背扣　　　　　B. 猪蹄扣　　　　　C. 背扣　　　　　D. 倒扣

答案：ABCD

42. 电力工程施工常用的绳扣有（   ）。

A. 倒背扣　　　　　B. 猪蹄扣　　　　　C. 海盗扣　　　　　D. 倒扣

答案：ABD

43. 电力工程施工常用的绳扣有（   ）。

A. 倒背扣　　　　　B. 套马扣　　　　　C. 海盗扣　　　　　D. 倒扣

答案：AD

44. 电力工程施工常用的绳扣有（   ）。

A. 倒背扣　　　　　B. 套马扣　　　　　C. 抬扣　　　　　D. 倒扣

答案：ACD

45. 电力工程施工常用的绳扣有（   ）。

A. 倒背扣　　　　　B. 套马扣　　　　　C. 抬扣　　　　　D. 平扣

答案：AC

46. 电力工程施工常用的绳扣有（   ）。

A. 倒背扣　　　　　B. 双套结　　　　　C. 抬扣　　　　　D. 瓶扣

答案：ABCD

47. 电力工程施工常用的绳扣有（　　）。

A. 套马扣　　　　　B. 猪蹄扣　　　　　C. 海盗扣　　　　　D. 拴马扣

答案：BD

48. 电力工程施工常用的绳扣有（　　）。

A. 套马扣　　　　　B. 猪蹄扣　　　　　C. 吊钩扣　　　　　D. 拴马扣

答案：BCD

49. 电力工程施工不常用的绳扣有（　　）。

A. 称人结　　　　　B. 猪蹄扣　　　　　C. 海盗扣　　　　　D. 拴马扣

答案：AC

50. 电力工程施工不常用的绳扣有（　　）。

A. 称人结　　　　　B. 双套结　　　　　C. 拴马扣　　　　　D. 海盗扣

答案：AD

51. 在紧线前要先做好（　　）的拉线。

A. 直线杆　　　　　B. 耐张杆　　　　　C. 转角杆　　　　　D. 终端杆

答案：BCD

52. 遇有（　　）或拉线松动的杆塔，登杆前应先培土加固、打好临时拉线或支好架杆。

A. 上拔　　　　　B. 下沉　　　　　C. 起土　　　　　D. 冲刷

答案：ACD

53. 水平排列横担有（　　）等。

A. 单横担

B. 双横担

C. 多回路

D. 分支线路的多层横担

答案：ABCD

54. 受下列（　　）因素影响，将使绝缘子的绝缘能力下降。

A. 雷击　　　　　B. 污闪　　　　　C. 大风　　　　　D. 电晕

答案：ABD

55. 普通拉线应用在（　　）等处，主要用来平衡固定架空线的不平衡荷载。

A. 终端杆　　　　　B. 转角杆　　　　　C. 分支杆　　　　　D. 耐张杆

答案：ABCD

56. 配电线路中常见的绝缘子通常有（　　）绝缘子。

A. 针式　　　　　B. 蝶式　　　　　C. 悬式　　　　　D. 操作

答案：ABC

57. 螺栓紧好后，螺杆丝扣露出的长度应该（　　）。

A. 单螺母不应小于 2 扣

B. 单螺母不应大于 2 扣

C. 双螺母可平扣，必须加垫圈者，每端垫圈不应超过 1 个

D. 双螺母可平扣，必须加垫圈者，每端垫圈不应超过 2 个

答案：AD

58. 拉线通常由（　　）与镀锌钢绞线共同连接组成。

A. 楔形线夹　　　　　　B. 拉线绝缘子　　　　　C. UT 线夹　　　　　D. U 型抱箍

答案：ABC

59. 绝缘子应根据（　　）选择其型号。

A. 地区污秽等级　　　　　　　　　　　　B. 气象条件

C. 规定的泄漏比距　　　　　　　　　　　D. 规定的泄漏距离

答案：AC

60. 紧线、撤线前，应检查（　　），必要时，应加固桩锚或增设临时拉线。

A. 拉线　　　　　　　B. 桩锚　　　　　　　C. 杆塔　　　　　　D. 工具

答案：ABC

三、判断题

1. 单人巡线时，可以攀登杆塔，但与带电部分要保持足够的安全距离。（　　）

答案：错误

解析：单人巡视，禁止攀登杆塔和配电变压器台架。

2. 线路巡视的种类只有正常巡视、故障巡视、登杆检查三种。（　　）

答案：错误

解析：线路巡视的形式有定期巡视、特殊巡视、故障巡视、监察巡视等。

3. 巡线工作应由有电力线路工作经验的人担任，新人员可以一人单独巡线。（　　）

答案：错误

解析：巡线工作应由有电力线路工作经验的人担任，新人员不得单独巡线。

4. 拉线的经济夹角是 30°。（　　）

答案：错误

解析：拉线的经济夹角是 45°。

5. 金具是用来连接导线和绝缘子的。（　　）

答案：正确

6. 拉线主线应在 UT 线夹的凸肚侧。（　　）

答案：错误

解析：拉线尾线应在 UT 线夹的凸肚侧。

7. 同组拉线线夹的尾线应在同一侧。（　　）

答案：正确

8. 由于杆塔倾斜而需要调整拉线，必须先调整或更换拉线，然后再正杆。（　　）

答案：错误

解析：由于杆塔倾斜而需要调整拉线，必须先正杆，然后再调整或更换拉线。

9. 位移正杆可在线路带电情况下进行。（　　）

答案：错误

解析：位移正杆可在线路不带电情况下进行

10. 交叉跨越档中导线不得有接头。（　　）

答案：正确

11. 对于长期空载运行的变压器，应切断变压器的电源。（　　）

答案：正确

12. 拉线棒圆钢一定要经过镀锌处理。（　　）

答案：正确

13. BLV 型表示塑料绝缘导线。（　　）

答案：正确

14. 装、拆接地线的工作必须由两人进行。（　　）

答案：正确

15. 在居民区及交通道路附近挖坑，应设坑盖或可靠围栏，夜间挂红灯。（　　）

答案：正确

16. 仪表的准确度等级越高其误差越小。（　　）

答案：正确

17. 不可在设备带电情况下使用绝缘电阻表测量绝缘电阻。（　　）

答案：正确

18. 绝缘电阻表有"线"（L）、"地"（E）和"屏"（G）三个接线柱，进行一般测量时，只要把被测绝缘电阻接在"L"和"E"之间即可。（　　）

答案：正确

19. 登杆前应再次核对停电线路的名称、编号，防止误登带电杆塔。（　　）

答案：正确

20. 测量绝缘时，应先将被测设备脱离电源，进行充分对地放电，并清洁其表面。（　　）

答案：正确

21. 用绝缘电阻表测量绝缘电阻时，手柄要忽快忽慢，否则会影响测量精度。（　　）

答案：错误

解析：用绝缘电阻表测量绝缘电阻时，手柄应由慢至快摇动至正常时转速 120r/min，否则会影响测量精度。

22. 测量绝缘时，若被测物短路，表针摆到"0"位时，应立即停止摇动，以免烧坏绝缘电阻表。（　　）

答案：正确

23. 对于电容量大的设备，在测量完毕后，就不必将被测设备对地进行放电了。（　　）

答案：错误

解析：对于电容量大的设备，在测量完毕后，必须将被测设备对地进行放电。

24. 用绝缘电阻表摇测带电设备时，带电设备的电压不能高于 500V。（　　）

答案：错误

解析：用绝缘电阻表摇测设备时，测量前应将被测量设备电源断开并充分放电。

25. 雷电时，可以用绝缘电阻表在停电的高压线路上测量绝缘电阻。（　　）

答案：错误

解析：雷电时，禁止用绝缘电阻表在停电的高压线路上测量绝缘电阻。

26. 严禁在有人工作的线路上进行绝缘测量工作。（　　）

答案：正确

27. 杆上作业时，要准确地上、下抛掷传递工具和物品。（ ）

答案：错误

解析：杆上作业时，严禁上、下抛掷传递工具和物品。

28. 蝶式绝缘子只用于线路档距较大的转角处。（ ）

答案：错误

解析：蝶式绝缘子可用于线路的终端杆、耐张杆和转角杆。

29. 安全带是高处作业时预防高处坠落的安全工具。（ ）

答案：正确

30. 测量电缆的绝缘电阻时，需将屏蔽 G 柱接到电缆的绝缘层上。（ ）

答案：正确

31. 地下接地装置之间的距离，一般不小于 2m。（ ）

答案：正确

32. 当电气设备发生接地故障时，电流就通过接地体向大地做半球形散开，这一电流称为接地电流。（ ）

答案：正确

33. 测量接地电阻之前，应将接地电阻测量仪指针调整至中心线零位上。（ ）

答案：正确

34. 变压器的铁芯必须只能有一点接地。（ ）

答案：正确

35. 检查并核对测试接地体，断开接地引线与接地体的连接，在拆开的接地引线断开处装设临时接地线。（ ）

答案：错误

解析：检查并核对测试接地体，戴绝缘手套断开接地引线与接地体的连接，在拆开的接地引线断开处装设临时接地线。

36. 测量接地体接地电阻工作，将接地体与被保护的电气设备断开，断不开的接地体也可带电检测。（ ）

答案：错误

解析：测量接地体接地电阻工作，将接地体与被保护的电气设备断开，不得带电检测。

37. 测量前，仪表水平放置，检查表针是否指向中心线，否则必须调"零"处理。（ ）

答案：正确

38. 接地电阻测试仪不准开路状态下摇动，否则将损坏仪表。（ ）

答案：正确

39. 将倍率开关放在最小倍率挡位上，慢摇发电机手柄，同时调整"测量标度盘"。（ ）

答案：错误

解析：将倍率开关放在最大倍率挡位上，慢摇发电机手柄，同时调整"测量标度盘"。

40. 使用接地电阻测试仪时，测量接地棒选择土壤较好的地段，如果仪表指针指示不稳，可适当调整电位的深度、尽量避开与高压线或地下管道平行，以减少环境对测量的干扰。（ ）

答案：正确

41. 雨后可以测量接地电阻，此时所测得的数据乘以 3 就是正常的接地电阻数据。（　　）

答案： 错误

解析： 雨后不得测量接地电阻，此时所测得的数据不是正常的接地电阻数据。

42. 测量小于 1Ω 的电阻采用四端钮测试仪测量。（　　）

答案： 正确

43. 摇测完毕后拆除接地电阻测试仪接线，按操作规程首先拔出临时接地线接地极，后拆除引下线端连接点。（　　）

答案： 错误

解析： 摇测完毕后拆除接地电阻测试仪接线，按操作规程首先拆除引下线端连接点，后拔出临时接地线接地极。

44. 接地体应进行镀锌防腐处理，并涂刷黄黑相间标识漆。（　　）

答案： 错误

解析： 接地体应进行镀锌防腐处理，并涂刷黄绿相间标识漆。

45. 配电线路柱上设备接地引下线应与接地极焊接，焊接点应涂刷保护漆。（　　）

答案： 错误

解析： 配电线路柱上设备接地引下线应与接地极可靠连接，连接点可拆装，且不得刷漆。

46. 双环绞缠结又称猪蹄扣。（　　）

答案： 错误

解析： 双环绞缠结又称倒背扣。

47. 猪蹄扣又称双套结。（　　）

答案： 正确

48. 双环绞缠结又称倒背扣。（　　）

答案： 正确

49. 双套结又称倒背扣。（　　）

答案： 错误

解析： 双套结又称猪蹄扣。

50. 背扣又称木匠结。（　　）

答案： 正确

51. 在垂直起吊重量轻而长的物件时使用猪蹄扣。（　　）

答案： 错误

解析： 在垂直起吊重量轻而长的物件时使用倒背扣。

52. 在没有放线滑车时，放线后向支撑杆横担上提导线，应用拴马扣。（　　）

答案： 正确

53. 在电力施工中，电杆或抱杆起立时，用倒扣将临时拉线在地锚上固定。（　　）

答案： 正确

54. 直扣是最古老、最实用、最通行的结，也是最基本的绳扣，有很多绳扣都是由它演化而成的。（　　）

答案： 正确

55. 双套结与其他结的不同处是它常需绑扎在桩、柱、传递物体等处，它的特点是易结易解，便于使用，在抱杆顶部等处也绑扎此扣。（　　　）

答案：正确

56. 倒背扣在起吊时能保持物体不摆动，扣结较结实可靠。（　　　）

答案：错误

解析：瓶扣在起吊时能保持物体不摆动，扣结较结实可靠。

57. 瓶扣在起吊时能保持物体不摆动，扣结较结实可靠。（　　　）

答案：正确

58. 拴腰绳使用的是紧线扣。（　　　）

答案：正确

59. 拴腰绳使用的是拴马扣。（　　　）

答案：错误

解析：拴腰绳使用的是紧线扣。

60. 吊钩扣用于起吊设备绳索，能防止因绳索移动造成吊物倾斜。（　　　）

答案：正确

61. 直线杆单横担应装于送电侧；90°转角杆及终端杆当采用单横担时，应装于拉线侧。（　　　）

答案：错误

解析：直线杆单横担应装于受电侧；90°转角杆及终端杆当采用单横担时，应装于拉线侧。

62. 钢筋混凝土电杆一般多采用镀锌角铁制成的横担。（　　　）

答案：正确

63. 低压配电线路采用水平排列时，横担与水泥杆顶部的距离为200mm。（　　　）

答案：正确

64. 电杆装配中直线杆的单横担应装于受电侧。（　　　）

答案：正确

65. 攀登有覆冰、积雪、积霜、雨水的杆塔时，应采取防滑措施。（　　　）

答案：正确

66. 在巡视时，应注意铁横担是否锈蚀、变形、松动或严重歪斜。（　　　）

答案：正确

67. 紧线时为防止出现横担扭转，可同时紧两根边线。（　　　）

答案：正确

68. 低压针式绝缘子型号中字母"M"表示短脚，用于铁横担。（　　　）

答案：错误

解析：低压针式绝缘子型号中字母"T"表示短脚，用于铁横担。

69. 杆塔施工过程需要采用临时拉线过夜时，应对临时拉线采取加固和防盗措施。（　　　）

答案：正确

70. 绝缘导线在绝缘子上的固定应采用裸导线绑扎。（　　　）

答案：错误

解析： 绝缘导线在绝缘子上的固定绑扎，应使用单股塑料铜线。

71. 绝缘子安装应安装牢固，连接可靠，应清除表面灰垢、泥沙等附着物及不应有的涂料。（　　）

答案： 正确

72. 1kV 以下配电线路，自配电变压器二次侧出口至线路末端（不包括接户线）的，允许电压降为额定电压的 4%。（　　）

答案： 正确

73. 单横担通常安装在电杆线路编号的小号侧。（　　）

答案： 错误

解析： 单横担通常安装在电杆线路编号的大号（受电）侧。

74. 熔断器选择的主要电气参数：额定电压、额定电流、极限分断能力。（　　）

答案： 正确

75. 转角杆的转角在 15°～30° 时，可用一根横担。（　　）

答案： 错误

解析： 转角杆的转角在 15°～30° 时，可用两根横担。

76. 在 10kV 带电设备附近立、撤杆塔时，杆塔、拉线、临时拉线、起重设备、起重绳索应与带电设备保持的最小安全距离为 1m。（　　）

答案： 错误

解析： 在 10kV 带电设备附近立、撤杆塔，杆塔、拉线、临时拉线、起重设备、起重绳索应与带电设备保持的最小安全距离为 2m。

77. 不得随意拆除未采取补强措施的受力构件。（　　）

答案： 正确

78. 埋设拉线盘的拉线坑应有滑坡（马道），回填土应有防沉土台，拉线棒与拉线盘的连接应使用单螺母。（　　）

答案： 错误

解析： 埋设拉线盘的拉线坑应有滑坡（马道），回填土应有防沉土台，拉线棒与拉线盘的连接应使用双螺母。

79. 拉线棒的直径应根据计算确定，且不应小于 18mm。拉线棒应热镀锌。腐蚀地区拉线棒直径应适当加大 2～4mm 或采取其他有效的防腐措施。（　　）

答案： 错误

解析： 拉线棒的直径应根据计算确定，且不应小于 16mm。拉线棒应热镀锌。腐蚀地区拉线棒直径应适当加大 2～4mm 或采取其他有效的防腐措施。

80. 杆塔上有人时，可以调整但禁止拆除拉线。（　　）

答案： 错误

解析： 杆塔上有人时，禁止拆除拉线。

81. 拉线应根据电杆的受力情况装设。（　　）

答案： 正确

82. 更换低压拉线时，应填写"低压工作票"。（　　）

答案：正确

83. 制作拉线时线夹舌板与拉线接触应紧密，受力后，无滑动现象，线夹的凸肚应在尾线侧。同一组拉线使用双线夹时，其尾线端的方向应作统一规定。（　　）

答案：正确

84. 拆除导线时，临时拉线与牵引设备应共用一个地锚。（　　）

答案：错误

解析：临时拉线地锚不允许与牵引设备共用地锚。

85. 挖拉线坑时，拉线深度一般比电杆埋深多 50cm。（　　）

答案：错误

解析：挖拉线坑时，拉线深度一般与电杆埋深相同。

86. 十字拉线一般在直线杆处装设，目的是加强该杆的稳定性。（　　）

答案：错误

解析：十字拉线一般在耐张杆处装设，目的是加强该杆的稳定性。

87. 当拉线位于交通要道或人易接触的地方时，须加装警示套管保护。（　　）

答案：正确

88. 一般情况下 0.4kV 线路拉线可以不装拉线绝缘子。（　　）

答案：错误

解析：0.4kV 线路拉线一律要装设拉线绝缘子。

89. 临时拉线的方向应为放线段线路中心的延长线上。（　　）

答案：正确

90. 拉线柱的倾斜角宜采用 10°～20°。（　　）

答案：正确

四、简答题

1. 常用电杆分哪几类？

答案：常用电杆分为直线杆、耐张杆、终端杆、转角杆、跨越杆、分支杆。

2. 金具按使用性能可分哪几种类型？

答案：可分为支持金具、固定金具、连接金具、接续金具、防护金具、拉线金具等几个类型。

3. 线路设备巡视的主要内容有哪些？

答案：内容包括杆塔、拉线、导线、绝缘子、金具、沿线附近其他工程、开关、断路器、防雷及接地装置等。

4. 设备的缺陷是怎样分类的？

答案：设备的缺陷按其严重程度可分为一般缺陷、重大缺陷、紧急缺陷三类。

5. 线路设备的巡视种类有几种？

答案：巡视种类分为定期巡视、夜间巡视、特殊巡视、故障巡视、监察性巡视。

6. 配电线路拉线的主要作用是什么？

答案：平衡导（地）线的不平衡张力；稳定杆塔、减少杆塔的受力。

7. 拉线主要由哪些原件组成？

答案：拉线主要由钢绞线、拉线棒、拉线盘、拉线金具、绝缘子等组成。

8. 电气工程施工时应重点注意哪些安全技术要点？

答案： 安全用具和绝缘工具；电气作业安全的组织措施；电气作业安全的技术措施；反习惯性违章。

9. 登杆前应进行哪些主要检查工作？

答案： 检查线路名称编号是否对应；检查登高工具是否合格，是否在试验周期内并对登高工具进行冲击试验；检查杆根、基础是否符合规程规定；检查拉线是否安装牢固等。

10. 简述接地电阻测试仪测试前准备工作。

答案： ① 用皮卷尺测量接地体、探测棒间隔距离，分别测量出 5、20m 与 40m 三个距离，将探测棒用手锤垂直地插入地面深处 400mm（不应小于探测棒长度的 3/4）。② 用 5m 线连接表上接线柱 E（或 C2、P2）和接地装置的接地体；用 20m 线连接表上接线柱 P（或 P1）和 20m 处电位探测棒；用 40m 线连接表上接线柱 C（或 C1）和 40m 处电流探测棒，测量引线两端连接牢靠，导线无损伤。

11. 简述测量接地电阻测试仪操作流程。

答案： ① 将接地电阻测试仪放置平稳后调零；根据被测接地体的电阻，调节粗调旋钮（接地电阻测试仪有三挡可调范围）。② 一手扶住转盘并压住使绝缘电阻表平稳，另一手摇动摇把，以约 120～150r/min 的转速均匀摇动手柄，当表针偏离中心线时，一边摇动手柄，一边调节细调拨盘，直至表针指向中心线稳定后为止。

12. 简述农网台架变压器接地引下线的制作工艺规范。

答案： 接地引下线包括避雷器、变压器中性点、变压器外壳和低压综合配电箱外壳接地，所有接地引下线应汇集后统一接地。接地汇集装置设 4 孔位，从上到下依次为：避雷器、变压器中性点、变压器外壳和低压综合配电箱外壳，分别与上述接地引下线采用螺栓固定。接地扁钢沿杆内侧敷设，每间隔 500mm 用钢包带固定。

13. 简述农网台架变压器地下水平接地体制作工艺规范。

答案： 水平接地体采用 −40×4mm 的镀锌扁钢，搭接长度为其宽度的 2 倍，四面施焊，连接处应做好防腐处理。垂直接地体采用 ∠50×5×2500mm 的镀锌角钢，将接地体置于沟槽内并打入地下，垂直接地体的间距不宜小于其长度的 2 倍。实测接地电阻不应大于 4Ω。

14. 简述接地电阻测试仪读数及计算方法。

答案： 正面直视表盘正确读数，以标度盘读数乘以倍率，其结果即为被测接地体的接地电阻值。

15. 在杆塔上工作应采取哪些安全措施？

答案： ① 在杆塔上工作，必须使用安全带和戴安全帽。② 安全带应系在电杆及牢固的构件上，应防止安全带从杆顶脱出或被锋利物伤害。③ 系安全带后必须检查扣环是否扣牢。④ 在杆塔上作业转位时，不得失去安全带保护。⑤ 杆塔上有人工作时，不准调整拉线或拆除拉线。

16. 在低压架空配电线路中，根据拉线的用途和作用一般可分为几种形式？

答案： 根据拉线的用途和作用一般可分为普通拉线、人字拉线、十字拉线、水平拉线、共用拉线、V 型拉线、弓形拉线。

17. 架空绝缘线安装前外观检查应符合哪些要求？

答案： ① 导体紧压，无腐蚀。② 绝缘线端部应有密封措施。③ 绝缘层紧密挤包，表面平整圆滑，色泽均匀，无尖角、颗粒，无烧焦痕迹。

18. 架空电力线路金具及绝缘部件安装前外观检查应符合哪些要求？

答案： ① 表面光洁，无裂纹、毛刺、飞边、砂眼、气泡等缺陷。② 线夹转动灵活，与导线接触的表面光洁，螺杆与螺母配合紧密适当。③ 镀锌良好，无剥落、锈蚀。

19. 安装绝缘子前外观检查应符合哪些要求？

答案： ① 瓷绝缘子与铁绝缘子结合紧密。② 铁绝缘子镀锌良好，螺杆与螺母配合紧密。③ 瓷绝缘子轴光滑，无裂纹、缺釉、斑点、烧痕和气泡等缺陷。

20. 安装拉线前外观检查应符合哪些要求？

答案： ① 镀锌良好，无锈蚀。② 无松股、交叉、折叠、断股及破损等缺陷。

21. 架空电力线路用螺栓连接构件时有哪些要求？

答案： ① 螺杆应与构件面垂直，螺头平面与构件间不应有间隙。② 螺母紧好后，露出的螺杆长度，单螺母不应少于两个螺距；双螺母可与螺母相平。当必须加垫圈时，每端垫圈不应超过两个。③ 螺栓穿入方向：顺线路者从电源侧穿入；横线路者面向受电侧由左向右穿入；垂直地面者由下向上穿入。

22. 简述杆塔组装的一般要求。

答案： ① 横担一般安装在距杆顶 200mm 处，单横担安装在受电侧，转角杆、终端杆及分支杆安装在拉线侧。② 螺栓的安装要求：顺线路方向的螺栓应由电源侧穿入；横线路方向的螺栓应面向受电侧由左至右穿入；与地面垂直的螺栓应由下向上穿入。螺帽：紧固后要使螺杆外露不少于两个螺丝纹。

23. 在电力线路上工作，哪些工作按口头或电话命令执行？

答案： ① 测量接地电阻。② 修剪树枝。③ 杆塔底部和基础等地面检查、消缺工作。④ 涂写杆塔号、安装标示牌等，工作地点在杆塔最下层导线以下，并能够保持邻近或交叉的其他电力线的安全距离的工作。⑤ 接户、进户装置上的低压带电工作和单一电源低压分支线的停电工作。

24. 架空电力线路横担安装应符合哪些规定？

答案： 横担安装应平正，安装偏差应符合下列规定：① 横担端部上下歪斜不应大于 20mm。② 横担端部左右扭斜不应大于 20mm。③ 双杆的横担，横担与电杆连接处的高差不应大于连接距离的 5/1000，左右扭斜不应大于横担总长度的 1/100。

五、识图题

1. 绳扣的名称是什么？

答案： 瓶扣。

2. 绳扣的名称是什么？

答案： 双套结，又称猪蹄扣。

3. 绳扣的名称是什么？

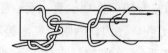

答案： 双环绞缠结，又称倒背扣。

4. 绳扣的名称是什么？

答案： 背扣，又称木匠扣。

5. 绳扣的名称是什么？

答案： 拴马扣。

6. 画出测量电缆绝缘电阻的测量接线图。

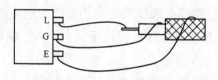

第二节 四 级 题 库

一、单选题

1. 与 10kV 跌落式熔断器配套使用的熔丝能承受的静拉力不小于（　　）N。

A. 40　　　　　　　B. 50　　　　　　　C. 60　　　　　　　D. 100

答案： B

2. 在熔管的上端有一个（　　），放置一低熔点熔片。

A. 释放压力帽　　　B. 上静触头　　　C. 上动触头　　　D. 绝缘子

答案： A

3.（　　）不属于隔离开关的导电部分。

A. 传动机构　　　　B. 触头　　　　　C. 闸刀　　　　　D. 接线座

答案： A

4.（　　）是绝缘程度足以承受电气设备的工作电压，能直接用来操作带电设备或接触带电体的工器具。

A. 基本安全工器具　　B. 辅助安全工器具　　C. 安装工器具　　D. 防护安全工器具

答案： A

5. 10kV 跌落式熔断器安装在户外，要求相间距离大于（　　）m。

A. 0.2　　　　　　　B. 0.35　　　　　　C. 0.4　　　　　　D. 0.5

答案：D

6. 10kV 跌落式熔断器一般安装在柱上配电变压器（ ）。

A. 高压侧   B. 两侧   C. 低压侧   D. 线路

答案：A

7. 10kV 杆上熔断器应安装在离地面垂直距离不小于（ ）mm 的横担（构架）上，若安装在配电变压器上方，应与配电变压器的最外轮廓边界保持（ ）mm 以上的水平距离，以防万一熔管掉落引发其他事故。

A. 2500 400   B. 4000 500   C. 4700 500   D. 5000 400

答案：C

8. GN19－10（10C）/630－20 型户内高压隔离开关的额定电流为（ ）A。

A. 20   B. 200   C. 400   D. 630

答案：D

9. 安装在配电变压器高压侧的 10kV 跌落式熔断器主要用以保护（ ）。

A. 低压设备故障

B. 10kV 架空配电线路不受配电变压器故障影响

C. 低压线路故障

D. 高压线路故障

答案：B

10. 当过电流使熔丝熔断时，断口在熔管内产生电弧，熔管内衬的消弧管产气材料在（ ）作用下产生高压力喷射气体，吹灭电弧。

A. 电场   B. 电压   C. 电弧   D. 电流

答案：C

11. 跌落式熔断器的额定电流必须（ ）熔丝元件的额定电流。

A. 大于或等于   B. 小于或等于   C. 小于   D. 大于

答案：A

12. 跌落式熔断器熔管一般采用内置消弧管的（ ）制成。

A. 铜管   B. 不锈钢管   C. 环氧玻璃布管   D. 塑料管

答案：C

13. 跌落式熔断器如果掉管时负荷电流（ ），还有可能造成拉弧引发相间短路故障。

A. 过大   B. 较小   C. 平稳   D. 突变

答案：A

14. 跌落式熔断器主要用于架空配电线路的支线、用电客户进口处，以及被配电变压器一次侧、电力电容器等设备作为（ ）。

A. 过载或接地保护   B. 接地或短路保护

C. 过载或低电压保护   D. 过载或短路保护

答案：D

15. 高压断路器是高压配电网的（ ）元件。

A. 一般   B. 必要   C. 关键   D. 基本

答案：C

16. 高压隔离开关的拉杆绝缘子与（ ）相连。

A. 安装在基座上的转轴

B. 静触头

C. 支柱绝缘子

D. 接地装置

答案：A

17. 隔离开关可以用来开闭励磁电流不超过（ ）A 的变压器空载电流。

A. 2　　　　　　　B. 5　　　　　　　C. 1　　　　　　　D. 3

答案：A

18. 隔离开关停电操作时，必须先拉（ ）。

A. 线路侧隔离开关

B. 母线侧隔离开关

C. 变压器

D. 断路器

答案：D

19. 正常巡视隔离开关时，应检查隔离开关的（ ）。

A. 动作同期性

B. 动作是否正确

C. 绝缘子有无放电痕迹

D. 接触表面是否清洁

答案：C

20. 为保证事故处理时熔管、熔丝的互换性，减少事故处理备件数量，一个维护区域内宜固定使用（ ）种型号跌落式熔断器。

A. 一　　　　　　　B. 二　　　　　　　C. 三　　　　　　　D. 四

答案：A

21. 在摇测绝缘电阻时，应使绝缘电阻表保持额定转速，一般为（ ）r/min。

A. 120　　　　　　B. 100　　　　　　C. 160　　　　　　D. 180

答案：A

22. 10kV 及以下架空配电线路采用减小弧垂法补偿，架线时应将铝绞线和绝缘铝绞线的设计弧垂减少（ ）%。

A. 25　　　　　　　B. 20　　　　　　　C. 15　　　　　　　D. 10

答案：B

23. 绑扎应以损伤中心为基准，绑扎长度应不少于（ ）mm。

A. 50　　　　　　　B. 100　　　　　　C. 150　　　　　　D. 200

答案：B

24. 修补导线采用插接时，接头处的机械强度应不小于导线计算拉断力的（ ）%。

A. 65　　　　　　　B. 70　　　　　　　C. 80　　　　　　　D. 90

答案：D

25. 单金属绞线损伤截面积小于（ ）%，可不作补修。

A. 2　　　　　　　B. 4　　　　　　　C. 5　　　　　　　D. 7

答案：B

26. 低压集束绝缘线非承力接头应相互错开，各接头端距不小于（ ）m。

A. 0.5　　　　　　B. 0.2　　　　　　C. 0.3　　　　　　D. 1

答案：B

27. 断线钳也称为（　　　　）。

A. 平口钳 B. 老虎钳 C. 斜口钳 D. 扁嘴钳

答案：C

28. 对导线的连接部位的铝质接触面，应使用（　　　　）清除表面氧化膜。

A. 刮刀 B. 砂纸 C. 细锉 D. 细钢丝刷

答案：D

29. 放线时若单金属绞线在同一处的损伤截面积小于（　　　　）%，应将损伤处棱角与毛刺用 0 号砂纸磨光，可不作补修。

A. 2 B. 3 C. 4 D. 5

答案：C

30. 钢芯铝绞线插接法接线应用（　　　　）来涂抹接头。

A. 中性凡士林油脂 B. 环氧树脂 C. 润滑剂 D. 电力复合脂

答案：D

31. 钢芯铝绞线在绝缘子上绑扎时，应先在钢芯铝绞线上绑扎铝包带，铝包带缠绕长度应大于导线绑扎长（　　　　）cm。

A. 2～3 B. 4～5 C. 6～7 D. 8～9

答案：A

32. 架空导线接续管连接后握着力强度不得小于原导线计算拉断力的（　　　　）%。

A. 80 B. 85 C. 90 D. 95

答案：D

33. 截面较大（如 6mm² 以上）的单芯导线进行连接时，为保证连接强度，通常采用（　　　　）的方法进行。

A. 绞接 B. 压接 C. 插接 D. 绑扎

答案：D

34. 截面为（　　　　）mm² 及以上铝线芯绝缘线承力接头宜采用液压法施工。

A. 150 B. 185 C. 240 D. 300

答案：C

35. 绝缘导线连接时，绝缘导线剥削足够长度的绝缘层后，其绝缘层根部与线芯宜有（　　　　）倒角。

A. 30° B. 45° C. 60° D. 65°

答案：B

36. 绝缘导线线芯截面损伤不超过导电部分截面的（　　　　）%时，可敷线修补。

A. 5 B. 17 C. 25 D. 6

答案：B

37. 绝缘导线在同一截面内，损伤面积超过线芯导电部分截面的17%应（　　　　）处理。

A. 修补 B. 缠绕 C. 不用处理 D. 锯断重接

答案：D

38. 临时拉线的对地夹角应不大于（　　）。

A. 30° B. 45° C. 60° D. 70°

答案：B

39. 小截面（4mm² 及以下）单芯直线连接和分支连接，常采用（　　）连接。

A. 压接 B. 绞接 C. 焊接 D. 绑接

答案：B

40. 一般情况下，架空绝缘线敷设时的温度应不低于（　　）℃。

A. 0 B. −5 C. −10 D. −15

答案：C

41. 用缠绕法修补导线时，缠绕长度应超过损伤部位两端（　　）mm。

A. 30 B. 50 C. 100 D. 200

答案：C

42.（　　）是连接在电力线路和大地之间，使雷云向大地放电，从而保护电气设备的器具。

A. 避雷器 B. 避雷线 C. 避雷针 D. 架空地线

答案：A

43.（　　）工器具是指绝缘强度不足以承受电气设备的工作电压，只是用来加强基本安全工器具的保安作用。

A. 基本安全 B. 辅助安全 C. 安装 D. 防护安全

答案：B

44. 10kV 杆上避雷器必须垂直安装，对周围物体应保持一定距离；引线要连接牢固，避雷器上接线端子不得受力。带电部分与相邻导线或金属架构的距离不应小于（　　）m。

A. 0.2 B. 0.35 C. 0.4 D. 0.5

答案：B

45. 安装 10kV 杆上配电设备，工作人员必须使用（　　）和（　　），安全带应系在电杆及牢固的构件上，防止被锋利物割伤。

A. 接地线　个人保安绳 B. 梯子　吊车

C. 安全带　戴好安全帽 D. 验电器　接地线

答案：C

46. 常用的脚扣按结构形式可分为（　　）。

A. 可调脚扣 B. 不可调脚扣

C. 带胶皮的可调式脚扣和不可调式脚扣 D. 以上都是

答案：D

47. 对 10kV 避雷器用（　　）V 绝缘电阻表测量，绝缘电阻不低于 1000MΩ，合格后方可安装。

A. 500 B. 1000 C. 2500 D. 5000

答案：C

48. 高压设备发生接地时，巡视人员应注意室内不得接近故障点（　　）m 以内，室外不得接近故障点（　　）m 以内。进入上述范围的人员应穿绝缘靴，接触设备的外壳和构架时，应戴绝缘手套。

A. 2　4　　　　　　B. 3　5　　　　　　C. 4　8　　　　　　D. 5　10

答案：C

49. 绝缘电阻表提供的高电压测量电源，电压范围为（　　）V。

A. 380～2500　　　B. 380～5000　　　C. 500～5000　　　D. 500～3000

答案：C

50. 绝缘电阻表测量电缆的线芯对外壳的接地绝缘电阻时（　　）。

A. 外壳接"E"，线芯接"L"，屏蔽层接"G"

B. 外壳接"G"，线芯接"E"，屏蔽层接"L"

C. 外壳接"G"，线芯接"L"，屏蔽层接"E"

D. 外壳接"L"，线芯接"G"，屏蔽层接"E"

答案：A

51. 绝缘电阻表测试结束后（　　）。

A. 应立即停止摇动并断开与测试设备的引线

B. 应先将引线与被测设备断开，再停止摇柄转动

C. 逐步降低转速直到停止

D. 断开测试引线的同时立即停止摇柄转动

答案：B

52. 绝缘电阻表的发电机电压等级应与被测物的耐压（　　），以避免被测物的绝缘击穿。

A. 相对较高　　　B. 相对较低　　　C. 水平相适应　　　D. 相同

答案：C

53. 绝缘电阻表的选择要根据所测量的电气设备（　　）电压选用绝缘电阻表的最高电压和测量范围。

A. 额定　　　　　B. 最高　　　　　C. 故障　　　　　D. 安全

答案：A

54. 绝缘电阻表进行短路试验的正确做法是（　　）。

A. 先慢摇，然后E、L短接　　　　B. 先摇至120r/min，然后E、L短接

C. E、L短接，然后慢摇　　　　　D. E、L先短接，由慢摇加速到120r/min

答案：C

55. 使用绝缘电阻表摇测设备绝缘时，应由（　　）人进行。

A. 一　　　　　　B. 两　　　　　　C. 三　　　　　　D. 多

答案：B

56. 无间隙氧化锌避雷器的持续运行电压为允许持久地施加在氧化锌避雷器端子间的工频电压（　　）值。

A. 最大　　　　　B. 有效　　　　　C. 最小　　　　　D. 额定

答案：B

57. 下列（　　）不是使用绝缘电阻表时应注意的事项。

A. 按被测电气设备的电压等级正确选择绝缘电阻表

B. 严禁在有人工作的线路上进行测量工作

C. 雷电时，绝缘电阻表在停电的高压线路上测量绝缘电阻时，必须做好安全措施

D. 使用绝缘电阻表摇测设备绝缘时，应由两人操作

答案：C

58. 下列关于 10kV 高压接地线说法错误的是（　　）。

A. 装设接地线必须先装接地端，后接导体端，且应接触良好，应使用专用线夹固定在导体上，严禁用缠绕方法进行接地或短路，拆接地线顺序与此相反

B. 装拆接地线应使用绝缘棒和绝缘手套

C. 三相短路接地线，应采用多股软铜绞线制成，其截面积应符合短路电流热稳定的要求，但不得小于 16mm²

D. 接地线应编号，固定存放

答案：C

59. 摇测电容器、电力电缆、大容量变压器、电机等设备时，绝缘电阻表必须在（　　）状态下，方可将测量笔接触或离开被测设备。

A. 停转　　　　　　　　　　　　　　　B. 额定转速

C. 高速转动　　　　　　　　　　　　　D. 逐渐降速

答案：B

60. 在绝缘电阻测量完毕后，被测设备要（　　），才可拆除测量连线。

A. 充电　　　　　　B. 放电　　　　　　C. 接地　　　　　　D. 接零

答案：B

61. 在一经合闸即可送电到工作地点的断路器和隔离开关的操作把手上，均应悬挂（　　）的标示牌。

A. 在此工作　　　　　　　　　　　　　B. 禁止合闸，有人工作

C. 禁止合闸，线路有人工作　　　　　　D. 禁止攀登，高压危险

答案：B

62. 导线接头最容易发生故障的是（　　）连接形式。

A. 铜—铜　　　　　B. 铜—铝　　　　　C. 铝—铝　　　　　D. 铜—铜和铝—铝

答案：B

63. 雨雪天气室外设备宜采用间接验电；若直接验电，应使用（　　），并戴绝缘手套。

A. 声光验电器　　　　　　　　　　　　B. 高压声光验电器

C. 雨雪型验电器　　　　　　　　　　　D. 高压验电棒

答案：C

64. 根据相关安全工作规程的规定，立杆现场要设（　　）统一指挥。

A. 工作负责人　　　B. 专人　　　　　　C. 监护人　　　　　D. 现场负责人

答案：B

65. 禁止作业人员越过（　　）的线路对上层、远侧线路进行验电。

A. 未停电　　　　　B. 未经验电、接地　　C. 未经验电　　　　D. 未停电、接地

答案：B

66. 电缆管的埋设深度，一般地区不小于（　　）m。

A. 0.3　　　　　　B. 0.5　　　　　　C. 0.7　　　　　　D. 1

答案：D

67. 室外低压配电线路和设备验电宜使用（　　　）。

A. 绝缘棒　　　　　B. 工频高压发生器　　C. 声光验电器　　　D. 高压验电棒

答案：C

68. 接地线的两端夹具应保证接地线与导体和接地装置都能接触良好、拆装方便，有足够的（　　　），并在大短路电流通过时不致松脱。

A. 机械强度　　　　B. 耐压强度　　　　　C. 通流能力　　　　D. 拉伸能力

答案：A

69. 作业现场的生产条件和安全设施等应符合有关标准、规范的要求，作业人员的（　　　）应合格、齐备。

A. 劳动防护用品　　B. 工作服　　　　　　C. 安全工器具　　　D. 施工机具

答案：A

70. 腰带和保险带、绳应有足够的机械强度，材质应耐磨，卡环（钩）应具有保险装置，操作应灵活。保险带、绳使用长度在（　　　）m以上的应加缓冲器。

A. 2　　　　　　　　B. 3　　　　　　　　C. 4　　　　　　　　D. 5

答案：B

71. 低压配电电压为（　　　）V。

A. 220　　　　　　　B. 380　　　　　　　C. 380/220　　　　　D. 500

答案：C

72. 接地线应使用专用的线夹固定在导体上，禁止用（　　　）的方法接地或短路。

A. 压接　　　　　　B. 缠绕　　　　　　　C. 固定　　　　　　D. 熔接

答案：B

73. 登杆用的脚扣，必须经静荷重1176N试验，持续时间5min，周期试验每（　　　）个月进行一次。

A. 3　　　　　　　　B. 6　　　　　　　　C. 12　　　　　　　D. 18

答案：C

74. 安全帽在使用前应检查帽壳、帽衬、帽箍、顶衬、下颏带等附件完好无损。使用时应将下颏带系好，系带应采用软质纺织物，宽度不小于（　　　）mm的带或直径不小于5mm的绳。

A. 5　　　　　　　　B. 10　　　　　　　　C. 15　　　　　　　D. 20

答案：B

75. 表示保护中性线的字符是（　　　）。

A. PN-C　　　　　　B. PE　　　　　　　　C. PEN　　　　　　D. PNC

答案：C

76. 把220V交流电压加在440Ω电阻上，则电阻的电压和电流是：（　　　）。

A. 电压有效值220V，电流有效值0.5A

B. 电压有效值220V，电流最大值0.5A

C. 电压最大值220V，电流最大值0.5A

D. 电压最大值 220V，电流有效值 0.5A

答案：A

77. 国家电网公司全体员工应共同遵守的基本行为准则是（　　）。

A. 《员工守则》 　　　　　　　　　　　　B. 《供电服务十项承诺》

C. 《员工服务十个不准》 　　　　　　　　D. 《三公调度十项措施》

答案：A

78. 低压绝缘线每相过引线、引下线与邻相的过引线、引下线之间的净空距离不应小于（　　）mm；低压绝缘线与拉线、电杆或构架间的净空距离不应小于 50mm。

A. 100　　　　　　B. 200　　　　　　C. 150　　　　　　D. 50

答案：A

79. 低压架空配电线路所用的绝缘子，应使用（　　）V 绝缘电阻表摇测绝缘子的绝缘电阻值。

A. 500　　　　　　B. 1000　　　　　　C. 2500　　　　　　D. 5000

答案：C

80. 验电时，工作人员必须戴（　　），并且必须握在绝缘棒护环以下的握手部分，不得超过护环。

A. 线手套　　　　　B. 绝缘手套　　　　C. 安全帽　　　　D. 护目眼镜

答案：B

81. 绝缘手套、绝缘靴（鞋）应每（　　）试验一次。

A. 三个月　　　　　B. 半年　　　　　　C. 年　　　　　　D. 二年

答案：B

82. 电缆出现故障后，受潮部分应予（　　）。

A. 烘干　　　　　　B. 锯除　　　　　　C. 修复　　　　　D. 缠绕防水胶布

答案：B

83. 电缆的绝缘种类一般用字母表示，其中 V 表示（　　）。

A. 橡胶绝缘　　　　B. 聚氯乙烯绝缘　　C. 聚乙烯绝缘　　D. 交联聚乙烯绝缘

答案：B

84. 电缆施工前应根据（　　）编制施工预算。

A. 电缆线路设计图　B. 电缆施工图　　　C. 电缆断面图　　D. 电缆平面图

答案：B

85. 为防止电缆穿越农田时有可能产生的损伤，敷设在农田中的电缆埋设深度不应小于（　　）m。

A. 1　　　　　　　B. 1.05　　　　　　C. 2　　　　　　D. 2.05

答案：A

86. 绝缘电阻表测量电缆的线芯对外壳的接地绝缘电阻时，一般三相不平衡系数为（　　）。

A. 1.5　　　　　　B. 2.5　　　　　　C. 3.5　　　　　　D. 4.5

答案：B

87. 配电盘柜内二次回路的电缆芯线和所配导线的端部均应标明（　　）。

A. 导线截面　　　　B. 导线型号　　　　C. 回路编号　　　D. 电压等级

答案：C

88. 绝缘电阻表内部比率表为（　　　）。

A. 电磁式比率表　　　　B. 磁电式比率表　　　　C. 电动式比率表　　　D. 电子式比率表

答案：B

89. 通过测量电缆的吸收比可反映电缆的（　　　）。

A. 发热情况　　　　　　B. 绝缘性能　　　　　　C. 导电性能　　　　　D. 电压变化

答案：B

90. 下面对于电缆保管要求描述错误的是（　　　）。

A. 电缆应分类存放　　　　　　　　　　B. 存放地点要干燥

C. 电缆盘排列整齐、紧密　　　　　　　D. 电缆盘应立放

答案：C

91. 选择电缆绝缘的厚度应考虑的因素包括（　　　）。

A. 电网的运行情况　　　　　　　　　　B. 电流的大小

C. 中性点接地方式　　　　　　　　　　D. 故障切除时间

答案：C

92. 电缆在支架上敷设时，水平敷设和垂直敷设支架间距离不应大于（　　　）m。

A. 0.5、0.6　　　　　　B. 0.6、1.0　　　　　　C. 0.8、1.2　　　　　D. 0.8、1.5

答案：D

93. 要防止着火油料流入电缆沟内。如果燃烧的油流入电缆沟而顺沟蔓延时，沟内的油火只能用（　　　）扑灭，防止火势扩散。

A. 水喷射　　　　　　　B. 泡沫覆盖　　　　　　C. 四氯化碳　　　　　D. 二氧化碳

答案：B

94. 电缆隧道内一般每隔（　　　）m 设置一个积水坑。

A. 30　　　　　　　　　B. 50　　　　　　　　　C. 100　　　　　　　　D. 200

答案：B

95. 装牵引头敷设电缆时，线芯承受的允许拉力一般以线芯抗拉强度的（　　　）倍为允许拉力。

A. 0.25　　　　　　　　B. 0.4　　　　　　　　　C. 0.5　　　　　　　　D. 0.9

答案：A

96. 10kV 及以下常用电缆按（　　　）%持续工作电流确定电缆导体允许最小截面。

A. 25　　　　　　　　　B. 50　　　　　　　　　C. 80　　　　　　　　D. 100

答案：D

97. 电缆终端每（　　　）个月至少巡视一次。

A. 1　　　　　　　　　　B. 3　　　　　　　　　　C. 6　　　　　　　　　D. 12

答案：B

98. 低温环境零下（　　　）℃以下，应按低温条件和绝缘类型要求，选用交联聚乙烯、聚乙烯绝缘、耐寒橡皮绝缘电缆。

A. 5　　　　　　　　　　B. 10　　　　　　　　　C. 15　　　　　　　　D. 20

答案：C

99. 低温环境（零下）不宜用（　　　）。

A. 交联聚乙烯电缆   B. 聚氯乙烯绝缘电缆

C. 聚乙烯绝缘电缆   D. 耐寒橡皮绝缘电缆

答案：B

100. 直埋敷设时电缆外护层的选择，地下水位较高的地区，应选用（　　）等。

A. 交联聚乙烯外护层   B. 聚氯乙烯外护层

C. 聚乙烯外护层   D. 纤维外被

答案：C

101. 直埋敷设时电缆外护层的选择，在流沙层、回填土地带等可能出现位移的土壤中，电缆应有（　　）。

A. 高硬度的薄外护层   B. 钢带铠装

C. 钢丝铠装   D. 加强铠装

答案：C

102. TN−C 系统中的中性线和保护线是（　　）。

A. 合用的   B. 部分合用，部分分开

C. 分开的   D. 少部分分开

答案：A

103. 安装剩余电流动作保护器的低压电网，其正常漏电电流不应大于保护器剩余动作电流值的（　　）%。

A. 80   B. 70   C. 60   D. 50

答案：D

104. 成套开关柜、配电盘等剩余电流保护装置的动作电流值选为（　　）mA 以上。

A. 10   B. 15   C. 50   D. 100

答案：D

105. 防止电气火灾剩余电流保护装置的动作电流值选为（　　）mA。

A. 50   B. 100   C. 200   D. 300

答案：D

106. 高压设备独立的接地装置，接地电阻值不应大于（　　）Ω。

A. 4   B. 5   C. 8   D. 10

答案：D

107. 高压与低压设备共用接地装置，接地电阻值不应大于（　　）Ω。

A. 4   B. 5   C. 8   D. 10

答案：A

108. 环境恶劣或潮湿场所用电设备剩余电流保护装置的动作电流值选为（　　）mA。

A. 3～6   B. 4～5   C. 5～6   D. 6～10

答案：D

109. 家用电器回路剩余电流保护装置的动作电流选为（　　）mA。

A. 30   B. 36   C. 50   D. 15

答案：A

110. 建筑施工工地的用电设备剩余电流动作保护器的动作电流值选为（　　　）mA。

A. 10～15　　　　　　B. 15～30　　　　　　C. 16～100　　　　　　D. 50～60

答案：B

111. 接地电阻测量仪是用于测量（　　　）的。

A. 小电阻　　　　　　B. 中值电阻　　　　　　C. 绝缘电阻　　　　　　D. 接地电阻

答案：D

112. 绝缘带包缠时，从导线左边完整的绝缘层上开始，包缠（　　　）带宽后就可进入连接处的芯线部分。

A. 半个　　　　　　　B. 一个　　　　　　　C. 一个半　　　　　　D. 两个

答案：D

113. 临时用电器的剩余电流保护动作电流值不大于（　　　）mA。

A. 30　　　　　　　　B. 35　　　　　　　　C. 50　　　　　　　　D. 75

答案：A

114. 埋入土壤中的接地线，一般采用（　　　）材质。

A. 铜　　　　　　　　B. 铁　　　　　　　　C. 铝　　　　　　　　D. 镁

答案：B

115. 配电变压器低压侧中性点的工作接地电阻，一般不应大于（　　　）Ω。

A. 3　　　　　　　　　B. 4　　　　　　　　C. 7　　　　　　　　D. 8

答案：B

116. 剩余电流动作保护器安装时应避开临近的导线和电气设备的（　　　）干扰。

A. 电场　　　　　　　B. 磁场　　　　　　　C. 电磁场　　　　　　D. 电磁波

答案：B

117. 手握式用电设备漏电保护装置的动作电流数值选为（　　　）mA。

A. 15　　　　　　　　B. 36　　　　　　　　C. 38　　　　　　　　D. 50

答案：A

118. 水平接地体相互间的距离不应小于（　　　）m。

A. 3　　　　　　　　　B. 5　　　　　　　　C. 7　　　　　　　　D. 8

答案：B

119. 下列哪一项不是绝缘棒的主要结构（　　　）。

A. 工作部分　　　　　B. 绝缘部分　　　　　C. 转动部分　　　　　D. 握手部分

答案：C

120. 医疗电气设备剩余电流动作保护装置的动作电流选为（　　　）mA。

A. 6　　　　　　　　　B. 8　　　　　　　　C. 10　　　　　　　　D. 15

答案：A

121. 用电设备保护接地装置，接地电阻值一般不应大于（　　　）Ω。

A. 3　　　　　　　　　B. 4　　　　　　　　C. 7　　　　　　　　D. 8

答案：B

122. 组合式保护器的剩余电流继电器安装时一般距地面（　　　）mm。

A. 600～800　　　　B. 800～1000　　　　C. 800～1500　　　　D. 600～1500

答案：C

二、多选题

1. 与 10kV 跌落式熔断器配套使用的熔丝有（　　）型两种规格。

A. M　　　　　　　B. K　　　　　　　C. C　　　　　　　D. T

答案：BD

2. 熔断器的检查与维修的内容有（　　）。

A. 检查负荷情况是否与熔体的额定值相匹配

B. 检查熔体管外观有无破损、变形现象，瓷绝缘部分有无破损或闪络放电痕迹

C. 熔体发生氧化、腐蚀或损伤时，应及时更换

D. 检查熔体管接触处有无过热现象

答案：ABCD

3. 隔离开关可用来（　　）。

A. 防止从用户侧反向馈电　　　　　　　B. 隔离电源

C. 倒闸操作　　　　　　　　　　　　　D. 防止雷电过电压沿线路侵入

答案：ABC

4. 隔离开关的作用是（　　）。

A. 设备停送电　　　　　　　　　　　　B. 有明显绝缘断开点

C. 隔离电压　　　　　　　　　　　　　D. 自动隔离线路故障

答案：ABC

5. 跌落式熔断器一般可根据（　　）和熔丝元件的安秒特性及动作时间等技术条件进行选择。

A. 使用环境　　　　B. 额定电压　　　　C. 额定电流　　　　D. 维护简单

答案：BC

6. 跌落式熔断器可用于（　　）的过载或短路保护。

A. 输电线路　　　　　　　　　　　　　B. 架空配电线路支线

C. 配电变压器一次侧　　　　　　　　　D. 电力电容器

答案：BCD

7. 跌落式熔断器的优点（　　）。

A. 结构简单　　　　B. 价格便宜　　　　C. 维护方便　　　　D. 体积小巧

答案：ABCD

8. 跌落式熔断器按其结构原理和作用，一般可分为（　　）。

A. 双尾式跌落式熔断器　　　　　　　　B. 纽扣式跌落式熔断器

C. 负荷式跌落式熔断器　　　　　　　　D. 重合式跌落式熔断器

答案：ABCD

9. 刀开关的定期检查修理的内容有（　　）。

A. 检查闸刀和固定触头是否发生歪斜，三相连动的刀闸是否同时闭合

B. 刀开关在合闸位置时，闸刀应与固定触头啮合紧密

C. 检查灭弧罩是否损坏，内部是否清洁，各传动部分应涂润滑油

D. 检查绝缘部分有无放电痕迹

答案：ABCD

10. 10kV 跌落式熔断器一般由（　　）构成。

A. 绝缘子　　　　　　　　　　　　　　B. 上下接触导电系统

C. 熔管　　　　　　　　　　　　　　　D. 操作绝缘子

答案：ABC

11. 以下（　　）mm² 规格导线仅限于钳压接的方法进行连接。

A. 150　　　　　　B. 185　　　　　　C. 240　　　　　　D. 300

答案：ABC

12. 以下（　　）mm² 规格导线必须采用液压法的方法进行连接。

A. 185　　　　　　B. 240　　　　　　C. 300　　　　　　D. 400

答案：CD

13. 已架设的导线不应发生（　　）等现象。

A. 磨伤　　　　　　B. 断股　　　　　　C. 扭曲　　　　　　D. 金钩

答案：ABCD

14. 下面属于紧急缺陷的是（　　）。

A. 钢芯铝线的铝线断股或损伤超过铝截面的 50%

B. 受张力的直线接头有抽笺或滑动现象

C. 接头烧伤严重、明显变色，有温升现象

D. 交叉跨越处导线间距离小于规定值的 50%

答案：ABC

15. 下列（　　）情况应将导线切断重接。

A. 损伤长度超过补修管长度　　　　　　B. 导线出现永久性变形

C. 断股损伤截面超过铝股总面积的 25%　　D. 断股损伤截面超过铝股总面积的 17%

答案：ABC

16. 绝缘导线连接完毕后，应严格按规定恢复接头处的绝缘，以保证接头处的绝缘性能，常用的绝缘带有（　　）。

A. 橡胶带　　　　　　B. 黑胶布　　　　　　C. 塑料带　　　　　　D. 聚酯带

答案：ABCD

17. 进行裸导线接续管连接操作所需的工器具主要有：（　　）、钢锉（平锉）、游标卡尺、钢卷尺和工具（箱）等。

A. 钢锯　　　　　　　　　　　　　　　B. 压接钳规格对应的压模

C. 钢丝刷　　　　　　　　　　　　　　D. 剥削钳

答案：ABC

18. 单股及多股小截面导线连接方法主要有（　　）。

A. 缠绕法　　　　　　B. 压接法　　　　　　C. 绑接法　　　　　　D. 液压法

答案：AC

19. 氧化锌避雷器具有（　　）结构简单等特点。

A. 保护特性好

B. 吸收过电压能量大

C. 保护特性一般

D. 吸收过电流容量大

答案：AB

20. 无间隙氧化锌避雷器的冲击电流残压包括（   ）。

A. 陡波冲击电流残压

B. 雷击冲击电流残压

C. 操作冲击电流残压

D. 直线冲击电流残压

答案：ABC

21. 绝缘电阻表有三个接线端子（   ）。

A. J   B. L   C. E   D. G

答案：BCD

22. 绝缘电阻表由（   ）两大部分构成。

A. 电流表   B. 手摇发电机   C. 比率表   D. 电压表

答案：BC

23. 绝缘电阻表俗称摇表，是用来测量（   ）的专用仪器。

A. 绝缘电阻   B. 大阻值电阻   C. 小电阻   D. 中值电阻

答案：AB

24. 绝缘电阻表开路试验过程中发现不能达到"∞"，则应尝试（   ）。

A. 用干燥清洁的软布，擦拭"L"端与"E"端子间的绝缘

B. 绝缘电阻表放在绝缘垫上

C. 更换测试引线

D. 绝缘电阻表放在干燥地面上

答案：ABC

25. 绝缘电阻表短路试验过程中发现指针不指零，说明（   ）。

A. 测试引线短路

B. 测试引线未接好

C. 绝缘电阻表有问题

D. 绝缘电阻表放置不平稳

答案：BC

26. 金属氧化物避雷器（又称氧化锌避雷器）一般可分为（   ）两类。

A. 无间隙   B. 有续流   C. 有串联间隙   D. 有并联间隙

答案：AC

27. 登高作业安全工器具分别有（   ）、安全网等。

A. 安全带   B. 脚扣   C. 绝缘隔板   D. 登高板

答案：ABD

28. 避雷器主要用来保护（   ）等。

A. 架空线路中的绝缘薄弱环节

B. 配电室进线段的首端

C. 变电站房屋架构

D. 雷雨季节经常断开而电源侧又带电压的隔离开关

答案：ABD

29. 安全工器具宜存放在（　　）的安全工器具室内。

A. 温度为 $-15\sim+35℃$　　　　　　　　B. 相对湿度为80%以下

C. 干燥通风　　　　　　　　　　　　　D. 干净

答案：ABC

30. 验电器又称（　　），又分为高压和低压两类。

A. 测电器　　　　B. 电压指示器　　　　C. 电流指示器　　　　D. 试电器

答案：ABD

31. 使用绝缘捧时，工作人员应穿戴（　　），以加强绝缘棒的保护作用。

A. 线手套　　　　B. 绝缘手套　　　　C. 工作服　　　　D. 绝缘靴

答案：BD

32. 使用接地线应主要注意（　　）。

A. 装设接地线必须先装接地端，后接导体端，且应接触良好并使用专用线夹固定在导体上，严禁用缠绕方法进行接地或短路拆接地线顺序与此相反

B. 装拆接地线应使用绝缘棒和绝缘手套

C. 三相短路接地线，应采用多股软铜绞线制成，其截面应符合短路电流热稳定的要求，但不得小于 $25mm^2$

D. 接地线装设点不应有油漆

答案：ABCD

33. 绝缘手套每次使用前应进行外部检查，要求表面无（　　）、划痕等。

A. 损伤　　　　B. 磨损　　　　C. 破漏　　　　D. 受潮

答案：ABC

34. 脚扣登杆的注意事项有（　　）。

A. 使用前必须仔细检查脚扣各部分：有无断裂、腐朽现象，脚扣皮带是否结实、牢固，如有损坏，应及时更换，不得用绳子或电线代替

B. 一定要按电杆的规格，选择大小合适的脚扣，使之牢靠地扣住电杆

C. 穿脚扣时，脚扣带的松紧要适当，应防止脚扣在脚上转动或脱落且上、下杆的每一步都必须使脚扣与电杆之间完全扣牢，以防下滑及其他事故

D. 在登杆前，应对脚扣作人体载荷冲击试验，检查脚扣是否牢固

答案：ABCD

35. 对同杆（塔）架设的多层电力线路验电，应（　　）。禁止作业人员越过未经验电、接地的线路对上层、远侧线路验电。

A. 先验低压、后验高压　　　　　　　　B. 先验下层、后验上层

C. 先验近侧、后验远侧　　　　　　　　D. 先验内侧、后验外侧

答案：ABC

36. 安装导线前，先进行外观检查，且符合（　　）要求。

A. 导体紧压，无腐蚀

B. 有尖角、颗粒

C. 无烧焦痕迹绝缘线端部无密封措施

D. 绝缘层紧密挤包，表面平整圆滑，色泽不均匀

答案：ABCD

37. 安全工器具使用前，应检查确认（   ）等现象。对其绝缘部分的外观有疑问时应经绝缘试验合格后方可使用。

A. 无绝缘层脱落、无严重伤痕等现象

B. 固定连接部分无松动、无锈蚀等现象

C. 绝缘部分无裂纹、无老化等现象

D. 固定连接部分无断裂等现象

答案：ABCD

38. 安全带的挂钩或绳子（   ）。

A. 可挂在移动物件上

B. 专为挂安全带用的钢丝绳上

C. 应采用高挂低用的方式

D. 应挂在结实牢固的构件上

答案：BCD

39. 白蚁严重危害地区用的挤塑电缆，应选用较高硬度的外护层，也可在普通外护层上挤包较高硬度的薄外护层，其材质可采用（   ）。

A. 特种聚烯烃共聚物

B. 金属套

C. 钢带铠装

D. 尼龙

答案：ABCD

40. 电缆支架和桥架，应符合下列规定（   ）。

A. 表面应光滑无毛刺

B. 应适应使用环境的耐久稳固

C. 应满足所需的承载能力

D. 应符合工程防火要求

答案：ABCD

41. 电缆出厂检查试验主要包括（   ）等主要项目。

A. 工频交流耐压试验

B. 导体直流电阻测量

C. 绝缘电阻测量

D. 介质损失角正切的测量

答案：ABCD

42. 选择电缆绝缘的厚度应考虑的因素包括（   ）。

A. 电网的运行情况

B. 电流的大小

C. 中性点接地方式

D. 故障切除时间

答案：ACD

43. 下列（   ）因素会引起电缆本体绝缘被击穿。

A. 绝缘受潮　　　　B. 绝缘老化　　　C. 外护层损坏　　D. 绝缘本身质量不好

答案：ABCD

44. 某变电站运行中的 10kV 电缆线路过流保护动作于跳闸，为了确定故障性质，必须测量电缆的（   ）。

A. 绝缘电阻

B. 介质损耗角正切值

C. 线芯导通情况

D. 直流耐压情况

答案：AC

45. 为防止电缆试验过程中发生触电伤害，在变更接线时下列（   ）做法是正确的。

A. 必须断开试验电源 B. 被试电缆逐相多次放电

C. 将升压设备的高压部分短路 D. 将升压设备的高压部分接地

答案：ABCD

46. 配电网络导线和电缆的选择一般按照（   ）原则进行。

A. 发热条件 B. 机械强度条件 C. 允许电压损失 D. 经济电流密度

答案：ABCD

47. 交流耐压试验一般有以下（   ）方法。

A. 工频耐压试验 B. QS1 电桥试验 C. 感应耐压试验 D. 冲击电压试验

答案：ACD

48. 电缆施工前了解熟悉（   ）图纸资料。

A. 电缆线路设计图 B. 电缆施工图 C. 电缆断面图 D. 电缆平面图

答案：AB

49. 电缆附件指（   ）。

A. 户外终端 B. 户内终端 C. 中间接头 D. 电缆支架

答案：ABC

50. 电缆按用途可分为（   ）电缆等。

A. 电力 B. 控制 C. 通信 D. 信号

答案：ABCD

51. 装设接地线时正确的操作是（   ）。

A. 必须两人进行 B. 必须戴绝缘手套、穿绝缘靴、用绝缘棒

C. 先装导体端，后装接地端 D. 先装接地端，后装导体端

答案：ABD

52. 在电气设备上工作，一般情况下均应停电后进行。在停电的电气设备上工作前，必须完成
（   ）措施。

A. 停电 B. 电气设备的检查

C. 装设接地线 D. 悬挂标志牌并设置遮栏

答案：ACD

53. 有（   ）情形的，不经批准即可中止供电，但事后应报告本单位负责人。

A. 拖欠电费 B. 不可抗力和紧急避险

C. 违约行为 D. 窃电行为

答案：BD

54. 属于工作接地的是（   ）。

A. 变压器中性点接地 B. 变压器外壳接地

C. 避雷器、针接地 D. 电压互感器一次绕组中性点接地

答案：ACD

55. 属于保护接地的是（   ）。

A. 变压器中性点接地 B. 变压器外壳接地

C. 互感器二次侧接地　　　　　　　　D. 电压互感器一次绕组中性点接地

答案：BC

56. 剩余电流动作保护器安装后应进行（　　）试验。

A. 在切断负载的情况下进行操作

B. 试验按钮试验 3 次，均应正确动作

C. 带负荷分合交流接触器或开关 3 次，不应误动作

D. 每相分别用 3kΩ 试验电阻接地试跳，应可靠动作

答案：BCD

57. 设备发生短路引起火灾的原因有（　　）。

A. 线路安装不正确　　　　　　　　　B. 对运行线路未能及时发现缺陷

C. 设备使用不正确　　　　　　　　　D. 设备运行时间过长

答案：ABC

58. 防止直接接触触电，（　　）应满足安全距离。

A. 带电体与地面之间　　　　　　　　B. 带电体与其他电气设备之间

C. 带电体与带电体之间　　　　　　　D. 带电体采用绝缘体

答案：ABC

59. 触电的形式有（　　）。

A. 单相　　　　　　B. 两相　　　　　　C. 跨步电压　　　　　　D. 接触电压

答案：ABC

60. 常用电气安全工作标示牌有（　　）等。

A. 禁止合闸，有人工作　　　　　　　B. 止步

C. 在此工作　　　　　　　　　　　　D. 禁止攀登，高压危险

答案：ACD

三、判断题

1. 长线路在变电站继电保护达不到的线路末段或线路分支处可安装跌落式熔断器进行保护。（　　）

答案：正确

2. 农村、山区的一般的跌落式熔断器应能承受 100 次连续合分操作，负荷熔断器应能承受 200 次连续分合操作。（　　）

答案：错误

解析：一般的跌落式熔断器应能承受 200 次连续合分操作，负荷熔断器应能承受 300 次连续分合操作。

3. 安装熔丝、熔管时，用熔丝将熔管上的弹簧绷紧，将熔管推上，熔管在熔丝的压力下处于合闸位置。（　　）

答案：错误

解析：安装熔丝、熔管时，用熔丝将熔管上的弹簧绷紧，将熔管推上，熔管在上静触头压力下处于合闸位置。

4. 高压熔断器开断小电流时，上端帽的薄熔片熔化形成双端排气。（　　）

答案：错误

解析：高压熔断器开断小电流时，上端帽的薄熔片不动作，形成单端排气。

5. 高压熔断器开断大电流时，上端帽的薄熔片不动作，形成单端排气。（　　）

答案：错误

解析：高压熔断器开断大电流时，上端帽的薄熔片熔化形成双端排气。

6. 与 10kV 跌落式熔断器配套使用的熔丝熔体材料一般采用铅合金。（　　）

答案：错误

解析：与 10kV 跌落式熔断器配套使用的熔丝熔体材料一般采用（铜锌锡）合金。

7. 与 10kV 跌落式熔断器配套使用的熔丝中 T 型熔丝的熔化速率较低，而 K 型熔丝的熔化速率较高。（　　）

答案：错误

解析：与 10kV 跌落式熔断器配套使用的熔丝中 T 型熔丝的熔化速率较高，而 K 型熔丝的熔化速率较低。

8. 熔丝熔断时间与电流的大小有关，电流大，熔丝熔断时间短，反之熔断时间就长这一特性称为熔丝反时限特性。（　　）

答案：正确

9. 跌落式熔断器的作用是保护下一级线路、设备不会因为上一级线路、设备的短路故障或过负荷而引起断路器跳闸停电、损坏。（　　）

答案：错误

解析：跌落式熔断器的作用是保护上一级线路、设备不会因为下一级线路、设备的短路故障或过负荷而引起断路器跳闸停电、损坏。

10. 隔离开关按动作方式可分为闸刀式、旋转式、插入式。（　　）

答案：正确

11. 隔离开关中绝缘子的作用是绝缘带电部分和接地部分。（　　）

答案：正确

12. 隔离开关动、静触头的接触压力是靠两端接触弹簧维持的。（　　）

答案：正确

13. 线路停、送电时，必须按顺序拉、合断路器和隔离开关，这样可防止事故范围扩大。（　　）

答案：正确

14. 隔离开关应与配电装置同时进行正常巡视。（　　）

答案：正确

15. 检查并清扫隔离开关操动机构和转动部分后，应加入适量的润滑油脂。（　　）

答案：正确

16. 较小截面的多股导线连接时多采用压接法进行。（　　）

答案：错误

解析：较小截面的多股导线连接时可采用插接法进行。

17. 插接法主要用于多股导线的自身相互交叉缠绕连接。（　　）

答案：正确

18. 绝缘导线的插接操作通常需两人配合进行，先完成绝缘层剥离与芯线清洗晾干后，开始进行操作。（　　　）

答案：正确

19. 多股导线采用插接时，接头处电阻应大于等长导线的电阻。（　　　）

答案：错误

解析：多股导线采用插接时，接头处电阻应不大于等长导线的电阻。

20. 多股导线采用插接时，接头处绝缘强度应达到的设计和规程规定的绝缘水平。（　　　）

答案：正确

21. 导线连接时操作人员应与辅助操作人员保持一定的距离，操作过程中尽可能地相互提示，同时，尽可能地保持线头的长度在规定的长度范围内，防止线头伤人。（　　　）

答案：正确

22. 绝缘导线的插接操作经常一人进行，先完成绝缘层剥离与芯线清洗晾干后，开始进行操作。（　　　）

答案：错误

解析：绝缘导线的插接操作通常需两人配合进行，先完成绝缘层剥离与芯线清洗晾干后，开始进行操作。

23. 多股导线采用插接时，接头处的机械强度应不小于导线计算拉断力的 95%。（　　　）

答案：错误

解析：多股导线采用插接时，接头处的机械强度应不小于导线计算拉断力的 90%。

24. 导线直接连接的危险点是电工刀划伤。（　　　）

答案：错误

解析：导线直接连接的危险点是线头伤人。

25. 不带熔断器式隔离开关属于无载通断电器，只能接通或开断"可忽略的"电流，起隔离电源作用。（　　　）

答案：正确

26. 缠绕法的连接强度要高于插接法。（　　　）

答案：错误

解析：缠绕法的连接强度要低于插接法。

27. 在导线经过岩石等坚硬地面时，应采取防止导线损伤的措施，防止导线在坚硬物上摩擦。（　　　）

答案：正确

28. 导（地）线应无断股，7 股导（地）线中的任一股导线损伤深度不得超过该股导线直径的 1/3。（　　　）

答案：错误

解析：导（地）线应无断股，7 股导（地）线中的任一股导线损伤深度不得超过该股导线直径的 1/2。

29. 钢芯铝绞线出现钢芯断股时应切断重接。（　　　）

答案：正确

30. 多股铜导线连接时多采用钳压法。（　　　）

答案：错误

解析：多股铜导线连接时多采用插接法。

31. 当雷电过电压或操作过电压来到时，避雷器急速向大地放电。当电压降到发电机、变压器或线路的正常电压时，则停止放电，以防止正常电流向大地流通。（　　）

答案：正确

32. 无间隙氧化锌避雷器的额定电压为系统施加到其两端子间的最大允许工频电压有效值，它等于系统的标称电压。（　　）

答案：错误

解析：无间隙氧化锌避雷器的额定电压为系统施加到其两端子间的最大允许工频电压有效值，它不等于系统的标称电压。

33. 在安装无间隙氧化锌避雷器时，应考虑系统中性点的接地方式，以及与被保护设备的配合。（　　）

答案：正确

34. 发电厂、变电所避雷器每年雷雨季前，检查放电计数器动作情况，测试 3～5 次，均应正常动作，测试后计数器指示应调到"0"。（　　）

答案：正确

35. 测量额定电压在 500V 以上的设备时，应选用 1kV 的绝缘电阻表。（　　）

答案：错误

解析：测量额定电压在 500V 以上的设备时，应选用 1k～2.5kV 的绝缘电阻表。

36. 绝缘电阻表开路试验：先使"L""E"两接线端开路，将绝缘电阻表放在适当的水平位置，摇动手柄至发电机额定转速（一般为 120r/min）后，指针应指在"∞"位置上。如不能达到"∞"，说明测试用引线绝缘不良或绝缘电阻表本身受潮。（　　）

答案：正确

37. 摇测绝缘电阻过程中如果发现指针指零，应停止转动手柄，以防表内线圈过热而烧坏。（　　）

答案：正确

38. 禁止用绝缘电阻表摇测带电设备，当摇测双回路架空线路或母线时，若一路带电，则必须将绝缘电阻表可靠接地后方可测量，以防高压的感应电危害人身和仪表的安全。（　　）

答案：错误

解析：禁止摇测带电设备，当摇测双回路架空线路或母线时，若一路带电，不得测量另一路的绝缘电阻，以防高压的感应电危害人身和仪表的安全。

39. 严禁在有人工作的线路上进行接地电阻测量工作，以免危害人身安全。（　　）

答案：正确

40. 试验合格期内脚扣在登杆前也必须做冲击试验。（　　）

答案：正确

41. 10kV 杆上避雷器安装完后，检测接地电阻，如不合格，应采取降阻措施。（　　）

答案：正确

42. 10kV 杆上避雷器安装前应核对避雷器规格、型号是否与设计一致，资料是否齐全。（　　）

答案：正确

43. 10kV 杆上避雷器接地引线就与设备外壳连接，不能迂回盘绕，应短而直。（　　）

答案：正确

44. UT 形线夹既能用于固定拉线，同时又可调整拉线。（   ）

答案：正确

45. 安装 10kV 杆上配电设备，登杆检查工作必须两人进行，一人作业，一人监护。登杆前必须判明停电线路名称、杆号，监护人在作业开始后可参加作业。（   ）

答案：错误

解析： 安装 10kV 杆上配电设备，登杆检查工作必须两人进行，一人作业，一人监护。登杆前必须判明停电线路名称、杆号，监护人只有在作业人员确无危险前提下方可参加作业，但作业人员不能离开监护人视线

46. 1kV 以下三相四线制的零线截面，应与相线截面相同。（   ）

答案：正确

47. 1kV 以下配电线路的导线宜采用三角排列。（   ）

答案：错误

解析： 1kV 以下配电线路的导线宜采用水平排列。

48. 同一地区 1kV 以下配电线路的导线在电杆上的排列应统一。零线应靠近电杆或靠近建筑物侧。同一回路的零线，不应高于相线。（   ）

答案：正确

49. 接地装置的安装间接影响电气设备的运行安全和人身安全。（   ）

答案：错误

解析： 接地装置的安装直接影响电气设备的运行安全和人身安全。

50. 低压验电笔主要用于检查对地电压 1kV 及以下的电气设备和线路是否带电。（   ）

答案：错误

解析： 低压验电笔主要用于检查对地电压 250V 及以下的电气设备和线路是否带电。

51. 为防止工作人员触电或被电弧灼伤，须使用安全工器具。（   ）

答案：错误

解析： 为防止工作人员触电或被电弧灼伤，须使用绝缘安全工器具。

52. 绝缘靴（鞋）在任何电压等级的电气设备上工作，均可作为与地保持绝缘的辅助安全工器具。（   ）

答案：正确

53. 验明施工线路无电压后，迅速在线路两侧上挂一组以上接地线。（   ）

答案：错误

解析： 验明施工线路无电压后，迅速在线路两侧及分支上各挂一组以上接地线。

54. 水平接地体的扁钢厚度不应小于 4mm，截面积不应小于 48mm²，圆钢直径不小于 8mm。（   ）

答案：正确

55. 低压配电设备巡视周期宜每月进行一次，最多不超过两个月进行一次。（   ）

答案：正确

56. 台架式变压器安装时，变压器外壳必须良好接地，外壳接地用焊接直接焊牢。（   ）

答案：错误

解析：台架式变压器安装时，变压器外壳必须良好接地，外壳接地应用螺栓拧紧，不可用焊接直接焊牢，以便检修。

57. 安装 10kV 杆上配电设备，登杆检查工作，所穿越的低压线、路灯线不需验电及装设接地线。（　　）

答案：错误

解析：安装 10kV 杆上配电设备，登杆检查工作，所穿越的低压线、路灯线必须经验电并装设地线。

58. 杆塔作业，杆塔上排高、低压电源必须全部停电。应在作业杆塔两侧高、低压线路验电后（包括路灯线），需装设接地线。（　　）

答案：正确

59. 手持式、移动式电气设备的接地线每半年检查一次。（　　）

答案：错误

解析：手持式、移动式电气设备的接地线应在每次使用前进行检查。

60. 熔体规格应根据电路中上下级之间保护定值的配合要求来选择，以免发生越级熔断。（　　）

答案：正确

61. 1kV 以下低压架空绝缘线路的导线在非居民区对地的安全距离应不小于 5m。（　　）

答案：正确

62. 运行中高压（1k～10kV）引下线与低压（1kV 以下）线间的距离：不应小于 0.2m。（　　）

答案：正确

63. 直埋电缆要用铠装电缆。（　　）

答案：正确

64. 电缆排管敷设方法，可以用多根硬塑料管排成一定形式。（　　）

答案：正确

65. 直埋电缆进入建筑物时，由于室内外湿差较大，电缆应采取防水、防燃的封闭措施。（　　）

答案：正确

66. 电缆埋地敷设，在电缆下面应铺混凝土板或黏土砖。（　　）

答案：错误

解析：电缆埋地敷设，在电缆下面应铺不小于 100mm 厚的沙或软土层，电缆上面也要覆盖一层不小于 100mm 厚的软土或沙层。

67. 敷设电缆时，应统一指挥，以鸣哨和扬旗为行动指令。（　　）

答案：错误

解析：敷设电缆时，应专人指挥，以鸣哨和扬旗为行动指令。

68. 由于铠装电缆在进入盘柜后已将钢带切断，因此不需接地。（　　）

答案：错误

解析：铠装电缆在进入盘柜后应将钢带切断并将钢带接地。

69. 可以利用电缆的外皮来作为零线。（　　）

答案：错误

解析：严禁利用电缆外皮作零线。

70. 在电缆的型号中，第二位数字 2 表示铠装层。（   ）

答案：错误

解析：在电缆的型号中，第二位数字 2 表示聚氯乙烯外护套。

71. 人力施放电缆时，每人所承担的质量不得超过 50kg。（   ）

答案：错误

解析：人力施放电缆时，每人所承担的质量不得超过 35kg。

72. 电缆绝缘层的作用是保护电缆免受外界杂质和水分的侵入。（   ）

答案：错误

解析：电缆保护层的作用是保护电缆免受外界杂质和水分的侵入。

73. 人力施放电缆时，所有人员应站在电缆同侧，在拐弯处应站在外侧。（   ）

答案：正确

74. 测电缆绝缘电阻时，测完一相后，应立即测量另外一相，依次进行以保证测量准确性。（   ）

答案：错误

解析：测电缆绝缘电阻时，测完一相后，应将该相放电后方可进行另一相测量工作。

75. 测量绝缘电阻是检查电缆线路绝缘状况最简单、最基本的方法。（   ）.

答案：正确

76. 拆电容器时，接触电缆引线前必须充分放电。（   ）

答案：错误

解析：拆电容器时，接触电缆引线前必须充分逐相放电。

77. 雷电过电压通过导线、电缆和电器设备的对地电容，会造成剩余电流动作保护器误动作。（   ）

答案：正确

78. 每年至少对剩余电流动作保护器用试跳器试验一次。（   ）

答案：错误

解析：每月至少对剩余电流动作保护器用试跳器试验一次。

79. 停用的剩余电流动作保护器使用前应试验一次。（   ）

答案：正确

80. 剩余电流动作保护器动作后，若经检查未发现事故点，允许试送电两次。（   ）

答案：错误

解析：剩余电流动作保护器动作后，经检查未发现事故原因时，允许试送电一次，如果再次动作，应查明原因找出故障，不得连续强行送电。

81. 电动机外壳漏电，一般可用验电笔检查。（   ）

答案：正确

82. 剩余电流中级保护可根据网络分布情况装设在分支配电箱的电源线上。（   ）

答案：正确

83. 变压器安装后，其外壳必须可靠接地。（   ）

答案：正确

84. 动力设备必须一机一闸，不得一闸多用。（   ）

答案：正确

85. 测量接地电阻时，应先将接地装置与电源断开。（　　）

答案：正确

86. 测量电气设备的绝缘电阻之前，必须切断被测量设备的电源。（　　）

答案：正确

87. 任何被测设备，当电源被切断后就可以立即进行绝缘测量了。（　　）

答案：错误

解析：测量绝缘时，应先将被测设备脱离电源，进行充分对地放电，并清洁其表面方可进行绝缘测量。

88. 测量绝缘电阻之前应将绝缘电阻表指针调整至中心线零位上。（　　）

答案：正确

89. 接地装置是接地体与接地线的统称。（　　）

答案：正确

90. 连接接地体与电气设备的接地部分的金属导线称为接地线（PE线）。（　　）

答案：正确

91. 保护接零就是没接地。（　　）

答案：错误

解析：保护接零把电工设备的金属外壳和电网的零线可靠连接，以保护人身安全的一种用电安全措施。

92. 规范规定变、配电站接地电阻每年测量两次。发现数值过大，就要采取降阻措施。（　　）

答案：错误

解析：规范规定变、配电站接地电阻每年测量一次。发现数值过大，就要采取降阻措施。

四、简答题

1. 什么叫保护接地？

答案：电气设备正常运行不带电的金属外壳与大地作可靠电气连接，称为保护接地。

2. 什么叫保护接零？

答案：将电气设备正常运行不带电的金属外壳与中性点接地引出的中性线（零线）进行连接，称为保护接零。

3. 什么叫工作接地？

答案：为了稳定系统电压和运行需求而将系统中的中性点接地称为工作接地。

4. TN系统分为几种形式？

答案：TN-S供电系统，PE和N在整个系统中是分开的。TN-C供电系统，PE和N在整个系统中是合一的。TN-C-S供电系统，PE和N在整个系统中部分合，部分分开。

5. 农村电网无功补偿的原则是什么？

答案：全面规划；合理布局；分散补偿；就地平衡。

6. 电缆故障修复需要掌握的重要原则是什么？

答案：电缆故障修复需要掌握两项重要原则：① 电缆受潮部分应予锯除。② 绝缘材料或绝缘介质有炭化现象应予更换。

7. 按故障性质划分电缆线路故障有几种类型？

答案： 按故障性质划分电缆线路故障可以分为：① 接地故障。② 短路故障。③ 断线故障。④ 闪络性故障和混合故障。

8. 下列电缆型号 VV22、YJV22 含义是什么？

答案：（1）VV22：该电缆型号意思是：聚氯乙烯绝缘，聚乙烯护套，双钢带聚氯乙烯外护套。（2）YJV22：该电缆型号意思是：交联聚氯乙烯绝缘，聚乙烯护套，双钢带聚氯乙烯外护套。

9. 什么是电力电缆的吸收比？

答案： 测量绝缘电阻是检查电缆线路绝缘状况最简单、最基本的方法。测量绝缘电阻一般使用绝缘电阻表。测量过程中，应读取电压 15s 和 60s 时的绝缘电阻值 R_{15} 和 R_{60}，而 R_{60}/R_{15} 的比值称为吸收比。在同样测试条件下，电缆绝缘越好，吸收比的值越大。

10. 钢芯铝绞线插接法接线过程中如何防止线头伤人？

答案： ① 戴线手套。② 操作人员与辅助人员保持一定的距离。③ 保证线头长度在规定的长度范围内。④ 两人操作时必须互相提示、协调一致。

11. 导线连接方法有哪些？

答案： ① 缠绕法连接。② 插接法连接。③ 钳压法连接。④ 液压法连接。

12. 架空导线连接的性能要求是什么？

答案： 根据架空导线连接的有关规定，架空导线接续管连接后的握着力应不小于原导线保证计算拉断力 95%；缠绕连接及插接的接头、绝缘线及低压电力线连接后的握着强度不得小于导线计算拉断力的 90%；接头电阻应不大于同等长度导线电阻的 2 倍。

13. 导线插接法连接的特点是什么？

答案： 插接（也称叉接）法主要用于多股导线的自身相互交叉缠绕连接，导线连接的插接法适用于相对截面较小的多股的铝绞线、钢芯铝绞线的连接，插接法连接的强度高于缠绕法或绑接法的连接强度。

14. 电缆终端的机械强度，应满足的要求是什么？

答案： 电缆终端的机械强度，应满足安置处引线拉力、风力和地震力作用的要求。

15. 当验明检修的低压配电线路、设备确已无电压后，至少应采取哪些措施防止反送电？

答案： ① 所有相线和零线接地并短路。② 绝缘遮蔽。③ 在断开点加锁、悬挂"禁止合闸，有人工作！"或"禁止合闸，线路有人工作！"的标示牌。

16. 使用梯子时的注意事项？

答案： ① 梯子应坚固完整，有防滑措施。梯子的支柱应能承受攀登时作业人员及所携带的工具、材料的总重量。② 单梯的横档应嵌在支柱上，并在距梯顶 1m 处设限高标志。使用单梯工作时，梯与地面的斜角度约为 60°。③ 梯子不宜绑接使用。人字梯应有限制开度的措施。④ 人在梯子上时，禁止移动梯子。

17. 应如何正确使用绝缘操作杆、验电器和测量杆？

答案： 绝缘操作杆、验电器和测量杆：允许使用电压应与设备电压等级相符。使用时，作业人员手不准越过护环或手持部分的界限。雨天在户外操作电气设备时，操作杆的绝缘部分应有防雨罩或使用带绝缘子的操作杆。使用时人体应与带电设备保持安全距离，并注意防止绝缘杆被人体或设备短接，以保持有效的绝缘长度。

18. 电网管理单位与分布式电源用户签订的并网协议中，在安全方面至少应明确哪些内容？

答案：并网协议中至少应明确下述内容：

（1）并网点开断设备（属于用户）操作方式。

（2）检修时的安全措施。双方应相互配合做好电网停电检修的隔离、接地、加锁或悬挂标示牌等安全措施，并明确并网点安全隔离方案。

（3）由电网管理单位断开的并网点开断设备，仍应由电网管理单位恢复。

19. 简述电缆线路巡视周期。

答案：电缆线路的巡视监护工作由专人负责，配备专业人员进行巡视和监护，并根据具体情况制订设备巡查的项目和周期，巡视周期：① 一般电缆线路每 3 个月至少巡视一次，根据季节和城市基建工程的特点应相应增加巡视的次数。② 竖井内的电缆每半年至少巡视一次。③ 电缆终端每 3 个月至少巡视一次。④ 特殊情况下，如暴雨、发洪水等，应进行专门的巡视。⑤ 对于已暴露在外的电缆，应及时处理，并加强巡视。⑥ 水底电缆线路，根据情况决定巡视周期。敷设在河床上的可每半年一次，在潜水条件许可时应派潜水员检查，当潜水条件不允许时可采用测量河床变化情况的方法代替。

五、识图题

1. 下图为 10kV 无间隙硅橡胶外套氧化锌避雷器结构图，其中 4 是（　　　）。

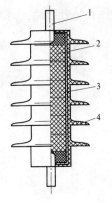

答案：硅橡胶外套。

2. 电力系统发生接地时，地中电流和对地电压散流电场分布图，零电位点通常指距离接地体（　　　）之外处。

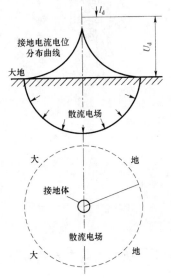

答案： 20m

3. 阀型避雷器主要由瓷套、火花间隙和阀型电阻片组成，其外形结构如下图所示，其中图（　　）是 FS3－10 型。

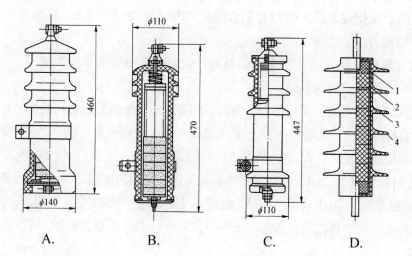

A.　　　　B.　　　　C.　　　　D.

答案： B。

4. 请从下图中选出能够防止感应电压伤人的安全工器具。

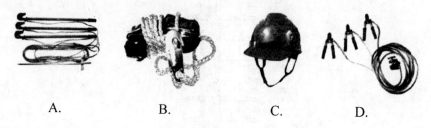

A.　　　　B.　　　　C.　　　　D.

答案： AD。

5. 下图是（　　）仪表。

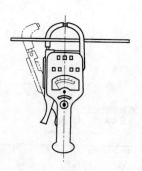

答案： 钳形电流表。

6. 隔离开关型号中，①表示（　　）。

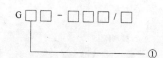

答案： 安装地点。

7. RW11－10 型跌落式熔断器如下图所示，其中 6 部分是（　　）。

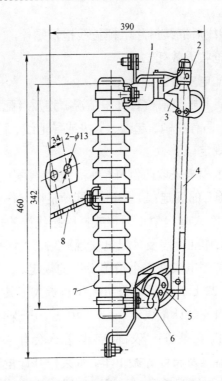

答案： 下支座。

8. 与 10kV 跌落式熔断器配套使用的熔丝外形尺寸如图所示，其中 1 是熔丝中的（　　　）部分。

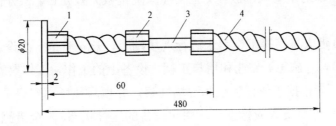

答案： 纽扣帽。

9. 下图中接地电阻测试仪电流探测端钮是（　　　）。

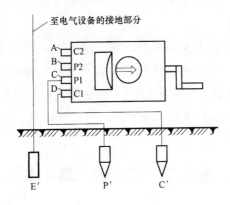

答案： D。

六、案例分析题

1. 案例经过：2006 年 8 月 7 日上午，某供电公司工作负责人刘某组织工作班成员杨某、黄某等 6 人，对上杨台区 0.4kV 分支线路电杆进行撤移施工。8 时 10 分，工作负责人刘某在未办理工作票的情况下，组织杨某、黄某共 3 人实施 2 号杆导线和横担拆除的工作（此前 2 号杆杆基培土已被开挖，深度约为电杆埋深的 1/2）。工作负责人刘某未组织采取防范措施，就同意杨某上杆作业。

8 时 30 分，杨某在拆除杆上导线后继续拆除电杆拉线抱箍螺栓，导致电杆倾倒，杨某随电杆一同倒下。电杆压在杨某胸部，经抢救无效死亡。

试分析该起事件中违反《配电安规》的行为。

答案：（1）工作班成员杨某上杆前未检查杆根情况。违反《配电安规》6.2.1"登杆塔前，应检查杆根、基础和拉线是否牢固；遇有冲刷、起土、上拔或导地线、拉线松动的杆塔，应先培土加固，打好临时拉线或支好架杆"的规定。

（2）工作负责人刘某作业过程未采取防倒杆措施。违反《配电安规》6.4.5"拆除杆上导线前，应检查杆根，做好防止倒杆措施"的规定；工作班成员杨某杆上作业时拆除电杆拉线抱箍螺栓，违反《配电安规》6.3.14"杆塔上有人时，禁止调整或拆除拉线"的规定。

（3）电杆撤移工作，属无票作业，违反《配电安规》3.3.5"填用低压工作票的工作。低压配电工作，不需要将高压线路、设备停电或做安全措施者"的规定。

2. 案例经过：2006 年 6 月 22 日，某供电公司工作负责人王某（死者）带领张某和刘某前往中山路商业街配电房高压计量柜内安装计量表计。8 时 40 分，王某等进入高压配电室，来到计量柜前，并询问黄某设备有没有电时，黄某答："表都没装，怎么会有电！"（实际进线高压电缆已带电）。然后王某吩咐刘某从车上将工器具及表计等搬下车、张某松开计量表计的接线端子螺丝，王某自己一人走到高压计量柜前，打开计量柜门（门上无闭锁装置），将头伸进柜内察看柜内设备安装情况，高压计量柜带电部位当即对王某头部放电，王某经医院抢救无效死亡。试分析该起事件中违反《配电安规》的行为。

答案：（1）工作负责人王某等工作前未进行现场勘查，未弄清楚一次设备带电情况。违反《配电安规》3.2.1"配电检修（施工）作业和用户工程、设备上的工作，工作票签发人或工作负责人认为有必要现场勘察的，应根据工作任务组织现场勘察，并填写现场勘察记录"、3.4.8"在用户设备上工作，许可工作前，工作负责人应检查确认用户设备的运行状态、安全措施符合作业的安全要求"的规定。

（2）工作负责人王某等在现场未采取将高压设备停电、验电、接地等安全设施，违反《配电安规》4.1 停电、验电、接地的规定。

（3）在带电运行的高压计量柜上安装表计，属无票作业。违反《配电安规》3.3.2"填用配电第一种工作票的工作。配电工作，需要将高压线路、设备停电或做安全措施者"的规定。

（4）高压计量柜没有安装防误入带电间隔的闭锁装置，且在计量柜送电后未在柜门上加挂机械锁，违反《配电安规》2.2.3"高压配电站、开闭所、箱式变电站、环网柜等高压配电设备应有防误操作闭锁装置"的规定。

第三节 三 级 题 库

一、单选题

1. 500V 以下使用中的电动机的绝缘电阻不应小于（   ）MΩ。

A. 0.5　　　　　　B. 5　　　　　　C. 0.05　　　　　　D. 50

答案： A

2. 单相插座的接法是（   ）。

A. 左零线右火线　　B. 右零线左火线　　C. 左地线右火线　　D. 左火线右地线

答案：A

3. 当无明确规定时，低压断路器宜垂直安装，其倾斜度不应大于（　　）。

A. 5° B. 10° C. 15° D. 20°

答案：A

4. 低压刀开关遮断的负荷电流不应（　　）额定容许的遮断电流值。

A. 大于 B. 小于 C. 等于 D. 大于等于

答案：A

5. 电动机铭牌上的接法标注为380V，△，说明该电动机的相绕组额定电压是（　　）V。

A. 220 B. 380 C. 380/220 D. 220/380

答案：B

6. 接触器的辅助触头，接于控制电路中，其额定电流为（　　）A。

A. 2 B. 3 C. 5 D. 10

答案：C

7. 数字式万用表测量电压时，应将数字万用表与被测电路（　　）。

A. 串联 B. 并联 C. 混联 D. 串、并联均可

答案：B

8. 一般电动机在正常运行情况下其端子处电压偏差允许值为额定电压的（　　）%。

A. 3 B. 5 C. 7 D. 9

答案：B

9. 照明配电系统灯用电压一般为（　　）V。

A. 12 B. 24 C. 36 D. 220

答案：D

10. 照明线截面选择，应满足（　　）和机械强度的要求。

A. 允许载流量 B. 电压降低 C. 平均电流 D. 经济电流

答案：A

11. 100kVA以下变压器其一次侧熔丝可按额定电流的2～3倍选用，考虑到熔丝的机械强度，一般不小于（　　）A。

A. 40 B. 30 C. 10 D. 20

答案：C

12. 100kVA的变压器高压侧熔丝额定电流按变压器额定电流的（　　）倍选用。

A. 1～5 B. 2～5 C. 1～0.5 D. 1.5～2

答案：D

13. 变压器分接开关是通过改变一次与二次绕组的（　　）来改变变压器的电压变比。

A. 电流比 B. 匝数比 C. 同极性端 D. 接线组别

答案：B

14. 标示牌根据用途可分为（　　）和禁止类四类共8种。

A. 警告类、提示类、工作类 B. 警告类、允许类、提示类

C. 标识类、工作类、提示类 D. 警告类、提示类、工作类

答案：B

15. 高压带电、低压停电的杆塔作业，与高压带电部分应保持（　　）m 的安全距离并设专人监护。扶正杆和调拉线时要防止导线晃动。

 A. 0.2   B. 0.7   C. 2   D. 5

答案：B

16. 横担主要是（　　）导线，使导线保持相间距离。

 A. 支撑   B. 固定   C. 支撑并固定   D. 放置

答案：C

17. 横担组装应平整，端部上下和左右斜扭不得大于（　　）mm。

 A. 20   B. 50   C. 100   D. 200

答案：A

18. 脚扣应（　　）进行一次静负荷试验，施加 1176N 静压力试验，持续时间为 5min。

 A. 一年   B. 二年   C. 半年   D. 一年半

答案：A

19. 绝缘垫的规格有厚为（　　）、10、12mm 五种，宽度均为 1m，长度均为 5m。

 A. 2；4；8   B. 3；4；8   C. 4；6；8   D. 6；7；8

答案：C

20. 配电变压器当以额定频率的额定电压施加于一侧绕组的端子上，另一侧绕组开路时，流过进线端子的电流，称为（　　）电流。

 A. 额定   B. 短路   C. 标定   D. 空载

答案：D

21. 配电变压器低压套管主要采用（　　）式。

 A. 单体瓷绝缘   B. 硅胶绝缘   C. 穿缆   D. 复合瓷绝缘

答案：D

22. 三相配电变压器星形接线的连接组标号中，低压侧有中性线引出时用（　　）表示。

 A. N   B. n   C. 0   D. Y

答案：B

23. 双杆台架式变压器台架安装施工，首先安装变压器台横梁下的两个支持抱箍，一定要将其安装在同一个水平面上，调平的方式可以依照底盘调平的方法，保证其对地的距离不小于（　　）mm。

 A. 1800   B. 2000   C. 2500   D. 3500

答案：C

24. 台架式变压器安装时，接地装置施工完毕应进行接地电阻测试，对 10kV 配电变压器：容量在 100kVA（包括 100kVA）以上，其接地电阻不应大于（　　）Ω。

 A. 1   B. 4   C. 10   D. 30

答案：B

25. 台架式变压器安装时，接地装置施工完毕应进行接地电阻测试，对 10kV 配电变压器：容量在 100kVA（不包括 100kVA）以下，其接地电阻不应大于（　　）Ω。

A. 1　　　　　B. 4　　　　　C. 10　　　　　D. 30

答案：C

26. 梯子应坚固完整、梯阶的距离不应大于（　　）cm。并在距梯顶1m处设限高标志，直梯的两端支柱与横木间应有防开脱措施。梯子不宜绑接使用。

A. 40　　　　　B. 50　　　　　C. 60　　　　　D. 70

答案：A

27. 为贯彻（　　）的安全生产方针及（　　）的原则，箱式变电站值班运行人员应严格执行防误闭锁装置管理制度，以防止电气误操作事故的发生。

A. 安全第一、预防为主、综合治理，两票三制

B. 安全第一、预防为主、综合治理，保人身、保电网、保设备

C. 安全生产可控、能控，两票三制

D. 安全第一、预防为主、综合治理，安全生产可控、能控

答案：B

28. 摇测电气设备的绝缘电阻时，阻值会随着测量时间的长短而有所不同，通常以（　　）s后的指针指示为准。

A. 15　　　　　B. 30　　　　　C. 60　　　　　D. 90

答案：C

29. 要求10kV箱式变电站运行人员至少每（　　）巡视检查一次。重要箱式变电站适当增加巡视次数。

A. 半月　　　　B. 月　　　　　C. 季　　　　　D. 年

答案：B

30. 以螺栓连接的构件，对于立体结构水平方向的螺栓穿入方向应（　　）。

A. 由外向内　　B. 由左向右　　C. 由内向外　　D. 由右向左

答案：C

31. 10kV及以下架空配电线路在同一档距内，同一根导线上的接头，不应超过（　　）个。

A. 1　　　　　B. 2　　　　　C. 3　　　　　D. 4

答案：A

32. 10kV配电线路通过林区应砍伐出通道。通道净宽度为线路边导线向外各（　　）m。

A. 5　　　　　B. 3　　　　　C. 10　　　　　D. 6

答案：A

33. 剥离绝缘层、半导体层应使用专用切削工具，不得损伤导线，切口处绝缘层与线芯宜有（　　）倒角。

A. 90°　　　　B. 30°　　　　C. 45°　　　　D. 60°

答案：C

34. 缠绕连接及插接的接头、绝缘线及低压电力线连接后的机械强度不得小于导线计算拉断力的（　　）。

A. 0.8　　　　B. 0.85　　　　C. 0.9　　　　D. 0.95

答案：C

35. 导线采用钳压法连接时，导线头应用细铁丝绑扎，其绑扎位置为：距导线端头 10～
（　　）mm。

A. 15　　　　　　　　B. 20　　　　　　　　C. 30　　　　　　　　D. 40

答案：B

36. 导线架设后塑性伸长对弧垂的影响，宜采用减小弧垂法补偿，钢芯铝绞线弧垂减小
为（　　）%。

A. 2　　　　　　　　　B. 12　　　　　　　　C. 1　　　　　　　　　D. 8

答案：B

37. 导线连接后，接头电阻应不大于同等长度导线电阻的（　　）倍。

A. 1　　　　　　　　　B. 1.2　　　　　　　　C. 3　　　　　　　　　D. 4

答案：B

38. 低压集束绝缘线非承力接头应相互错开，各接头端距不小于（　　）m。

A. 0.1　　　　　　　B. 0.2　　　　　　　C. 0.3　　　　　　　D. 0.4

答案：B

39. 钢芯铝绞线、铝绞线在档距内的连接，宜采用（　　）方法。

A. 插接　　　　　　B. 钳压　　　　　　C. 搭接　　　　　　D. 对接

答案：B

40. 钢芯铝绞线使用钳压法压接时，其钢模压坑应从（　　）开始压接。

A. 中间　　　　　　B. 反面　　　　　　C. 正面　　　　　　D. 一端

答案：A

41. 机械式压接钳压接时，将连接的两根导线的端头穿入铝压接管中（导线端头露出管外部分）
不得小于（　　）mm。

A. 10　　　　　　　　B. 20　　　　　　　　C. 35　　　　　　　　D. 30

答案：B

42. 绝缘导线在同一截面内，损伤面积超过线芯导电部分截面17%应（　　）处理。

A. 修补　　　　　　B. 缠绕　　　　　　C. 不用处理　　　　D. 锯断重接

答案：D

43. 配电线路的铝绞线、钢芯铝绞线，在与绝缘子或金具接触处，应缠绕（　　）。

A. 铝包带　　　　　B. 绝缘自粘带　　　C. 塑料胶布　　　　D. 黑胶布

答案：A

44. 压接后的接续管弯曲度不得（　　）%，有明显弯曲时应校直，校直后的接续管严禁有裂
纹，达不到规定时应割断重新压接。

A. 大于 2　　　　　　B. 小于 2　　　　　　C. 大于 3　　　　　　D. 小于 3

答案：A

45. 在一个档距内，分相架设的绝缘线每根只允许有一个承力接头，接头距导线固定点的距离
不应小于（　　）m。

A. 0.5　　　　　　　B. 0.2　　　　　　　C. 0.3　　　　　　　D. 1

答案：A

46. 在一个档距内，每根导线不应超过（   ）个连接头，档距内接头距导线的固定点的距离，不应小于 0.5m。

A. 1　　　　　　　　B. 2　　　　　　　　C. 3　　　　　　　　D. 4

答案：A

47. 10kV 交联聚乙烯绝缘电缆热收缩型终端制作时，户外终端头的剥切长度一般为（   ）mm。

A. 300　　　　　　　B. 500　　　　　　　C. 700　　　　　　　D. 800

答案：C

48. YJV22 型号的电缆第二层为（   ）。

A. 内护层　　　　　B. 钢铠　　　　　　C. 铜屏蔽　　　　　D. 填充物

答案：B

49. YJV22 型号的电缆为（   ）。

A. 铜芯普通电缆

B. 铜芯交联聚乙烯绝缘，钢带铠装聚氯乙烯护套电力电缆

C. 铝芯交联聚乙烯绝缘，钢带铠装聚氯乙烯护套电力电缆

D. 铝芯普通电缆

答案：B

50. 冲击电钻电源线应采用铜芯橡皮护套软电缆，其截面积按载流量选择，但不小于（   ）mm^2，对具有金属外壳者，应可靠接地。

A. 0.5　　　　　　　B. 0.75　　　　　　C. 1　　　　　　　　D. 1.5

答案：C

51. 电缆保管期间应每（   ）个月全面检查一次。

A. 1　　　　　　　　B. 3　　　　　　　　C. 6　　　　　　　　D. 12

答案：B

52. 电缆穿管敷设主要是为了保护电缆不受（   ）。

A. 化学腐蚀　　　　B. 机械损伤　　　　C. 气候影响　　　　D. 路径影响

答案：B

53. 电缆的（   ）是电缆的导电部分，用来输送电能。

A. 线芯　　　　　　B. 绝缘层　　　　　C. 屏蔽层　　　　　D. 保护层

答案：A

54. 电缆试验现场应装设遮栏，并向外悬挂（   ）标示牌。

A. 此处有人工作　　B. 止步，高压危险　　C. 高压危险！　　D. 禁止合闸

答案：B

55. 电缆线路故障最主要的原因是（   ）。

A. 过负荷　　　　　B. 接线错误　　　　C. 外力损伤　　　　D. 内部绝缘老化

答案：C

56. 对 0.6kV 塑料绝缘电缆进行直流耐压试验，直流试验电压为（   ）kV，试验时间为（   ）min。

A. 2；5   B. 2.4；10

C. 2.4；15   D. 5；15

答案：C

57. 铝芯聚氯乙烯绝缘导线型号（   ）。

A. BV   B. BLV   C. BVV   D. BLVV

答案：B

58. 人力施放电缆时，每人所承担的质量不得超过（   ）kg。

A. 10   B. 20   C. 35   D. 50

答案：C

59. 为了保护绝缘和防止高电场对外产生辐射干扰通信等，电缆必须有（   ）层。

A. 外护层   B. 半导体层   C. 金属屏蔽层   D. 绝缘层

答案：C

60. 要防止着火油料流入电缆沟内。如果燃烧的油流入电缆沟而顺沟蔓延时，沟内的油火只能用（   ）扑灭，防止火势扩散。

A. 水喷射   B. 泡沫覆盖   C. 四氯化碳   D. 二氧化碳

答案：B

61. 在墙洞、沟口、管口及隔层等处施放电缆时，人员应距洞口处（   ）以上。

A. 0.5m   B. 1m   C. 1.5m   D. 无要求

答案：B

62. 在正常工作条件下，风力发电机组的设计要达到的最大连续输出功率叫（   ）。

A. 平均功率   B. 最大功率   C. 最小功率   D. 额定功率

答案：D

63. 直接敷设在土壤中的电缆，采用敷设处历年最热（   ）。

A. 日的日平均温度   B. 月的月平均温度

C. 季的季平均温度   D. 年的季平均温度

答案：B

64. 中性点接地的三相四线制电网中一般采用（   ）芯电缆。

A. 单   B. 两   C. 三   D. 四

答案：D

65. （   ）是施放电缆和指导施工的依据，运行维护的档案资料。应列入每根电缆的编号、起始点、型号、规格、长度。

A. 电缆合格证   B. 电缆相序牌   C. 电缆清册   D. 电缆说明书

答案：C

66. 电力电缆成缆的绞合方向为（   ）绞合。

A. 向右   B. 向左   C. 任意方向   D. 左右交叉

答案：A

67. 起重用钢丝绳应每年试验一次，以（   ）倍容许工作荷重进行10min的静力试验，不应有断裂和显著的局部延伸现象。

A. 4　　　　　　　B. 3　　　　　　　C. 2　　　　　　　D. 1

答案：C

68. 棕绳（麻绳）用于捆绑或在潮湿状态下使用时其允许拉力应按允许拉力（　　　）计算。霉烂、腐蚀、断股或损伤者不得使用。

A. 减半　　　　　　　　　　　　　B. 1 倍

C. 1.3 倍　　　　　　　　　　　　D. 2 倍

答案：A

69. 一次事故造成人身死亡达 3 人及以上，或一次事故死亡和重伤 10 人及以上的事故为（　　　）事故。

A. 特大人身　　　　　　　　　　　B. 重大人身

C. 人身伤亡　　　　　　　　　　　D. 一般

答案：B

70. 绝缘子发生闪络的原因是（　　　）。

A. 表面光滑　　　　B. 表面毛糙　　　　C. 表面潮湿　　　　D. 表面污湿

答案：D

71. 绝缘导线线芯截面损伤在导电部分截面的（　　　）%以内，损伤深度在单股线直径的 1/3 之内，应用同金属的单股线在损伤部分缠绕，缠绕长度应超出损伤部分两端各 30mm。

A. 17　　　　　　　B. 10　　　　　　　C. 6　　　　　　　D. 12

答案：C

72. 在一个档距内，分相架设的绝缘线每根只允许有一个承力接头，接头距导线固定点的距离不应小于（　　　）m，低压集束绝缘线非承力接头应相互错开，各接头端距不小于 0.2m。

A. 0.5　　　　　　　B. 0.2　　　　　　　C. 0.3　　　　　　　D. 1

答案：A

73. 安装在配电变压器高压侧的 10kV 跌落式熔断器主要用以保护（　　　）。

A. 低压设备故障

B. 10kV 架空配电线路不受配电变压器故障影响

C. 低压线路故障

D. 高压线路故障

答案：B

74. 为保证事故处理时熔管、熔丝的互换性，减少事故处理备件数量，一个维护区域内宜固定使用（　　　）种型号跌落式熔断器。

A. 一　　　　　　　B. 二　　　　　　　C. 三　　　　　　　D. 四

答案：A

75.（　　　）是连接在电力线路和大地之间，使雷云向大地放电，从而保护电气设备的器具。

A. 避雷器　　　　B. 避雷线　　　　C. 避雷针　　　　D. 架空地线

答案：A

76. 进户杆杆顶应安装镀锌铁横担，横担上安装低压 ED 形绝缘子，两绝缘子在角钢上的距离不应小于（　　　）mm。

A. 100　　　　B. 120　　　　C. 150　　　　D. 180

答案：C

77. 绝缘导线连接完毕后，包缠绝缘带作绝缘恢复时，绝缘至少需包（　　）层以上。

A. 一　　　　B. 二　　　　C. 三　　　　D. 四

答案：B

78. 如遇带电导线断落地面，应划出警戒区，防止跨入。扑救人员需要进入灭火时，必须（　　）。

A. 戴绝缘手套　　　　　　　　　　　B. 穿绝缘靴

C. 水枪喷嘴安装接地线　　　　　　　D. 灭火器身安装接地线

答案：B

79. （　　）是配电电网施工设计资料的重要组成部分之一，是进行配电电网安装施工的重要环节，也是配电线路运行维护、检修的基本依据之一。

A. 配电线路杆型图　　　　　　　　　B. 杆塔组装图和施工图

C. 配电线路地形图　　　　　　　　　D. 配电线路路径图

答案：D

80. 电力系统的（　　）短路又称相间短路。

A. 两相、单相　　　　　　　　　　　B. 三相、单相

C. 三相、两相、单相　　　　　　　　D. 三相、两相

答案：D

81. 电力系统的短路故障中以（　　）短路最为危险。

A. 单相　　　　B. 两相　　　　C. 三相　　　　D. 接地

答案：C

82. （　　）是出现人员伤亡、设备损坏、电能质量下降到不能允许的程度、对用户少供电或停止供电的这些情况。

A. 异常运行状态　　B. 短路故障　　C. 接地故障　　D. 事故

答案：D

83. 导线按发热条件选择即在最大允许连续负荷电流下，导线发热不超过线芯所允许的（　　），不会因为过热而引起导线绝缘损坏或加速老化。

A. 强度　　　　B. 温度　　　　C. 电流密度　　　　D. 电压

答案：B

84. 配电变压器出现（　　）故障时，一般都会出现变压器过热、油温升高、音响中夹有爆炸声或咕嘟咕嘟的冒泡声等故障现象。

A. 绝缘套管　　　　　　　　　　　　B. 绕组

C. 调压分接开关　　　　　　　　　　D. 接地

答案：B

85. 拆线工作中，牵引操作控制点应在（　　）。

A. 杆根处　　　　　　　　　　　　　B. 杆高以外

C. 1.2 倍杆高以外　　　　　　　　　D. 随意地方

答案：C

86. 在处理断线事故时，搭接或压接的导线接点应距固定点（　　）m。

A. 0.5　　　　　　　B. 1.5　　　　　　　C. 2　　　　　　　D. 5

答案：A

87. 《农村低压电力技术规程》规定拉线坑、杆坑的回填土，应每填（　　）m 夯实一次。

A. 0.1　　　　　　　B. 0.2　　　　　　　C. 0.3　　　　　　　D. 0.4

答案：C

88. 10kV 及以下架空电力线路的导线紧好后，弧垂的误差不应超过设计弧垂的（　　）%。

A. ±2　　　　　　　B. ±3　　　　　　　C. ±4　　　　　　　D. ±5

答案：D

89. 当拉线采用拉线杆时，拉桩杆应向受力反方向倾斜（　　）。

A. 15°～20°　　　　B. 20°～30°　　　　C. 20°～25°　　　　D. 10°～20°

答案：D

90. 当拉线位于交通要道或人易接触的地方时，须加装警示套管保护，套管上端垂直距地面不应小于（　　）m。

A. 1.5　　　　　　　B. 1.8　　　　　　　C. 2.0　　　　　　　D. 2.5

答案：B

91. 低压绝缘线与拉线、电杆或构架间的净空距离不应小于（　　）mm。

A. 100　　　　　　　B. 200　　　　　　　C. 150　　　　　　　D. 50

答案：D

92. 跌落式熔断器的安装应牢固、排列整齐，熔断器水平相间距离不小于（　　）mm。

A. 300　　　　　　　B. 500　　　　　　　C. 600　　　　　　　D. 800

答案：B

93. 放、紧绝缘线时，应将绝缘线放在塑料滑轮或有橡胶护套的铝滑轮内，滑轮的槽深不应小于绝缘线外径的（　　）倍。

A. 1　　　　　　　　B. 1.25　　　　　　C. 1.5　　　　　　　D. 2

答案：C

94. 放、紧绝缘线时，应将绝缘线放在塑料滑轮或有橡胶护套的铝滑轮内，滑轮的直径不应小于绝缘线外径的（　　）倍。

A. 8　　　　　　　　B. 10　　　　　　　C. 12　　　　　　　D. 15

答案：C

95. 接地体的连接采用搭接焊时，扁钢的搭接长度为其宽度的（　　）倍，四面焊接。

A. 1　　　　　　　　B. 2　　　　　　　　C. 3　　　　　　　　D. 4

答案：B

96. 接地体的连接采用搭接焊时，圆钢的搭接长度为其直径的（　　）倍，双面焊接。

A. 3　　　　　　　　B. 4　　　　　　　　C. 5　　　　　　　　D. 6

答案：D

97. 拉线一般固定在横担下不大于（　　）m 处。

A. 0.1　　　　　　　B. 0.2　　　　　　　C. 0.3　　　　　　　D. 0.4

答案：C

98. 拉桩杆安装时，拉桩坠线上端固定点的位置距拉桩杆顶为（　　）m。

A. 0.20　　　　　　　B. 0.25　　　　　　　C. 0.30　　　　　　　D. 0.35

答案：D

99. 配电变压器台的电杆在设计未作规定时，其埋设深度不应小于（　　）m。

A. 1.5　　　　　　　　B. 1.8　　　　　　　C. 2.0　　　　　　　D. 2.5

答案：C

100. 水平拉线对通车路面中心的升起距离不应小于（　　）m。

A. 2.0　　　　　　　　B. 2.5　　　　　　　C. 4.0　　　　　　　D. 6.0

答案：D

101. 同杆架设的低压多回线路，分支杆和转角杆横担间的垂直距离不应小于（　　）m。

A. 0.3　　　　　　　　B. 0.4　　　　　　　C. 0.5　　　　　　　D. 0.6

答案：A

102. 同杆架设的低压多回线路，直线杆横担间的垂直距离不应小于（　　）m。

A. 0.3　　　　　　　　B. 0.4　　　　　　　C. 0.5　　　　　　　D. 0.6

答案：D

103. 无论采用什么方法起立电杆，在电杆离地面（　　）m 时，应停止起立，观察立杆工具和绳索受力情况，确认无误后方可继续。

A. 0.5　　　　　　　　B. 0.8　　　　　　　C. 1.0　　　　　　　D. 1.2

答案：C

104. 制作拉线时拉线弯曲部分不应有明显松股，拉线断头处与拉线主线应可靠固定，线夹露出的尾线长度不宜超过（　　）mm。

A. 100　　　　　　　　B. 200　　　　　　　C. 300　　　　　　　D. 400

答案：D

105. 中压绝缘线路与 35kV 线路同杆架设时，两导线之间垂直距离不应小于（　　）m。

A. 1.5　　　　　　　　B. 1.8　　　　　　　C. 2.0　　　　　　　D. 2.5

答案：C

106. 柱上安装的配电变压器，其底部距地面不应小于（　　）m。

A. 1.8　　　　　　　　B. 2.0　　　　　　　C. 2.5　　　　　　　D. 3.0

答案：C

二、多选题

1. 下面属于照明附件的有（　　）。

A. 开关　　　　　　　B. 灯座　　　　　　　C. 插座　　　　　　　D. 灯泡

答案：ABC

2. 符合低压接触器安装质量要求的是（　　）。

A. 衔铁表面应无锈斑、油垢　　　　　　　　B. 接触面应平整、清洁

C. 可动部分应灵活、无卡阻　　　　　　　　D. 灭弧罩之间应有间隙

答案：ABCD

3. 低压断路器具有（　　　）等优点，因此，在各种低压电路中得到广泛应用。

A. 操作安全　　　　　　　　　　　　　B. 分断能力较高

C. 安装使用方便　　　　　　　　　　　D. 分断能力较差

答案：ABC

4. 灯具的安装应符合下列（　　　）要求。

A. 灯具固定应牢固可靠　　　　　　　　B. 软线吊灯的软线两端应作保护扣

C. 吊链灯具的灯线不应受拉力　　　　　D. 吊链灯具的灯线应与吊链编叉在一起

答案：ABCD

5. 常用低压断路器由（　　　）和外壳等部分组成。

A. 脱扣器　　　　　B. 触头系统　　　　　C. 灭弧装置　　　　　D. 传动机构

答案：ABCD

6. 绝缘棒的绝缘部分和握手部分是用浸过绝缘漆的木材、（　　　）等制成。

A. 硬塑料　　　　　B. 胶木　　　　　C. 金属　　　　　D. 玻璃钢

答案：AB

7. 下列（　　　）属于配电变压器保护。

A. 瓦斯保护　　　　　B. 电流速断保护　　　　　C. 过电流保护　　　　　D. 纵联差动保护

答案：ABCD

8. 三相变压器绕组连接方式主要有（　　　）。

A. 星形　　　　　B. 串联　　　　　C. 并联　　　　　D. 三角形

答案：AD

9. 人体防护工器具有（　　　）、防护工作服等。

A. 钳形电流表　　　　　B. 安全帽　　　　　C. 护目镜　　　　　D. 防护面罩

答案：BCD

10. 绝缘棒的结构主要由（　　　）构成。

A. 工作部分　　　　　B. 绝缘部分　　　　　C. 转动部分　　　　　D. 握手部分

答案：ABD

11. 基本安全工器具有（　　　）、高压核相器等。

A. 绝缘棒　　　　　B. 验电器　　　　　C. 钳形电流表　　　　　D. 绝缘手套

答案：ABC

12. 辅助安全工器具有（　　　）、绝缘台等。

A. 绝缘棒　　　　　B. 绝缘手套　　　　　C. 绝缘靴　　　　　D. 绝缘绳

答案：BCD

13. 防护安全工器具分为（　　　）工器具。

A. 人体防护　　　　　B. 安全技术防护　　　　　C. 登高作业安全　　　　　D. 一般防护

答案：ABC

14. 电气安全工器具通常分为（　　　）。

A. 基本安全工器具　　　B. 辅助安全工器具　　　C. 安装工器具　　　D. 防护安全工器具

答案：ABD

15.（　　）是供绝缘配合计算用的重要数据。

A. 冲击放电电压　　　B. 冲击电流残压　　　C. 冲击放电电流　　　D. 冲击电流残流

答案：AB

16. 小截面导线的直接连接分为（　　）三个环节。

A. 绝缘层剥离　　　B. 导线连接　　　C. 绝缘测试　　　D. 绝缘层缠绕

答案：ABD

17. 铜绞线在档距内的连接，宜采用（　　）方法。

A. 插接　　　B. 钳压　　　C. 搭接　　　D. 对接

答案：AB

18. 钳压连接的主要技术参数包括（　　）。

A. 压口数　　　B. 压后尺寸　　　C. 钳压部位尺寸　　　D. 压接顺序

答案：AB

19. 架空导线常用的接线方法有（　　）。

A. 压接法　　　B. 插接法　　　C. 缠绕绑接法　　　D. 爆炸法

答案：ABC

20. 钢芯铝绞线出现下列情况（　　）之一时，应切断重接。

A. 钢芯断股

B. 铝股损伤截面超过铝股总面积的 25%

C. 损伤长度超过一组补修金具能补修的长度

D. 破损使得钢芯或内层导线形成无法修复的永久性变形

答案：ABCD

21. 对压接管外表检查时，导线接头液压连接后的接续管表面应（　　）、无毛刺，出现飞边时应将其锉平后，再用砂纸打磨光滑。

A. 光滑　　　B. 无飞边　　　C. 平整　　　D. 扭曲

答案：ABC

22. 导线完成锯割后，用（　　）打磨锯口毛刺至光滑。

A. 钢丝刷　　　B. 平锉　　　C. 铜丝刷　　　D. 砂纸

答案：BD

23. 导线进行散股清洗，在单根导体上涂一层电力复合电力脂，并用（　　）清除表面氧化膜，保留涂料，进行压接。

A. 钢丝刷　　　B. 锉刀　　　C. 铜丝刷　　　D. 细砂纸

答案：AD

24. LGJ–95/20 型导线，采用钳压法压接时，其钳压管钳压部位尺寸（mm）a_1、a_2、a_3 为（　　）。

A. 54　　　B. 61.5　　　C. 142.5　　　D. 155.5

答案：ABC

25. LGJ–120/20 型导线，采用钳压法压接时，其钳压管钳压部位尺寸（mm）a_1、a_2、a_3 为（　　）。

A. 62　　　B. 67.5　　　C. 160.5　　　D. 175.5

答案：ABC

26. 不同（　　）的导线，严禁在一个耐张段内连接。

A. 生产厂家　　　　　B. 规格　　　　　C. 金属　　　　　D. 绞向

答案：BCD

27. 在动力供电系统图上，集中反映动力的（　　）、计算电流、配电方式、电线与电缆的基本敷设方法，开关与熔断器的型号规格等。

A. 电缆与电线的种类和载流量　　　　　B. 安装容量

C. 计算容量　　　　　D. 电缆与电线的型号和截面积

答案：BCD

28. 引入配电盘柜的电缆要求（　　）。

A. 排列整齐　　　　　B. 编号清晰　　　　　C. 避免交叉　　　　　D. 固定牢固

答案：ABCD

29. 下列属于橡皮绝缘导线及型号的是（　　）。

A. 铜芯橡皮绝缘棉纱或其他纤维编织导线 BX

B. 铝芯橡皮绝缘棉纱或其他纤维编织导线 BLX

C. 铜芯橡皮绝缘棉纱或其他纤维编织软导线 BXR

D. 铜芯橡皮绝缘编织双绞软导线 RX

答案：ABC

30. 下列属于聚氯乙烯绝缘导线及型号的是（　　）。

A. 铜芯聚氯乙烯绝缘导线 BV

B. 铝芯聚氯乙烯绝缘导线 BLV

C. 铜芯聚氯乙烯绝缘聚氯乙烯护套圆形导线 BVV

D. 铜芯聚氯乙烯绝缘软导线 BLVR

答案：ABC

31. 电缆的保护层一般（　　）外护套等部分组合而成。

A. 内护套　　　　　B. 绝缘　　　　　C. 内衬层　　　　　D. 铠装层

答案：ACD

32. 对电缆故障点进行定点，一般采用（　　）法。

A. 声测　　　　　B. 跨步电压　　　　　C. 电桥　　　　　D. 音频感应

答案：ABD

33. 架设电力电缆跨越江、河、湖、海时，采用（　　）敷设。

A. 空气中　　　　　B. 水底　　　　　C. 桥上　　　　　D. 排管

答案：BC

34. 电力电缆的基本结构必须有（　　）。

A. 线芯　　　　　B. 绝缘层　　　　　C. 屏蔽层　　　　　D. 保护层

答案：ABCD

35. 电缆线路路径选择原则中，要求考虑（　　）方面的原因。

A. 安全运行　　　　　B. 经济　　　　　C. 施工　　　　　D. 天气条件

答案：ABC

36. 油浸纸绝缘统包型电力电缆的优点（　　）。

A. 制造简单　　　　　B. 价格便宜　　　　　C. 绝缘性能好　　　　D. 不易漏油

答案：AB

37. 装设同杆（塔）塔架设的多层电力线路接地线，应（　　）。

A. 先装设低压、后装设高压　　　　　　　　B. 先装设下层、后装设上层

C. 先装设近侧、后装设远侧　　　　　　　　D. 先装设高压、后装设低压

答案：ABC

38. 验电的三个步骤为（　　）。

A. 检查各部分螺丝是否紧固

B. 验电前应将验电笔在带电的设备上验电，证实验电笔是否良好

C. 在设备进出线两侧逐相进行验电，不能只验一相

D. 验明无电压后再把验电笔在带电设备上复核是否良好

答案：BCD

39. 熔断器的检查与维修内容有（　　）。

A. 检查负荷情况是否与熔体的额定值相匹配，检查熔体管外观有无破损、变形现象，瓷绝缘部分有无破损或闪络放电痕迹

B. 熔体发生氧化、腐蚀或损伤时，应及时更换检查熔体管接触处有无过热现象

C. 有熔断指示器的熔断器，其指示是否正常

D. 熔断器要求的环境温度应与被保护对象的环境温度一致，若相差过大可能使其产生不正确动作，一般变截面熔体的小截面熔断，其主要原因是短路

答案：ABC

40. 配电线路常用的绝缘子主要有（　　）绝缘子。

A. 针式　　　　　　　B. 蝶式　　　　　　　C. 悬式　　　　　　　D. 拉线

答案：ABCD

41. 卡线器规格、材质应与线材的规格、材质相匹配，不得使用有（　　）等缺陷的卡线器。

A. 弯曲　　　　　　　B. 转轴不灵活　　　　C. 裂纹　　　　　　　D. 钳口斜纹磨平

答案：ABCD

42. 绝缘子主要外观质量要求有（　　）。

A. 瓷绝缘子与铁部件结合紧密　　　　　　　B. 铁部件镀锌良好

C. 瓷绝缘子轴光滑　　　　　　　　　　　　D. 韧性较好

答案：ABC

43. 绝缘子的试验项目有（　　）。

A. 直流电阻　　　　　　　　　　　　　　　B. 绝缘电阻

C. 交流耐压试验　　　　　　　　　　　　　D. 带电测试零值绝缘子

答案：BCD

44. 架空配电线路中，为了使承受固定性不平衡荷载比较显著的电杆，如（　　）达到受力平衡的目的，均应装设拉线。

A. 终端杆　　　　　　B. 直线杆　　　　　　C. 转角杆　　　　　　D. 分支杆

答案：ACD

45. 防止高、低压触电的注意事项有（　　）方法。

A. 应由两人进行，一人操作，一人监护，夜间作业，必须有足够的照明

B. 测量人员应了解测试仪表性能、测试方法及正确接线

C. 测量工作不得穿越虽停电但未经装设地线的导线

D. 应戴好安全帽，正确使用安全带

答案：ABC

46. 安装绝缘子前应进行外观检查，且符合下列要求（　　）。

A. 瓷绝缘子与铁绝缘子结合紧密

B. 铁绝缘子镀锌良好，螺杆与螺母配合紧密

C. 技术文件齐全

D. 瓷绝缘子轴光滑，无裂纹、缺釉、斑点、烧痕和气泡等缺陷

答案：ABD

47. 在运行中，拉线棒应无（　　）现象。

A. 锈蚀　　　　　　　B. 变形　　　　　　　C. 损伤　　　　　　　D. 上拔

答案：ABCD

48. 下面关于对拆除导线工作中设置临时拉线的要求叙述错误的是（　　）。

A. 临时拉线在杆上的固定点以不影响拆线工作为宜

B. 临时拉线应尽量拉紧

C. 临时拉线应装设在相应的耐张杆上

D. 临时拉线应设置在横线路方向

答案：BD

49. 使用临时拉线的安全要求有（　　）。

A. 不得利用树木或外露岩石作受力桩

B. 一个锚桩上的临时拉线不得超过 3 根

C. 临时拉线不得固定在有可能移动或其他不可靠的物体上

D. 临时拉线绑扎工作应由有经验的人员担任

答案：ACD

50. 拉线上把安装固定应满足（　　）要求。

A. 螺母拧紧后，备双母

B. 固定拉线抱箍各拉线上把水平穿向的螺栓一律面向受电侧从左向右穿

C. 开口销或闭口销从上向下穿

D. 固定拉线抱箍各拉线上把水平穿向的螺栓一律面向受电侧从右向左穿

答案：BC

51. 拉线坑中心与电杆中心的水平距离与（　　）有关。

A. 拉线对地夹角　　　　　　　　　　B. 拉线出土点与电杆中心的水平距离

C. 拉线坑中心与拉线出土点间的水平距离　　D. 拉线盘的厚度

答案：BCD

52. 紧线器是用以收紧户内外绝缘子线路和户外架空线路导线的工具，它由（　　）等组成。

A. 夹线钳头　　　　B. 手紧齿轮　　　　C. 定位钩　　　　D. 手柄

答案：ABCD

53. 低压配电线路中常用的横担金具有（　　）等。

A. 横担抱箍　　　　B. 垫铁　　　　C. 撑铁　　　　D. U 形螺钉

答案：ABCD

54. 低压架空绝缘配电线路应尽量不跨越建筑物，如需跨越，导线与建筑物的垂直距离在最大计算弧垂情况下不应小于（　　）m，边线与永久建筑物之间的距离在最大风偏的情况下不应小于（　　）m。

A. 1.5　　　　B. 2.0　　　　C. 0.2　　　　D. 0.3

答案：BC

55. 按照线路金具的用途不同，可分为（　　）、耐张线夹、连接金具几大类。

A. 悬垂线夹　　　　B. 接续金具　　　　C. 防护金具　　　　D. 拉线金具

答案：ABCD

56. 10kV 架空绝缘配电线路应尽量不跨越建筑物，如需跨越，导线与建筑物的垂直距离在最大计算弧垂情况下不应小于（　　）m，边线与永久建筑物之间的距离在最大风偏的情况下不应小于（　　）m。

A. 2.0　　　　B. 2.5　　　　C. 0.5　　　　D. 0.75

答案：BD

三、判断题

1. 用于低压电动机电力拖动及自动控制系统的低压控制电器包括接触器、启动器和各种控制继电器等。（　　）

答案：正确

2. 低压断路器又称自动空气开关、自动开关，是低压配电网和电力拖动系统中常用的一种配电电器。（　　）

答案：正确

3. 交流接触器线圈按照电压分为220、380V等。（　　）

答案：正确

4. 低压验电笔主要用于检查对地电压1200V及以下的电气设备和线路是否带电。（　　）

答案：错误

解析：低压验电笔主要用于检查对地电压250V及以下的电气设备和线路是否带电。

5. 万用表测电压时的内阻越小，其性能就越好。（　　）

答案：错误

解析：万用表测电压时的内阻越大，其性能就越好。

6. 在使用万用表测电流、电压时，不能带电换量程。（　　）

答案：正确

7. 组合开关又称转换开关，供手动频繁地接通与分断电路。（　　）

答案：错误

解析：组合开关又称转换开关，但不能供手动频繁地接通与分断电路。

8. 配电变压器用于配电系统将中压配电电压的功率变换成低压配电电压的功率。（ ）

答案： 正确

9. 配电变压器套管在油箱上排列的顺序，一般从低压侧看，由左向右，三相变压器为：高压 U1－V1－W1。（ ）

答案： 错误

解析： 套管在油箱上排列的顺序，一般从高压侧看，由左向右，三相变压器为：高压 U1－V1－W1。

10. 配电变压器额定容量是指变压器额定（额定电压、额定电流、额定使用条件）工作状态下的输出功率，用视在功率表示。（ ）

答案： 正确

11. yn11 是比较常用的星形接线三相变压器的接线组别。（ ）

答案： 错误

解析： yn11 是比较常用的三角形接线三相变压器的接线组别。

12. 在可能发生过负荷的变压器上，需要装设过负荷保护。由于过负荷电流在大多数情况下是三相对称的，因此过负荷保护可以仅接在一相电流上。（ ）

答案： 正确

13. 人体防护工器具是在登高作业及上、下过程中使用的专用工器具，或高处作业时，为防止高处坠落制作的防护用具。（ ）

答案： 错误

解析： 登高作业安全工器具是在登高作业及上、下过程中使用的专用工器具，或高处作业时，为防止高处坠落制作的防护用具。

14. 绝缘棒的绝缘部分须光洁无裂纹或硬伤，握手部分和绝缘部分之间没有分界线。（ ）

答案： 错误

解析： 绝缘棒的绝缘部分须光洁无裂纹或硬伤，握手部分和绝缘部分之间有明显的分界线。

15. 用 2500V 绝缘电阻表测量避雷器绝缘电阻，绝缘电阻不得低于 500MΩ。（ ）

答案： 错误

解析： 用 2500V 绝缘电阻表测量避雷器绝缘电阻，绝缘电阻不得低于 1000MΩ。

16. 回转带声、光型验电器利用带电导体尖端放电产生的电风来驱使指示器叶片旋转，同时发出声、光信号。（ ）

答案： 正确

17. 使用绝缘手套时，最好里面戴上一双棉纱手套，夏天可防止出汗操作不便。（ ）

答案： 正确

18. 10kV 配电变压器室外安装根据其容量的大小，装设地区如市区、农村、郊区的不同以及吊运是否方便等，一般分为杆塔式、台墩式和落地式三种。（ ）

答案： 正确

19. 双杆配电变压器台由一主杆水泥杆和另一根副助杆组成，主杆上装有高压跌落式熔断器及高压引下电缆，副杆上有二次反引电缆。双杆配电变压器台比单杆配电变压器坚固，投资更省。（ ）

答案： 错误

解析： 双杆配电变压器台由一主杆水泥杆和另一根副助杆组成，主杆上装有高压跌落式熔断器及高压引下电缆，副杆上有二次反引电缆。双杆配电变压器台比单杆配电变压器台坚固。

20. 台架式变压器安装时，在捆绑变压器吊放时，应将铁线在变压器台下盘成小盘，并用绳索传递，使用时要保证安全距离：10kV 为不小于 0.7m。（　　　）

答案： 正确

21. 配电变压器安装前应检查高低压瓷套管有无破裂、掉瓷等缺陷，油位是否正常外壳不应有机械损伤，箱盖螺栓应完整无缺，密封衬垫要求严密良好，无渗油现象，整体外观完好，防腐层无损坏、脱落现象。（　　　）

答案： 正确

22. 对箱式变电站开展的夜间巡视，主要是在高峰负荷时间，检查设备各部接点发热情况，有雾和小雨加雪天检查电缆终端头、绝缘子、避雷器等放电情况而进行的特巡。（　　　）

答案： 正确

23. 材质不同的单根或单股导线可以通过缠绕的方式达到连接的目的。（　　　）

答案： 错误

解析： 材质不同的单根或单股导线不可以通过缠绕的方式达到连接的目的。

24. 低压供用电系统中为了缩小发生人身电击事故和接地故障切断电源时引起的停电范围，剩余电流动作保护装置应采用分级保护。（　　　）

答案： 正确

25. 钳压钢芯铝绞线的压模顺序是由一端管口伸入向另一端顺序进行。（　　　）

答案： 错误

解析： 钳压铝绞线的压模顺序是由一端管口伸入向另一端顺序进行。

26. 导线完成钳压后要进行外观质量检查，如压管弯曲，要用木槌调直，压管弯曲过大或有裂纹的，要重新压接。（　　　）

答案： 正确

27. 导线直接连接不需要清除导线氧化层。（　　　）

答案： 错误

解析： 导线直接连接必须清除导线氧化层。

28. 4mm² 以下的单芯铜导线连接通常采用绑扎方式进行。（　　　）

答案： 错误

解析： 4mm² 以下的单芯铜导线连接通常采用直接连接方式进行。

29. 绝缘导线的插接操作通常需两人配合进行，先完成绝缘层剥离与芯线清洗晾干后，开始进行操作。（　　　）

答案： 正确

30. 熔体极限分断电流，指熔断器能可靠分断的最大短路电流。（　　　）

答案： 正确

31. 导线接续管的连接通常采用绑接的方法进行。（　　　）

答案： 错误

解析：导线接续管的连接通常采用压接的方法进行。

32. 导线的压接方法必须是钳压形式。（　　）

答案：错误

解析：导线的压接方法有钳压法和液压法。

33. 导线压接施工的危险点主要是压接钳钳压手指。（　　）

答案：正确

34. 压接前，应在导线的连接部位的铝质接触面，涂一层电力复合脂。（　　）

答案：正确

35. 搭接的形式主要用于导线的钳压连接。（　　）

答案：正确

36. 接续管液压及钳压后出现明显超过标准的缺陷时，应按规定进行修补。（　　）

答案：错误

解析：接续管液压及钳压后出现明显超过标准的缺陷时，应按规定截断重新接续。

37. 导线直接连接的方法包括小截面单股导线的缠绕、绑扎、多股导线的插接等。（　　）

答案：错误

解析：导线直接连接的方法包括小截面单股导线的缠绕、绑扎、多股导线的插接、压接等。

38. 测量低压电器连同所连电缆及二次回路的绝缘电阻值，应不小于 1MΩ。在比较潮湿的地方，可不小于 0.5MΩ。（　　）

答案：正确

39. 拆电容器时，接触电缆引线前必须充分逐相放电。（　　）

答案：正确

40. 电力电缆的预防性试验，测量绝缘电阻应测量各电缆线芯对地或对金属屏蔽层间和各线芯间的绝缘电阻。（　　）

答案：正确

41. 普通电力电缆共同具有一个缺点是具有可燃性。（　　）

答案：正确

42. 使用于静态保护控制等逻辑回路的控制电缆应采用屏蔽电缆。（　　）

答案：正确

43. 盘柜内的强弱电回路不应使用同一根电缆并应分别成束、分开排列。（　　）

答案：正确

44. 电力电缆线路的外力破坏事故在电缆线路事故中所占比例很大。（　　）

答案：正确

45. 农村低压三相四线制系统的电力电缆应选用四芯电缆。（　　）

答案：正确

46. 在电缆的型号中，第二位数字 2 表示聚乙烯外护套。（　　）

答案：错误

解析：在电缆的型号中，第二位数字 2 表示聚氯乙烯外护套。

47. 塑料电缆和橡皮电缆绝缘较好，存放保管时可不密封端口。（　　）

答案：错误

解析：塑料电缆和橡皮电缆也应封端防水分进入。

48. 悬式绝缘子安装时，开口销应开口至 60°～90°，开口后的销子不应有折断、裂痕等现象，可用线材或其他材料代替开口销子。（　　　）

答案：错误

解析：解析：悬式绝缘子安装时，开口销应开口至 60°～90°，开口后的销子不应有折断、裂痕等现象，不应用线材或其他材料代替开口销子。

49. 绝缘棒一般应放在特制的架子上或水平悬挂在专用挂架上，以防变形弯曲。（　　　）

答案：错误

解析：绝缘棒一般应放在特制的架子上或垂直悬挂在专用挂架上，以防变形弯曲。

50. 使用验电器前，应先检查验电器的工作电压与被测设备的额定电压是否相符。（　　　）

答案：正确

51. 个人保安线可以代替三相短路接地线。（　　　）

答案：错误

解析：严禁以个人保安线代替三相短路接地线。

52. 变压器容量的选择受变压器的负荷状态、负荷性质、年损耗小时数、变压器价格、地区电价、负荷增长情况、变压器的过载能力等因素的直接影响。（　　　）

答案：正确

53. 作业人员在上杆人体至距线路 60cm 时停止登杆，采取好保证安全的措施。（　　　）

答案：错误

解析：作业人员在上杆人体至距线路 70cm 时停止登杆，采取好保证安全的措施。

54. 为保证工作安全，高处作业时应正确使用安全带，戴好安全帽。（　　　）

答案：正确

55. 高处作业时为了快速传递零部件有经验的人可以抛掷。（　　　）

答案：错误

解析：应使用传递绳和工具袋传递零部件，严禁抛掷。

56. 配电线路杆塔总体单线图主要为工程提供各种零部件的组合装配，为某工程用电杆的配套总体单线图。（　　　）

答案：错误

解析：配电线路杆塔总体单线图主要为工程提供各种杆型的配套，为某工程用电杆的配套总体单线图。

57. 上杆前检查登杆工具及脚钉是否完好，杆上作业必须使用安全带，戴安全帽，工具袋、工具、材料用小绳传递，地面应设围栏。（　　　）

答案：正确

58. 10kV 杆上避雷器安装前应检查避雷器瓷套无裂纹及放电痕迹，无破损现象，外观清洁，合成式避雷器检查合成绝缘套无皲裂和破损现象。（　　　）

答案：正确

59. 在登杆、变压器台作业时，作业人员必须全程系好安全带，而且安全带必须系在牢固的电

杆上，调整位置时，不得失去安全带保护。（　　）

答案：正确

60. 悬式绝缘子和支柱绝缘子的试验要求在必要时进行。（　　）

答案：正确

61. 进行杆上横担组装过程中的主要危险点有高空落物及高空坠落伤人。（　　）

答案：正确

62. 根据缺陷管理中的规定，一般缺陷年消除率不能低于95%。（　　）

答案：正确

63. 到达现场的时间一般不超过：城区范围45min；农村地区90min；特殊边远地区1.5h。

答案：错误

解析：故障处理到达现场的时间一般不超过：城区范围45min；农村地区90min；特殊边远地区2h。

64. 安全带必须挂在牢固的构件上，不允许挂在杆顶，只许高挂低用，不许低挂高用。（　　）

答案：正确

65. 杆塔的受力拉线断股达三分之一以上或锈蚀严重，坚持运行有危险的属于紧急缺陷。
（　　）

答案：错误

解析：杆塔的受力拉线断股达三分之一以上或锈蚀严重，坚持运行有危险的属于重大缺陷。

66. 安全带应高挂低用或平行拴挂，严禁低挂高用。（　　）

答案：正确

67. 拉线绝缘子的部位应保证在断拉线的情况下，拉线绝缘子距地面的距离不小于2m。（　　）

答案：错误

解析：拉线绝缘子的部位应保证在断拉线的情况下，拉线绝缘子距地面的距离不小于2.5m。

68. 巡视拉线要注意拉线绝缘子是断裂或缺少。（　　）

答案：错误

解析：巡视拉线要注意拉线绝缘子是否损坏或缺少。

69. 拉线绝缘子用在拉线上，使拉线上下两段互相绝缘，以防当上段拉线万一带电时把电传到下段，造成人身触电。（　　）

答案：正确

70. 拉紧绝缘子全称为拉紧瓷绝缘子，主要用于线路终端杆、转角杆、耐张杆和大跨距电杆上，作为拉线绝缘及连接之用。（　　）

答案：正确

71. 电杆用来支撑横担、绝缘子和导线，使导线与地面及被跨越物之间保持规定的距离。（　　）

答案：正确

72. 横担用来固定绝缘子，支撑导线并保持一定的线间距离，承受导线的重力与拉力。（　　）

答案：正确

73. 终端杆除承受导线的垂直荷重和水平风力外，还要承受单侧顺线路方向的导线拉力。
（　　）

答案：正确

74. 直线杆位于线路的直线段上，仅作为支持导线、绝缘子和金具用。（　　）

答案：正确

75. 线路偏转的角度在25°以内时，可用一根横担的直线杆来承担转角。（　　）

答案：错误

解析：线路偏转的角度在15°以内时，可用一根横担的直线杆来承担转角。

76. 线路同一档距内，一根导线的接头不得多于2个；同一条线路在同一档距内的接头总数不应超过2个。（　　）

答案：错误

解析：线路同一档距内，一根导线的接头不得多于1个；同一条线路在同一档距内的接头总数不应超过2个。

77. 浸水试验的目的是检查地埋线的绝缘电阻是否符合规定要求。（　　）

答案：正确

78. 在大风天巡视线路时，要站在线路的上风侧。（　　）

答案：正确

79. 跌落式熔断器熔管的轴线与垂线的夹角应为15°～30°，允许偏差5°。（　　）

答案：正确

四、简答题

1. 住宅采用普通电灯开关、插座以及安全插座在安装时的离地要求有哪些？

答案：住宅采用普通电灯开关和普通插座的离地距离不应低于 1.3m。采用安全插座时安装高度可为0.3m。

2. 导线采用钳压法钳压后导线端头露出的长度有何规定？

答案：导线采用钳压法钳压后导线端头露出的长度不应小于20mm，导线端头绑线应保留。

3. 导线采用钳压法钳压后接续管有何规定？

答案：① 弯曲度不应大于管长的2%，有明显弯曲时应校直。② 压接后或校直后的接续管不应有裂纹。③ 压接后接续管两端附近的导线不应有灯笼、抽筋等现象。④ 压接后接续管两端出口处、合缝处及外露部分，应涂刷电力复合脂。

4. 铝绞线、钢芯铝绞线采用钳压法钳压后，其钳接管的压后尺寸允许误差各为多少？

答案：压后尺寸的允许误差，铝绞线钳接管为±1.0mm；钢芯铝绞线钳接管为±0.5mm。

5. 配电变压器熔丝应如何选择？

答案：100kVA 以下的变压器熔丝的额定电流按变压器一次额定电流的2～3倍选择；100kVA及以上的变压器熔丝的额定电流按变压器一次额定电流的1.5～2倍选择：多台变压器支线，总容量在400～800kVA 内支线熔丝按总容量的额定电流的1.2～1.5倍选择。

6. 配电变压器的铁芯为什么要接地？

答案：配电变压器在运行中其铁芯及其他附件均处于绕组周围的电场中，如果不接地，铁芯及其他附件必然感应一定的悬浮电位，当该电位超过对地放电电压时，就会产生放电现象，为避免变压器内部放电，要求铁芯必须接地。

7. 变压器运行中发生异常声音可能是什么原因？

答案：① 过负荷。② 内部接触不良放电打火。③ 个别零件松动。④ 系统有接地或短路。⑤ 大动力启动，负荷变化较大（如电弧炉等）。⑥ 铁磁谐振。

8. 配电变压器油面是否正常如何判断？出现假油面是什么原因？

答案：配电变压器油面的正常变化取决于油温的变化，因为油温的变化直接影响到油体积的膨胀或收缩，从而使油面上升或下降。影响变压器油温的因素有负荷的变化和环境温度的变化，如果油温在变化，而油位计管内的油位不变化或变化异常，说明油面是假的。

运行中出现假油面的可能原因有：油位计管子堵塞，呼吸器堵塞等。

9. 拉线有哪些作用？

答案：拉线是为了稳定杆塔而设置的。一般来说，拉线有以下几个作用：① 用来平衡导线、避雷线的不平衡张力。② 用来平衡导线、避雷线和塔身受风吹而作用的风力。③ 施工中设置的临时拉线，用来防止杆塔部件发生变形和倾倒。

10. 复合绝缘子安装时有哪些注意事项？

答案：复合绝缘子安装注意事项：① 轻拿轻放，不应投掷，并避免与尖硬物碰撞、摩擦。② 起吊时绳结要打在金属附件上，禁止直接在伞套上绑扎，绳子触及伞套部分应用软布包裹保护。③ 禁止踩踏绝缘子伞套。④ 正确安装均压装置，注意安装到位，不得装反，并仔细调整环面与绝缘子轴线垂直，对于开口型均压装置，注意两端开口方向一致。

11. 配电变压器安装地点的选择应注意哪些原则？

答案：① 尽量靠近负荷中心，以减少电能损耗、电压损失及有色金属消耗量。② 选择无腐蚀性气体、运输方便、尽量靠近公路、易于安装的地方。③ 避开易燃易爆、交通和人畜活动中心，以确保用电安全。④ 避开低洼、污秽地区。⑤ 便于高压进线和低压出线，方便运行和维护，配电电压为380V时，其供电半径不应超过500m。⑥ 安装位置必须安全、可靠，并符合农村发展规划要求。

12. 配电变压器投入运行前的外观检查有哪些？

答案：配电变压器投入运行前，除应检测绝缘电阻并吊芯检查外，还应检查的其他项目包括：① 变压器的铭牌是否与要求的相符。② 油位计是否完好，油位、油色是否正常，有无渗油、漏油，呼吸孔是否畅通。③ 高低压套管和引线是否完整、良好。④ 分接开关位置是否正确。⑤ 变压器高、低压侧熔断器是否按要求选择，接触是否良好。⑥ 防雷保护是否齐全，接地电阻是否合格。⑦ 在保证安全运行方面是否采取了相应的安全措施。

13. 配电变压器的运行方式有哪些？

答案：① 空载运行。② 负荷运行。③ 过载运行。④ 并列运行。

14. 架空电力线路的接续金具有哪些？

答案：线路接续金具有圆形接续管、椭圆形接续管、补修管、并沟线夹、跳线线夹等。

15. 拉线安装有哪些规定？

答案：① 拉线与电杆的夹角不宜小于45°，当受地形限制时，不应小于30°。② 终端杆的拉线及耐张杆承力拉线应与线路方向对正，分角拉线应与线路分角线方向对正，防风拉线应与线路方向垂直。③ 拉线穿过公路时，对路面中心的距离不应小于6m，且对路面的最小距离不应小于4.5m。

16. 电缆着火或电缆终端爆炸应如何处理？

答案：① 立即切断电源。② 用干式灭火器进行灭火。③ 室内电缆故障，应立即启动事故排风扇。④ 进入发生事故的电缆层（室）应使用空气呼吸器。

17. 电力电缆有哪几种常用敷设方式？

答案： ① 直埋敷设。② 排管敷设。③ 隧道敷设。④ 电缆沟敷设。⑤ 架空及桥梁构架敷设。⑥ 水下敷设。

18. 直埋电缆在哪些地段应设置明显的方位标志或标桩？

答案： ① 在直线段每隔 50～100m 处。② 电缆接头处。③ 转弯处。④ 进入建筑物等处。

19. 城市电网哪些地区宜采用电缆线路？

答案： ① 依据城市规划，繁华地区、住宅小区和市容环境有特殊要求的地区。② 街道狭窄，架空线路走廊难以解决的地区。③ 供电可靠性要求较高的地区。④ 电网结构需要采用电缆的地区。

20. 现场人员在锯电缆时应如何安全操作？

答案： ① 锯电缆之前，应与电缆走向图图纸核对相符。② 使用专用仪器（如感应法）确切证实电缆无电。③ 用接地的带绝缘柄的铁钎钉入电缆芯后，方可工作。④ 扶绝缘柄的人应戴绝缘手套并站在绝缘垫上。

21. 对电缆井井盖、电缆沟盖板及电缆隧道入孔盖的使用应注意什么？

答案： ① 开启电缆井井盖、电缆沟盖板及电缆隧道入孔盖时应使用专用工具，同时注意所立位置，以免滑脱后伤人。② 开启后应设置标准路栏围起，并有人看守。③ 工作人员撤离电缆井或隧道后，应立即将井盖盖好，以免行人碰盖后摔跌或不慎跌入井内。

22. 配电网电缆线路应在哪些部位装设电缆标志牌？

答案： ① 电缆终端及电缆接头处。② 电缆管两端，入孔及工作井处。③ 电缆隧道内转弯处、电缆分支处、直线段每隔 50～100m。

23. 敷设在哪些部位的电力电缆选用阻燃电缆？

答案： ① 敷设在电缆防火重要部位的电力电缆，应选用阻燃电缆。② 敷设在变、配电站及发电厂电缆通道或电缆夹层内，自终端起到站外第一只接头的一段电缆，宜选用阻燃电缆。

24. 电缆终端头巡视要点有哪些？

答案： ① 连接部位是否良好，有无过热现象，有无放电现象。② 电缆终端头和附件材料等有无脏污、损伤、裂纹和闪络痕迹。③ 电缆终端头和避雷器固定是否牢固，电缆接地是否良好可靠。④ 电缆上杆部分保护管及其封口是否完整，相色是否清晰齐全。

五、识图题

1. 该图为哪种导线连接方式的示意图？

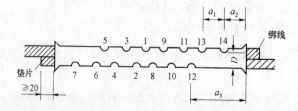

A. 钢芯铝绞线液压法连接示意图

B. 钢芯铝绞线钳压法连接示意图

C. 钢芯铝绞线缠绕法连接示意图

D. 钢芯铝绞线插接法连接示意图

答案： B

2. 该图为哪种导线连接方式的示意图？

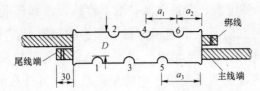

A. 铝绞线液压法连接示意图 　　　　　B. 铝绞线钳压法连接示意图

C. 铝绞线缠绕法连接示意图 　　　　　D. 铝绞线插接法连接示意图

答案：B

六、计算题

1. 某客户为 220V 单相供电，其照明负荷总计为 2.2kW，请计算该客户的电流？

解：
$$I=P/U$$
$$I=2200/220$$
$$I=10（A）$$

答：该客户的电流为 10A。

2. 已知一次侧电压为 U_1，二次侧电压为 U_2，二次侧电流为 I_2，求一次侧电流 I_1 的正确计算公式为什么？

解：
$$I_1=(U_2 \times I_2)/U_1$$

3. 一台三相变压器容量为 S_N，一次侧额定电压为 U_{1N}，它的一次侧额定电流 I_{1N} 是多少？

解：
$$I_{1N}=S_N/\sqrt{3}U_{1N}$$

七、案例分析题

1. 案例经过：2014 年 4 月 8 日 9 时左右，某供电公司工作负责人刘某（死者）带领工作班成员王某在倪岗分支线 41 号杆装设高压接地线两组（另一组装在同杆架设的废弃线路上，事后核实该废弃线路实际带电，系酒厂分支线）。当王某在杆上装设好倪岗分支线的接地线后，因两人均误认为废弃多年的线路不带电，未验电就直接装设第二组接地线。接地线上升拖动过程中接地端连接桩头不牢固而脱落，地面监护人刘某未告知杆上人员即上前恢复脱落的接地桩头，此时王某正在杆上悬挂接地线，由于该线路实际带有 10kV 电压，王某感觉手部发麻，随即扔掉接地线棒，刘某因垂下的接地线此时并未接地且靠近自己背部，同时手部又接触了打入大地的接地极，随即触电倒地，伤者经抢救无效死亡。

试分析该起事件中违反《配电安规》的行为。

答案：（1）工作班成员王某未验电就装设接地线，违反《配电安规》4.3.1 "配电线路和设备停电检修，接地前，应使用相应电压等级的接触式验电器或测电笔，在装设接地线或合接地刀闸处逐相分别验电"的规定。

（2）当接地线上升拖动过程中接地端连接桩头不牢固而脱落时，地面监护人刘某未告知杆上人员即上前恢复脱落的接地桩头，违反《配电安规》4.4.9 "装设的接地线应接触良好、连接可靠。装设接地线应先接接地端、后接导体端"的规定；监护人刘某实施接地线装设操作，违反《配电安规》4.4.4 "装设、拆除接地线应有人监护"的规定；监护人刘某恢复脱落的接地桩头时未戴绝缘手套，违反《配电安规》4.4.8 "装设、拆除接地线均应使用绝缘棒并戴绝缘手套"的规定。

（3）工作票签发人、工作负责人现场勘察不到位，未掌握相邻废弃线路是否带电，违反《配电安规》3.2.3 "现场勘察应查看检修（施工）作业需要停电的范围、保留的带电部位、装设接地线的位置、邻近线路、交叉跨越、多电源、自备电源、地下管线设施和作业现场的条件、环境及其他影响作业的危险点，并提出针对性的安全措施和注意事项"的规定。

2. 案例经过：2006 年 3 月 23 日，某供电公司工作负责人陈某持票，带领 7 名施工人员进行西关一路线电缆故障抢修（沟内设置两条电缆，电缆呈南北走向并排在同一沟内）。工作票终结后，发现紧邻的另一条电缆外绝缘受损，决定立即处理该缺陷，工作负责人陈某主观认为另一条电缆也已停电，在没有进行验电、接地的情况下，即开始此条电缆的抢修工作。工作班成员李某在割破电缆绝缘后发生触电，同时伤及共同工作的谷某，造成一死一伤的人身伤亡事故。

试分析该起事件中违反《配电安规》的行为。

答案：（1）工作负责人陈某执行现场勘察制度不严格，未摸清现场设备状况。违反《配电安规》3.2.3 "现场勘察应查看检修（施工）作业需要停电的范围、保留的带电部位、装设接地线的位置、邻近线路、交叉跨越、多电源、自备电源、地下管线设施和作业现场的条件、环境及其他影响作业的危险点，并提出针对性的安全措施和注意事项"的规定。

（2）工作班成员李某、谷某未严格履行自身职责，违反《配电安规》3.3.12.5 "（1）熟悉工作内容、工作流程，掌握安全措施，明确工作中的危险点，并在工作票上履行交底签名确认手续"的规定。

（3）工作负责人陈某抢修第二条电缆前未核实线路名称，未对电缆验电、接地。违反《配电安规》12.2.8 "开断电缆前，应与电缆走向图核对相符，并使用仪器确认电缆确无电压后，用接地的带绝缘柄的铁钎钉入电缆芯后，方可工作。"的规定。

（4）工作票终结后，西关二路线电缆消缺工作，属无票作业，违反《配电安规》3.3.6 "配电线路设备故障紧急处理应填用工作票或配电故障紧急抢修单"的规定。

第四节 二 级 题 库

一、单选题

1. UT 线夹或花篮螺栓的螺杆应露扣，并应有不小于（ ）螺杆丝扣长度可供调紧。

A. 1/2　　　　　B. 1/3　　　　　C. 1/4　　　　　D. 1/5

答案：A

2. U 形抱箍圆钢的直径为（ ）mm。

A. 13　　　　　B. 14　　　　　C. 15　　　　　D. 16

答案：D

3. 安装导线前，先进行外观检查，且符合（ ）要求。

A. 导体紧压，无腐蚀

B. 有尖角、颗粒

C. 无烧焦痕迹绝缘线端部无密封措施

D. 绝缘层紧密挤包，表面平整圆滑，色泽不均匀

答案：A

4. 电杆立好后，终端杆应向拉线侧预偏，紧线后不应向（ ）方向倾斜，拉线侧倾斜不应使杆梢位移大于杆梢直径。

A. 拉线　　　　　　　B. 线路　　　　　　　C. 电源侧　　　　　　D. 负荷侧

答案：B

5. 钢筋混凝土电杆横向裂缝长度不超过（　　）周长。

A. 1/3　　　　　　　　B. 1/4　　　　　　　　C. 1/5　　　　　　　　D. 1/6

答案：A

6. 国网配电网工程典型设计中，10kV绝缘导线采用普通绝缘厚度，厚度为（　　）mm。

A. 9　　　　　　　　　B. 5　　　　　　　　　C. 4　　　　　　　　　D. 6

答案：C

7. 拉线装设时，一般在（　　）及以内的转角杆应设合力拉线。

A. 15°　　　　　　　　B. 30°　　　　　　　　C. 45°　　　　　　　　D. 60°

答案：B

8. 利用螺栓连接构件，当必须加垫圈时，每端垫圈不应超过（　　）个。

A. 1　　　　　　　　　B. 2　　　　　　　　　C. 3　　　　　　　　　D. 无要求

答案：B

9. 螺栓紧好后，螺杆丝扣露出的长度：单螺母不应（　　）扣，双螺母可平扣；必须加垫圈者，每端垫圈不应超过2个。

A. 小于2　　　　　　　B. 大于2　　　　　　　C. 小于1　　　　　　　D. 大于1

答案：A

10. 耐张杆横担通常以（　　）形式安装于电杆上。

A. 双横担　　　　　　　B. 单横担　　　　　　　C. 加斜撑　　　　　　　D. 视情况而定

答案：A

11. 普通钢筋混凝土电杆及细长预制构件不得有纵向裂缝，横向裂缝宽度不应超过（　　）mm，长度不超过1/3周长。

A. 0.1　　　　　　　　B. 0.2　　　　　　　　C. 0.3　　　　　　　　D. 0.4

答案：A

12. 人字拉线是由两根普通拉线组成，多用于（　　）。

A. 终端杆　　　　　　　B. 转角杆　　　　　　　C. 分支杆　　　　　　　D. 中间直线杆

答案：D

13. 若配电线路导线为水平排列时，上层横担距杆顶距离不宜小于（　　）mm。

A. 300　　　　　　　　B. 200　　　　　　　　C. 50　　　　　　　　　D. 100

答案：B

14. 下列选项中，（　　）不是架空配电线路中常用的裸导线。

A. 铝绞线　　　　　　　B. 钢芯铝绞线　　　　　C. 合金铝绞线　　　　　D. 钢绞线

答案：D

15. 下列选项中（　　）不是验电器绝缘部分在每次使用前都必须认真检查的事项。

A. 污垢　　　　　　　　B. 损伤　　　　　　　　C. 裂纹　　　　　　　　D. 受潮

答案：D

16. 以螺栓连接的构件，对于平面结构横线路方向的螺栓穿入方向，两侧由内向外，中间（　　）

（面向受电侧）或统一方向。

A. 由外向内　　　　　　B. 由左向右　　　　　　C. 由内向外　　　　　　D. 由右向左

答案：B

17. 在城镇郊区的配电线路连续直线杆超过（　　）基时，宜适当装设防风拉线。

A. 6　　　　　　　　　　B. 8　　　　　　　　　　C. 10　　　　　　　　　　D. 12

答案：C

18. 在配电线路运行标准中规定，横担上下倾斜、左右偏歪不应大于横担长度的（　　）%。

A. 1　　　　　　　　　　B. 2　　　　　　　　　　C. 3　　　　　　　　　　D. 5

答案：B

19. 在配电线路运行标准中规定，混凝土杆倾斜度直线杆不应大于（　　）。

A. 1/1000　　　　　　　B. 5/1000　　　　　　　C. 10/1000　　　　　　　D. 15/1000

答案：D

20. 在运行中要求，电杆不宜有纵向裂纹，横向裂纹宽度不宜大于（　　）mm。

A. 0.1　　　　　　　　　B. 0.2　　　　　　　　　C. 0.5　　　　　　　　　D. 1

答案：C

21. 组装横担时，顺线路方向螺栓应由（　　）方向穿入。

A. 受电侧　　　　　　　B. 送电侧　　　　　　　C. 任意一侧　　　　　　D. 由上向下

答案：B

22. 安装低压刀开关的线路，其额定交流电压不应超过（　　）V，直流电压不应超过440V。

A. 220　　　　　　　　　B. 380　　　　　　　　　C. 440　　　　　　　　　D. 500

答案：D

23. 当灯具与插座混用同一回路时，总数不宜超过（　　）个，其中插座数量不宜超过（　　）个（组）。

A. 60，25　　　　　　　B. 5，25　　　　　　　　C. 25，60　　　　　　　D. 25，5

答案：D

24. 低压刀开关安装的高度一般以（　　）m左右为宜，但最低不应小于1.2m。

A. 1.8　　　　　　　　　B. 1.5　　　　　　　　　C. 1.3　　　　　　　　　D. 1.0

答案：B

25. 电动机单向直接启动控制线路常用于（　　）。

A. 大容量电动机　　　　　　　　　　　　　　B. 只需单方向运转的小功率电动机

C. 需要有反接制动要求的电动机　　　　　　D. 需进行调速运转的电动机

答案：B

26. 电动机铭牌上的接法标注为 380V/220V，Y/△，说明该电动机的相绕组额定电压是（　　）V。

A. 380　　　　　　　　　B. 380/220　　　　　　C. 220　　　　　　　　　D. 220/380

答案：C

27. 配电箱安装高度在明装时为（　　）m。

A. 1.2　　　　　　　　　B. 1.4　　　　　　　　　C. 1.6　　　　　　　　　D. 1.8

答案：D

28. 万用表中（　　）的作用是用来选择各种不同的测量线路，以满足不同种类和不同量程的测量要求。

　　A. 测量线路　　　　　　B. 表头　　　　　　　　C. 转换开关　　　　　　D. 接线插孔

答案：C

29. 与电容器连接的导线长期允许电流应不小于电容器额定电流的（　　）倍。

　　A. 1.1　　　　　　　　B. 1.3　　　　　　　　C. 1.5　　　　　　　　D. 1.7

答案：B

30. 照明系统中的每一单相回路的电流不宜超过（　　）A，灯具数量不宜超过（　　）个。

　　A. 16，60　　　　　　B. 16，25　　　　　　C. 25，60　　　　　　D. 25，5

答案：B

31. 住宅配电盘上的开关一般采用（　　）或闸刀开关。

　　A. 空气断路器　　　　　B. 封闭式负荷开关　　　C. 隔离开关　　　　　　D. 组合开关

答案：A

32. 测量变压器绝缘电阻值应不低于产品出厂试验值的（　　）%。

　　A. 50　　　　　　　　B. 60　　　　　　　　C. 70　　　　　　　　D. 80

答案：C

33. 配电变压器直流电阻测量，可用（　　）粗测被测电阻的大致数值，选择适当的比较臂。

　　A. 电压表　　　　　　　B. 电流表　　　　　　　C. 万用表　　　　　　　D. 绝缘电阻表

答案：C

34. 《高压电气设备试验规程》中对电缆直流耐压及泄漏电流测量规定的稳定时间（　　）min。

　　A. 1　　　　　　　　　B. 2　　　　　　　　　C. 3　　　　　　　　　D. 5

答案：D

35. 10kV 配电设备安装前准备 10kV 配电变压器，用 2500V 绝缘电阻表在气温 20℃的干燥天气（湿度不超过 75%）进行试验，其一次对二次及地绝缘电阻值应不小于（　　）MΩ。

　　A. 50　　　　　　　　B. 100　　　　　　　C. 300　　　　　　　D. 1000

答案：C

36. 配电变压器直流电阻线间差别一般不大于三相平均值的（　　）%。

　　A. 1　　　　　　　　　B. 2　　　　　　　　　C. 3　　　　　　　　　D. 4

答案：B

37. 比较臂的选择一定要比较臂的 4 个挡都用上，以保证测量结果有（　　）位有效数字。

　　A. 2　　　　　　　　　B. 3　　　　　　　　　C. 4　　　　　　　　　D. 5

答案：C

38. 变压器的直流电阻，与同温度下产品出厂实测数值比较，相应变化不大于（　　）%。

　　A. 1　　　　　　　　　B. 2　　　　　　　　　C. 3　　　　　　　　　D. 4

答案：B

39. 变压器低压侧中性点接地属于（　　）接地。

A. 工作　　　　　　　B. 保护　　　　　　　C. 防雷　　　　　　　D. 防静电

答案：A

40. 测量变压器绝缘电阻应采用 2500V 绝缘电阻表测量，持续时间为（　　　），应无闪络及击穿现象。

A. 15s　　　　　　　　B. 30s　　　　　　　　C. 1min　　　　　　　D. 5min

答案：C

41. 测量中等阻值（　　　）Ω 的电阻要用惠斯登单臂电桥进行测量。

A. $1\sim10^6$　　　　　B. $1\sim10^7$　　　　　C. $10\sim10^6$　　　　D. $10\sim10^7$

答案：C

42. 电力变压器中，短路电压一般为额定电压的（　　　）。

A. 2%～4%　　　　　　B. 5%～10%　　　　　C. 11%～15%　　　　D. 15%～20%

答案：B

43. 进行直流电阻试验，采用电桥等专门测量直流电阻的仪器：被测电阻在（　　　）Ω 以下时，用双臂电桥。

A. 1　　　　　　　　　B. 10　　　　　　　　C. 50　　　　　　　　D. 100

答案：B

44. 进行直流电阻试验，采用电桥等专门测量直流电阻的仪器：被测电阻在（　　　）Ω 以上时，用单臂电桥。

A. 1　　　　　　　　　B. 10　　　　　　　　C. 50　　　　　　　　D. 100

答案：B

45. 密封型变压器造成内部绝缘损坏的主要因素是（　　　）。

A. 氧气　　　　　　　B. 水分　　　　　　　C. 空气　　　　　　　D. 变压器油的劣化

答案：D

46. 配电变压器的三相负荷应尽量平衡，对于 Dyn11 的配电变压器，中性线电流不应超过低压侧额定电流的（　　　）%。

A. 15　　　　　　　　B. 20　　　　　　　　C. 30　　　　　　　　D. 40

答案：D

47. 若被测电阻没有两对端钮，也要设法引出（　　　）根线按上述原则与双臂电桥相连接。

A. 1　　　　　　　　　B. 2　　　　　　　　C. 3　　　　　　　　D. 4

答案：D

48. 停运满一个月的配电变压器，在恢复送电前应进行（　　　），合格后方可投运。

A. 绝缘电阻测量　　　B. 工频耐压试验　　　C. 直流电阻测量　　　D. 绝缘油简化试验

答案：A

49. 油浸式变压器运行中的顶层油温不得高于（　　　）℃。

A. 80　　　　　　　　B. 90　　　　　　　　C. 95　　　　　　　　D. 105

答案：C

50. 直流双臂电桥的工作（　　　）较大，测量时要迅速，以避免电池的无谓消耗。

A. 电压　　　　　　　B. 电流　　　　　　　C. 电阻　　　　　　　D. 电位

答案：B

51. 配电变压器直流电阻相间差别一般不大于三相平均值的（   ）%。

A. 1　　　　　　　B. 2　　　　　　　C. 3　　　　　　　D. 4

答案：D

52. 10kV 交联聚乙烯绝缘电缆中间接头压接时应（   ）。

A. 按从左到右顺序进行　　　　　　　B. 先压两端后压中间

C. 先压中间后压两端　　　　　　　　D. 对压接顺序无要求

答案：B

53. 10kV 交联聚乙烯绝缘电缆中间接头制作时，当线芯剥好后应先安装（   ）。

A. 连接管　　　　　　　　　　　　　B. 应力管

C. 内半导体管　　　　　　　　　　　D. 外半导体管

答案：B

54. 10kV 交联聚乙烯绝缘电缆中间接头制作时中，安装应力管时，要求应力管覆盖绝缘层的长度为（   ）mm。

A. 50　　　　　　　B. 70　　　　　　　C. 80　　　　　　　D. 100

答案：B

55. 按故障部位划分，电缆线路故障可分为（   ）。

A. 接头故障和终端故障　　　　　　　B. 接地故障和断线故障

C. 本体故障和附件故障　　　　　　　D. 闪络故障和绝缘故障

答案：C

56. 电缆沟内的电缆应固定于支架上，水平装置时，外径不大于 50mm 的电力电缆及控制电缆，每隔（   ）m 设置一个支撑。

A. 0.6　　　　　　　B. 0.8　　　　　　　C. 1　　　　　　　D. 1.5

答案：A

57. 电缆绝缘线芯末端的绝缘剥切长度为接线端子孔深加（   ）mm。

A. 3　　　　　　　B. 5　　　　　　　C. 10　　　　　　　D. 15

答案：B

58. 电力电缆额定电压 U_O/U 中 U_O 是指设计时采用的电缆任一导体与（   ）之间的额定工频电压。

A. 金属护套　　　　B. 导体　　　　C. 屏蔽层　　　　D. 大地

答案：A

59. 对 12kV 塑料绝缘电缆进行直流耐压试验，直流试验电压为（   ）kV，试验时间为（   ）min。

A. 20；5　　　　　　B. 24；10　　　　　　C. 36；15　　　　　　D. 48；15

答案：D

60. 对低压电器连同所连接电缆及二次回路的交流耐压试验，要求其试验电压为（   ），当回路的绝缘电阻值在 10MΩ 以上时，可采用 2500V 绝缘电阻表代替，试验持续时间为（   ）。

A. 500V；15s　　　　B. 1000V；15s　　　　C. 1000V；1min　　　D. 2500V；1min

答案：C

61. 高低压塑料绝缘电力电缆最低允许敷设温度为（　　）℃。

A. −15　　　　　　B. −10　　　　　　C. −7　　　　　　D. 0

答案：D

62. 三芯无金属屏蔽层的橡塑绝缘电力电缆，其弯曲半径与电缆外径的比值不大于（　　）。

A. 20　　　　　　　B. 15　　　　　　　C. 8　　　　　　　D. 6

答案：D

63. 竖井内的电缆每（　　）个月至少巡视一次。

A. 1　　　　　　　　B. 3　　　　　　　　C. 6　　　　　　　D. 12

答案：C

64. 以铜带作为屏蔽层的铝芯挤包绝缘电缆，当电缆线芯截面积在 70～150mm² 及以下时，接地线截面积不小于（　　）mm²。

A. 10　　　　　　　B. 16　　　　　　　C. 25　　　　　　　D. 35

答案：B

65. 以铜带作为屏蔽层的铜芯挤包绝缘电缆，当电缆线芯截面积在 35mm² 及以下时，接地线截面积不小于（　　）mm²。

A. 10　　　　　　　B. 16　　　　　　　C. 25　　　　　　　D. 35

答案：A

66. 直埋电缆必须在上面覆盖一层不小于 100mm 厚的软土或沙层，覆盖层上面用混凝土板或砖块覆盖，宽度超过电缆两侧各（　　）mm，防止电缆受机械损伤。

A. 10　　　　　　　B. 50　　　　　　　C. 80　　　　　　　D. 100

答案：B

67. 制作中间接头时，由于中间接头处电缆铜带屏蔽已断开，故要包铜丝网并与两根电缆的（　　）绑扎用锡焊牢。

A. 铜带屏蔽　　　　B. 外半导体层　　　　C. 内半导体层　　　　D. 金属护套

答案：A

68. 装牵引头敷设电缆时，线芯承受拉力一般以线芯导线抗拉强度的（　　）倍为允许拉力。

A. 0.1　　　　　　B. 0.25　　　　　　C. 0.5　　　　　　D. 0.9

答案：B

69. 连接电缆与电缆的导体、绝缘屏蔽层和保护层，以使电缆线路连接的装置，称为（　　）。

A. 电缆户内终端头　　　　　　　　　B. 电缆中间接头

C. 电缆户外终端头　　　　　　　　　D. 电缆肘头

答案：B

70. 绝缘物质在电场中，当电场强度增大到某一极限时就会被击穿，这个导致绝缘击穿的电场强度称为（　　）强度。

A. 机械　　　　　　B. 磁场　　　　　　C. 电场　　　　　　D. 绝缘

答案：D

71. ZR 代表（　　）型电缆。

A. 阻水　　　　　　　B. 阻燃　　　　　　　C. 普通　　　　　　　D. 阻火

答案：B

72. 经纬仪测量数据为 0.700 的数，其有效数字是（　　）位有效数字。

A. 二　　　　　　　　B. 三　　　　　　　　C. 四　　　　　　　　D. 一

答案：B

73. A、B 两点的高程分别为 H_A=32.751m，H_B=64.237m，则 A、B 两点间的高差为（　　）m。

A. 31.486　　　　　B. 31.487　　　　　C. 31.488　　　　　D. 31.489

答案：A

74. DJ6 光学经纬仪读数可估读至（　　）。

A. 2″　　　　　　　B. 3″　　　　　　　C. 5″　　　　　　　D. 6″

答案：D

75. GPS 定位技术是一种（　　）的方法。

A. 摄影测量　　　　　　　　　　　　　　　　　B. 卫星测量

C. 常规测量　　　　D. 不能用于控制测量

答案：B

76. 采用（　　）进行水准测量可削弱或消除水准尺下沉对测量的影响。

A. 设置奇数站　　　　　　　　　　　B. 设置偶数站

C. 后前前后，往返　　　　　　　　　D. 两次同向，后后前前

答案：C

77. 测量工作对精度的要求是（　　）。

A. 没有误差最好　　　　　　　　　　B. 越精确越好

C. 根据需要，适当精确　　　　　　　D. 仪器能达到什么精度就尽量达到

答案：C

78. 测量工作以（　　）作为测量数据计算的基准面。

A. 水准面　　　　　　B. 水平面　　　　　　C. 球面　　　　　　D. 参考椭球面

答案：D

79. 当经纬仪的视准轴与横轴不垂直时，望远镜绕横轴旋转时，其视准轴的轨迹面正确的是
（　　）。

A. 水平面　　　　　　B. 对顶圆锥面　　　　　C. 对称抛物线　　　　D. 倾斜面

答案：B

80. 当经纬仪对中、整平后，竖盘指标水准管气泡（　　）。

A. 一定居中　　　　　　B. 不居中　　　　　　C. 不一定居中　　　　D. 偏向低侧

答案：C

81. 当经纬仪瞄准一点时，盘左竖盘读数为 L=86°45′12，盘右竖盘读数为 R=273°14′36，此时
竖盘指标差为（　　）。

A. 6　　　　　　　　B. −6　　　　　　　C. −12　　　　　　　D. 12

答案：B

82. 当经纬仪视线水平时，横轴不垂直于竖轴的误差对水平度盘读数的影响是（　　）。

A. 最大   B. 最小   C. 为零   D. 不确定

答案：C

83. 当经纬仪望远镜竖盘读数等于始读数时，望远镜视线（   ）。

A. 水平

B. 不水平

C. 可能水平或不水平

D. 基本水平

答案：C

84. 地面点至（   ）的铅垂距离，称为相对高程。

A. 假定水准面   B. 大地水准面   C. 参考椭球面   D. 假定水平面

答案：A

85. 工程测量的主要任务是地形测图和（   ）。

A. 变形观测   B. 施工放样   C. 科学研究   D. 工程量算测

答案：B

86. 观测水平角时，采用改变各测回之间水平度盘起始位置读数的办法，可以削弱（   ）影响。

A. 度盘偏心误差

B. 度盘刻画不均匀误差

C. 照准误差

D. 读数误差

答案：B

87. 将水准仪安置在 A、B 两点之间，已知 H_A=20.379m，在 A 点的水准尺的读数为 1.749m，在 B 点的水准尺的读数为 1.058m，则 B 点的视线高程为（   ）m。

A. 22.128   B. 22.127   C. 3.198   D. 3.197

答案：A

88. 经纬仪观测水平角时，盘左、盘右观测可以消除（   ）的影响。

A. 竖盘指标差

B. 照准部水准管轴不垂直于竖轴

C. 视准轴不垂直于横轴

D. 水平度盘刻画误差

答案：C

89. 经纬仪水准面处与（   ）正交。

A. 铅垂线   B. 水平线   C. 子午线   D. 法线

答案：A

90. 某地形图的比例尺为 1/500，则其比例尺精度为（   ）m。

A. 0.2   B. 0.02   C. 0.5   D. 0.05

答案：D

91. 某光学经纬仪，盘左时竖盘始读数为 90°，抬高望远镜竖盘读数减少，则盘左竖直角计算公式是（   ）。

A. 270°−L读   B. L读−90°   C. 90°−L读   D. L读−180°

答案：C

92. 某光学经纬仪盘左竖盘始读数为 90°，抬高望远镜竖盘读数增加，则天顶距计算公式为（   ）X 为指标差，L 为竖盘读数。

A. L+X

B. L−X

C. 180°−（L−X）

D. 180°+（L−X）

答案： C

93. 某经纬仪整平后，将照准部旋转 180° 后，照准部视准管气泡偏离中心两倍，若要使竖轴垂直，须（   ）。

A. 旋转脚螺旋，使照准部水准管气泡重新居中

B. 用校正针拨动照准部水准管校正螺丝，使气泡重新居中

C. 旋转脚螺旋使照准部水准管气泡向中央移动至只偏离一格

D. 用校正针拨动照准部水准管校正螺丝，使气泡向中央移动至只偏离一格

答案： C

94. 目前，我国采用的高程系统是（   ）。

A. 黄海高程　　　　　　　　　　　　　B. 1985 国家高程基准

C. 吴淞高程　　　　　　　　　　　　　D. 平均海面高程

答案： B

95. 盘左时经纬仪的始读数为 90°，当望远镜抬高时，读数为 67° 35′，竖直角为（   ）。

A. 247° 35′　　　　B. 07° 35′　　　　C. 67° 35′　　　　D. 22° 25′

答案： D

96. 确定地面上的一个点的位置通常是指确定点的（   ）。

A. 角度和高程　　　B. 距离和高程　　　C. 角度和距离　　　D. 坐标和高程

答案： D

97. 设地面上有 A、B 两点，A 为后视点，B 为前视点，测得后视读数为 a，前视读数为 b，若使 AB 两点之间的高差 h_{AB} 大于零，则（   ）。

A. $a<b$　　　　B. $a>b$　　　　C. $a=b$　　　　D. $a\leq b$

答案： B

98. 实地两点平距为 50m，在 1:1000 比例尺上地形图上长度为（   ）cm。

A. 0.05　　　　B. 0.5　　　　C. 5　　　　D. 50

答案： C

99. 视准测量的原理是利用水准仪提供的水平视线，在竖立于两点上的水准尺上读数，以测定（   ）。

A. 待定点的绝对高程　　　　　　　　　B. 待定点的相对高程

C. 两点间的高差　　　　　　　　　　　D. 两点的高程

答案： C

100. 视准管的分划值比圆视准器的分划值小，所以视准管的灵敏度（   ）。

A. 更高　　　　B. 更低　　　　C. 一样　　　　D. 都有可能

答案： D

101. 竖直角观测时，须将竖盘指标水准管气泡居中，其目的是（   ）。

A. 使竖盘指标差为零　　　　　　　　　B. 使竖盘竖直

C. 使竖盘读数指标处于正确位置　　　　D. 使横轴水平

答案： C

102. 水平角观测时，大气折光影响而产生的角度误差是（   ）。

A. 偶尔误差   B. 系统误差

C. 外界条件影响   D. 粗差

答案：B

103. 水平角观测时应瞄准目标的（   ）。

A. 底部   B. 顶部   C. 中部   D. 任何部位

答案：A

104. 水平角是测站到两目标方向线的（   ）。

A. 夹角   B. 在水平面上投影所成角

C. 垂直投影在水平面上所成的角   D. 空间平面角

答案：C

105. 水准测量时，水准仪至后视、前视尺之间的距离相等，可以消除或减弱的误差是（   ）。

A. 水准管气泡不严格居中的误差   B. 水准尺倾斜所引起的误差

C. 水准尺刻画不准的误差   D. 视准轴与水准管轴不平行的误差

答案：D

106. 水准测量要求视距不超过一定限差，主要消减的误差是（   ）。

A. 球气差   B. i 角   C. 读数   D. 水准尺倾斜

答案：A

107. 水准测量中当后视转为前视观测时，读数时必须要重新（   ）。

A. 精平   B. 粗平   C. 瞄准   D. 安置

答案：A

108. 水准点高程为 24.397m，测设高程为 25.000m 的室内地坪。设水准点上读数为 1.445m，则室内地坪处的读数为（   ）m。

A. 1.042   B. 0.842   C. 0.642   D. 0.242

答案：B

109. 水准仪的（   ）轴是过零点的法线。

A. 横   B. 圆水准器   C. 符合水准管   D. 照准部水准管

答案：B

110. 水准仪应满足的条件是（   ）。

A. 圆水准器平行于竖轴   B. 横丝水平

C. 竖丝垂直   D. 水准管轴平行于水准轴

答案：D

111. 通过静止的平均海水面，并向陆地延伸所形成的封闭曲面，称为（   ）。

A. 水平面   B. 水准面   C. 大地水准面   D. 参考椭球面

答案：C

112. 为消减尺垫下沉误差，除踩实尺垫外，还要求（   ）。

A. 往、返观测   B. 后、前距相等

C. 后—后—前—前观测   D. 后—前—前—后观测

答案：A

113. 下列不属于变形观测的内容的是（　　）观测。

A. 沉降　　　　　　B. 位移　　　　　　C. 倾斜　　　　　　D. 角度

答案：D

114. 下列不属于测量工作的三个基本定位要素的是（　　）。

A. 距离　　　　　　B. 角度　　　　　　C. 高程　　　　　　D. 高差

答案：D

115. 下列各种比例尺的地形图中，比例尺最大的是（　　）。

A. 1:5000　　　　　B. 1:2000　　　　　C. 1:1000　　　　　D. 1:500

答案：D

116. 下列选项中，（　　）不是经纬仪整平的目的。

A. 水平度盘水平　　B. 竖盘垂直　　　　C. 减少照准差　　　D. 竖轴垂直

答案：C

117. 下列叙述中，（　　）不符合等高线特性。

A. 不同高程的等高线绝不会重合　　　　　　B. 高程相等

C. 一般不相交　　　　　　　　　　　　　　D. 自行闭合

答案：A

118. 一般电缆线路每（　　）个月至少巡视一次。

A. 1　　　　　　　　B. 3　　　　　　　　C. 6　　　　　　　　D. 12

答案：B

119. 一般情况下，经纬仪对中误差对测角的影响是边长愈长，影响（　　）。

A. 越小　　　　　　B. 越大　　　　　　C. 不变　　　　　　D. 不确定

答案：A

120. 用经纬仪瞄准同一竖直面内不同高度的两点，水平度盘读数（　　）。

A. 不相同　　　　　　　　　　　　　　　　B. 相同

C. 相差一个夹角　　　　　　　　　　　　　D. 相差

答案：B

121. 用望远镜瞄准水准尺时，若有误差，其原因是（　　）。

A. 观测者眼睛上下移动　　　　　　　　　　B. 目标影像未与十字丝平面重合

C. 望远镜放大倍数不够　　　　　　　　　　D. 大气折光影响

答案：B

122. 在三角高程测量中，采用对向观测可以消除（　　）。

A. 度盘刻画误差　　　　　　　　　　　　　B. 地球曲率差和大气折光差

C. 视准轴误差　　　　　　　　　　　　　　D. 视差的影响

答案：C

123. 在水准测量时，当水准尺前倾，则中丝读数（　　）。

A. 变大　　　　　　B. 变小　　　　　　C. 不变　　　　　　D. 都有可能

答案：A

124. 在一个测站的水准测量成果为：后视 A 点读数 a=1.667m，前视 B 点读数 b=1.232m，则（　　）。

A. A 点比 B 点高 0.435m   B. A 点比 B 点低 0.435m

C. A 点比 B 点高 2.899m   D. A 点比 B 点低 2.899m

答案：B

125. 珠穆朗玛峰的高程是 8848.13m，此值是指该峰顶至（   ）的铅垂距离。

A. 水准面   B. 水平面   C. 大地水准面   D. 椭球面

答案：C

126. 专责监护人应由具有相关专业工作经验，熟悉工作范围内的（   ）情况和本规程的人员担任。

A. 设备   B. 现场   C. 接线   D. 运行

答案：A

127. 凡装有攀登装置的杆、塔，攀登装置上应设置（   ）标示牌。

A. "止步，高压危险！"   B. "禁止攀登，高压危险！"

C. "从此上下！"   D. "有电危险！"

答案：B

128. 立、撤杆应设专人统一指挥。开工前，应交代施工方法、指挥信号和（   ）。

A. 安全措施   B. 技术措施   C. 组织措施   D. 应急措施

答案：A

129. 用间接方法判断操作后的设备位置时，至少应有两个（   ）指示发生对应变化，且所有这些确定的指示均已同时发生对应变化，方可确认该设备已操作到位。

A. 非同样构造或非同源的   B. 同样原理或同源的

C. 非同样原理或非同源的   D. 非同样原理或非同期的

答案：C

130. 夜间巡线应携带足够的（   ）。

A. 干粮   B. 照明用具   C. 急救药品   D. 防身器材

答案：B

131. 邻近带电线路作业时，应使用绝缘绳索传递，较大的工具应用绳拴在（   ）。

A. 牢固的构件上   B. 设备上   C. 设备外壳上   D. 横担上

答案：A

132. 停电检修的线路如与另一回带电的 35kV 线路相交叉或接近，以致工作时人员和工器具可能和另一回导线接触或接近至（   ）m 以内时，则另一回线路也应停电并予接地。

A. 0.7   B. 2   C. 2.5   D. 3

答案：C

133. 雨雪天气室外设备宜采用间接验电；若直接验电，应使用（   ），并戴绝缘手套。

A. 声光验电器   B. 高压声光验电器

C. 雨雪型验电器   D. 高压验电棒

答案：C

134. 低压配电设备、低压电缆、集束导线停电检修，无法装设接地线时，应采取（   ）或其他可靠隔离措施。

A. 停电   B. 悬挂标示牌   C. 绝缘遮蔽   D. 装设遮栏

答案：C

135. 跌落式熔断器及避雷器的接线端接引时（　　　），这样做一是会使绝缘线与设备的接触良好，二是做完后外观美观。

A. 用铝线绑扎   B. 用铁丝绑扎

C. 用相应的设备线夹   D. 用绝缘线绑扎

答案：C

136. 交叉跨越各种线路、铁路、公路、河流等放、撤线时，应先取得（　　　）部门同意，做好安全措施，如搭好可靠的跨越架、封航、封路、在路口设专人持信号旗看守等安全措施。

A. 主管   B. 上级   C. 经信   D. 交通

答案：A

137. 放线、紧线与撤线时，作业人员不应站在或跨在已受力的牵引绳、导线的（　　　），展放的导线圈内以及牵引绳或架空线的垂直下方。

A. 外角侧   B. 内角侧   C. 上方   D. 受力侧

答案：B

138. 现场勘察工作，对涉及（　　　）的作业项目，应由项目主管部门、单位组织相关人员共同参与。

A. 多专业、多部门   B. 多部门、多单位

C. 多专业、多单位   D. 多专业、多部门、多单位

答案：D

139. 停电拉闸操作应按照（　　　）的顺序依次进行，送电合闸操作应按与上述相反的顺序进行，禁止带负荷拉合隔离开关（刀闸）。

A. 断路器（开关）—负荷侧隔离开关（刀闸）—电源侧隔离开关（刀闸）

B. 负荷侧隔离开关（刀闸）—断路器（开关）—电源侧隔离开关（刀闸）

C. 断路器（开关）—电源侧隔离开关（刀闸）—负荷侧隔离开关（刀闸）

D. 负荷侧隔离开关（刀闸）—电源侧隔离开关（刀闸）—断路器（开关）

答案：A

140.（　　　）报告应简明扼要，并包括下列内容：工作负责人姓名，某线路（设备）上某处（说明起止杆塔号、分支线名称、位置称号、设备双重名称等）工作已经完工等。

A. 工作间断   B. 工作许可   C. 工作终结   D. 工作转移

答案：C

141. 巡视中发现高压配电线路、设备接地或高压导线、电缆断落地面、悬挂空中时，室内人员应距离故障点（　　　）m 以外。

A. 2   B. 4   C. 6   D. 8

答案：B

142. 接地线拆除后，（　　　）不得再登杆工作或在设备上工作。

A. 工作班成员   B. 任何人   C. 运行人员   D. 作业人员

答案：B

143.（　　）采用突然剪断导线的做法松线。

A. 原则上不得

B. 可以

C. 禁止

D. 在保障安全前提下可以

答案：C

144. 作业人员应被告知其作业现场和（　　）存在的危险因素、防范措施及事故紧急处理措施。

A. 办公地点
B. 生产现场
C. 工作岗位
D. 检修地点

答案：C

145. 开工前，工作负责人或工作票签发人应重新核对现场勘察情况，发现与原勘察情况有变化时，应及时修正、完善相应的（　　）。

A. 施工方案
B. 组织措施
C. 技术措施
D. 安全措施

答案：D

146. $50mm^2$ 的绝缘架空钢芯铝绞线，采用接续管连接时，应采用型号为（　　）的钢模。

A. 16
B. 25
C. 35
D. 50

答案：D

147. LGJ-35/6 型导线，采用钳压法压接时，其钳压管压口数为（　　）。

A. 10
B. 12
C. 14
D. 16

答案：C

148. LGJ-50/8 型导线，采用钳压法压接时，其钳压管压口数为（　　）。

A. 10
B. 12
C. 14
D. 16

答案：D

149. 导线连接端绝缘层剥离后，应按规定将裸露的导体表面，用（　　）擦洗干净，清洗的长度应不少于连接长度的 2 倍，然后涂抹中性凡士林油或电力脂。

A. 煤油
B. 汽油
C. 柴油
D. 纯净水

答案：B

150. 导线连接进行外观尺寸测量时，应使用精度不低于（　　）mm 的游标卡尺测量。

A. 1
B. 0.1
C. 0.2
D. 0.5

答案：B

151. 导线直接连接主要适用于绝缘导线及截面积在（　　）mm^2 及以下的铝绞线、铜绞线等导线的连接。

A. 50
B. 70
C. 95
D. 120

答案：A

152. 低压架空绝缘线型号的第一部分用（　　）表示。

A. JK
B. J
C. T
D. K

答案：B

153. 低压接户线档距不宜超过 25m，采用铝芯绝缘接户线导线的截面积不应小于（　　）mm^2。

A. 16
B. 25
C. 35
D. 10

答案：A

154. 沿建筑物架设的低压绝缘线，支持点间的距离不宜大于（　　）m。

A. 3　　　　　　　B. 4　　　　　　　C. 5　　　　　　　D. 6

答案：A

155. 分相架设的低压绝缘接户线与接户线下方窗户的垂直距离不小于（　　）m。

A. 0.5　　　　　　B. 0.8　　　　　　C. 0.3　　　　　　D. 0.4

答案：C

156. 架空导线与连接管连接前应清除架空导线表面和连接管内壁的污垢，架空导线清除长度应为连接部分的（　　）倍。

A. 1　　　　　　　B. 2　　　　　　　C. 3　　　　　　　D. 4

答案：B

157. 架空绝缘导线恢复绝缘时，绝缘带应从距离导线绝缘层（　　）倍的带宽进行缠绕。

A. 1　　　　　　　B. 2　　　　　　　C. 3　　　　　　　D. 4

答案：D

158. 截面积为 $240mm^2$ 及以上铝线芯绝缘线承力接头宜采用（　　）施工。

A. 液压法　　　　B. 钳压法　　　　C. 缠绕法　　　　D. 插接法

答案：A

159. 进行压接操作的工作人员应是经过专业训练，（　　）的专业人员。

A. 领导批准　　　B. 施工部门审查　　C. 考核合格　　　D. 现场培训

答案：C

160. 绝缘线的安装弛度按设计给定值确定，可用弛度板或其他器件进行观测。绝缘线紧好后，同档内各相导线的弛度应力求一致，施工误差不超过（　　）mm。

A. 50　　　　　　B. ±100　　　　　C. 150　　　　　D. ±50

答案：D

161. 绝缘线与弱电线路的交叉时强电在上，弱电在下；与一级弱电线路交叉时交叉角不小于（　　），与二级弱电线路交叉时交叉角不小于30°。

A. 90°　　　　　B. 30°　　　　　C. 45°　　　　　D. 60°

答案：C

162. 跨越街道的低压绝缘接户线，至通车困难的街道、人行道路面中心的垂直距离，不应小于（　　）m。

A. 6　　　　　　　B. 3.5　　　　　　C. 3　　　　　　　D. 2

答案：B

163. 农村低压架空绝缘线路的档距不宜大于（　　）m。

A. 20　　　　　　B. 30　　　　　　C. 40　　　　　　D. 50

答案：D

164. 钳压法压接时，每模的压接速度及压力应均匀一致，每模按规定压到指定深度后，应保持压力（　　）s左右的时间。

A. 10　　　　　　B. 15　　　　　　C. 20　　　　　　D. 30

答案：D

165. 为保证室外导线接头包扎的绝缘强度，要求绝缘带的缠绕应达到（   ）层。

A. 1～2 　　　　　B. 3～4 　　　　　C. 3～5 　　　　　D. 4～5

答案：D

166. 新架设低压架空绝缘配电线路使用（   ）V 绝缘电阻表测量，电阻值不低于 0.5MΩ。

A. 5000 　　　　　B. 500 　　　　　C. 2500 　　　　　D. 1000

答案：B

167. 压接后如压管弯曲，不超过管长的 2% 时可用（   ）调直。

A. 铁锤 　　　　　B. 铜锤 　　　　　C. 木槌 　　　　　D. 钢锤

答案：C

168. 沿建（构）筑物架设的 1kV 以下配电线路应采用绝缘线，导线支持点之间的距离不宜大于（   ）m。

A. 5 　　　　　B. 10 　　　　　C. 15 　　　　　D. 1

答案：C

169. 中压绝缘线路每相过引线、引下线与邻相的过引线、引下线及低压绝缘线之间的净空距离不应小于（   ）mm。

A. 100 　　　　　B. 200 　　　　　C. 150 　　　　　D. 50

答案：B

二、多选题

1. 耐张线夹分（   ）。

A. 螺栓型耐张线夹　　B. 压缩型耐张线夹　　C. 楔形线夹　　D. 异型并沟线夹

答案：ABC

2. 横担分为（   ）。

A. 直线横担　　　　B. 耐张横担　　　　C. 终端横担　　　　D. 单横担

答案：ABC

3. 国网配电网工程典型设计中，针对绝缘导线防雷推荐采用（   ）等方式。

A. 防雷绝缘子　　　　　　　　　B. 带间隙的氧化锌避雷器

C. 线路直连氧化锌避雷器　　　　D. 架空地线

答案：ABCD

4. 国网配电网工程典型设计中，水泥单杆按杆长分为（   ）。

A. 18 　　　　　B. 10 　　　　　C. 12 　　　　　D. 15

答案：ABCD

5. 国网配电网工程典型设计中，当导线为单回 10kV 导线截面积 150～240mm² 及以下无低压时，拉线设置为（   ）型（   ）条。

A. VLX－3+3 　　　B. VLX－3+5 　　　C. 1 　　　　D. 2

答案：BC

6. 国网配电网工程典型设计中，当导线为单回 10kV 导线截面积 120mm² 及以下无低压时，拉线设置为（   ）型（   ）条。

A. VLX－3+3 　　　B. VLX－3+5 　　　C. 1 　　　　D. 2

答案：AC

7. 架空多回路导线可采用（　　）排列。

A. 三角形　　　　　　　B. 水平　　　　　　　C. 垂直　　　　　　D. 星形

答案：ABD

8. 安装拉线前应进行外观检查，且符合下列规定：（　　）无交叉、折叠及破损等缺陷。

A. 镀锌良好　　　　　　　　　　　　　　B. 无锈蚀

C. 无松股、断股　　　　　　　　　　　　D. 粗细

答案：ABC

9. 低压配电系统通常包括（　　）。

A. 计量柜　　　　　　　B. 馈电柜　　　　　　C. 受电柜　　　　　D. 无功功率补偿柜

答案：BCD

10. 安装金具前，应进行外观检查，且符合下列要求（　　）。

A. 表面光洁，无裂纹、毛刺、飞边、砂眼、气泡等缺陷

B. 线夹转动灵活，与导线接触的表面光洁

C. 螺杆与螺母配合紧密适当

D. 镀锌良好，无剥落、锈蚀

答案：ABCD

11. 用于低压配电系统的配电电器包括隔离开关、组合开关、（　　）等。

A. 空气断路器　　　　　B. 电线　　　　　　　C. 熔断器　　　　　D. 控制按钮

答案：AC

12. 熔断器的主要技术参数有（　　）。

A. 额定电压　　　　　　B. 额定电流　　　　　C. 极限分断能力　　D. 熔丝熔点

答案：ABC

13. 低压断路器脱扣器的种类有：（　　）和分励脱扣器等。

A. 热脱扣器　　　　　　B. 电磁脱扣器　　　　C. 失压脱扣器　　　D. 过压脱扣器

答案：ABC

14. 低压保护设备的运行时（　　）。

A. 各项技术参数须满足运行要求　　　　　B. 应定期进行传动试验

C. 应定期进行清扫　　　　　　　　　　　D. 操作通道、维护通道均应铺设绝缘垫

答案：ABCD

15. 常用低压熔断器一般由（　　）组成。

A. 金属熔体　　　　　　　　　　　　　　B. 连接熔体的触头装置

C. 绝缘子　　　　　　　　　　　　　　　D. 外壳

答案：ABD

16. 直流单臂电桥可测量（　　）。

A. 电动机绕组的直流电阻　　　　　　　　B. 变压器绕组的直流电阻

C. 隔离开关的接触电阻　　　　　　　　　D. 断路器的接触电阻

答案：AB

17. 影响金属导体电阻大小的因素有（　　）。

A. 导体的材料导电性能

B. 导体的几何尺寸

C. 环境温度

D. 导体上电压、电流的大小

答案：ABC

18. 以下（　　）属于配电变压器的大修项目。

A. 检查接地系统

B. 配变安全保护装置的检修

C. 吊开钟罩检修器身，或吊出器身检修

D. 无励磁分接开关和有载分接开关的检修

答案：BCD

19. 三相变压器绕组连接方式主要有（　　）。

A. 星形　　　　　B. 串联　　　　　C. 并联　　　　　D. 三角形

答案：AD

20. 配电变压器预防性试验项目有（　　）。

A. 绕组直流电阻　　　B. 绝缘电阻　　　C. 绝缘油试验　　　D. 交流耐压试验

答案：ABCD

21. 配电变压器绕组故障主要有（　　）等故障，当发生时，因为油箱内故障时产生的电弧，将引起绝缘物质的剧烈汽化，从而可能引起爆炸。

A. 匝间短路　　　B. 相间短路　　　C. 绕组接地　　　D. 绕组断线

答案：ABCD

22. 配电变压器发生分接开关故障可能由（　　）原因引起的。

A. 分接开关连接螺栓松动

B. 分接头绝缘板绝缘不良

C. 接头接触不良

D. 分接开关弹簧压力不足等

答案：ABCD

23. 配电变压器的类型包括（　　）变压器。

A. 浸油配电

B. 密封型

C. 非晶态合金铁芯配电

D. 干式

答案：ABCD

24. 电桥检流计分别在（　　）挡进行调零、测量。

A. ×1　　　　　B. ×10　　　　　C. ×0.01　　　　　D. ×0.1

答案：AD

25. 测量小电阻时，主要应消除（　　）的影响。

A. 连接导线的电阻

B. 接头的接触电阻

C. 短接

D. 泄漏电流引起的电阻

答案：AB

26. 引起电缆终端盒火灾的原因有（　　）。

A. 终端盒绝缘受潮、腐蚀，绝缘被击穿

B. 冲油电缆由于安装高度差不符合要求，内中压力过大使终端盒密封破坏，引起漏油起火

C. 外界温度过高

D. 电缆通过短路电流，使终端盒绝缘炸裂

答案：ABD

27. 为保证电缆保护管预埋位置准确，要求施工人员要熟悉和了解（　　）。

A. 电缆施工图纸　　　　　　　　　　　　B. 设备布置情况

C. 电缆种类型号　　　　　　　　　　　　D. 设备接线位置

答案：ABD

28. 电缆保管时，在电缆盘上除了标明型号外还应标明（　　）等。

A. 电压　　　　　　　B. 长度　　　　　　　C. 芯数　　　　　　　D. 截面

答案：ABCD

29. 在下列（　　）地点，电缆应穿入保护管内。

A. 电缆穿过楼板及墙壁处　　　　　　　　B. 引至电杆上

C. 绿化带中　　　　　　　　　　　　　　D. 穿越道路时

答案：ABD

30. 下列电缆（　　）地方电缆应挂标志牌。

A. 终端处　　　　　　　B. 转角处　　　　　　C. 竖井口　　　　　　D. 中间接头

答案：ABCD

31. 敷设电缆时，电缆在（　　）必须用夹头固定。

A. 垂直敷设的所有支持点　　　　　　　　B. 电缆转角处弯头的两侧

C. 中间接头两侧支持点　　　　　　　　　D. 水平敷设直线段的两端

答案：ABCD

32. 放电缆前，一定要将电缆牌准备好，电缆牌上应标有（　　）等。

A. 电缆编号　　　　B. 电缆型号规格　　　C. 试验日期　　　D. 起点、终点

答案：ABD

33. 多根电缆并列运行时，巡视时重点要检查（　　）情况，以防止负荷分配不均引起烧坏电缆。

A. 安全距离　　　　　B. 电流分配　　　　　C. 外皮温度　　　　D. 安装位置

答案：BC

34. 电缆敷设在电缆沟内时，需与接地装置连接的是（　　）。

A. 绝缘层　　　　　　B. 金属支架　　　　　C. 电缆金属护套　　D. 半导体层

答案：BC

35. 电缆采用排管敷设，对管子要求叙述正确的是（　　）。

A. 管子内壁光滑　　　　　　　　　　　　B. 管径应略大于电缆外径

C. 管子材料应对电缆金属护层不腐蚀　　　D. 管子内壁应畅通

答案：ACD

36. 作业人员应被告知其作业现场和工作岗位存在的危险因素、防范措施及事故紧急处理措施。作业前，设备运维管理单位应告知（　　）。

A. 电气设备知识　　　　　　　　　　　　B. 现场电气设备接线情况

C. 危险点　　　　　　　　　　　　　　　D. 安全注意事项

答案：BCD

37. 在配电线路和设备上工作保证安全的技术措施有（   ）。

A. 停电

B. 验电

C. 接地

D. 悬挂标示牌和装设遮栏（围栏）

答案：ABCD

38. 现场勘察应查看检修（施工）作业需要停电的范围、保留的带电部位、装设接地线的位置、（   ）、多电源、自备电源、地下管线设施和作业现场的条件、环境及其他影响作业的危险点，并提出针对性的安全措施和注意事项。

A. 平行线路　　　　B. 邻近线路　　　　C. 交叉跨越　　　　D. 用户配变

答案：BC

39. 停电时应拉开隔离开关（刀闸），手车开关应拉至（   ）位置，使停电的线路和设备各端都有明显断开点。

A. 试验　　　　　　B. 合闸　　　　　　C. 工作　　　　　　D. 检修

答案：AD

40. 配电线路故障处理的原则包括（   ）。

A. 缩短停电时间　　B. 缩小停电面积　　C. 迅速排除故障　　D. 尽快恢复送电

答案：ABCD

41. 配电线路、设备故障紧急处理，系指配电线路、设备发生故障被迫紧急停止运行，（   ）的故障修复工作。

A. 需短时间恢复供电

B. 需短时间排除故障

C. 连续进行

D. 长时间

答案：ABC

42. 进行线路事故巡视时应注意（   ）。

A. 事故巡线应始终认为线路带电

B. 即使明知该线路已停电，也应认为线路随时有恢复送电的可能

C. 应穿绝缘靴

D. 该线路确已停电，可登杆进行检查

答案：ABC

43. 导线连接的基本要求有（   ）。

A. 接触紧密，接头电阻不应大于同长度、同截面导线的电阻

B. 接头处应耐腐蚀，防止受外界气体的侵蚀

C. 接头的机械强度不应小于该导线机械强度的 70%

D. 接头处的绝缘强度与该导线的绝缘强度应相同

答案：ABD

44. 24h 电力故障抢修，到达故障现场抢修的时限为：农村（   ）min，特殊边远山区（   ）h。

A. 80　　　　　　　B. 90　　　　　　　C. 1　　　　　　　　D. 2

答案：BD

45. （   ）对有触电危险、检修（施工）复杂容易发生事故的工作，应增设专责监护人，并

确定其监护的人员和范围。

A. 工作票签发人　　　　B. 工作许可人　　　　C. 工区领导　　　　D. 工作负责人

答案：AD

46. 液压式压接钳适用于压接多股（　　）芯导线做中间连接。

A. 钢　　　　　　　　B. 铝　　　　　　　　C. 铜　　　　　　　　D. 铁

答案：BC

47. 液压法施工时的要求有（　　）。

A. 剥去接头处的绝缘层、半导体层，线芯端头用绑线扎紧，锯齐导线，线芯切割平面与线芯轴线垂直

B. 铝绞线接头处的绝缘层、半导体层的剥离长度，每根绝缘线比铝接续管的 1/2 长 20～30mm

C. 钢芯铝绞线接头处的绝缘层、半导体层的剥离长度，当钢芯对接时，其一根绝缘线比铝接续管的 1/2 长 20～30mm，另一根绝缘线比钢接续管的 1/2 和铝接续管的长度之和长 40～60mm

D. 当钢芯搭接时，其一根绝缘线比钢接续管和铝接续管长度之和的 1/2 长 20～30mm，另一根绝缘线比钢接续管和铝接续管的长度之和长 40～60mm

答案：ABCD

48. 钳压法压接的主要材料包括（　　）和棉纱等。

A. 柴油　　　　　　　B. 汽油　　　　　　　C. 导电脂（膏）　　　D. 压接管

答案：BCD

49. 钳压法压接的基本要求有（　　）。

A. 压接管和压模的型号应根据导线型号选用

B. 在压接中，当上下压模相碰时，压坑深度恰好满足要求压坑不能过浅，否则压接管握着力不够，导线会抽出来

C. 应按规定完成各种导线的压坑数目和压接顺序每压完一个坑后持续压力 30s 后再松开，以保证压坑深度准确钢芯铝绞线压接管中应有铝垫片填在两导线间，以便增加接头握着力，并使接触良好

D. 压接前应用布蘸汽油将导线清擦干净，涂上中性凡士林油压接后要进行检查，若压管弯曲过大或有裂纹的，要重新压接

答案：ABCD

50. 绝缘线接头连接时应符合（　　）。

A. 导线接头应紧密、牢靠、造型美观，不应有重叠、弯曲、裂纹及凹凸现象

B. 导线接头的电阻不应大于等长导线的电阻的 1.2 倍

C. 机械连接接头的电阻不应大于等长导线的电阻的 5 倍

D. 档距内导线接头的机械强度不应小于导体计算拉断力的 90%

答案：ABD

51. 绝缘导线连接时非承力接头包括（　　）。

A. 跳线　　　　　　　　　　　　　　B. T 接时的接续线夹

C. T 接时的穿刺线夹　　　　　　　　D. 导线与设备连接的接线端子

答案：ABCD

52. 架空绝缘导线连接时绝缘层的处理方法是（   ）。

A. 承力接头的连接采用钳压法和液压法，在接头处安装辐射交联热收缩管护套或预扩张冷缩绝缘套管（统称绝缘护套）绝缘护套直径一般应为被处理部位接续管的 1.5～2 倍

B. 中压绝缘线使用内外两层绝缘护套，低压绝缘线使用一层绝缘护套

C. 有半导体层的绝缘线应在接续管外面先缠绕一层半导体粘带，与绝缘线的半导体层连接后再进行绝缘处理

D. 每圈半导体粘带间搭压为带宽的 1/2

答案：ABCD

53. 架空导线断线接续后，进行架设时调整导线弧垂的方法是（   ）。

A. 调整导线弧垂时，操作人员在耐张杆或终端杆上，利用紧线器调整导线的松紧

B. 若为多档耐张段，卡好紧线器后，即可解开架线杆上导线的绑线，并选择耐张段中部有代表性的档距观测弧垂

C. 若三相导线的弧垂均需调整，则应先同时调整好两个边相，然后调整中相，调整后的三相导线弧垂应一致

D. 在终端杆上对导线弧垂进行调整时，应在横担两端导线反方向做好临时拉线，防止横担因受力不均而偏转

答案：ABCD

54. 导线连接操作的主要工具有：（   ）、钢卷尺等。

A. 断线钳   B. 连接钳   C. 压接钳   D. 剥线钳

答案：ACD

三、判断题

1. 悬垂线夹用于导线的接续及架空地线的接续、耐张杆塔跳线的接续。（   ）

答案：错误

解析： 接续线夹用于导线的接续及架空地线的接续、耐张杆塔跳线的接续。

2. 钢筋预应力混凝土电杆及构件可以有横向裂缝。（   ）

答案：错误

解析： 钢筋预应力混凝土电杆及构件可以有纵向裂缝。

3. 分支杆、转角杆及终端杆水平排列的横担应装于拉线侧。（   ）

答案：正确

4. 不同品种的水泥可在同一基础中使用，但不应在同一个基础腿中混合使用。出现此类情况时，应分别制作试块并作记录。（   ）

答案：正确

5. 以螺栓连接的构件，螺杆应与构件面垂直，螺头平面与构件间不应有空隙。（   ）

答案：正确

6. 绝缘子安装应牢固，连接可靠，应清除表面灰垢、泥沙等附着物及不应有的涂料。（   ）

答案：正确

7. 低压配电线路中常见且较为典型的杆型有直线杆、耐张杆、转角杆、分支杆、终端杆。（   ）

答案：正确

8. 采用 UT 型线夹及楔形线夹固定的拉线安装时，线夹舌板与拉线接触应紧密，受力后无滑动现象，线夹凸肚应在主线侧，安装时不应损伤线股。（　　　）

答案：错误

解析：采用 UT 型线夹及楔形线夹固定的拉线安装时，线夹舌板与拉线接触应紧密，受力后无滑动现象，线夹凸肚应在尾线侧，安装时不应损伤线股。

9. 采用 UT 型线夹及楔形线夹固定的拉线安装时，同一组拉线使用双线夹时，其尾线端的方向应统一。（　　　）

答案：正确

10. 绝缘导线线芯截面损伤不超过导电部分截面的 17%时，可敷线修补，敷线长度应超过损伤部分，每端缠绕长度超过损伤部分不小于 100mm。（　　　）

答案：正确

11. UT 形线夹既能用于固定拉线，同时又可调整拉线。（　　　）

答案：正确

12. 按允许载流量选择导线的目的是使负荷电流长期流过导线所引起的温升不至于超过最低允许温度。（　　　）

答案：错误

解析：按允许载流量选择导线的目的是使负荷电流长期流过导线所引起的温升不至于超过最高允许温度。

13. 中压 10kV 线路用 10～15m 水泥杆。（　　　）

答案：错误

解析：中压 10kV 线路用 12～15m 水泥杆。

14. 拉线的设置是低压架空配电线路中一项辅助安全措施。（　　　）

答案：错误

解析：拉线的设置是低压架空配电线路必不可少的一项安全措施。

15. 带撑铁的横担安装时，撑铁螺栓应由横担角铁内侧向外穿出。（　　　）

答案：正确

16. 低压配电系统的配电电器，主要用于低压配电系统及动力设备的接通与分断。（　　　）

答案：正确

17. 低压熔断器熔体的额定电流，指熔体允许长期通过而不熔化的最小电流。（　　　）

答案：错误

解析：低压熔断器熔体的额定电流，指熔体允许长期通过而不熔化的最大电流。

18. 接触器是一种自动电磁式开关，用于远距离频繁地接通或开断交、直流主电路及超大容量控制电路。（　　　）

答案：错误

解析：接触器是一种自动电磁式开关，可用于远距离频繁地接通或开断限定容量的交、直流主电路。

19. 交流接触器操作频率指接触器每分钟接通的次数。（　　　）

答案：错误

解析： 操作频率是指接触器每小时通断的次数。

20. 交流电通过验电笔氖管时，低压验电笔仅一个电极附近发亮；而直流电通过验电笔氖管时，两极附近都发亮。（　　）

答案： 错误

解析： 直流电通过验电笔氖管时，低压验电笔仅一个电极附近发亮；而交流电通过验电笔氖管时，两极附近都发亮。

21. 在使用指针式万用表时，如果事先不清楚被测电压的大小，应先选择最高量程挡，然后逐渐减小到合适的量程。（　　）

答案： 正确

22. 低压隔离开关可分为不带熔断器式和带熔断器式两大类。（　　）

答案： 正确

23. 低压开关电器主要包括低压刀开关、低压熔断器、低压指示电器和低压断路器等。（　　）

答案： 错误

解析： 低压开关电器不包括低压指示电器。

24. 测量中等阻值的电阻，一般采用高电阻电桥或绝缘电阻表。（　　）

答案： 错误

解析： 测量更大阻值的电阻，一般采用高电阻电桥或绝缘电阻表。

25. 单臂电桥测量前先打开检流计锁扣，并调节调零器使指针指零。（　　）

答案： 正确

26. 进行直流电阻试验，仪表和被测绕组端子连接导线必须连接良好。用单臂电桥测量时，要减去导线电阻。（　　）

答案： 正确

27. 测量杆塔、配电变压器和避雷器的接地电阻，若线路和设备带电，解开或恢复杆塔、配电变压器和避雷器的接地线时应戴绝缘手套。禁止直接接触与地断开的接地线。（　　）

答案： 正确

28. 直流双臂电桥连接导线应尽量长而细，导线接头应接触良好。（　　）

答案： 错误

解析： 直流双臂电桥连接导线应尽量短而粗，导线接头应接触良好。

29. 直流双臂电桥不可以消除接线电阻和接触电阻的影响。（　　）

答案： 错误

解析： 用直流双臂电桥则可消除接线电阻和接触电阻的影响。

30. 变压器喷油爆炸故障主要由其内部发生短路产生电弧或断线产生电弧而引起的。（　　）

答案： 正确

31. 在额定电压下对变压器的冲击合闸试验，宜在变压器高压侧进行，对中性点接地的电力系统，试验时变压器中性点须与接地装置断开。（　　）

答案： 错误

解析： 在额定电压下对变压器的冲击合闸试验，宜在变压器高压侧进行，对中性点接地的电力系统，试验时变压器中性点必须接地。

32. 操作变压器有载分接开关时,应逐级调压,同时监视分接位置及电压、电流的变化。(   )

答案:正确

33. 交流耐压试验时,当被试设备的容抗与实验变压器的感抗相等时,会产生串联谐振,试验合闸时电流很大,将在被试设备上引起严重的过电压。(   )

答案:正确

34. 测量大型高压变压器绕组直流电阻时,被测绕组、非被测绕组均应与其他设备断开,并保证绕组接地可靠。(   )

答案:错误

解析:测量大型高压变压器绕组直流电阻时,被测绕组、非被测绕组均应与其他设备断开,且不能接地以防产生较高的感应电压和较大的测量误差。

35. 大修后的变压器投运前,只需进行绝缘电阻和吸收比测定和工频耐压试验,不需进行变压器性能参数测试,即额定电压、额定电流、空载损耗、空载电流及阻抗电压的测试。(   )

答案:错误

解析:大修后的变压器投运前,需进行绝缘电阻和吸收比测定、工频耐压试验、直流电阻测量、绝缘油简化试验,还需进行变压器性能参数测试,即额定电压、额定电流、空载损耗、空载电流及阻抗电压的测试。

36. 进行直流电阻试验,可以检查和发现配电变压器分接开关三相是否同期、配电变压器三相绕组是否因少量匝间短路而导致三相直流电阻不平衡等缺陷。(   )

答案:正确

37. 柱上变压器台架工作,人体与高压线路和跌落式熔断器上部带电部分应保持安全距离。(   )

答案:正确

38. 电流速断保护的优点是接线简单,动作迅速,能瞬时切除变压器一次侧引出线端及其部分绕组的故障。缺点是保护范围受到限制,不能保护变压器全部二次绕组及变压器二次侧的连接线上的短路故障。(   )

答案:正确

39. 电力电缆由线芯和绝缘层组成。(   )

答案:错误

解析:电力电缆由导电线芯、内半导层、绝缘层、外半导层、铜屏蔽、填充物、内衬层、双钢带保护层外护层组成。

40. 对 8.7/10kV 不滴流油浸纸电缆进行直流耐压试验,直流试验电压为 37kV,试验时间为 5min。(   )

答案:正确

41. 电力电缆型号中,第一位字母 B 表示控制电缆。(   )

答案:错误

解析:电力电缆型号中,第一位字母 B 表示电缆电线。

42. YJLV 表示聚乙烯绝缘、聚氯乙烯护套电力电缆。(   )

答案:错误

解析：YJLV 表示交联聚乙烯绝缘、聚氯乙烯护套电力电缆。

43. 安装电缆接头工作应在空气湿度为 80%以下进行。（   ）

答案：错误

解析：安装电缆接头工作应在空气湿度为 70%以下进行。

44. 在腐蚀环境中敷设电缆时，电缆不宜做中间接头。（   ）

答案：正确

45. 人力施放电缆时，所有人员应交替应站在电缆两侧，以便展放。（   ）

答案：错误

解析：人力施放电缆时，所有人员均应站在电缆的同一侧。

46. 敷设电缆前，必须将电缆盘架设稳固，以防转动时损伤人员。（   ）

答案：正确

47. 敷设电缆时，电缆应从电缆盘下端引出。（   ）

答案：错误

解析：敷设电缆时，电缆应从电缆盘上端引出。

48. 电缆沟内敷设电缆时，电缆必须放置在电缆支架上。（   ）

答案：错误

解析：电缆沟的沟底可直接放置电缆，同时沟内也可装置支架，以增加敷设电缆的数量。

49. 电力器材应符合现行国家标准，无国家标准时，应符合现行行业标准，无正式标准的新型器材，须经有关部门鉴定合格后方可采用。（   ）

答案：正确

50. 绝缘线安装前，应先进行外观检查，且符合：导体紧压，无腐蚀；绝缘层紧密挤包，表面平整圆滑、色泽均匀，无尖角、颗粒，无烧焦痕迹；绝缘线端部可无密封措施。（   ）

答案：错误

解析：绝缘线安装前，应先进行外观检查，且符合：导体紧压，无腐蚀；绝缘层紧密挤包，表面平整圆滑、色泽均匀，无尖角、颗粒，无烧焦痕迹；绝缘线端部应有密封措施。

51. 预应力钢筋混凝土电杆及构件可以有横向裂缝。（   ）

答案：错误

解析：预应力混凝土电杆及构件不得有纵向、横向裂缝。

52. 回填土后的电杆坑应有防沉土台，其埋设高度应超出地面 500mm。沥青路面或砌有水泥花砖的路面不留防沉土台。（   ）

答案：错误

解析：回填土后的电杆坑应有防沉土台，其埋设高度应超出地面 300mm。沥青路面或砌有水泥花砖的路面不留防沉土台。

53. 紧线时，绝缘线宜采用过牵引。（   ）

答案：错误

解析：紧线时，绝缘线不宜过牵引。

54. 杆上隔离开关合闸时应接触紧密，分闸时应有足够的空气间隙，且动触头带电。（   ）

答案：错误

解析： 杆上隔离开关合闸时应接触紧密，分闸时应有足够的空气间隙，且静触头带电。

55. 配电线路采用的上下级保护电器，其动作应具有选择性；各级之间应能协调配合。（　　）

答案： 正确

56. 接地故障保护电器的选择应根据配电系统的接地形式，移动式、手握式或固定式电气设备的区别，以及导体截面等因素经技术经济比较确定。（　　）

答案： 正确

57. 全站停电时，应先拉开电容器组断路器后，再拉开各路出线断路器。（　　）

答案： 正确

58. 1kV 导线过引线、引下线对电杆构件、拉线、电杆间的净空距离不应小于 0.03m。（　　）

答案： 错误

解析： 1kV 导线过引线、引下线对电杆构件、拉线、电杆间的净空距离不应小于 0.05m。

59. 非晶合金干式变压器具有空载损耗低、无油、阻燃自熄、耐潮、抗裂和免维修等优点。（　　）

答案： 正确

60. 按规定，进行带电或临近带电体跨越架的搭设时，由有经验的工作人员完成搭设。（　　）

答案： 错误

解析： 按规定，进行带电或临近带电体跨越架的搭设时，必须由具备带电作业专业能力的专业人员完成搭设。

61. 放线若通过公路、铁路时，要加装相关的标志牌、围栏等技术措施。（　　）

答案： 错误

解析： 放线若通过公路、铁路时，要加装相关的标志牌、围栏等安全措施。

62. 紧线前，应检查导线是否都放在铝制放线滑轮中，可以将导线放在铁横担上。（　　）

答案： 错误

解析： 紧线前，应检查导线是否都放在铝制放线滑轮中，不许将导线放在铁横担上。

63. 紧线器既可以收紧导线也用于可收线拉线。（　　）

答案： 正确

64. 剥离绝缘层、半导体层应使用专用切削工具，不得损伤导线，切口处绝缘层与线芯宜有 45°的倒角。（　　）

答案： 正确

65. 架空绝缘线恢复绝缘时，缠绕两层绝缘带。（　　）

答案： 错误

解析： 架空绝缘线恢复绝缘时，缠绕四层绝缘带。

66. 导线采用液压连接时，对钢芯铝绞线通常是将钢芯与外层的铝绞线一起压。（　　）

答案： 错误

解析： 导线采用液压连接时，开始时，将钢芯与外层的铝绞线分开压。

67. 进行液压法压接前应将割线后的线头进行试穿管以检验管、线间的连接是否符合要求。（　　）

答案： 正确

68. 当用对接的形式进行导线的液压连接时，铝绞线的压模顺序：在接续管的中央做标识，并

以此为基准，分别向两端施压。（　　　）

答案：正确

69. 不同金属、不同规格、不同绞向的绝缘线，无承力线的集束线严禁在挡内做承力连接。（　　　）

答案：正确

70. 切割导线铝股或剥削绝缘导线绝缘层时，严禁伤及钢芯及内层芯线。（　　　）

答案：正确

71. 绝缘导线接头处采用钳压连接的应缠绕黑色沥青绝缘带。（　　　）

答案：错误

解析：绝缘导线接头处采用钳压连接的应首先缠绕防水橡胶绝缘带。

72. 接续管及耐张线夹等压接后锌皮脱落时应涂防锈漆。（　　　）

答案：正确

73. 绝缘护套管径一般应为被处理部位接续管的 1.5～2.0 倍。中压绝缘线使用内外两层绝缘护套进行绝缘处理，低压绝缘线使用一层绝缘护套进行绝缘处理。（　　　）

答案：正确

74. 小截面导线连接操作需两人协作进行，其中主要操作人员一人，辅助配合操作人员一人。（　　　）

答案：正确

75. 绝缘线连接前应用电工刀或剥线钳将绝缘层剥削，截面积小的单股导线，剥去长度可大些；截面积大的多股导线，剥去长度应小些。（　　　）

答案：错误

解析：绝缘线连接前应用电工刀或剥线钳将绝缘层剥削。截面积小的单股导线，剥去长度可小些；截面积大的多股导线，剥去长度应大些。

76. 导线连接端绝缘层剥离后，应按规定将裸露的导体表面，用柴油擦洗干净。（　　　）

答案：错误

解析：导线连接端绝缘层剥离后，应按规定将裸露的导体表面，用汽油擦洗干净。

77. 一般情况下，相对截面较小的导线可采用液压钳进行压接。（　　　）

答案：错误

解析：一般情况下，240mm^2 以上的导线可采用液压钳进行压接。

78. 在一个档距内，分相架设的绝缘线每根只允许有一个承力接头，接头距导线固定点的距离不应小于 0.5m，低压集束绝缘线非承力接头应相互错开，各接头端距不小于 0.2m。（　　　）

答案：正确

四、简答题

1. 单开墙壁开关控制单灯线路怎样进行接线？

答案：接线时应将相线接入开关，再由开关引入灯头，中性线也接入灯头，使开关断开后灯头上无电压。

2. 架空绝缘线采用钳压法连接时，钳压管的喇叭口怎样进行处理？

答案：架空绝缘线采用钳压法连接时，应将钳压管的喇叭口锯掉并处理平滑。

3. 截面积为 240mm² 及以上铝线芯绝缘线承力接头宜采用什么法进行接续施工？

答案： 截面积为 240mm² 及以上铝线芯绝缘线承力接头宜采用液压法接续施工。

4. 绝缘线接头应符合哪些规定？

答案： ① 线夹、接续管的型号与导线规格相匹配。② 压缩连接接头的电阻不应大于等长导线电阻的 1.2 倍，机械连接接头的电阻不应大于等长导线电阻的 2.5 倍，档距内压缩接头的机械强度不应小于导体计算拉断力的 90%。③ 导线接头应紧密、牢靠、造型美观，不应有重叠、弯曲、裂纹及凹凸现象。

5. 使用钳压法钳压连接的架空绝缘导线，怎样恢复绝缘？

答案： ① 钳压管两端口至绝缘层倒角间用绝缘自粘带填充并用绝缘自粘带缠绕成弧形。② 底层缠绕绝缘防水胶带 2 层；外层缠绕绝缘自粘带，总层数不少于 4 层，倒角至绝缘恢复起始点距离大于绝缘带 2 倍的带宽。③ 每层绝缘带缠绕成 45° 角压带宽的一半进行缠绕。

6. 配电线路常见的故障有哪些？

答案： ① 有外力破坏的事故，如风筝、机动车辆碰撞电杆等。② 有自然危害事故，如大风、大雨、山洪、雷击、鸟害、冰冻等。③ 有人为事故，如误操作、误调度等。

7. 事故处理的主要任务是什么？

答案：（1）尽快查出事故地点和原因，消除事故根源，防止扩大事故。

（2）采取措施防止行人接近故障导线和设备，避免发生人身事故。

（3）尽量缩小事故停电范围和减少事故损失。

（4）对已停电的用户尽快恢复供电。

8. 电工仪表按使用条件分几类？各类在什么条件下使用？

答案： 按使用条件分为 A、B、C 三类：A 类仪表宜在较温暖的室内使用。B 类可在不温暖的室内使用。C 类则可在不固定地区的室内和室外使用。

9. 并列运行的变压器必须满足哪些条件？

答案：（1）接线组别相同。

（2）变比相等。

（3）阻抗电压相等。

（4）变压器容量比不大于 3:1。

10. 简述配电变压器停送电操作的注意事项。

答案： 要使用合格的安全操作工具，操作过程中要有人监护；变压器只有在空载状态下才允许操作高压侧跌落式开关；尽量不要在雨天或大雾天操作高压侧跌落开关，以免发生大的电弧。

11. 简述使用单臂电桥测量时应注意的事项？

答案：（1）按线路图电流回路接线，标准电阻和未知电阻连接到单臂电桥时要注意接线顺序。

（2）先将铝棒（后测铜棒）安装在测试架刀口下面，将端头顶到位，螺钉拧紧。

（3）检流计在 1 和 0.1 挡进行调零、测量。

12. 简述使用双臂电桥测量时应注意的事项。

答案：（1）被测电阻的电流端钮和电位端钮应和电桥的对应端钮正确连线，才能保证排除接线电阻和接触电阻的影响。若被测电阻没有两对端钮，也要设法引出 4 根线按上述原则与双臂电桥相连接。

（2）连接导线应尽量短而粗，导线接头应接触良好。

（3）直流双臂电桥的工作电流较大，测量时要迅速，以避免电池的无谓消耗。

13. 电力电缆外护套有哪些作用？

答案： 电力电缆外护套位于电缆最外层，起保护作用（防水、防尘、防火、防生物）。

14. 电力电缆内护套有哪些作用？

答案： 使绝缘层不会与水、空气或其他物体接触，避免绝缘受潮和绝缘层不受机械伤害，同时也起到保护电缆线芯作用。

15. 电力电缆钢铠有哪些作用？

答案： 增强电缆抗拉强度，抗压强度等机械保护。

16. 电力电缆填充物有哪些作用？

答案： 电力电缆填充物填充各芯之间的间隙，使电缆看起来圆整。

17. 电力电缆铜屏蔽有哪些作用？

答案： 电力电缆铜屏蔽是电容电流及故障电流的通路。

18. 电力电缆外半导体有哪些作用？

答案： 电力电缆外半导体改善电场分布，消除绝缘层与外金属屏蔽层之间的气隙，避免在绝缘层与外护套之间发生局部放电。

19. 电力电缆内半导体有哪些作用？

答案： 改善电场分布，与绝缘紧密接触，克服了绝缘与金属无法紧密而产生气隙的弱点，而把气隙屏蔽在工作场强之外。

20. 电力电缆线芯导体有哪些作用？

答案： 提供负荷电流的通路。

21. 电力电缆绝缘层有哪些作用？

答案： 绝缘层是将高压电极与地电极可靠隔离的关键结构。

22. 变电站内某 10kV 线路出线开关跳闸，重合闸未成功。经故障巡视发现，10kV 线路电杆被汽车撞断，导线相间短路，是造成事故的主要原因。通常的倒杆事故除了汽车撞断电杆外，还有哪些因素还可能造成倒杆故障？可采取哪些措施防止类似事故再次发生？

答案：（1）埋深不够；基础埋深不够；雷电；线路受力不均。

（2）加深埋深；对电杆加护桩；刷醒目标志提醒司机；调整弧垂，减小杆塔受力。

23. 垂直敷设的电缆应如何选择敷设方式和固定方式？

答案： 垂直敷设电缆，需按电缆质量以及由电缆的热伸缩而产生的轴向力来选择敷设方式和固定方式：

（1）落差不大、电缆质量较轻时，宜采用直线敷设、顶部设夹具固定方式，电缆的热伸缩由底部弯曲处吸收。

（2）电缆质量较大，由电缆的热伸缩所产生的轴向力不大的情况下，宜采用直线敷设、多点固定方式，固定间距需按电缆质量和由电缆热伸缩而产生的轴向力计算。

（3）电缆质量大，由电缆的热伸缩所产生的轴向力较大的情况下，宜采用蛇形敷设，并在蛇形弧顶部添设能横向滑动的夹具。

五、识图题

1. 该图为哪种导线连接方式的示意图？

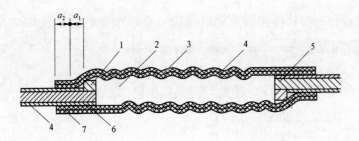

A. 绝缘线承力导线钳压法连接示意图　　B. 绝缘线承力导线液压法连接示意图

C. 绝缘线承力导线缠绕法连接示意图　　D. 绝缘线承力导线插接法连接示意图

答案：A。

2. 下面图中 1 所指的元件是（　　　）。

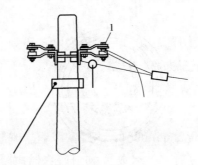

答案：蝶式绝缘子。

3. 下图所画元件的名称是（　　　）。

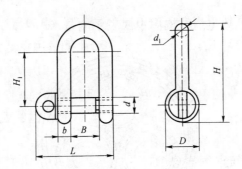

答案：卸扣。

4. 下图中（　　　）表示的是 V 形拉线示意图。

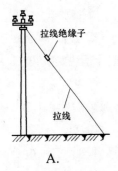

A.

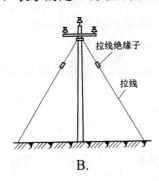

B.

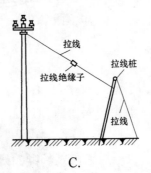

C.

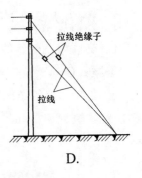

D.

答案：D。

5. 从下图中选出镀锌铁丝绑扎方式的安装图（　　　）。

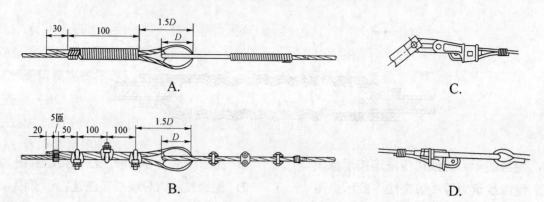

A.

B.

C.

D.

答案：A

6. 下图电力电缆结构图中 6 为（ ）。

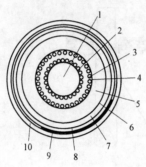

A. 绝缘层　　　　　B. 绝缘层　　　　　C. 内衬垫　　　　D. 绝缘屏蔽
答案：D

7. 在下面的三芯交联聚乙烯电缆结构图中 3 表示的是（ ）。

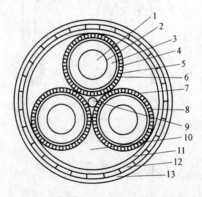

A. 线芯屏蔽　　　　　　　　　　　B. 内护套
C. 交联聚乙烯绝缘　　　　　　　　D. 绝缘屏蔽
答案：C

8. 在经纬仪的结构图中 A 指的是（ ）。

A. 竖盘指标水准管微调　　　　　　　　　B. 竖盘微调螺旋

C. 测微器调节手轮　　　　　　　　　　　D. 水平、竖直度盘换像手轮

答案：D

9. 下面经纬仪的结构图中 A 指的是（　　　）。

A. 竖盘指标水准管微调　　　　　　　　　B. 竖盘微调螺旋

C. 测微器调节手轮　　　　　　　　　　　D. 水平度盘微调螺旋

答案：A

10. 普通光学经纬仪的结构大致可分为基座、度盘、照准部等三大部分，如图所示照准部是（　　　）。

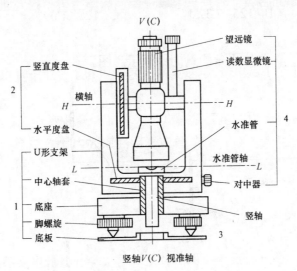

A. 1　　　　　　　B. 2　　　　　　　C. 3　　　　　　　D. 4

答案：D

11. 下图为经纬仪照准部的望远镜十字丝，则下丝是（　　　）。

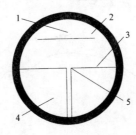

A. 1　　　　　　　B. 2　　　　　　　C. 3　　　　　　　D. 4

答案：D

12. 下图中所表示的经纬仪视窗的读数应为（   ）。

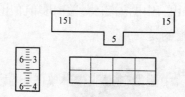

A. 151° 56′33.4″

B. 152° 45′33.4″

C. 151° 15′63″

D. 151° 5′34″

答案：A

13. 下图中所表示的经纬仪视窗的读数应为（   ）。

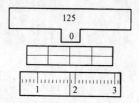

A. 125° 0′18.5″ B. 125° 2′32.1″ C. 125° 1′09″ D. 125° 1′18.5″

答案：D

14. 下面各图中（   ）为水平角测量的原理示意图。

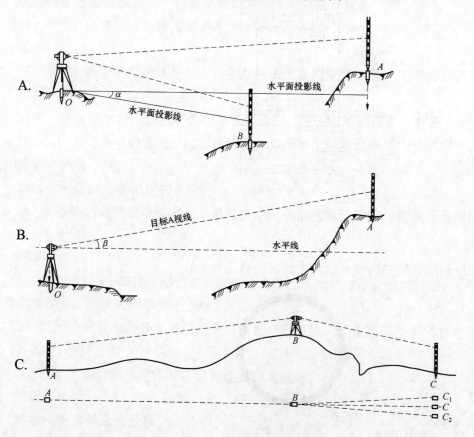

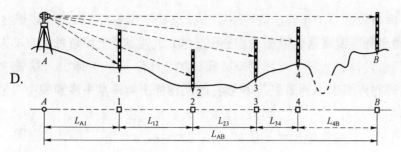

D.

答案：A

15. 下面所画的示意图是（　　）原理示意图。

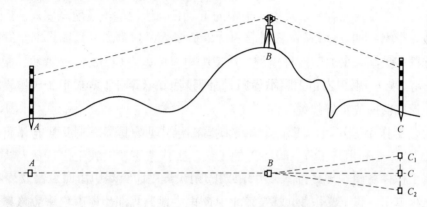

A. 水平角测量

B. 竖直角测量

C. 直线定线测量

D. 距离测量

答案：C

六、计算题

1. 有一台三角形接法的三相异步电动机，额定功率 P_N 为 10kW，效率 η 为 89.5%，请计算电动机在额定功率运行时电源输入的有功功率？

解：

$$P=P_N/\eta$$
$$P=10/0.895$$
$$P=11.17（kW）$$

答：电动机在额定功率运行时电源输入的有功功率为 11.17kW。

2. 某照明用户，有 80W 彩电 1 台，40W 的白炽灯 1 盏，60W 的白炽灯 1 盏，一台 120W 的洗衣机，电炊具 800W。由单相电源供电，电压有效值为 220V，请计算该客户的总电流？

解：

$$I=P/U$$
$$I=(80+40+60+120+800)/220$$
$$I=5（A）$$

答：该客户的总电流为 5A。

七、案例分析题

1. 案例经过：

2014 年 6 月 9 日中午 12 时，某供电公司工作负责人张某带领工作班成员李某（死者，男，26 岁）、孙某（伤者，男 46 岁）等四人更换 10kV 线路某支线 24−25 号杆间导线（故障抢修）。12 时

20 分，工作负责人张某在未办理事故抢修工作票的情况下，安排李某、孙某二人攀登 24 和 25 号杆进行原导线的拆除工作，安排另外 2 人负责地面工作。工作票签发人王某、工作负责人张某未提前进行现场勘察，未采取防止倒杆的防范措施，就同意李某和孙某上杆作业。12 时 25 分，李某先使用安全带围杆带和脚扣攀登至 25 号杆顶部进行杆上导线拆除，在杆上的李某未系紧安全帽的下颚带。此时孙某开始攀登此支线 25 号杆，在孙某攀登过程中，该电杆向拉线侧倾倒，李某、孙某随电杆一同倒下。李某脑部先着地，且安全帽已脱离头部，孙某大腿根部骨折。

试分析该起事件中违反配电《配电安规》的行为。

答案：

（1）工作班成员李某（死者）未系紧安全帽的下颚带，违反配电《配电安规》2.1.6"进入作业现场应正确佩戴安全帽"的规定。

（2）工作负责人张某未采取防倒杆措施，违反配电《配电安规》6.4.5"紧线、撤线前，应检查拉线、桩锚及杆塔。必要时，应加固桩锚或增设临时拉线。拆除杆上导线前，应检查杆根，做好防止倒杆措施，在挖坑前应先绑好拉绳"的规定。

（3）工作前，工作票签发人、工作负责人未提前组织现场勘察，违反配电《配电安规》3.2.1"配电检修（施工）作业和用户工程、设备上的工作，工作票签发人或工作负责人认为有必要现场勘察的，应根据工作任务组织现场勘察，并填写现场勘察记录"的规定。

（4）更换导线工作，属无票作业，违反配电《配电安规》3.3.6"填用配电故障紧急抢修单的工作。配电线路、设备故障紧急处理应填用工作票或配电故障紧急抢修单"的规定。

2. 案例经过：2012 年 6 月 15 日，某供电公司作业人员张某组织消除 10kV 上瓦房线 426 线 16 号变压器台（简称变台）低压配电箱隐患，10 时 30 分左右，作业人员张某在未办理工作票手续的情况下，带领李某和秦某二人到达 10kV 上瓦房线 426 线 16 号变台开始工作。张某用 10kV 绝缘杆拉开 16 号变台三相跌落式熔断器（检查发现，硅橡胶跌落式熔断器绝缘端部密封破坏，芯棒空心通道击穿致使变压器高压套管带电），李某将低压配电箱内隔离刀闸拉开后，工作人员张、秦二人在未进行验电、未装设接地线的情况下，便进行了登台工作。10 时 45 分，作业人员张某在右手触碰变压器高压套管时发生触电后高处坠落（未系安全带），经抢救无效死亡。

试分析该起事件中违反《配电安规》的行为。

答案：（1）作业人员张某高处作业未采取防坠落措施，违反《配电安规》17.1.3"高处作业应搭设脚手架、使用高空作业车、升降平台或其他防止坠落的措施"的规定。

（2）变台低压配电箱隐患消除工作。属无票作业，违反《配电安规》3.3.2"填用配电第一种工作票的工作。配电工作，需要将高压线路、设备停电或做安全措施者"的规定。

（3）作业人员张某在未办理工作票手续的情况下开展工作，属无票作业，违反《配电安规》3.3.2"填用配电第一种工作票的工作。配电工作，需要将高压线路、设备停电或做安全措施者"的规定。

第三章 营销理论部分

第一节 五级题库

一、单选题

1. 对客户诉求，应100%跟踪投诉受理全过程，（　　）天内答复。

A. 3　　　　　　　B. 5　　　　　　　C. 7　　　　　　　D. 10

答案：B

2. 国网客服中心应在接到故障报修业务回单后（　　）回访客户。

A. 24小时内　　　B. 1个工作日　　　C. 5个工作日　　　D. 10个工作日

答案：B

3. 对投诉举报案件，受理查处要达100%，并且投诉在（　　）日内、举报在（　　）日内给予答复。

A. 3；5　　　　　B. 5；3　　　　　C. 5；10　　　　　D. 10；5

答案：C

4. 对客户的故障报修、新增业扩办理完成后，在（　　）内应主动回访。

A. 一天　　　　　B. 三天　　　　　C. 一周　　　　　D. 两周

答案：C

5. 除（　　）工单外，其他工单不允许合并。

A. 意见　　　　　B. 投诉　　　　　C. 举报　　　　　D. 故障报修

答案：D

6. 国网客服中心受理客户表扬诉求后，未办结业务（　　）分钟内派发工单，处理部门应根据工单内容核实表扬。

A. 5　　　　　　　B. 10　　　　　　C. 20　　　　　　D. 30

答案：C

7. 各省客户服务中心，地市、县供电企业电器损坏核损业务（　　）内到达现场。

A. 24小时　　　　B. 1个工作日　　　C. 4个工作日　　　D. 5个工作日

答案：A

8. 各省客户服务中心，地市、县供电企业应在国网客服中心受理客户举报诉求后（　　）个工作日内处理，答复客户并审核、反馈处理意见。

A. 1　　　　　　　B. 5　　　　　　　C. 9　　　　　　　D. 10

答案：A

9. 国网客服中心应在接到服务申请回复工单后（　　）个工作日内回访客户。

A. 1　　　　　　　B. 5　　　　　　　C. 9　　　　　　　D. 10

答案：A

10. 同一事件催办次数原则上不超过（　　）次。

A. 1　　　　　　　B. 2　　　　　　　C. 3　　　　　　　D. 5

答案：B

11. 国网客服中心受理客户咨询诉求后，未办结业务（　　）min 内派发工单。

A. 2　　　　　　　B. 5　　　　　　　C. 10　　　　　　　D. 20

答案：D

12. 国网客服中心应在接到咨询业务回单后（　　）个工作日内回复客户。

A. 1　　　　　　　B. 5　　　　　　　C. 7　　　　　　　D. 10

答案：A

13. 各省客户服务中心，地市、县供电企业应在国网客服中心受理客户咨询业务诉求后（　　）内进行业务处理，审核并反馈结果。

A. 24 小时　　　　B. 1 个工作日　　　C. 4 个工作日　　　D. 10 个工作日

答案：B

14. 不具备条件的单位，抢修人员到达故障现场后（　　）min 内向本单位调控中心反馈。

A. 2　　　　　　　B. 5　　　　　　　C. 10　　　　　　　D. 20

答案：B

15. "95598" 客户服务热线，要时刻保持电话畅通，应在电话铃响（　　）声内接听，否则应向客户道歉。

A. 5　　　　　　　B. 4　　　　　　　C. 3　　　　　　　D. 2

答案：B

16. （　　）工单不允许申请挂起。

A. 意见　　　　　　B. 投诉　　　　　　C. 举报　　　　　　D. 故障报修

答案：D

17. 以下不属于故障报修紧急程度描述的是（　　）。

A. 特急　　　　　　B. 紧急　　　　　　C. 一般　　　　　　D. 特殊

答案：D

18. 根据客户所描述的，下列不属于故障现象的是（　　）。

A. 线路打火　　　　B. 频繁跳闸停电　　C. 电路线冒火　　　D. 电压不稳定

答案：C

19. 对于行风类举报，国网客服中心派发工单后及时报告（　　）。

A. 国网监察局　　　B. 国家电网　　　　C. 国网监控局　　　D. 国家监察局

答案：A

20. 电器损坏业务 24 小时内应达到故障现场核查，业务处理完毕后（　　）内回复工单。

A. 24 小时　　　　B. 1 个工作日　　　C. 4 个工作日　　　D. 6 个工作日

答案：B

21. DDZY141 型的电能表是一种（　　）。

A. 单相电能表　　　　　　　　　　　　B. 三相三线有功表

C. 三相四线有功表　　　　　　　　　　D. 无功电能表

答案：A

22. 当单相电能表相线和零线互换接线时，用户采用一相一地的方法用电，电能表将（　　）。

A. 正确计量　　　　　　B. 多计电量　　　　　C. 不计电量　　　　　D. 烧毁

答案：C

23. 电压互感器文字符号用（　　　）表示。

A. PA　　　　　　　　　B. PV　　　　　　　　C. TA　　　　　　　　D. TV

答案：D

24. 电压互感器一次绕组的匝数（　　　）二次绕组的匝数。

A. 大于　　　　　　　　B. 远大于　　　　　　C. 小于　　　　　　　D. 远小于

答案：B

25. 对于单相供电的家庭照明用户，应该安装（　　　）。

A. 单相有功电能表　　　　　　　　　　　B. 三相三线电能表

C. 三相四线电能表　　　　　　　　　　　D. 三相无功电能表

答案：A

26. 对直接接入式电能表进行调换工作前，必须使用电压等级合适而且合格的验电器进行验电，验电时应对电能表（　　　）验电。

A. 进线的各相　　　　B. 接地线　　　　　　C. 进出线的各相　　D. 出线的各相

答案：C

27. 绝缘导线 BLVV 线型是（　　　）。

A. 铜芯塑料绝缘线　　　　　　　　　　　B. 铜芯塑料护套线

C. 铝芯橡皮绝缘线　　　　　　　　　　　D. 铝芯塑料护套线

答案：D

28. 确认电能表安装无误后，正确记录电能表各项读数，对计量柜（箱）、联合接线盒等加封，记录（　　　），并拍照留证。

A. 客户编号　　　　　B. 封印编号　　　　　C. 客户地址　　　　D. 客户电话

答案：B

29. 确认电能表安装无误后，正确记录新装电能表（　　　），对电能表、计量柜（箱）、联合接线盒等进行加封，记录封印编号，并拍照留证。

A. 资产号　　　　　　B. 封印编号　　　　　C. 各项读数　　　　D. 示数

答案：C

30. 电流互感器文字符号用（　　　）表示。

A. PA　　　　　　　　　B. PV　　　　　　　　C. TA　　　　　　　　D. TV

答案：C

31. 电流互感器一次绕组的匝数（　　　）二次绕组的匝数。

A. 大于　　　　　　　　B. 远大于　　　　　　C. 小于　　　　　　　D. 远小于

答案：D

32. 如需在电能表、终端 RS485 口进行工作，工作前应先对电能表、终端 RS485 口进行（　　　）。

A. 核对　　　　　　　　B. 验电　　　　　　　C. 通断　　　　　　　D. 隔离

答案：B

33. 电能表型号 DDZY141 中 "Y" 字代表（　　　）。

A. 分时电能表   B. 最大需量电能表

C. 预付费电能表   D. 无功电能表

答案：C

34. 二次回路导线外皮颜色宜采用：U 相为（   ）。

A. 黄色   B. 绿色   C. 红色   D. 黄绿双色

答案：A

35. 二次回路导线外皮颜色宜采用：V 相为（   ）。

A. 黄色   B. 绿色   C. 红色   D. 黄绿双色

答案：B

36. 二次回路导线外皮颜色宜采用：W 相为（   ）。

A. 黄色   B. 绿色   C. 红色   D. 黄绿双色

答案：C

37. 二次回路导线外皮颜色宜采用：接地线为（   ）。

A. 黄色   B. 绿色   C. 红色   D. 黄绿双色

答案：D

38. 电能表 DSZ545 型表示（   ）。

A. 单相电能表   B. 三相三线电能表

C. 三相四线电能表   D. 无功电能表

答案：B

39. 安装在现场，代表安装维护的封印颜色为（   ）色。

A. 黄   B. 绿   C. 蓝   D. 红

答案：A

40. 安装在现场，代表现场检验的封印颜色为（   ）色。

A. 黄   B. 绿   C. 蓝   D. 红

答案：C

41. 安装在现场，代表用电检查的封印颜色为（   ）色。

A. 黄   B. 绿   C. 蓝   D. 红

答案：D

42. 功率为 100W 的灯泡和 40W 的灯泡串联后接入电路，40W 的灯泡消耗的功率是 100W 的灯泡的（   ）倍。

A. 4   B. 0.4   C. 2.5   D. 0.25

答案：C

43. 1kWh 电量可供 "220V 40W" 灯泡正常发光的时间是（   ）h。

A. 100   B. 200   C. 95   D. 25

答案：D

44. 某一电能表，铭牌上标明 $C=400\text{imp/kWh}$，该表发一个脉冲所计量的电量为（   ）Wh。

A. 1.5   B. 2.0   C. 2.5   D. 4.0

答案：C

45. 某居民用户电能表（2级）常数 3000r/kWh，实际负荷为 100W，测得该电能表 2r 的时间为 22s，该表的误差是（　　）。

　　A. +8.1%　　　　　　　B. +9.1%　　　　　　　C. +9.5%　　　　　　　D. +8.4%

　　答案：B

46. "CMC" 是（　　）标志。

　　A. 产品合格　　　　　　　　　　　　　　B. 计量检定

　　C. 制造计量器具许可证　　　　　　　　　D. 产品商标

　　答案：C

47. 电子式电能表的基本误差是以（　　）的百分数表示。

　　A. 绝对误差　　　　　B. 平均误差　　　　　C. 相对引用误差　　　　D. 相对误差

　　答案：D

48. 瓦秒法测量电能表误差，对负荷功率的要求是（　　）。

　　A. 负荷功率越大越好　　　　　　　　　　B. 负荷功率越小越好

　　C. 负荷功率保持恒定不变　　　　　　　　D. 负荷功率对测量结果无影响

　　答案：C

49. 额定最大电流（I_{max}）是仪表能满足（　　）要求的电流最大值。

　　A. 规程　　　　　B. 规程准确度　　　　　C. 要求　　　　　D. 规定

　　答案：B

50. 基本电流（I_b）是确定（　　）仪表有关特性的电流值。

　　A. 经互感器接入　　　B. 直接接入　　　　C. 间接接入　　　　D. 接入

　　答案：B

51. 某电能表，其常数为 2000r/kWh，测得 10r 时间为 12s，则功率为（　　）kW。

　　A. 6　　　　　　B. 3　　　　　　　C. 1.5　　　　　　D. 12

　　答案：C

52. 低压测电笔使用不正确的是（　　）。

　　A. 用手接触前端金属

　　B. 用手接触后端金属

　　C. 只能测 500V 及以下电压

　　D. 测量时应先在带电体上试测一下，以确认其好坏

　　答案：A

53. 使用钳形表测量导线电流时，应使被测导线（　　）。

　　A. 尽量离钳口近些　　　B. 尽量离钳口远些　　　C. 尽量居中　　　D. 无所谓

　　答案：C

54. 某一单相电子式电能表脉冲常数为 1600imp/kWh，正确说法是脉冲灯闪（　　）次累计为 1kWh 电量。

　　A. 1　　　　　　B. 16　　　　　　　C. 160　　　　　　D. 1600

　　答案：D

55. 某一型号单相电能表，铭牌上标明 $C = 1667$r/kWh，该表转盘转一圈所计量的电能为（　　）。

A. 1.7Wh   B. 0.6Wh   C. 3.3Wh   D. 1.2Wh

答案：B

56. 钳型电流表的钳头实际上是一个（   ）。

A. 电压互感器   B. 电流互感器   C. 自耦变压器   D. 整流器

答案：B

57. 三相四线有功电能表，抄表时发现一相电流接反，抄得电量为 300kWh，若三相负荷对称，则实际用电量应为（   ）kWh。

A. 2000   B. 1500   C. 1000   D. 900

答案：D

58. 电能表基本电流为 5A，配 100/5A 电流互感器，电能表走 50kWh，则实际用电量为（   ）kWh。

A. 50   B. 150   C. 600   D. 1000

答案：D

59. 在现场测定电能表基本误差时，若负载电流低于被检电能表基本电流的（   ）时，不宜进行误差测量。

A. 2%   B. 5%   C. 10%   D. 1/3

答案：C

60. 一居民用户电能表常数为 3000imp/kWh，测试负荷为 100W，电能表发出 1imp 需要的时间是（   ）s。

A. 5   B. 10   C. 12   D. 15

答案：C

61. 一居民用户电能表常数为 3000r/kWh，测试负荷为 100W，测得电能表转一圈的时间为 11s，则电能表误差为（   ）。

A. +8.1%   B. +9.1%   C. +10.1%   D. +11.1%

答案：B

62. 用来查看供电单位、线路、群组、台区的应抄表数、抄表成功数、抄表成功率、安装率及该台区终端信息的是（   ）。

A. 低压采集质量检查   B. 采集质量检查

C. 抄表数据查询   D. 集中器挂载电能表数量分析率

答案：A

63. 关于无线公网 GPRS/CDMA 通信方式，下列描述错误的是（   ）。

A. 资源相对丰富，覆盖地域广   B. 支持永久在线

C. 适合大规模应用   D. 数据通信实时性高，较少受到干扰

答案：D

64. 查询终端不在线明细应该在（   ）功能模块下。

A. 终端实时工况   B. 终端设备运行状态

C. 电能表运行状态   D. 主站运行状态

答案：A

65. 在使用专变采集终端对客户进行功率控制时，必须在主站或现场执行（　　）操作，才能对客户进行负控跳闸。

A. 投入功控，投入保电　　　　　　　　　B. 解除功控，解除保电

C. 投入功控，解除保电　　　　　　　　　D. 解除功控，投入保电

答案：C

66. RS485 接口是（　　）通信接口。

A. 双工串行　　　　　B. 双工并行　　　　　C. 半双工串行　　　　　D. 半双工并行

答案：C

67. 下列哪两种设备之间不能采用低压电力载波通信（　　）。

A. 电能表同集中器　　　B. 集中器同采集器　　　C. 采集器同电能表　　　D. 采集器同集中器

答案：C

68. 集中器与电能表不能采用下述哪种通信方式直接通信（　　）。

A. RS-485　　　　　B. 微功率无线　　　　　C. 窄带载波　　　　　D. 宽带载波

答案：B

69. 关于采集器与电能表 RS485 通信线的连接，描述正确的是（　　）。

A. 采用屏蔽双绞导线，屏蔽层单端接地　　　　B. 采用屏蔽双绞导线，屏蔽层双端接地

C. 采用一般屏蔽导线，屏蔽层单端接地　　　　D. 采用一般屏蔽导线，屏蔽层双端接地

答案：A

70. 关于时段控，描述正确的是（　　）。

A. 每个时段的功率定值必须相同　　　　　B. 时段设置应该是闭环的

C. 保安定值对时段控无效　　　　　　　　D. 投入保电后，才能执行时段控功能

答案：B

71. 关于专变采集终端功能的描述，错误的是（　　）。

A. 具有电压、电流、功率等交流模拟量采集功能

B. 能采集开关位置等遥信信息

C. 可以对电力用户进行远程负荷控制

D. 具有过流保护跳闸功能

答案：D

72. 关于集中器的描述，错误的是（　　）。

A. 集中器与主站之间可以采用 GPRS、微功率无线等方式通信

B. 集中器与采集器之间可通过低压载波等方式进行通信

C. 集中器可以进行公变电能计量

D. 可以进行直流模拟量采集

答案：A

73. 用电信息采集设备包括（　　）。

A. 专变终端器、集中器、采集器

B. 专变终端器、集中抄表终端

C. 采集终端和电能表

D. 专变终端、集中抄表终端、分布式能源监控终端

答案：C

74. RS485 接口采用的是（   ）。

A. TTL 电平   B. CMOS 电平   C. 差分信号   D. CDMA 信号

答案：C

75. 采集器与电能表的通信方式一般采用（   ）。

A. 485 串口   B. 低压窄带载波   C. 低压宽带载波   D. 微功率无线

答案：A

76. RS485 标准的最大传输距离大约是（   ）m。

A. 600   B. 1200   C. 2400   D. 4800

答案：B

77. 终端与智能电能表通过 RS-485 通道通信时，采用的通信协议是（   ）。

A. Q/GDW 376.1—2009   B. CDT

C. DL/T 645—2007   D. DL/T 614—2007

答案：C

78. 关于用电信息采集全覆盖，下属描述正确的是（   ）。

A. 偏远地区的用户可以暂不考虑   B. 电动汽车充电站也需要采集

C. 关口表可不用采集   D. 考核计量点仅做考核用，可不采集

答案：B

79. 专变采集终端按外形结构和 I/O 配置分为（   ）种形式。

A. 二   B. 三   C. 四   D. 五

答案：B

80. 关于采集器的描述，错误的是（   ）。

A. 采集器属于低压集中抄表终端的一种类型

B. 集中器与采集器之间可通过低压载波等方式进行通信

C. 采集器依据功能可分为基本型采集器和简易型采集器

D. 简易型采集器可以抄收和暂存电能表数据

答案：D

二、多选题

1. 国网客服中心受理客户故障报修诉求后，根据（   ）等确定故障报修等级。

A. 报修故障的重要程度   B. 停电影响范围

C. 停电区域   D. 故障的危害程度

答案：ABD

2. 故障报修类型包括（   ）。

A. 高压故障   B. 低压故障

C. 电能质量故障   D. 客户内部故障

答案：ABCD

3. 下列选项中，（   ）工单不允许合并。

A. 故障报修 B. 投诉 C. 举报 D. 意见

答案：BCD

4. 客户投诉包括（ ）。

A. 服务投诉 B. 营业投诉 C. 停送电投诉 D. 供电质量投诉

答案：ABCD

5. 生产类停送电信息包括（ ）。

A. 计划停电 B. 临时停电

C. 电网故障停限电 D. 超电网供电能力

答案：ABCD

6. 工单处理回复包括（ ）。

A. 事件原因 B. 处理方案 C. 整改措施 D. 个人意见

答案：ABC

7. （ ）工单允许申请挂起。

A. 意见 B. 故障报修 C. 举报 D. 投诉

答案：ACD

8. 投诉等级分为（ ）。

A. 特殊 B. 重要 C. 重大 D. 很重要

答案：ABC

9. 真诚服务，尽量满足客户的合理要求。对客户咨询、投诉等（ ），及时、耐心、准确地给予解答。

A. 不推诿 B. 不拒绝 C. 不延时 D. 不搪塞

答案：AC

10. 省公司，地方、县供电企业应在国网客服中心受理客户诉求后在规定的时限内（ ），国网客服中心应在接到回复工单后 1 个工作日内回访。

A. 处理 B. 审核 C. 答复客户 D. 反馈处理意见

答案：ABCD

11. 按照电能表接入被测电路的方式有（ ）接入式。

A. 直接 B. 间接 C. 复合 D. 相对

答案：AB

12. 根据《国家电网公司关口电能计量装置管理办法》规定，电能表安装应录入信息包括：（ ）以及倍率、工作人员、作业时间等信息。

A. 记录计量点编号 B. 安装位置 C. 设备编号 D. 新装表底度数

答案：ABCD

13. 根据《国网营销部关于开展计量装表串户及习惯性违规专项治理工作的通知》中附件 3《计量装置施工质量治理重点》，电能计量箱安装时的要求有（ ）。

A. 安装位置正确 B. 部件齐全

C. 进出线开孔与导管管径适配 D. 设备安装应装牢固

答案：ABCD

14. 根据《国网营销部关于开展计量装表串户及习惯性违规专项治理工作的通知》中附件3《计量装置施工质量治理重点》，智能电能表安装的要求有（　　　）。

A. 安装应不存在安全隐患，便于日常维护　　　B. 应垂直安装，牢固可靠

C. 电能表端钮盖应加封完备　　　D. 线路正确，不存在串户情况

答案：ABCD

15. 根据《国网营销部关于开展计量装表串户及习惯性违规专项治理工作的通知》中附件3《计量装置施工质量治理重点》，智能电能表安装时，相邻单相电能表的安装距离要求有（　　　）。

A. 垂直中心距应不小于250mm　　　B. 水平中心距应不小于150mm

C. 侧面水平距离应不小于30mm　　　D. 电能表外侧距箱壁不小于60mm

答案：ABCD

16. 现场带电更换电能表时电压回路短路或接地会引发（　　　）。

A. 人员触电伤亡　　　B. 电量差错

C. 引发系统运行设备损坏　　　D. 电网安全事故

答案：ACD

17. 下列单位为法定计量单位的是（　　　）。

A. 秒（s）　　　B. 天（d）　　　C. 度（kWh）　　　D. 伏（kV）

答案：ABC

18. 三相智能电能表的有功等级包括（　　　）级。

A. 1　　　B. 2　　　C. 0.2S　　　D. 0.5S

答案：ACD

19. 有以下（　　　）缺陷之一的电能表判定为外观不合格。

A. 铭牌字迹不清楚，或经过日照后已无法辨别，影响到日后的读数或计量检定

B. 内部有杂物

C. 封印破坏

D. 表壳损坏，视窗模糊和固定不牢或破裂

答案：ABCD

20. 下述电能表的常数中，其正确的表示形式是（　　　）。

A. 用 r/（kWh）表示，代表符号 "C"

B. 用 Wh/r 表示，代表符号 "K"

C. 用 r/min 表示，代表符号 "n"

D. 用 imp/（kWh）表示，代表符号 "C"

答案：ABCD

21. 下列对电能表检测的方法中，正确的说法是（　　　）。

A. 瓦秒法是测定电能表误差的基础方法，它对电源稳定度要求很高，而且是通过计时的办法来间接测量的

B. 瓦秒法可以作为现场对电能计量装置误差的初步判断方法

C. 标准电能表法是直接测定电能表误差，即在相同的功率下把被检电能表测定的电能与标准电能表测定的电能相比较，即能确定被检电能表的相对误差的方法

D. 标准电能表法对电源稳定度要求很高，但用作标准的电能表比被检表要高两个等级，目前普遍采用此法

答案：ABC

22. 按照《中华人民共和国计量法》规定的法定计量单位要求，下列符合要求的是（　　）。

A. 有功电能——kWh

B. 无功电能——kWh

C. 有功功率——kW

D. 无功电能——varh

答案：ACD

23. 瓦秒法测电能表误差过程中，已知变量（　　），便可计算误差。

A. 规定时间内电能表转数 N

B. 秒表记录时间 t

C. 电能表功率 P

D. 电能表常数 C

答案：ABCD

24. 瓦秒法测电能表误差时，求得下列变量（　　），可计算理论时间 T。

A. 规定时间内电能表转数 N

B. 秒表记录时间 t

C. 电能表功率 P

D. 电能表常数 C

答案：ACD

25. 瓦秒法测电能表误差，已知电能表常数 $C=1600$imp/kWh，实际负荷为 1000W，测得电能表 10 个脉冲所用时间为 22s，则该电能表理论时间 T 为（　　）s，电能表误差为（　　）%。

A. 22.5　　　　　　　B. 22　　　　　　　C. 2.27　　　　　　　D. 3.27

答案：AC

26. 瓦秒法测电能表误差，已知电能表常数为 3000imp/kWh，实际负荷 1kW，测得电能表误差为 10%，则测得电能表脉冲数及所用时间组合可能为（　　）。

A. $N=11$，$t=12$　　B. $N=12$，$t=12$　　C. $N=22$，$t=24$　　D. $N=23$，$t=24$

答案：AC

27. 用电信息采集终端按应用场所分为（　　）终端。

A. 专变采集

B. 变电站采集

C. 集中抄表

D. 分布式能源监控

答案：ACD

28. 电力用户用电信息采集系统可实现的功能包括（　　）。

A. 负荷控制　　　　B. 远方自动抄表　　　　C. 预购电　　　　D. 防窃电

答案：ABCD

29. 终端运行监测主要包含哪些方面内容（　　）。

A. 终端实时工况

B. 终端设备运行状态

C. 通信信道监测

D. 通信情况统计

答案：ABCD

30. 下面哪些原因的影响，主站召测不到电表的实时数据（　　）。

A. 电表地址

B. 终端没有设置电表的参数

C. 终端与电表通信线

D. 终端与电表的通信协议

答案：ABCD

31. 公网终端收不到信号，其可能原因有（　　　）。

A. 频点或通信波特率设置错误　　　　　B. 网络信号不好

C. 通信模块损坏　　　　　　　　　　　D. 天线位置或方向问题

答案：BC

32. 主站任何命令发出，终端均无反应，原因可能是（　　　）。

A. 终端装置熔断器熔断　　　　　　　　B. 终端主控单元故障

C. 表计故障　　　　　　　　　　　　　D. 终端电源故障

答案：ABD

33. 终端不在线主要原因（　　　）。

A. SIM 卡：损坏、插卡不正确或接触不良及欠费

B. 信号弱、不稳定及无信号

C. 天线损坏或与终端接触不良

D. 终端通信参数设置不正确或未设置

答案：ABCD

34. 下列（　　　）设置错误会造成公网终端下线。

A. APN　　　　　　B. 在线方式　　　　　C. 心跳周期　　　　　D. 主站 IP

答案：ABCD

35. 关于集中器安装下列描述正确的是（　　　）。

A. 箱式变压器集中器安装在变压器操作间内

B. 接入工作电源考虑安全，必须采取停电措施

C. 集中器统一在箱体内安装

D. 集中器应安装在变压器 400V 侧

答案：ACD

36. 用电信息采集系统定值控制包括（　　　）。

A. 功率定值控制　　　　　　　　　　　B. 费率定值控制功能

C. 遥控　　　　　　　　　　　　　　　D. 电量定值控制

答案：ABD

三、判断题

1. 受理用电业务时，应主动向客户提供业务咨询和投诉电话号码。（　　　）

答案：正确

2. 投诉按照调查情况和责任归属分为"属实投诉"和"不属实投诉"两类。（　　　）

答案：正确

3. 各省客户服务中心、地市、县供电企业居民客户报装业务受理后应及时向客户答复供电方案并回复工单。（　　　）

答案：正确

4. 国网客服中心应在接到回复工单后十二小时内回访客户。（　　　）

答案：错误

解析：国网客服中心应在接到咨询业务回单后二十四小时内回访客户。

5. 投诉工单不允许申请挂起。（　　　）

答案：错误

解析：报修工单不允许申请挂起。

6. 供电质量投诉属于客户投诉中的一种。（　　　）

答案：正确

7. 家用电器损坏业务 24h 内应达到故障现场核查，业务处理完毕后 1 个工作日内回复工单。（　　　）

答案：正确

8. 具备远程终端或手持终端的单位，抢修人员达到故障现场后 15min 内将到达现场时间录入系统。（　　　）

答案：错误

解析：具备远程终端或手持终端的单位，抢修人员达到故障现场后 5min 内将到达现场时间录入系统。

9. 按照投诉等级及重要程度，可分为特殊、重大、重要、一般四类。（　　　）

答案：正确

10. 客户投诉时，客服代表不得主动询问或引导客户是否"实名报修"。（　　　）

答案：错误

解析：客户投诉时，客服代表不得主动询问或引导客户是否"匿名投诉"。

11. 已结清欠费的复电登记业务 12h 内为客户恢复送电,送电后 1 个工作日内回复工单。（　　　）

答案：错误

解析：已结清欠费的复电登记业务 24h 内为客户恢复送电，送电后 1 个工作日内回复工单。

12. 电能表异常业务 4 个工作日内处理并回复工单。（　　　）

答案：正确

13. 抄表数据异常业务 4 个工作日内核实并回复工单。（　　　）

答案：错误

解析：抄表数据异常业务 7 个工作日内核实并回复工单。

14. 高速公路快充网络充电预约业务，客户预约时间小于 45min 的，应在客户挂机后 45min 内到达现场。（　　　）

答案：正确

15. 工单挂起必须履行审批手续，同一张工单只允许挂起一次。（　　　）

答案：正确

16. BLV 型表示塑料绝缘铝导线。（　　　）

答案：正确

17. 安装单相电能表时，电源火线、零线可以对调接。（　　　）

答案：错误

解析：电源火线、零线不可以对调接

18. 常用单相电能表接线盒内有四个接线端，自左向右按"1""2""3""4"编号。接线方法为"1"接火线进线，"2"接零线进线，"3"接火线出，"4"接零线出线。（　　　）

答案：错误

解析： 接线方法为"1"接火线进线，"2"接火线出线，"3"接零线进线，"4"接零线出线。

19. 国产单相电能表制造厂给出的单相电能表接线图中，相线连接有一进一出和二进二出两种接法。（　　）

答案：错误

解析： 国产单相电能表制造厂给出的单相电能表接线图中，相线连接为一进一出接法。

20. 单相负荷用户可安装一只单相电能表。（　　）

答案：正确

21. 单相供电的电力用户计费用电能计量装置属于 V 类计量装置。（　　）

答案：正确

22. 三相电能计量的接线方式中，U、V、W 接线为正相序，那么 W、V、U 就为逆相序。（　　）

答案：正确

23. 住宅电能表箱内，如果需并列安装多只电能表，则两表之间的距离不得小于 20mm。（　　）

答案：错误

解析： 单相电能表之间的距离应不小于 30mm。

24. 电能计量柜（箱）不属于电能计量装置。（　　）

答案：错误

解析： 电能计量装置由各种类型的电能表或与计量用电压、电流互感器（或专用二次绕组）及其二次回路相连接组成的用于计量电能装置，包括电能计量柜（箱、屏）。

25. 单相电能表之间的距离应不小于 30mm。（　　）

答案：正确

26. 多表位表箱内预留表位的导线裸露部分应采取绝缘措施，可不必断开对应开关。（　　）

答案：错误

解析： 多表位表箱内预留表位的导线裸露部分应采取绝缘措施，并断开对应开关。

27. 瓦秒法测量电能表误差时，随机选择客户一个用电设备作为负载即可。（　　）

答案：错误

解析： 需选择功率恒定的负载。

28. 瓦秒法测电能表误差时，尽可能少的记录电能表脉冲数（转数）及所用时间 t，以提高工作效率。（　　）

答案：错误

解析： JJG 596—2012《电子式交流电能表检定规程》：若用手动方法控制标准测试器，被检电能表连续转动，测量时间不少于 50s。

29. 瓦秒法测量电能表误差的结果只作为判断电能表计量准确与否的参考依据。（　　）

答案：正确

30. 使用万用表测量电压时，量程选择越大越好。（　　）

答案：错误

解析： 应选择合适量程。

31. 瓦秒法测量电能表误差时，所使用的负载功率尽量保持恒定不变。（　　）

答案：正确

32. 一台额定一次电流为100A的电流互感器，其额定二次电流为5A，其倍率为20。（　　）

答案：正确

33. 电能表常数表示电能表指示1kWh的电能时，电能表的转盘应转的转数或发出的脉冲数。（　　）

答案：正确

34. 单相电能表的电流规格为5（20）A，当此电能表工作在20A时，电能表能长期工作且保证准确度。（　　）

答案：正确

35. 安装式电能表的直观检查包括外部检查和内部检查两部分。（　　）

答案：正确

36. 电能表铭牌上电流为5（60）A，其中括号内表示额定最大电流。（　　）

答案：正确

37. 在采集系统中"抄表数据查询"只能查询采集成功的表计。（　　）

答案：错误

解析：抄表数据查询也可以查询抄表失败的数据。

38. 在采集系统中"终端电能表注册"可对电能表参数进行下发。（　　）

答案：正确

39. 采集系统中的档案可以从终端电能表注册中查看，如果档案不一致就可通过186调试和采集系统中的台区全同步，使采集系统的档案和186保持一致。（　　）

答案：正确

40. 集中抄表终端是对低压用户用电信息进行采集的设备，包括集中器、采集器。（　　）

答案：正确

41. 对GPRS/CDMA通信信道，当采集终端不能上线时，采集系统运行部门应先查看终端整体上线率，逐级排除故障。当判断故障属运营商责任时，应通知运营商进行处理。（　　）

答案：正确

42. 数据完整率的计算公式为：完整数据项/要求数据项。（　　）

答案：正确

43. 抄表成功率的计算公式为：运行在线终端抄读成功表数/电表总数。（　　）

答案：错误

解析：抄表成功率计算公式为抄读成功表数/应抄电表总数。

44. 低压采集质量检查不能查询出某一台区抄表失败用户明细。（　　）

答案：错误

解析：低压采集质量检查能查询到抄表失败用户明细。

45. 用电采集系统有序用电模块主要功能为通过系统实现对用电负荷的控制，实现计划用电、节约用电和安全用电，从而达到改善电网负荷质量的目的。（　　）

答案：正确

46. 当专用变压器采集终端处在保电状态时，只能进行遥控跳闸。（　　）

答案：错误

解析：专用变压器采集终端处在保电状态时，不能进行遥控跳闸。

47. 采用 RS485 进行数据通信时，传输速率越高，传输距离越远。（　　）

答案：错误

解析：传输速率与传输距离成反比，传输速率越低，传输距离越长。

48. 230MHz 通信方式属于无线公网，安全性较差。（　　）

答案：错误

解析：230MHz 通信方式分 230MHz 专网或无线公网。

49. 用电信息采集系统从硬件和软件上都采取了安全防护措施。（　　）

答案：正确

50. 电力用户用电信息采集系统现在主要采用集中式和分布式两种部署方式。（　　）

答案：正确

51. 为了保证终端用户不因电费的不足而突然停电，在用户电费达到临界值时应提醒用户电费余额情况。（　　）

答案：正确

四、简答题

1. 故障报修的定义是什么？

答案：故障报修指的是因电力部门设施问题、不可抗力因素、人为损坏设施、内部故障等情况引起的单户或多户停电，引发客户致电 95598 报修。

2. 哪些设备出现的故障属于供电企业负责维护管理的范围？

答案：按照用电客户与供电企业签订的供用电合同约定，双方以产权分界点为界，原则上产权分界点电源侧的电气设备由供电企业负责维护管理，分界点负荷侧的电气设备由客户负责维护管理。

3. 故障报修的类型有哪些？

答案：① 低压故障；② 高压故障；③ 电能质量；④ 客户内部故障；⑤ 其他。

4. 故障报修时有哪些注意事项？

答案：（1）发生故障停电时为确保安全，请不要擅自修理，以防止人身触电，设备损坏或电气火灾事故。

（2）拨通报修电话后，请您提供报修人姓名、联系电话、故障地点（路名及邻近标志性建筑物），故障情况（停电范围及明显的故障现象）。您提供的信息越详细，就越有助于我们抢修人员尽快到达现场抢修和排除故障。

（3）报修后，请您保持电话畅通，以便抢修人员与您联系，第一时间到故障现场处理故障。

5. 如何引导居民客户排查内部故障？

答案：（1）排查内容：指导客户检查电表出线以后的进户闸刀/空气开关/保险丝、触电保安器开关、家中开关及保险丝。

（2）排查方式：① 表下空气开关，是否误动作跳闸、是否家中超容、线路漏电跳闸；② 触电保安器开关，如开关跳，检查复位按钮；③ 家中开关，是否误动作跳闸、是否家中超容、线路漏电跳闸；④ 保险丝，是否熔断。

6. 什么是电能计量装置二次回路？

答案： 电能计量装置二次回路是指互感器二次侧和电能表及其附件相连接的线路。

7. 停电轮换或新装单相电能表时应注意些什么？

答案： 应注意以下事项：① 核对电能表与工作单上所标示的电能表规格、型号是否相符；② 要严格按电能表接线端子盒盖反面或接线盒上标明的接线图和标号接线；③ 接线桩头上的螺丝必须全部旋紧并压紧线和电压连接片；④ 电能表悬挂倾斜度不大于1°；⑤ 单相电能表的第一进线端钮必须接电源的相线，电源的零线接第二进线端钮，防止偷电漏计。

8. 瓦秒法测电能表误差需要已知的参数有哪些？

答案： 负荷功率 P，电能表常数 C，电能表所测脉冲数（转数）N，秒表测量时间 t。

9. 怎样用瓦秒法和实际负荷核对有功电能表的准确度？

答案： ① 在已知负荷相对稳定时，记录负荷功率 P，用秒表测出电能表转动一定脉冲数（转数）N 时所需的时间 t；② 计算电能表所测脉冲数（转数）的理论时间：$T=3600\times1000\times N/(C\times P)$；公式中，$N$ 为电能表脉冲数（转数），C 为电能表常数，P 为负荷功率。③ 计算电能表误差：$\gamma=(T-t)\times100\%/r$。

10. 瓦秒法测电能表误差时，有哪些注意事项？

答案： ① 选取的负荷功率要保持恒定不变；② 秒表记录前清零；③ 选取的脉冲记录时间在50s以上。

11. 采根据《国家电网公司用电信息采集系统建设管理办法》，采集终端电源回路接线要求的标准是什么？

答案： 满足《电能计量装置技术管理规程》相关要求，二次回路的连接导线应采用铜质绝缘导线，电压二次回路至少应不小于 $2.5mm^2$，电流二次回路至少应不小于 $4mm^2$。二次回路导线外皮颜色宜采用：U相为黄色；V相为绿色；W相为红色；中性线为黑色；接地线为黄绿双色。

12. 用电信息采集系统从物理上可根据部署位置分为哪几部分？

答案： 主站、通信信道、采集设备等部分组成。

13. 什么是电磁波？电磁波的传播途径有哪些？

答案： 所谓电磁波就是以某种有限速度在空间传播的电磁场。电磁波传播途径有：天波、地面波、空间波三种。

14. 低压载波表远程停电的主站操作流程？

答案： ① 允许拉闸；② 报警；③ 拉闸。

15. 公变监测包括哪些方面？

答案： ① 运行状况监测：包括单相是否过载、三相不平衡、功率因数越限、停送电、变压器油温。② 电能质量监测：包括电压合格率、频率波。

五、计算题

1. 一居民用户电能表常数为 3200imp/kWh，测试负荷为 360W，若测得电能表闪 16imp 用时 40s，问计量是否准确，误差是多少？

答案： $T=3600\times1000\times N/(CP)=3600\times1000\times16/(3200\times360)=50$（s）

$$\gamma=(T-t)\times100\%/t=25\%>2\%$$

该电能表超差。

2. 有一只单相智能电能表，常数 $C=2500\text{imp/kWh}$，运行中测得每个脉冲需耗时 4s，求该表所接的负载功率 P 是多少？

答案：$T=3600\times1000\times N/(CP)$；

则 　　　　　　$P=3600\times1000\times N/(CT)=3600\times1000\times1/(2500\times4)=360$（W）

3. 某居民用户电能表（2.0 级）常数为 1600imp/（kWh），为了测出该表实际误差，用一只 100W 灯泡作负荷，测得该电能表记录一个脉冲的时间为 22s，试求其误差。

答案：$T=3600\times1000\times N/(CP)=3600\times1000\times1/(1600\times100)=22.5$（s）；

　　　　　　$\gamma=(T-t)\times100\%/t=(22.5-22)\times100\%/22=2.2\%>2\%$

该电能表超差。

4. 某用户用一只 2.0 级三相四线有功电能表计量，其 $C=300\text{imp/}$（kWh），配电屏监视电压表读数为 380V，用钳形电流表测得一次负荷电流为 100A，TA 变比为 500/5A，测试期间用户功率稳定，且功率因数表读数为 0.90，现测得电能表记录 3 个脉冲用时 59s，试求该电能表的大致误差。

答案：

$$P=\sqrt{3}\times380\times\frac{100}{500/5}\times0.9=592.34\text{（W）}$$

$$T=\frac{3600\times1000N}{CP}=\frac{3600\times1000\times3}{300\times592.34}=60.776\text{（s）}$$

$$\gamma=\frac{T-t}{t}\times100\%=\frac{60.776-59}{59}\times100\%=3.0\%>2\%$$

该电能表超差。

5. 某 1 级三相三线有功电能表，其铭牌数据为：$U_N=380V$，$I_b=10A$，$C=600\text{r/kW}\cdot\text{h}$，在 $\cos\varphi=1$、$I=I_b$ 时，实测该电能表转 135r 用时 123.7s，试计算在 $\cos\varphi=1$、$I=I_b$ 时电能表的基本误差。

答案：$T=3600\times1000\times N/(CP)=3600\times1000\times135/(600\times\sqrt{3}\times380\times10)=123$（s）；

　　　　　　$\gamma=(T-t)\times100\%/t=(123-123.7)\times100\%/123.7=-0.57\%<1\%$；

该电能表合格。

6. 某居民用户反映电能表不准，检查人员查明这块电能表准确等级为 2.0，电能表常数为 3600r/（kWh），当用户点一盏 60W 灯泡时，用秒表测得电表转 6r 用电时间为 1min。试求该表的相对误差为多少？并判断该表是否不准？如不准，是快了还是慢了？

答案：$T=3600\times1000\times N/(CP)=3600\times1000\times6/(3600\times60)=100$（s）；

　　　　　　$\gamma=(T-t)\times100\%/t=(100-60)\times100\%/60=66.7\%>2\%$；

该表误差超差，转快了。

六、识图题

1. 请识别如下电能表接线图。

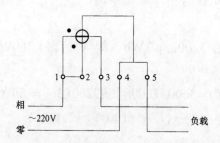

答案：图示为一进一出接线方式的单相电能表内外部接线图。

2. 请识别如下电能表接线图。

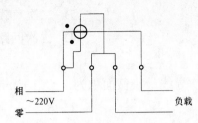

答案：图示为二进二出接线方式的单相电能表内外接线图。

3. 图示是何电气元件的符号。

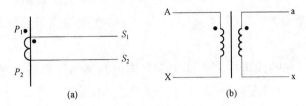

答案：图示分别为电流互感器和电压互感器的符号。

七、案例分析题

某用户家中每月用电量变化幅度较大，用户怀疑是家中电能表出现计量故障，现其想自己粗测家中电能表计量是否准确。已知该用户电能表准确等级为 2.0，用户家中只找到秒表。请问其应如何测量电能表误差？

答案：利用瓦秒法粗测电能表误差。

（1）首先选取一个功率恒定的家用电器作为测试负荷，如灯泡，记录其额定功率 P。

秒表清零，选取 50s 以上的记录时间，记录电能表在此段时间内闪烁的脉冲数 N 及秒表具体时间 t；

（2）计算电能表理论时间 T：$T = 3600 \times 1000 \times N/(C \times P)$。

（3）计算电能表误差：$\gamma = (T-t) \times 100\%/r$。

（4）根据计算结果是否大于 2%，判断电能表是否超差。

第二节　四　级　题　库

一、单选题

1. 带电换表时，若接有电压互感器和电流互感器，则应分别（　　）。

A. 开路短路　　　　　　B. 短路开路　　　　　　C. 均开路　　　　　　D. 均短路

答案：A

2. 单相连接导线长度为 L，电流互感器 V 形连接时，连接导线计算长度为（　　）L。

A. 1/2　　　　　　　　B. 2　　　　　　　　C. 1　　　　　　　　D. 3

答案：C

3. 下列电能表的电流规格参数中，不属于直接接入式电能表的是（　　）。

A. 5（20）A　　　　　　B. 5（60）A　　　　　　C. 10（100）A　　　　D. 3×1.5（6）A

答案：D

4. 电流互感器二次回路导线截面积 A 应按 $A = \rho L \times 10^6 / R_L$（$mm^2$）选择，式中 R_L 是指（　　）。

A. 二次负载阻抗　　　　　　　　　　　　　B. 二次负载电阻

C. 二次回路电阻　　　　　　　　　　　　　D. 二次回路导线电阻

答案：D

5. 电能计量用电流互感器二次导线最小截面积为（　　）mm^2。

A. 2.5　　　　　　　B. 4　　　　　　　C. 6　　　　　　　D. 20

答案：B

6. 经电流互感器接入的低压三相四线电能表，其电压引入线应（　　）。

A. 单独接入　　　　　　　　　　　　　　　B. 与电流线共用

C. 接在电流互感器负荷侧　　　　　　　　　D. 在电源侧母线螺丝引出

答案：A

7. 带互感器的低压三相四线电能表，如果三只电流互感器进出线全部接反，则（　　）。

A. 正确计量　　　　B. 反向计量　　　　C. 不计量　　　　D. 烧坏电表

答案：B

8. 电能表的安装高度在（　　）m（表水平中心线距地面尺寸）。

A. 0.8～1.8　　　B. 0.5～1.8　　　C. 0.5～1.5　　　D. 0.8～2.0

答案：A

9. 根据《电能计量装置安装接线工艺标准》，电能表、采集终端与周围壳体结构之间的最小间距应不小于（　　）mm。

A. 40　　　　　　　B. 60　　　　　　　C. 80　　　　　　　D. 100

答案：A

10. 集中器应垂直安装，用螺钉（　　）牢靠固定在电能表箱或终端箱的底板上。金属类电能表箱、终端箱应可靠接地。

A. 一点　　　　　　B. 两点　　　　　　C. 三点　　　　　　D. 多点

答案：C

11. 末端表计与终端之间的电缆连线长度不宜超过（　　）m。

A. 20　　　　　　　B. 50　　　　　　　C. 80　　　　　　　D. 100

答案：D

12. 低压三相四线有功电能表，经电流互感器接入，互感器变比为100/5，抄表时表码为120，但发现一相电流接反，自上次换装新表后，封印完好，若三相对称，则应追补的电量为（　　）kWh。

A. 2400　　　　　　B. 4800　　　　　　C. 3600　　　　　　D. 无法确定

答案：B

13. 下列关于用户故障换表的说法错误的是（　　）。

A. 因用户违章用电导致的电能计量装置损坏，应由用户负责赔偿，并在换表后按照违章用电处理

B. 由于用户责任造成的计量装置损坏，应由用户负责赔偿后再行换表

C. 由于自然灾害造成的损害，用户不负责赔偿

D. 因错接线造成的计量差错，应合理追退电费

答案：A

14. 以下电能表安装场所及要求不对的是（ ）。

A. 电能表安装在开关柜上时，高度为 0.4～0.7m

B. 电能表安装垂直，倾斜度不超过 1°

C. 不允许安装在有磁场影响及多灰尘的场所

D. 装表地点与加热孔距离不得少于 0.5m

答案：A

15. 在低压三相四线制回路中，要求零线上不能（ ）。

A. 装设电流互感器   B. 装设电能表

C. 安装漏电保护器   D. 安装熔断器

答案：D

16. 在下列关于计量电能表安装要点的叙述中错误的是（ ）。

A. 装设场所应清洁、干燥、不受震动、无强磁场存在

B. 2.0 级有功电能表正常工作的环境温度要在 0～40℃ 之间

C. 电能表应在额定的电压和频率下使用

D. 电能表必须垂直安装

答案：B

17. 直接接入式电能表与经互感器接入式电能表的根本区别在于（ ）。

A. 内部结构   B. 计量原理   C. 接线端钮盒   D. 内部接线

答案：C

18. 根据发改价格〔2013〕973 号文件，经县级及以上人民政府民政部门批准，由国家、社会组织和公民个人举办的，为老年人、残疾人、孤儿、弃婴提供养护、康复、托管等服务场所的生活用电执行（ ）用电。

A. 居民阶梯   B. 工商业及其他

C. 社会福利场所生活   D. 农业生产

答案：C

19. 农业经济作物的种植、灌溉、排涝、喷药、打场、脱粒、打井等动力用电执行（ ）电价。

A. 居民生活   B. 农业生产

C. 工商业及其他两部制   D. 工商业及其他单一制

答案：B

20. 山东省 2012 年 7 月 1 日施行的居民阶梯电价中规定："一户一表"居民用户按电力公司抄表周期正常交纳电费，年用电量 2520kWh 及以下执行现行电价 0.546 9 元/kWh；2520—4800kWh 部分执行第二档电量加价标准，电价为（ ）元/kWh。

A. 0.596 9   B. 0.896 9   C. 0.846 9   D. 0.546 9

答案：A

21.《国家电网公司电费抄核收管理规则》规定：抄表员应定期轮换抄表区域，除远程自动抄

表方式外，同一抄表员对同一抄表段的抄表时间不得超过（　　）年。

    A. 一　　　　　　　　B. 两　　　　　　　　C. 三　　　　　　　　D. 四

答案：B

22.《国家电网公司电费抄核收管理规则》规定：对实行远程自动抄表方式的客户，应定期安排现场核抄，核抄周期由各单位根据实际需要确定，10kV 及以上客户现场核抄周期应不超过（　　）个月；0.4kV 及以下客户现场核抄周期应不超过（　　）个月。

    A. 3，6　　　　　　　B. 6，12　　　　　　　C. 4，8　　　　　　　D. 6，6

答案：B

23.《国家电网公司电费抄核收管理规则》规定：当抄表例日无法正确抄录数据时，应在抄表（　　）安排现场补抄，并立即进行消缺处理。

    A. 当日　　　　　　　B. 1 天后　　　　　　　C. 3 天后　　　　　　　D. 5 天后

答案：A

24.《国家电网公司电费抄核收管理规则》规定：新装客户应在归档后（　　）个工作日内编入抄表段。

    A. 1　　　　　　　　B. 3　　　　　　　　C. 5　　　　　　　　D. 7

答案：B

25.《国家电网公司电费抄核收管理规则》规定：正常运行后，对连续三个抄表周期出现抄表数据为零度的客户，应抽取一定比例进行现场核实，其中：0.4kV 非居民客户应抽取不少于（　　）%的客户，居民客户应抽取不少于（　　）%的客户。

    A. 20；80　　　　　　B. 40；60　　　　　　C. 50；50　　　　　　D. 80；20

答案：D

26. 一居民用户 4 月计算电费为 150 元，该用户在 4 月 25 日（每月 15—20 日为交费日期）到供电企业缴纳了电费，该用户的需缴纳的违约金为（　　）元。

    A. 0.75　　　　　　　B. 1　　　　　　　　C. 2.25　　　　　　　D. 1.5

答案：B

27. 对于除季节性用电外，连续（　　）个月电量为零的客户，应查明原因，发现异常应填写工作单报告给相关部门。

    A. 3　　　　　　　　B. 6　　　　　　　　C. 9　　　　　　　　D. 12

答案：B

28. 农村饮用水工程的施工、运行用电应按（　　）电价计费。

    A. 农业生产　　　　　　　　　　　　　　B. 农村饮用水

    C. 工商业及其他两部制　　　　　　　　　D. 工商业及其他单一制

答案：B

29. 为平衡季节用电差异，阶梯电价按（　　）为周期执行。全年分档电量按月度电量标准乘以月份计算，执行相应分档的电价标准。

    A. 月度　　　　　　　B. 季度　　　　　　　C. 半年　　　　　　　D. 年度

答案：D

30. 客户对电量电费有异议时，应在（　　）个工作日内联系客户，（　　）个工作日内答复客户。

A. 1；3　　　　　　　B. 1；5　　　　　　　C. 1；7　　　　　　　D. 3；5

答案：B

31. 抄表是（　　）工作的第一道工序，直接涉及计费电量和售电收入，工作性质十分重要。

A. 电价管理　　　　　B. 售电量管理　　　　C. 电费管理　　　　　D. 电能表管理

答案：C

32. 执行居民生活峰谷分时电价的用户，电费计算原则（　　）。

A. 先阶梯后分时　　　B. 先分时后阶梯　　　C. 只阶梯不分时　　　D. 只分时不阶梯

答案：A

33. 山东省对城乡"低保户"和农村"五保户"设置每月（　　）kWh 免费用电基数，电费先收后返。

A. 15　　　　　　　　B. 20　　　　　　　　C. 30　　　　　　　　D. 5

答案：A

34. 户籍人口（含居住证人员）5 人及以上的"一户一表"居民用户，第一档电量每月增加（　　）kWh 至 310kWh。

A. 50　　　　　　　　B. 100　　　　　　　C. 150　　　　　　　D. 200

答案：B

35. 下列业务中，属于营销数据采集的是（　　）。

A. 抄表　　　　　　　B. 核算　　　　　　　C. 收费　　　　　　　D. 稽查

答案：A

36. 稽查抄表到位率、准确率，其目的是为了杜绝估抄、漏抄和错抄，可以运用抄表后稽查和（　　）稽查方法。

A. 抄表环节　　　　　B. 抄表前　　　　　　C. 事中　　　　　　　D. 电量

答案：B

37.《国家电网公司电费抄核收管理规则》规定：在采用远程自动抄表方式后的前（　　）个抄表周期内，应每个周期进行现场核对抄表。

A. 1　　　　　　　　　B. 2　　　　　　　　C. 3　　　　　　　　D. 4

答案：C

38. 地市公司营销部（客服中心）负责并网后及并网调试申请资料存档，并报地市公司财务部、调控中心、运检部。工作时限为（　　）个工作日。

A. 2　　　　　　　　　B. 3　　　　　　　　C. 4　　　　　　　　D. 5

答案：A

39.（　　）kV 单点并网的分布式电源项目不进行设计审查。

A. 0.38（0.22）　　　B. 10　　　　　　　　C. 35　　　　　　　　D. 110

答案：A

40. 逆变器的检有压自动并网功能要求检有压（　　）%U_N 时自动并网。

A. 75　　　　　　　　B. 80　　　　　　　　C. 85　　　　　　　　D. 90

答案：C

41. 地市公司营销部（客户服务中心）负责按照公司统一格式合同文本办理发用电合同签订工作。对于发电项目业主与电力用户为不同法人的，签订（　　）方发用电合同。

A. 二　　　　　　　　B. 三　　　　　　　　C. 四　　　　　　　　D. 五

答案：B

42. 有分布式电源并网的公共电网线路投入自动化重合闸时，宜增加（　　）功能。

A. 低电压闭锁　　　B. 重合闸检有压　　　C. 高电压闭锁　　　D. 重合闸检无压

答案：D

43. （　　）kV 及以下接入用户侧分布式电源项目，不要求具备低电压穿越能力。

A. 0.38　　　　　　B. 10　　　　　　　　C. 35　　　　　　　　D. 110

答案：B

44. （　　）系统自用电量不收取随电价征收的各类基金和附加。

A. 分布式光伏发电　　　　　　　　　　B. 核电

C. 分布式天然气发电　　　　　　　　　D. 分布式风电

答案：A

45. 分布式电源接入容量超过本台区配电变压器额定容量（　　）%时，配电变压器低压侧刀熔总开关应改造为低压总开关，并在配电变压器低压母线处装设反孤岛装置。

A. 25　　　　　　　　B. 50　　　　　　　　C. 75　　　　　　　　D. 80

答案：A

46. 地市公司营销部（客户服务中心）负责组织相关部门审定 380V 接入项目接入系统方案，出具评审意见。工作时限为（　　）个工作日。

A. 2　　　　　　　　B. 3　　　　　　　　C. 5　　　　　　　　D. 10

答案：C

47. 地市公司（　　）负责组织相关部门审定 380V 接入项目接入系统方案，出具评审意见。

A. 经研院　　　　　B. 调控中心　　　　　C. 发展部　　　　　D. 营销部

答案：D

48. 地市公司（　　）负责办理与项目业主（或电力用户）关于调度协议方面的签订工作。

A. 经研院　　　　　B. 调控中心　　　　　C. 发展部　　　　　D. 营销部

答案：B

49. 公司总部财务部负责（　　）向财政部请求拨付补助资金，并在收到财政部拨付补助资金后，及时拨付给省公司。

A. 按月　　　　　　B. 按季　　　　　　C. 按年　　　　　　D. 按期

答案：B

50. （　　）负责分布式电源并网信息归口管理。

A. 经研院　　　　　B. 调控中心　　　　　C. 发展部　　　　　D. 营销部

答案：C

51. （　　）负责分布式电源并网咨询服务归口管理。

A. 经研院　　　　　　　　　　　　　　B. 调控中心

C. 发展部　　　　　　　　　　　　　　D. 营销部（客户服务中心）

答案： D

52. 分布式电源并网电压等级可根据装机容量进行初步选择，若客户装机容量为 400～6000kW，可选择接入（　　）电网。

A. 220V　　　　　　　　B. 380V　　　　　　　　C. 10kV　　　　　　　　D. 35kV

答案： C

53. 380V 接入的分布式电源，10kV 接入的除下列分布式（　　）项目，可采用无线公网通信方式（光纤到户的可采用光纤通信方式），但应采取信息安全防护措施。

A. 光伏发电　　　　B. 生物质能　　　　C. 风电　　　　D. 海洋能发电

答案： B

54. 10kV 或 0.38kV 接入的分布式电源，或 10kV 接入的除下列分布式（　　）项目，暂只需上传电流、电压和发电量信息，条件具备时，预留上传并网点开关状态能力。

A. 光伏发电　　　　B. 生物质能　　　　C. 风电　　　　D. 海洋能发电

答案： B

55. 分布式电源的接入用户侧，因接入引起的公共电网改造工程列为技改项目。项目业主确认接入系统方案后，运检部组织地市经研所（　　）个工作日内完成公共电网改造工程项目建议书。

A. 10　　　　　　　　B. 20　　　　　　　　C. 30　　　　　　　　D. 60

答案： B

56. 地市公司（　　）负责统计属地分布式电源并网信息，收集分布式电源发展相关重要情况及存在的问题，按月填报相关数据。

A. 经研院　　　　　B. 调控中心　　　　C. 发展部　　　　D. 营销部

答案： C

57. 逆变器类型分布式电源接入 220/380V 配电网，专用开关应具备失压跳闸及检有压合闸功能，失压跳闸定值宜整定为（　　），检有压合闸定值宜整定为大于 85%U_N。

A. 50%U_N

B. 0.2s

C. 85%U_N、0.5s

D. 85%U_N、2s

答案： D

58. 根据《进一步精简业扩手续、提高办电效率的工作意见》（国家电网营销〔2015〕70 号）要求，对于有特殊需求的客户群体，提供办电（　　）。

A. 提前服务特色服务

B. 预约上门服务

C. 套餐服务

D. 一般服务

答案： C

59. 根据《进一步精简业扩手续、提高办电效率的工作意见》（国家电网营销〔2015〕70 号）要求，精简用电申请手续应精简申请资料，优化审验时序，减少（　　）。

A. 流程环节　　　　B. 收费项目　　　　C. 客户临柜次数　　　D. 审批环节

答案： C

60.《进一步精简业扩手续、提高办电效率的工作意见》（国家电网营销〔2015〕70 号）要求优化现场勘查模式，实行合并作业和联合勘查，提高现场勘查效率，低压客户实行（　　）"一岗制"作业。

A. 勘查设计　　　　B. 设计验收　　　　C. 验收装表　　　　D. 勘查装表

答案： D

61.《进一步精简业扩手续、提高办电效率的工作意见》（国家电网营销〔2015〕70号）要求完善服务质量监测体系，实行业扩报装（　　）管控。

A. 闭环　　　　B. 过程　　　　C. 环节　　　　D. 质量

答案： A

62. 根据《进一步精简业扩手续、提高办电效率的工作意见》（国家电网营销〔2015〕70号）要求，对低压居民客户，具备直接装表条件的，应在受理后（　　）个工作日完成供电方案答复及送电。

A. 1　　　　B. 3　　　　C. 5　　　　D. 7

答案： A

63. 根据《进一步精简业扩手续、提高办电效率的工作意见》（国家电网营销〔2015〕70号）要求，低压居民客户受理申请后，对于有电网配套工程的居民客户，在供电方案答复后，（　　）个工作日内完成电网配套工程建设，工程完工当日送电。

A. 1　　　　B. 3　　　　C. 5　　　　D. 7

答案： B

64. 根据《进一步精简业扩手续、提高办电效率的工作意见》（国家电网营销〔2015〕70号）要求，低压非居客户受理申请后，1个工作日内完成现场勘查及供电方案答复；对于无电网配套工程的，在受理申请后，（　　）个工作日内送电。

A. 1　　　　B. 3　　　　C. 5　　　　D. 7

答案： B

65. 根据《进一步精简业扩手续、提高办电效率的工作意见》（国家电网营销〔2015〕70号）要求，低压非居客户受理申请后，1个工作日内完成现场勘查及供电方案答复；对于有电网配套工程的客户，在供电方案答复后，（　　）个工作日完成电网配套工程建设，工程完工当日送电。

A. 1　　　　B. 3　　　　C. 5　　　　D. 7

答案： C

66. 根据《进一步精简业扩手续、提高办电效率的工作意见》（国家电网营销〔2015〕70号）要求，低压充换电设施报装客户受理申请后，答复供电方案后，（　　）个工作日内完成工程建设及送电。

A. 3　　　　B. 5　　　　C. 7　　　　D. 10

答案： B

67. 根据《进一步精简业扩手续、提高办电效率的工作意见》（国家电网营销〔2015〕70号）要求，高压充换电设施报装客户，确定供电方案答复时限为（　　）个工作日。

A. 10　　　　B. 12　　　　C. 15　　　　D. 18

答案： B

68.《进一步精简业扩手续、提高办电效率的工作意见》（国家电网营销〔2015〕70号）规定，优化业扩流程方面：对低压客户，合并（　　）和装表接电环节。

A. 业务受理　　　　B. 现场勘查　　　　C. 供电方案答复　　　　D. 竣工检验

答案：B

69.《进一步精简业扩手续、提高办电效率的工作意见》（国家电网营销〔2015〕70 号）规定，强化考核评价，国网客服中心负责开展业扩客户回访；各级运监中心负责业扩报装专业协同质量和时限的监测；国网（　　　）、运监中心根据监测结果提出考核意见，并纳入业绩考核。

A. 客户服务中心　　　　B. 人资部　　　　C. 营销部　　　　D. 安监部

答案：C

70.《进一步精简业扩手续、提高办电效率的工作意见》（国家电网营销〔2015〕70 号）规定，根据营销部门报送的用户意向接电时间安排，运检部门负责确定是否具备（　　　）条件并制订实施方案。

A. 工作许可　　　　B. 施工安全　　　　C. 停电作业　　　　D. 不停电作业

答案：D

71.《进一步精简业扩手续、提高办电效率的工作意见》（国家电网营销〔2015〕70 号）规定，业扩停（送）电计划安排由调控中心负责组织相关部门协商确定（　　　），并由营销部（客户服务中心）正式答复客户最终接电时间。

A. 施工作业方式　　　　　　　　B. 停（送）电时间

C. 电网方式调整　　　　　　　　D. 施工许可方式

答案：B

72.《进一步精简业扩手续、提高办电效率的工作意见》（国家电网营销〔2015〕70 号）规定，如果居民客户申请时提供了与用电人身份一致的有效产权证明原件及复印件的，（　　　）要求签署承诺书。

A. 必须　　　　B. 可不　　　　C. 一般　　　　D. 还需

答案：B

73. 用户认为供电公司装设的计费电能表不准时，有权向供电公司提出校验申请，在用户交付验表费后，供电公司应在（　　　）天内检验，并将检验结果通知用户。

A. 3　　　　B. 5　　　　C. 7　　　　D. 10

答案：C

74.《国家电网公司业扩报装管理规则》（国家电网企管〔2014〕1082 号）规定，接电完成后，应在（　　　）个工作日内收集、整理并核对归档信息和资料，形成资料清单，建立客户档案。

A. 1　　　　B. 2　　　　C. 3　　　　D. 4

答案：C

75.《国家电网公司业扩报装管理规则》（国家电网企管〔2014〕1082 号）规定，公司各级（　　　）部门是业扩报装业务的归口管理部门。

A. 营销　　　　B. 发展　　　　C. 运检　　　　D. 基建

答案：A

76.《国家电网公司业扩报装管理规则》（国家电网企管〔2014〕1082 号）规定，在具备条件的地区，优先采用业扩（　　　）接引。

A. 带电　　　　B. 不带电　　　　C. 部分停电　　　　D. 停电

答案：A

77.《国家电网公司业扩报装管理规则》（国家电网企管〔2014〕1082 号）规定，对于不具备带电作业条件的，优化停电计划，实现停电计划与（　　）合理衔接。

A. 客户业扩工程进度　　　　　　　　　　B. 施工人员力量

C. 许可人员力量　　　　　　　　　　　　D. 配网改造工程进度

答案：A

78. 关于专用变压器采集终端信息采集的描述，错误的是（　　）。

A. 具有交流采样功能，可以计量用户的电能数据

B. 可以监视计量柜门的开启状态

C. 可以采集用户开关的状态信息

D. 不能采集用户变压器的温度等非电量信息

答案：D

79. 用电信息采集系统远程通信通道在条件允许的情况下，一般应优先选用（　　）。

A. 230MHz 无线专网　　　　　　　　　　B. GPRS/CDMA 无线公网

C. 中压载波　　　　　　　　　　　　　　D. 光纤专网

答案：D

80. 关于光纤专网通信的下列描述，错误的是（　　）。

A. 光纤建设成本较高　　　　　　　　　　B. 高速通信，可靠性高

C. 运行维护费用低　　　　　　　　　　　D. 易受电磁干扰影响

答案：D

81. 专用变压器终端与主站一般不采用下述哪种方式进行通信（　　）。

A. GPRS/CDMA　　　B. 光纤专网　　　C. 230MHz 电台　　　D. 微功率无线

答案：D

82. 专用变压器采集终端最多可有（　　）个轮次的跳闸输出接口。

A. 2　　　　　　　B. 4　　　　　　　C. 6　　　　　　　D. 8

答案：B

83. 专用变压器采集终端进行负荷控制时，其滑差功率的计算对象为（　　）。

A. 电能表测量点　　B. 交采测量点　　C. 终端 4～20mA 信号　　D. 总加组

答案：D

84. 关于 GPRS 通信方式的下列描述，错误的是（　　）。

A. 容量比较大，可实现大容量系统建设　　B. 建设成本较低

C. 需增加防火墙等安全措施　　　　　　　D. 属于无线专网通信

答案：D

85. 关于 230MHz 通信方式的下列描述，错误的是（　　）。

A. 230MHz 终端设备体积较大　　　　　　B. 通信速率较低，容量受限制

C. 属于无线公网通信，安全性较差　　　　D. 易受地形、电磁干扰影响

答案：C

86. 实施费控的方式不包含（　　）实施费控。

A. 主站　　　　　　B. 电能表　　　　　C. 调度　　　　　　D. 终端

答案：C

87. 下列（　　）不属于终端产品的型式规范。

A. 终端类型 　　　　　　　　　　　　　B. 外形结构

C. 抗干扰及可靠性 　　　　　　　　　　D. 标志标识

答案：C

88. 下列（　　）通信方式不是用电信息采集系统的常用远程通信方式。

A. 485 串口　　　　B. GPRS　　　　C. 中压载波　　　　D. 光纤专网

答案：A

89. 下属（　　）不属于专用变压器采集终端的功率定值控制功能。

A. 时段控　　　　B. 保电　　　　C. 厂休控　　　　D. 营业报停控

答案：B

90. 根据《国家电网公司用电信息采集系统建设管理办法》，国网（　　）是公司采集系统建设的归口管理部门。

A. 营销部　　　　B. 发策部　　　　C. 物资部　　　　D. 计量中心

答案：A

91. 根据《国家电网公司用电信息采集系统建设管理办法》，采集系统建设应纳入公司（　　）计划。

A. 年度　　　　B. 营销专项　　　　C. 月度　　　　D. 生产

答案：B

92. 根据《国家电网公司用电信息采集系统建设管理办法》，采集系统全面建成并运行（　　）后，应进行后评估，形成后评估报告。

A. 3 年　　　　B. 5 年　　　　C. 10 年　　　　D. 原则上不超过一年

答案：D

93. 根据《国家电网公司用电信息采集系统建设管理办法》，各级建设单位应严格执行国家（　　），建立和完善采集系统建设的安全保证体系和监督体系。

A.《公司法》　　　B.《合同法》　　　C.《安全生产法》　　　D.《劳动法》

答案：C

94. 根据《国家电网公司用电信息采集系统建设管理办法》，省公司（　　）负责集中采购物资合同签订。

A. 营销部　　　　B. 发策部　　　　C. 物资部　　　　D. 审计部

答案：C

95. 根据《国家电网公司用电信息采集系统建设管理办法》，对单项投资达到（　　）万元以上的采集项目必须实施监理管理。

A. 500　　　　B. 1000　　　　C. 3000　　　　D. 5000

答案：C

96. 根据《国家电网公司用电信息采集系统建设管理办法》，在项目竣工验收投运后（　　）个月内编制完成竣工结算报告。

A. 一　　　　B. 二　　　　C. 三　　　　D. 四

答案：A

97. 根据《国家电网公司用电信息采集系统建设管理办法》，国家电网公司用电信息采集系统建设管理办法自 2014 年（　　　）月 1 日起施行。

A. 9

B. 10

C. 11

D. 12

答案：B

二、多选题

1. 根据《国网营销部关于开展计量装表串户及习惯性违规专项治理工作的通知》中附件 3《计量装置施工质量治理重点》，低压电流互感器对接线的要求有（　　　）。

A. 接线正确，各电气连接紧密

B. 配线整齐美观

C. 导线无损伤

D. 绝缘性能良好

答案：ABCD

2. 计量装置装拆时为防止电流互感器二次开路造成的安全风险可采取下列措施（　　　）。

A. 高低压电能表接线回路采用标准统一的联合接线盒

B. 不得将回路的永久接地点断开

C. 严禁在电流互感器与短路端子之间的回路和导线上进行任何工作

D. 工作时必须有专人监护，使用绝缘工具，并站在绝缘垫上

答案：ABCD

3. 为了防止断线，电流互感器二次回路中不允许装有（　　　）。

A. 接头

B. 隔离开关辅助触点

C. 开关

D. 电能表

答案：ABC

4. 更换电流互感器前，应采取下列措施（　　　）。

A. 告知相关方故障原因

B. 抄录电能表当前各项读数

C. 记录电流互感器变比

D. 请相关方认可

答案：ABCD

5. 确认电能表安装无误后，正确记录新装电能表各项读数，对（　　　）等进行加封，记录封印编号，并拍照留证。

A. 电能表　　　　B. 计量柜（箱）　　　　C. 联合接线盒　　　D. 出线开关

答案：ABC

6. 防止因信息错误造成计量差错应根据装拆工作单核对（　　　）。

A. 客户信息

B. 电能表互感器计量制造许可标志

C. 电能表互感器铭牌内容

D. 电能表互感器铭牌有效检验合格标志

答案：ACD

7. 根据《国网营销部关于开展计量装表串户及习惯性违规专项治理工作的通知》中附件 3《计量装置施工质量治理重点》，对电能计量箱安装的安装工艺有（　　　）。

A. 设备结构及元件的安装位置应符合设计要求

B. 元器件外观完好，绝缘器件无裂纹

C. 元件安装牢固整齐，操作灵活可靠

D. 接线正确，电气连接可靠，接触良好，配线整齐美观

答案： ABCD

8. 根据《国网营销部关于开展计量装表串户及习惯性违规专项治理工作的通知》中附件 3《计量装置施工质量治理重点》，智能电能表安装时，对接线的要求有（　　　）。

A. 接线正确　　　　B. 电气连接可靠　　　C. 接触良好　　　D. 配线整齐美观

答案： ABCD

9. 电能计量装置施工后应满足如下要求：（　　　）。

A. 接线正确、电气连接可靠、接触良好　　　B. 安装牢固、整齐美观

C. 导线无损伤、绝缘良好、留有余度　　　D. 防潮、防小动物

答案： ABC

10. 发起电量电费退补流程的客户管理单位，应认真落实电量电费（　　　）。

A. 退补原因　　　　B. 退补依据　　　　C. 退补时限　　　　D. 退补标准

答案： ABCD

11. 抄表员在抄表时应注意客户（　　　）。

A. 表计是否正常　　B. 有无违章用电行为　C. 电量变化情况　　D. 生产经营状况

答案： ABCD

12. 《国家电网公司电费抄核收管理规则》规定：对（　　　）电压等级客户，全部采用远程自动抄表方式。

A. 10kV 及以上　　　　　　　　　　B. 采集覆盖区域内的 0.4kV 及以下

C. 10kV 及以下　　　　　　　　　　D. 采集覆盖区域内的 0.4kV 及以上

答案： AB

13. 《国家电网公司电费抄核收管理规则》规定：对实行远程自动抄表方式的客户，应定期安排现场核抄，核抄周期由各单位根据实际需要确定，实现现场核抄周期应符合（　　　）的要求。

A. 10kV 及以上客户不超过 6 个月　　　B. 10kV 及以上客户不超过 3 个月

C. 0.4kV 及以下客户不超过 12 个月　　D. 0.4kV 及以下客户不超过 10 个月

答案： AC

14. 《国家电网公司电费抄核收管理规则》规定：采用远程自动抄表方式的，对连续三个抄表周期出现抄表数据为零度的客户，（　　　）进行现场核实。

A. 10kV 及以上客户抽取全部客户　　　B. 0.4kV 非居民客户抽取不少于 80% 的客户

C. 居民客户抽取不少于 20% 的客户　　D. 居民客户抽取不少于 30% 的客户

答案： ABC

15. 《国家电网公司电费抄核收管理规则》规定：加强电量电费差错管理，因（　　　）等原因需要退补电量电费时，应发起电量电费退补流程，并经逐级审批后方可处理。

A. 抄表差错　　　　B. 计费参数错误　　　C. 计量装置故障　　D. 违约用电、窃电

答案： ABCD

16. 与抄表计费有关的客户档案数据内容主要有（　　　），除正常抄表数据外，还需提取变更、退补、示数撤回等信息。

A. 客户基本档案信息　　　　　　　　　B. 客户计量点信息

C. 客户计费信息　　　　　　　　　　　D. 客户电源信息

答案：ABC

17. 下列属于执行居民电价的非居民客户为（　　　）。

A. 学校　　　　　B. 社会福利机构　　　　C. 农村供水工程　　　D. 医院

答案：ABC

18. 下列依托于供电营业厅的交费方式有（　　　）。

A. 现金、支票　　　　B. POS 机刷卡　　　　C. 自助交费终端　　　D. 支付宝交费

答案：ABC

19. （　　　）是供电企业收取电费的主要依据。

A. 国家批准的电价政策　　　　　　　　B. 用电计量装置的电量记录

C. 与客户签订的供用电合同　　　　　　D. 供电企业出台的文件

答案：ABC

20. 分布式光伏发电项目的发电量的消纳方式有（　　　）。

A. 全部自用　　　　　　　　　　　　　B. 全额上网

C. 自发自用余电上网　　　　　　　　　D. 混合方式

答案：ABC

21. 380/220V 逆变器接入分布式电源项目应在并网点设置具备（　　　）特点的并网开断设备。

A. 可闭锁　　　　　　　　　　　　　　B. 具有明显断开指示

C. 具备开断故障电流能力　　　　　　　D. 易操作

答案：BCD

22. 380V 接入的分布式电源，或 10kV 接入的分布式（　　　）发电项目，暂只需上传电压、电流和发电量信息。

A. 光伏　　　　　B. 海洋能　　　　　C. 风能　　　　　D. 生物质能

答案：ABC

23. 国家电网公司为分布式电源项目并网提供（　　　）等多种咨询渠道，向项目业主提供并网办理流程说明、相关政策规定解释、并网工作进度查询等服务，接受项目业主投诉。

A. 客户服务中心　　　B. 95598 服务热线　　　C. 网上营业厅　　　D. 上门受理

答案：ABC

24. 分布式电源接入后，其与公共电网连接（如用户进线开关）处的（　　　）、间谐波等电能质量指标应满足 GB/T 12325、GB/T 12326、GB/T 14549、GB/T 15543、GB/T 24337 等电能质量国家标准要求。

A. 电压偏差　　　　B. 电压波动和闪变　　　C. 谐波　　　　D. 三相电压不平衡

答案：ABCD

25. 逆变器类型分布式电源接入 10kV 配电网技术要求：并网点应安装（　　　）、可开断故障电流的开断设备。

A. 易操作　　　　　　　　　　　　　　B. 可闭锁

C. 具有明显开断点　　　　　　　　　　D. 带接地功能

答案： ABCD

26. 以下（ ）电源类项目执行国家电网公司常规电源相关管理规定。

A. 10kV 接入，且单个并网点总装机容量不超过 6MW 的分布式电源

B. 35kV 接入，且单个并网点总装机容量不超过 6MW 的分布式电源

C. 小水电

D. 10kV 接入，接入点为公共连接点、发电量全部上网的发电项目

答案： CD

27. 分布式电源接入系统典型设计应满足分布式电源与电网互适性要求，遵循（ ）、运行高效的设计原则。

A. 安全可靠 B. 技术先进 C. 投资合理 D. 标准统一

答案： ABCD

28. 为促进分布式电源快速发展，规范分布式电源并网服务工作，提高分布式电源并网服务水平，践行公司"四个服务"宗旨及"（ ）"要求。

A. 欢迎 B. 支持 C. 开放 D. 服务

答案： ABD

29. 参加分布式电源设计文件审查工作的部门有（ ）。

A. 发展部 B. 营销部 C. 运检部 D. 调控中心

答案： ABCD

30.《国家电网公司业扩报装管理规则》（国家电网企管〔2014〕1082 号）规定，业扩报装管理包括业务受理、现场勘查、供电方案确定及答复、（ ）、供用电合同签订、装表接电、资料归档、服务回访全过程的作业规范、流程衔接及管理考核。

A. 业务收费 B. 设计文件审查 C. 中间检查 D. 竣工检验

答案： ABCD

31.《国家电网公司业扩报装管理规则》（国家电网企管〔2014〕1082 号）规定，供用电合同文本经双方审核批准后，由双方（ ）签订，合同文本应加盖双方的"供用电合同专用章"或公章后生效。

A. 法定代表人 B. 企业负责人 C. 授权委托人 D. 电气负责人

答案： ABC

32.《国家电网公司业扩报装管理规则》（国家电网企管〔2014〕1082 号）规定，供用电合同双方审核时，如有异议，由双方协商一致后确定合同条款。利用（ ）等先进技术，推广应用供用电合同网上签约。

A. 密码认证 B. 智能卡 C. 手机令牌 D. 电子章

答案： ABC

33.《国家电网公司业扩报装管理规则》（国家电网企管〔2014〕1082 号）规定，采集终端、电能计量装置安装结束后，应核对（ ）等重要信息，及时加装封印，记录现场安装信息、计量印证使用信息，请客户签字确认。

A. 二次接线 B. 电能表起度 C. 变比 D. 装置编号

答案： BCD

34.《国家电网公司业扩报装管理规则》（国家电网企管〔2014〕1082号）规定，纸质资料应保留原件，确不能保留原件的，保留与原件核对无误的复印件。（　　）必须保留原件。

A. 供用电合同　　　　　B. 相关协议　　　　　C. 试验报告　　　　　D. 营业执照

答案：AB

35. 进一步精简业扩手续、提高办电效率的工作原则是（　　）。

A. 一次告知、手续最简、流程最优快捷　　　　B. 协同运作、一口对外

C. 全环节量化、全过程管控　　　　　　　　　D. 互动化、差异化服务

答案：ABCD

36.《进一步精简业扩手续、提高办电效率的工作意见》（国家电网营销〔2015〕70号）要求在满足接入条件的前提下，按照"（　　）"的原则，确定客户接入的公共连接点。

A. 符合规划　　　　　B. 安全经济　　　　　C. 运行可靠　　　　　D. 就近接入

答案：ABD

37.《进一步精简业扩手续、提高办电效率的工作意见》（国家电网营销〔2015〕70号）规定，居民客户用电地址房屋产权以及用电人身份的（　　）是完成用电报装、合法用电的必备条件。

A. 真实性　　　　　B. 合法性　　　　　C. 有效性　　　　　D. 一致性

答案：ABCD

38. 下面为国家电网公司员工服务"十个不准"内容的有（　　）。

A. 不准违规停电、无故拖延送电

B. 不准违反政府部门批准的收费项目和标准向客户收费

C. 不准为客户指定设计、施工、供货单位

D. 不准操作客户设备

答案：ABC

39.《进一步精简业扩手续、提高办电效率的工作意见》（国家电网营销〔2015〕70号）要求提供（　　）受理服务，根据预约时间完成现场勘查并收资。

A. 网上　　　　　B. 电话　　　　　C. 自助　　　　　D. 现场

答案：AB

40. 根据《国家电网公司用电信息采集系统建设管理办法》，用电信息采集系统建设管理办法适用于公司采集系统建设的项目立项、施工准备以及下列（　　）过程管理。

A. 现场施工　　　　　　　　　　　　　　　　B. 竣工验收

C. 项目内部审核　　　　　　　　　　　　　　D. 结（决）算

答案：ABCD

41. 根据《国家电网公司用电信息采集系统建设管理办法》，用电信息采集系统建设的总体目标包括（　　）。

A. 全覆盖　　　　　B. 全采集　　　　　C. 全电子　　　　　D. 全费控

答案：ABD

42. 根据《国家电网公司用电信息采集系统建设管理办法》，省（自治区、直辖市）计量中心（以下简称省计量中心）履行以下职责：（　　）。

A. 负责组织开展采集系统建设工程施工管理

B. 负责项目建设全过程中设备质量监督，包括设备招标采购、到货验收、全检验收、竣工验收检测等环节

C. 参与采集系统建设规划和方案编制与评审

D. 协助省公司营销部开展采集系统建设项目全过程管控、验收、评价等工作

答案：BCD

43. 根据《国家电网公司用电信息采集系统建设管理办法》，各级营销部门应按照"（　　）"的原则，开展采集系统建设监督与考核。

A. 分级管理　　　　B. 逐级考核　　　　C. 领导考核　　　　D. 奖罚并重

答案：ABD

44. 根据《国家电网公司用电信息采集系统建设管理办法》，省公司应（　　），降低建设风险。

A. 组织建立采集系统建设应急管理体系　　　B. 上街发传单

C. 制定突发事件应急预案　　　　　　　　　D. 在报纸上做广告

答案：AC

45. 根据《国家电网公司用电信息采集系统建设管理办法》，省公司应组织建立采集系统建设风险管理与控制机制，降低系统建设风险。重点在（　　）等方面制定风险防范措施。

A. 政策支持　　　　B. 社会环境　　　　C. 建设质量　　　　D. 安全管理

答案：ABCD

46. 根据《国家电网公司用电信息采集系统建设管理办法》，项目审计应重点审查项目（　　）情况。

A. 结算　　　　　　B. 决算　　　　　　C. 资金管理　　　　D. 招标采购

答案：ABCD

47. 根据《国家电网公司用电信息采集系统建设管理办法》，遵循"（　　）"的原则，开展台区采集安装标准化验收。

A. 安装一片　　　　B. 调试一片　　　　C. 保证一片　　　　D. 应用一片

答案：ABD

48. 根据《国家电网公司用电信息采集系统建设管理办法》，竣工验收分为（　　）。

A. 单独工程验收　　　　　　　　　　　　B. 单元工程验收

C. 单项工程验收　　　　　　　　　　　　D. 单位工程验收

答案：BC

49. 根据《国家电网公司用电信息采集系统建设管理办法》，采集系统建设应符合坚强智能电网"（　　）"的要求。

A. 统一实施　　　　B. 统一标准　　　　C. 统一规划　　　　D. 统一建设

答案：BCD

三、判断题

1. 低压电流互感器发生故障时，应在 24 小时内完成低压电流互感器更换。更换低压电流互感器后，应在 2 个工作日内完成业务工单传递，以保证后续电费补退工作时限。（　　）

答案：正确

2. 电流互感器接入电网时，按线电压来选择。（　　）

答案：正确

3. 对计量装置电流二次回路，连接导线截面积应按电流互感器的额定二次负荷计算确定，至少 4mm²。（　　　）

答案：正确

4. 使用电流互感器时，应将其一次绕组串联接入被测线路。（　　　）

答案：正确

5. 所有计费用电流互感器的二次接线应采用分相接线方式。（　　　）

答案：正确

6. 在电流互感器二次回路上工作时，应先将电流互感器二次侧短路。（　　　）

答案：正确

7. 带互感器的计量装置，应使用专用试验接线盒接线。（　　　）

答案：正确

8. 电能表接线盒电压连接片不要忘记合上，合上后还要将连片螺丝拧紧，否则将造成不计电量或少计电量。（　　　）

答案：正确

9. 电能表应垂直安装，偏差不得超过 1°。（　　　）

答案：正确

10. 电能表应在离地面 0.5～1.5m 之间安装。（　　　）

答案：错误

解析：室内电能表、采集终端宜装在距地面 800～1800mm（设备水平中心线）的高度。

11. 如因供电企业责任或不可抗力致使计费电能表出现或发生故障的，供电企业负责换表不收费用；其他原因引起的，用户负担赔偿费或修理费。（　　　）

答案：正确

12. 三相四线负荷用户也可以安装三相三线电能表。（　　　）

答案：错误

解析：三相四线负荷只能安装使用三相四线表计量，不能用三相三线表。

13. 为提高低负荷计量的准确性，应选用过载 5 倍及以上的电能表。（　　　）

答案：错误

解析：为提高低负荷计量的准确性，应选用过载 4 倍及以上的电能表。

14. 室内电能表、采集终端宜装在距地面 800～1800mm（设备水平中心线）的高度。（　　　）

答案：正确

15. 电能表、采集终端与试验接线盒之间的垂直距离不应小于 40mm。（　　　）

答案：正确

16. 电能表、采集终端、试验接线盒与壳体的距离不应小于 60mm。（　　　）

答案：正确

17. 平行排列的电能表、采集终端端外壳上沿应齐平。（　　　）

答案：错误

解析：平行排列的电能表、采集终端端钮盒盖下沿应齐平。

18. 电能表、采集终端应安装在电能计量柜（箱）中，电能表应在采集终端下方或左方。（　　）

答案：错误

解析：电能表、采集终端应安装在电能计量柜（箱）中，电能表应在采集终端上方或左方。

19. 100kVA 以上的农业用户、执行功率因数标准：0.85。（　　）

答案：错误

解析：100kVA 及以上的农业用电，功率因数标准应执行 0.8。

20. 居民用户申请执行"一户多人口"用电政策后，将不再改变。（　　）

答案：错误

解析：居民用户每两年应到当地电力营业厅办理"一户多人口"用电政策续期手续。逾期未办理的，将不再按"一户多人口"的政策执行。

21. 功率因数调整电费的适用范围是按客户用电性质和变压器容量大小划分为三种标准进行电费增、减考核，即 0.90、0.85 和 0.80。（　　）

答案：正确

22. 居民用电以及用电容量在 100kVA（kW）以下的其他用户，不实行功率因数调整。（　　）

答案：正确

23. 居民家庭住宅、居民住宅小区、执行居民电价的非居民用户中设置的充电设施用电，执行工商业及其他电价。（　　）

答案：错误

解析：居民家庭住宅、居民住宅小区、执行居民电价的非居民用户中设置的充电设施用电，执行居民用电价格中的合表用户电价。

24. 对月用电量较大的用户，供电企业每月分若干次收费，收费次数由供电企业与用户协商确定，一般为每月两次。（　　）

答案：错误

解析：对月用电量较大的用户，供电企业每月分若干次收费，并于抄表后结清当月电费，收费次数由供电企业与用户协商确定，一般每月不少于三次。

25. 抄表时对新增客户或换表户，第一次抄表时，应按客户抄表资料与现场实际进行核对，主要核对电能表位数、表码、倍率、表号、户名、用电性质。（　　）

答案：正确

26. 电费催缴通知书内容应包括催缴电费年月、欠费金额及违约金、缴费时限、缴费方式及地点等。（　　）

答案：正确

27. 居民峰谷分时电价政策由居民客户自愿选择是否执行，一旦选择一年内不得变更。（　　）

答案：正确

28. 由于客户的原因未能如期抄录计费电能表读数时，可通知客户待期补抄，或暂按前次用电量计收电费，待下次抄表时一并结清。（　　）

答案：正确

29. 对达到远程抄表条件的客户，实施远程抄表，除每月按规定时间远程抄表外，应每隔半年到现场核对电能表指示数和设备运行情况。（　　）

答案：错误

解析： 对实行远程自动抄表方式的客户，应定期安排现场核抄，核抄周期由各单位根据实际需要确定，10kV 及以上客户现场核抄周期应不超过 6 个月；0.4kV 及以下客户现场核抄周期应不超过 12 个月。

30. 符合"电取暖"政策的"一户一表"居民用户，不执行居民阶梯电价。（　　）

答案：错误

解析： 符合"电取暖"政策的"一户一表"居民用户，年用电量超过 4800kWh 的部分执行第二档电量加价标准（传输通道城市"电代煤"用户除外）。

31. 高压客户实抄率必须达到 100%。（　　）

答案：正确

32. 抄见电量是供电企业与电力客户最终结算电费的电量。（　　）

答案：错误

解析： 抄见电量是根据电力客户电能表所指示的数据计算的电量。

33. 《国家电网公司电费抄核收管理规则》规定：对同一台区的客户、同一供电线路的专变客户、同一户号有多个计量点的客户、存在转供关系的客户，每一类客户抄表例日应安排在同一天。（　　）

答案：正确

34. 分布式电源并网申请受理、接入系统方案制订、接入系统工程设计审查、电能表安装、合同和协议签署、并网调试和并网验收、政府补助电量计量和补助资金结算服务中，不收取任何服务费用。（　　）

答案：正确

35. 分布式电源接入系统工程和由其接入引起的公共电网改造部分由电力公司投资建设。（　　）

答案：错误

解析： 分布式电源接入系统工程由项目业主投资建设，由其接入引起的公共电网改造部分由公司投资建设。

36. 分布式电源接入系统工程由项目业主投资建设，由其接入引起的公共电网改造部分由供电企业投资建设。（　　）

答案：正确

37. 公司为所有分布式电源项目提供补助电量计量和补助资金结算服务。（　　）

答案：错误

解析： 公司为列入国家可再生能源补助目录的分布式电源项目提供补助电量计量和补助资金结算服务。

38. 公司在并网申请受理、项目备案、接入系统方案制订、接入系统工程设计审查、电能表安装、合同和协议签署、并网验收和并网调试、补助电量计量和补助资金结算服务中，可根据相关标准收取费用。（　　）

答案：错误

解析： 公司在并网申请受理、项目备案、接入系统方案制订、接入系统工程设计审查、电能表安装、合同和协议签署、并网验收和并网调试、补助电量计量和补助资金结算服务中，不收取任何服务费用。

39. 分布式电源并网点开关（属用户资产）的倒闸操作，须经地市公司和项目方人员共同确认后，由地市公司相关部门许可。（　　　）

答案：正确

40. 接入点是指分布式电源接入公共电网（非用户电网）的连接处。（　　　）

答案：错误

解析：接入点是指电源接入电网的连接处，该电网既可能是公共电网，也可能是用户电网。

41. 接有分布式电源的 10kV 配电台区，不得与其他台区建立低压联络（配电室、箱式变低压母线间联络除外）。（　　　）

答案：正确

42. 分布式电源接入 220V 配电网前，应校核同一台区单相接入总容量，防止三相功率不平衡情况。（　　　）

答案：正确

43. 分布式光伏发电系统自用电量不收取随电价征收的各类基金和附加。（　　　）

答案：正确

44. 10kV 接入的分布式电源项目业主或（电力用户）需签署购售电合同和并网调度协议。（　　　）

答案：正确

45. 分布式电源并网验收和调试阶段，380V 接入项目并网点开关的倒闸操作，由地市公司营销部（客户服务中心）确认和许可。（　　　）

答案：正确

46. 自然人利用自有住宅及其住宅区域内建设的分布式光伏发电项目，业主在收到接入系统方案项目确认单后，应及时向当地能源主管部门进行项目备案。（　　　）

答案：错误

解析：自然人利用自有住宅及其住宅区域内建设的分布式光伏发电项目，公司收到接入系统方案项目业主确认单后，按月集中向当地能源主管部门进行项目备案。

47. 《国家电网公司分布式电源并网相关意见和规范（修订版）》（国家电网办〔2013〕1781号）规定，分布式电源适用范围第一类 10kV 及以下电压等级接入，且单个并网点总装机容量不超过 7MW 的分布式电源。（　　　）

答案：错误

解析：分布式电源适用范围第一类 10kV 及以下电压等级接入，且单个并网点总装机容量不超过 6MW 的分布式电源。

48. 国家电网公司为分布式电源项目并网提供客户服务中心、95598 服务热线、网上营业厅等多种咨询渠道服务。（　　　）

答案：正确

49. 国家电网公司员工服务"十个不准"规定：不准违反业务办理告知要求，造成客户重复往返。（　　　）

答案：正确

50.《进一步精简业扩手续、提高办电效率的工作意见》（国家电网营销〔2015〕70号）要求完善服务质量监测体系，实行业扩报装闭环管控。国网客服中心负责分别在受理和送电环节开展回访，核查各环节实际完成时间、"三指定"及收费情况，调查客户满意度，开展业扩报装服务质量评价。（   ）

答案：正确

51.《进一步精简业扩手续、提高办电效率的工作意见》（国家电网营销〔2015〕70号）规定，用电申请概况包括户名、用电地址、用电容量、行业分类、负荷特性及分级、保安负荷容量，不包括电力用户重要性等级。（   ）

答案：错误

解析：用电申请概况包括户名、用电地址、用电容量、行业分类、负荷特性及分级、保安负荷容量，包括电力用户重要性等级。

52.《进一步精简业扩手续、提高办电效率的工作意见》（国家电网营销〔2015〕70号）要求供电方案包含客户用电申请概况、接入系统方案、受电系统方案、计量计费方案、送电启动方案等5部分内容。（   ）

答案：错误

解析：供电方案包含客户用电申请概况、接入系统方案、受电系统方案、计量计费方案、其他事项等5部分内容。

53.《进一步精简业扩手续、提高办电效率的工作意见》（国家电网营销〔2015〕70号）的全环节量化、全过程管控是指明确所有环节办理时限和质量要求，健全服务质量监测评价体系，实行全过程信息公示，主动接受政府监管和社会监督。（   ）

答案：正确

54.《供电营业规则》规定：用户单相用电设备总容量不足20kW的可采用低压220V供电。（   ）

答案：错误

解析：用户单相用电设备总容量不足10kW的可采用低压220V供电。

55.《供电营业规则》规定：供电方案的有效期，是指从客户申请之日起至交纳供电贴费并受电工程开工日为止。高压供电方案的有效期为一年，低压供电方案的有效期为三个月，逾期注销。（   ）

答案：错误

解析：供电方案的有效期，是指从供电方案正式通知书发出之日起至交纳供电贴费并受电工程开工日为止。高压供电方案的有效期为一年，低压供电方案的有效期为三个月，逾期注销。

56.用户累计六个月不用电，也不申请办理暂停用电手续者，供电企业须以销户终止其用电。用户需再用电时，按新装用电办理。（   ）

答案：错误

解析：用户连续六个月不用电，也不申请办理暂停用电手续者，供电企业须以销户终止其用电。用户需再用电时，按新装用电办理。

57.《国家电网公司业扩报装管理规则》（国家电网企管〔2014〕1082号）规定，进户线缆截面、配电装置应满足电网安全及客户用电要求。（   ）

答案： 正确

58.《国家电网公司业扩报装管理规则》（国家电网企管〔2014〕1082号）规定，严格按照国家、行业技术标准以及供电方案要求,开展设计图纸文件审查,审查意见应一次性书面答复客户。（　　　）

答案： 正确

59. 服务电动汽车充换电设施用电报装时,装表接电工作时限为：非居民低压客户1个工作日,高压客户5个工作日内完成。（　　　）

答案： 正确

60.《供电营业规则》规定：用户遇有特殊情况,需延长供电方案有效期的,应在有效期到期前七天向供电企业提出申请,供电企业应视情况予以办理延长手续。但延长时间不得超过前款规定期限。（　　　）

答案： 错误

解析： 用户遇有特殊情况,需延长供电方案有效期的,应在有效期到期前十天向供电企业提出申请,供电企业应视情况予以办理延长手续。但延长时间不得超过前款规定期限。

61. 产权属于用户且由用户运行维护的线路,以公用线路分支杆或专用线路接引的公用变电站外第一基电杆为分界点,专用线路第一基电杆属供电企业。（　　　）

答案： 错误

解析： 产权属于用户且由用户运行维护的线路,以公用线路分支杆或专用线路接引的公用变电站外第一基电杆为分界点,专用线路第一基电杆属用户。

62. 私自超过合同约定的容量的,除应拆除私增容设备外,属于两部制电价的用户,应承担私增容量50元/kVA的违约使用电费。（　　　）

答案： 错误

解析： 私自超过合同约定的容量用电的,除应拆除私增容设备外,属于两部制电价的用户,应补交私增设备容量使用月数的基本电费,并承担三倍私增容量基本电费的违约使用电费。

63.《国家电网公司关于简化业扩手续提高办电效率深化为民服务的工作意见》（国家电网营销〔2014〕1049号）规定,若前期已提交资料或资质证件尚在有效期内,则无需客户再次提供。（　　　）

答案： 正确

64. 根据《国家电网公司用电信息采集系统建设管理办法》,未经验收或验收不合格的工程项目,不得交付运行。（　　　）

答案： 正确

65. 采集终端的GPRS通信模块也可以采用以太网方式通信。（　　　）

答案： 正确

66. 简易型采集器可以抄收和暂存电能表数据,并根据集中器的命令将储存的数据上传给集中器。（　　　）

答案： 错误

解析： 基本型采集器可以抄收和暂存电能表数据并根据集中器的命令将储存的数据上传给集中器。简易型采集器直接转发集中器与电能表间的命令和数据。

67. 电能量定值控制主要包括月电控、日电控等类型。（　　　）

答案： 错误

解析：主要包括月电控、购电量（费）控。

68. 对专变用户进行自动负荷控制时，若用户负荷已小于保安定值，则不再跳用户负荷。（   ）

答案：正确

69. 专变采集终端工作电源只能采用三相供电。（   ）

答案：错误

解析：专变采集终端可使用单相或三相四线供电。

70. 集中器不能直接采集电能表的数据。（   ）

答案：错误

解析：集中器是指收集各采集器或电能表的数据，并进行处理储存。

71. DL/T 645—2007 是终端与主站之间的远程通信协议。（   ）

答案：错误

解析：DL/T 645—2007 是终端与主站之间的本地通信协议。

72. 低压电力载波一般仅局限于台区范围使用。（   ）

答案：正确

73. 专用变压器采集终端的总加组显示数值是一次值。（   ）

答案：正确

74. 终端新产品或老产品恢复生产以及设计和工艺有重大改进时，应进行型式检验。（   ）

答案：正确

75. 采集器可以实现公用变压器电能计量。（   ）

答案：正确

76. 采集终端的 GPRS 通信模块也可以采用以太网方式通信。（   ）

答案：正确

77. 专用变压器采集终端可以用来采集 100kVA 及以上变压器的大用户数据。（   ）

答案：正确

78. 用电信息采集系统的业务功能分为基本应用、运行管理、统计查询、高级应用、系统管理 5 个功能模块。（   ）

答案：正确

四、简答题

1. 互感器二次回路的连接导线有什么要求？

答案：互感器二次回路的连接导线应采用铜质单芯绝缘线。对电流二次回路，连接导线截面积应按电流互感器的额定二次负荷计算确定，至少应 $4mm^2$。对电压二次回路，连接导线截面积应按允许的电压降计算确定，至少应 $2.5mm^2$。

2. 何为定量和定比？

答案：《供电营业规则》第七十一条规定：在客户受电点内难以按电价类别分别装设用电计量装置时，可装设总的用电计量装置，然后按其不同电价类别的用电设备容量的比例或实际可能的用电量，确定不同电价类别用电量的比例或定量进行分算，分别计价。供电企业每年至少对上述比例或定量核定一次，客户不得拒绝。

3. 居民峰谷分时电价实施范围、时段划分、电价标准（包含采暖季）是如何规定的？

答案： ① 实施范围。适用于国网山东省电力公司直接抄表、收费到户的城乡居民用户，即"一户一表"用户。② 时段划分。峰段 8:00 至 22:00；谷段 22:00 至次日 8:00。其中采暖季峰段调整为 8:00 至 20:00；谷段 20:00 至次日 8:00。③ 电价标准。在现行阶梯电价的基础上，峰段每千瓦时加价 0.03 元，谷段每千瓦时降价 0.17 元。其中采暖季谷段电价由每千瓦时降低 0.17 元调整至降低 0.2 元。本政策所指采暖季，是指每年 11 月至次年 3 月，为便于操作，采暖季峰谷时段和调整比例按照公司 12 月至次年 4 月抄见电量执行。

4. 抄表周期为什么不能随意调整？

答案： 抄表周期不能随意调整，这是因为：① 抄表周期的变化会影响线损的正确计算。② 抄表周期的变化会影响功率因数、基本电费、变压器损耗的正确计算。③ 调整抄表周期还会影响到电费回收。④ 若遇电价调整，抄表周期变化会引起电费纠纷。⑤ 抄表周期变化不利于客户核算成本和产品单耗管理。

5. 分布式光伏发电项目的发电量有哪些消纳方式？

答案： 分布式光伏发电项目发电量有"全部自用""自发自用余电上网"或"全额上网"三种消纳方式，由用户自行选择。

6. 分布式电源项目的并网开断设备应具备哪些条件？

答案： 分布式电源项目应在并网点设置易操作、可闭锁且具有明显断开点的并网开断设备。

7. 列举分布式电源的类型（至少四种）？

答案： 分布式电源的类型包括太阳能、天然气、生物质能、风能、地热能、海洋能、资源综合利用发电（含煤矿瓦斯发电）。

8.《国家电网公司分布式电源并网服务管理规则》对分布式电源的定义是什么？

答案： 分布式电源是指在用户所在场地或附近建设安装、运行方式以用户侧自发自用为主、多余电量上网，且在配电网系统平衡调节为特征的发电设施或有电力输出的能量综合梯级利用多联供设施。包括太阳能、天然气、生物质能、风能、地热能、海洋能、资源综合利用发电（含煤矿瓦斯发电）等。

9. 如何选择分布式电源的并网电压？

答案： 分布式电源并网电压等级可根据装机容量进行初步选择，参考标准如下：8 千瓦及以下可接入 220V；8~400kW 可接入 380V；400~6000kW 可接入 10kV；5~30MW 以上可接入 35kV。最终并网电压等级应根据电网条件，通过技术经济比选论证确定。若高低两级电压均具备接入条件，优先采用低电压等级接入。

10.《供电营业规则》对供电设施的运行维护管理范围，按产权归属确定。责任分界点按下什么确定？

答案： ① 公用低压线路供电的，以供电接户线用户端最后支持物为分界点，支持物属供电企业。② 10kV 及以下公用高压线路供电的，以用户厂界外或配电室前的第一断路器或第一支持物为分界点，第一断路器或第一支持物属供电企业。③ 35kV 及以上公用高压线路供电的，以用户厂界外或用户变电站外第一基电杆为分界点。第一基电杆属供电企业。④ 采用电缆供电的，本着便于维护管理的原则，分界点由供电企业与用户协商确定。⑤ 产权属于用户且由用户运行维护的线路，以公用线路分支杆或专用线路接引的公用变电站外第一基电杆为分界点，专用线路第一基电杆属用户。

在电气上的具体分界点，由供用双方协商确定。

11.《进一步精简业扩手续、提高办电效率的工作意见》（国家电网营销〔2015〕70号）规定，用电申请开展"一证受理"业务后，非居民客户应承诺哪些内容？

答案： ① 已清楚了解各项资料是完成用电报装的必备条件，不能在规定的时间提交将影响后续业务办理，甚至造成无法送电的结果。若因客户方无法按照承诺时间提交相应资料，由此引起的流程暂停或终止、延迟送电等相应后果由客户方自行承担。② 已清楚了解所提供各类资料的真实性、合法性、有效性、准确性是合法用电的必备条件。若因客户方提供资料的真实性、合法性、有效性、准确性问题造成无法按时送电，或送电后引发电力安全事故，或被政府有关部门责令中止供电、关停、取缔等情况，所造成的法律责任和各种损失后果由客户方全部承担。

12.《国家电网公司业扩报装管理规则》（国家电网企管〔2014〕1082号）规定，什么是"三不指定"原则？

答案： "三不指定"原则，指严格执行国家有关规范用户受电工程市场的规定，按照统一标准开展业扩报装服务工作，健全用户委托受电工程、新建居住区配套工程招投标制度，保障客户对设计、施工、设备供应单位的知情权、自主选择权，不以任何形式指定设计、施工和设备材料供应单位。

13.《国家电网公司业扩报装管理规则》（国家电网企管〔2014〕1082号）规定，什么是"一口对外"原则？

答案： "一口对外"原则，指建立有效的业扩报装管理体系和跨部门协同机制，营销部门统一受理客户用电申请，承办业扩报装具体业务，并对外答复客户；规划、运检、运行、建设、物资等部门按照职责分工和流程要求，完成业扩报装相应工作内容；实现营销业务系统与相关系统的数据共享和流程贯通，支撑客户需求、电网资源、可开放容量、停电计划、业扩办理进程信息以及跨部门工作安排信息自动发布。

14.《供电营业规则》规定：用户用电设备容量在100kW及以下或需用变压器容量在50kVA及以下者采用什么方式供电？

答案： 用户用电设备容量在100千瓦及以下或需用变压器容量在50kVA及以下者。可采用低压三相四线制供电，特殊情况也可采用高压供电。用电负荷密度较高的地区。经过技术经济比较，采用低压供电的技术经济性明显优于高压供电时，低压供电的容量界限可适当提高。具体容量界限由省电网经营企业作出规定。

15. 用电信息采集终端按应用场所分为哪几种？

答案： 专变采集终端、集中抄表终端（包括集中器、采集器）、分布式能源监控终端等类型。

16. 负控系统对专变用户的管理主要包括哪些方面？

答案： 有序用电、抄表结算、预购电、计量故障检测。

17. 信息采集终端逻辑地址由哪几部分组成？

答案： 区域码、终端地址。

18. 电力用户用电信息采集系统本地通信信道的主要通信方式有哪些？

答案： 本地通信信道包括 RS-485、宽带载波、窄带载波、短距离无线。

19. 根据《国家电网公司用电信息采集系统建设管理办法》，各级单位应如何加强采集建设的现场施工管理？

答案：确保"表计换装公告、用户旧表底度确认"到户；加强"杜绝装表串户"的质量管理，建立安装完后必须现场核对户表对应的工作程序；加强"档案核查"质量管理，营业与计量人员要协同开展台区、终端、户表等档案清理核对工作；加强外包施工队伍管理，实施安全、质量、服务的同质化管理和评价。

五、计算题

1. 某低压电力客户，计费用单相普通电能表，上月表码为 99 000，本月抄表表码为 132，请计算该户本月用电量是多少？

答案：该户表计已过零。该户本月电量＝100 132－99 000＝1132kWh。

2. 执行居民阶梯电价用户，双月抄表，抄表例日为 7 日，2017 年 12 月 7 日抄表示数为 2135，2018 年 2 月 7 日抄表示数为 3635，2018 年 4 月 7 日抄表示数为 5134，求该用户 4 月应交电费。

答案：该用户 2 月用电量：3635－2135＝1500kWh，截止 2 月一档剩余电量：2520－1500＝1020kWh，该用户 4 月用电量：5134－3635＝1499kWh，该用户 4 月应交电费：1020×0.546 9+(1499－1020)×0.596 9＝843.75 元。

六、识图题

1. 请识别如下电能表接线图。

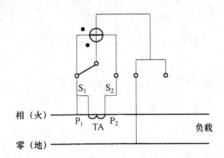

答案：图示为一进一出接线方式的单相电能表经电流互感器 TA 接入，共用电压线和电流线的接线图。

2. 请识别如下电能表接线图。

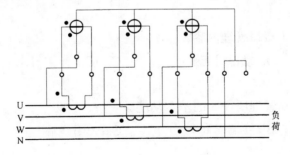

答案：图示为三相四线有功电能表经 TA 接入，分用电压线和电流线的接线图。

第三节　三　级　题　库

一、单选题

1. 营销移动业务应用的开发，支持（　　　）或自定义服务以插件的形式集成进来，具有极强的扩展性。

A. 设计人员   B. 营销人员   C. 开发应用   D. 双方服务

答案：C

2. 移动 PAD 需要（   ）与服务端通信。

A. SD 卡   B. 无线信号   C. GPRS   D. SIM 卡

答案：D

3. 营销移动作业应用系统需要（   ）通道接入。

A. 内网   B. 无线信号   C. GPRS   D. SIM 卡

答案：D

4. 营销移动作业应用系统需要（   ）通道接入。

A. 内网   B. 专线   C. 第三方服务   D. 移动平台

答案：B

5. 移动业务应用主要应用群体为管理层人员及（   ）。

A. 客服人员   B. 现场作业人员   C. 公司领导   D. 档案管理员

答案：B

6. 移动作业前置实现前端请求安全接入及分发，保障从互联网到信息内网数据通信的（   ）和稳定性。

A. 经济性   B. 实用性   C. 合理性   D. 可靠性

答案：D

7. 营销移动作业应用现场业扩 – 中间检查环节中包含（   ）、电缆、受电变、配电装置、继电保护、运行准备、竣工验收 7 个注意事项。

A. 信息核对   B. 注意事项   C. 准备工作   D. 基础数据

答案：A

8. 营销移动业务应用架构主要包括移动终端应用、移动（   ）两大部分。

A. 设备应用   B. 应用服务

C. 应用管理   D. 系统管理

答案：B

9. 以下（   ）不属于接口管理内容。

A. 接口注册   B. 接口日志   C. 接口异常日志   D. 接口参数

答案：D

10. （   ）不属于终端管理所需要的基本功能。

A. 终端领用   B. 终端查询   C. 关闭终端   D. 删除终端

答案：A

11. 移动作业终端管理包含终端（   ）。

A. 申请、领用、管理、审核、授权   B. 申请、领用、维护、审核、授权

C. 登记、领用、管理、审核、授权   D. 登记、领用、维护、审核、授权

答案：C

12. 移动服务应用域提供一个基于需求建立和保存业务处理的数据集合，将其划分为 3 个子域。以下（   ）不属于移动服务应用域。

A. 综合域   B. 数据管理域   C. 系统支撑域   D. 平台管理域

答案：B

13. 故障处理指抢修人员在接到抢修任务后，通过（   ）下载故障处理工单，携带终端及时赶往故障现场、分析故障原因、快速排除故障、恢复供电，并反馈处理结果的工作。

A. 移动作业终端   B. 手机终端   C. 电脑终端   D. 云终端

答案：A

14. 在移动作业中使用的 PDA、手机、便携式笔记本等设备称为（   ）。

A. 服务终端   B. 云终端   C. 移动终端   D. 互联网终端

答案：C

15. 通过移动作业终端下载送电管理工单、记录送电人员、（   ）、变压器启用时间及相关情况。

A. 抄表时间   B. 送电时间   C. 发行时间   D. 检查时间

答案：B

16. 通过移动作业终端下载现场催费工单，携带移动作业终端前往客户现场，对欠费用户进行（   ）。

A. 停电   B. 催费   C. 抄表   D. 发行

答案：B

17. 通过移动作业终端下载欠费停复电工单，携带移动作业终端前往客户现场，对欠费逾期用户（   ）并登记，对缴清电费用户进行复电并登记。

A. 催费   B. 停电   C. 抄表   D. 发行

答案：B

18. 现场采集环节中，工作人员通过移动作业终端从（   ）系统下载应急参数下发工单后，到达用户现场。

A. SG186   B. 采集   C. 用电稽查   D. GIS

答案：B

19. 满足移动作业需要的基础信息不包括（   ）信息。

A. 作业人员   B. 设备   C. 移动工作流定义   D. 客户

答案：D

20. 以下不是移动作业终端电动汽车业务实施的"三化"管理中内容的是（   ）。

A. 信息化   B. 自动化   C. 快速化   D. 网络化

答案：C

21. 三相四线接线方式电流互感器的二次绕组与联合接线盒之间应采用（   ）连接。

A. 简化   B. 三线   C. 四线   D. 六线

答案：D

22. RS485 通信线缆的屏蔽层应（   ）可靠接地。

A. 单侧   B. 两侧   C. 多侧   D. 无须

答案：A

23. 带电装拆电能表时，带电的导线部分应做好（   ）措施。

A. 安全   B. 绝缘   C. 安全防护   D. 人身触电

答案：B

24. 电能表应安装在电能计量柜（屏）上，二只三相电能表间最小距离应大于（   ）mm。

A. 100   B. 80   C. 40   D. 30

答案：B

25. 电能计量用电压互感器二次导线最小截面积为（   ）mm^2。

A. 1.5   B. 2.5   C. 4   D. 6

答案：B

26. 客户应在提高用电自然功率因数的基础上，按有关标准设计和安装（   ），并做到随其负荷和电压变动及时自动投入或切除，防止无功电力倒送上网。

A. 无功电能表   B. 无功补偿设备

C. 负荷调整电压装置   D. 四象限无功电能表

答案：B

27. 某计量装置由于互感器离表计距离较远，二次负载超标导致计量不准确。下列措施中不正确的做法是（   ）。

A. 换用额定二次负载较大的互感器   B. 换用线径较粗的铜导线

C. 换用准确度等级较高的互感器   D. 以上 A、B 方法均正确

答案：C

28. 用户正常负荷电流为 50A 时，其直接接入式电能表的导线截面应不小于（   ）mm^2。

A. 6   B. 7×1.5   C. 7×2.5   D. 7×4.0

答案：B

29. 在穿心互感器的接线中，一次相线如果在互感器上绕四匝，则互感器的实际变比将是额定变比的（   ）倍。

A. 4   B. 5   C. 1/4   D. 1/5

答案：C

30. 下列相序中为逆相序的是（   ）。

A. UVW   B. VWU   C. WUV   D. WVU

答案：D

31. 三相电路中，用电设备主要有以下接法（   ）。

A. 三角形连接   B. 星形连接

C. 不完全星形连接   D. 以上都是

答案：D

32. 三相四线有功电能表进行抄表时发现一相电流接反，抄得电量为 500kWh，若三相对称，则应追补的电量为（   ）kWh。

A. 1000   B. 500   C. 366   D. 无法确定

答案：A

33. 电压互感器接入时（   ）正反、电流互感器接入时（   ）正反。

A. 有、无   B. 无、有   C. 有、有   D. 无、无

答案：C

34. 低压三相四线线路中，在三相负荷对称情况下，U、W 相电压接线互换，则电能表（　　）。

A. 不计量　　　　　B. 反向计量　　　　　C. 正常　　　　　D. 烧表

答案：A

35. 某低压用户，三相负荷平衡，安装一只三相四线有功电能表 3×220/380，10（40）A，因一相线进出线接反，期间电能表记录电量为1580kWh，则应向该用户追收（　　）kWh 电量。

A. 4740　　　　　B. 3160　　　　　C. 17 380　　　　　D. 14 220

答案：B

36. 现场工作人员发现计量装置接线错误，未经用户确认，未留存证据，直接改正错误接线，会造成（　　）。

A. 用户停电

B. 现场作业安全隐患

C. 差错电量电费无法足额回收

D. 窃电取证不足或手续不合法导致电量电费无法追补

答案：C

37. 低压三相四线计量装置，若有 V、W 两相电流互感器出现互换，则电能表（　　）。

A. 正常　　　　　B. 少计 1/2　　　　　C. 不计电量　　　　　D. 反向计量

答案：C

38. 三相四线电能表两个元件的测量值为零，可能故障为（　　）。

A. 电流回路短接两相　　　　　B. 电流回路短接三相

C. 电流回路一相断开　　　　　D. 三相断开

答案：A

39. 在三相负荷对称情况下，三相四线有功电能表漏接一相电压或电流，电能表少计电量（　　）。

A. 1/3　　　　　B. 1/2　　　　　C. 1/4　　　　　D. 1/10

答案：A

40. 当三相电流不平衡时，必须用（　　）计量方式。

A. 三相四线　　　　　B. 三相三线　　　　　C. 单相　　　　　D. 终端

答案：A

41. 三相四线电能表接入电路时误把电源中性线（N 线）与 W 相电压线接反，若电能表电压线圈可以承受此线电压，能正常工作，则此时电能表功率为正确接线时的（　　）倍。

A. $\sqrt{3}$　　　　　B. $1/\sqrt{3}$　　　　　C. 3　　　　　D. 2/3

答案：D

42. 某用户三相四线低压供电，装了 3 只单相有功电能表计量，电能表接线正确，接两相的负荷，月电量分别为 50、−10、40kWh。则实际用电量为（　　）kWh。

A. 100　　　　　B. 90　　　　　C. 110　　　　　D. 80

答案：D

43. 某用户安装一只低压三相四线有功电能表，V 相电流互感器二次极性反接达一年之久，三相负荷平衡，累计抄见电量为2000kWh，该用户应追补电量为（　　）kWh。

A. 2000　　　　　　B. 3000　　　　　　C. 4000　　　　　　D. 3600

答案：C

44. 用三相两元件电能表计量三相四线制电路有功电能将（　　）。

A. 多计量

B. 少计量

C. 正确计量

D. 不能确定多计或少计

答案：D

45. 某三相低压动力用户安装的是三相四线计量表，应配置变比为400A/5A的计量电流互感器，若误将U相电流互感器安装成800A/5A，且已抄回的电量为20万kWh，则应追补的电量为（　　）万kWh。

A. 2　　　　　　　　B. 3　　　　　　　　C. 4　　　　　　　　D. 5

答案：C

46. 某低压电力用户，采用低压380/220V计量，在运行中电流互感器U相二次断线，后经检查发现，抄见电能为10万kWh，应向该用户追补用电量为（　　）万kWh。

A. 1　　　　　　　　B. 5　　　　　　　　C. 10　　　　　　　D. 15

答案：B

47. 有一只三相四线有功电能表，V相电流互感器反接达一年之久，累计电量为W＝2000kWh，则差错电量为（　　）kWh。

A. 2000　　　　　　B. 4000　　　　　　C. 6000　　　　　　D. 8000

答案：B

48. 某电力用户装有一只三相四线电能表，其铭牌说明与300A/5A的电流互感器配套使用，用户私自更换为400A/5A的电流互感器，运行三个月抄见用电量为3000kWh，则该期间实际用电量为（　　）kWh。

A. 2250　　　　　　B. 4000　　　　　　C. 5000　　　　　　D. 6000

答案：B

49. 有一只三相四线有功电能表，其V相电流互感器二次反接运行达半年之久，电能表的累积用电量为150kWh，假设功率因数为1，则该表更正系数为（　　）。

A. 1　　　　　　　　B. 2　　　　　　　　C. 3　　　　　　　　D. 4

答案：C

50. 电能表显示功率、电流、电压值应和现场检验仪测量值偏差不大于（　　）%，否则应查明原因及时处理。

A. 1　　　　　　　　B. 5　　　　　　　　C. 10　　　　　　　D. 15

答案：A

51. 因计量器具（　　）所引起的纠纷，简称计量纠纷。

A. 精确度　　　　　B. 准确度　　　　　C. 精密度　　　　　D. 准确性

答案：B

52. 电能表现场校验时，测量工作电压、电流的幅值偏差一般不大于（　　）%。

A. 0.1　　　　　　　B. 5　　　　　　　　C. 1　　　　　　　　D. 10

答案：D

53. 现场检验电能表时，当负载电流低于被检电能表标定电流的 10%，或功率因数低于（   ）时，不宜进行误差测定。

A. 0.866   B. 0.5   C. 0.732   D. 0.6

答案：B

54. 在现场检验电能表时，应适当选择标准电能表的电流量程，一般要求通入标准的电流应不低于电流量程的（   ）。

A. 0.8   B. 0.5   C. 0.2   D. 1/3

答案：C

55. 现场检验电能表误差超过电能表准确度等级值时应在（   ）个工作日内更换。

A. 2   B. 3   C. 5   D. 7

答案：B

56. 在检验电能表时被检表的采样脉冲应选择确当，不能太少，至少应使两次出现误差的时间间隔不小于（   ）s。

A. 3   B. 5   C. 10   D. 20

答案：B

57. 在检定、校准或检测的原始记录上应由实验操作和核验人员分别（   ），以表示对实验负责。

A. 盖上个人姓名章   B. 签署代表某人的编号
C. 使用墨水笔签署自己的姓名   D. 用计算机打印各自姓名

答案：C

58. 三相三线有功电能表校验中，当调定负荷功率因数 $\cos\varphi = 0.866L$ 时，U、W 两元件 $\cos\varphi$ 的数值分别为（   ）。

A. 1、0.5L   B. 0.5L、1   C. 1、0.5C   D. 0.866L、1

答案：B

59. 判断电能表是否超差应以（   ）的数据为准。

A. 原始   B. 修约后   C. 多次平均   D. 第一次

答案：B

60. 检查校验仪电压、电流试验导线通断是否良好，（   ）是否良好，如有问题及时更换。

A. 接线   B. 仪器   C. 绝缘强度   D. 绝缘导线

答案：C

61. 在电能表现场检验中，电能表的示值应正常，各时段计度器示值电量之和与总计度器示值电量的相对误差应不大于（   ）%。否则应查明原因，及时更换。

A. 0.1   B. 0.2   C. 0.5   D. 1

答案：A

62. 以下项目中，运行中电能表应检验的是（   ）。

A. 电池检查   B. 费控功能   C. 载波功能   D. 电磁兼容

答案：A

63. 在现场检验时，环境温度应满足（　　）℃。

A. 5～50　　　　　　B. 0～35　　　　　　C. 10～50　　　　　　D. 15～50

答案：B

64. 交流电能表现场测试仪的最大电流是（　　）I_b。

A. 1.1　　　　　　　B. 1.2　　　　　　　C. 1.3　　　　　　　D. 1.4

答案：B

65. 下列关于电能表现场校验器的叙述中错误的是（　　）。

A. 现场校验仪是标准电能表与相量分析软件的结合

B. 现场校验仪一般体积较小，且采取了防震措施

C. 现场校验仪能识别三相四线和三相三线电路常见各种可能的接线方式

D. 现场校验仪的电流测试线的截面可任意选择

答案：D

66. 下列关于电能表现场校验仪器使用的叙述中错误的是（　　）。

A. 使用前应仔细阅读操作手册　　　　　B. 电流测试线的截面可任意选择

C. 当仪器不能正常工作时，可重启复位重试　　D. 仪器保险熔断时，应检查工作电源

答案：B

67. DL/T 448—2016 电能计量装置技术管理规程中电能计量装置按计量对象重要程度和管理需要分为五类，其中Ⅳ类电能计量装置是指（　　）。

A. 380V～10kV 电能计量装置　　　　　　B. 220kV 单相电能计量装置

C. 10～110kV 贸易结算用电能计量装置　　D. 110～220kV 贸易结算用电能计量装置

答案：A

68. 电能表现场测试仪能对安装在现场运行中的电能表的（　　）进行检查。

A. 外观　　　　　　　B. 端子　　　　　　　C. 运行状态　　　　　D. 颜色

答案：C

69. 在现场检验电能表时，现场检验仪器接线顺序是：（　　）。

A. 先依次接入电流试验线和电压试验线，再开启现场检验仪电源

B. 先开启现场检验仪电源，再依次接入电流试验线和电压试验线

C. 先开启现场检验仪电源，再依次接入电压试验线和电流试验线

D. 以上顺序都可以

答案：C

70. 对于执行峰谷分时电价的客户，对其加计的变压器损耗电量、线路损失电量应加在（　　）。

A. 峰段　　　　　　　B. 谷段　　　　　　　C. 平段　　　　　　　D. 尖峰谷平各段

答案：D

71. 在现行电费核算模式中，有电量套扣关系的扣减顺序为：（　　）。

A. 先扣减分表，后扣减定量，最后计算定比　　B. 先扣减定量，后扣减分表，最后计算定比

C. 先扣减分表，再计算定比，最后减定量　　D. 先扣减定量，再计算定比，最后扣减分表

答案：A

72. 供电企业可向（　　）电力客户开具增值税专用发票。

A. 居民   B. 容量在 100kW 以上的

C. 农业生产   D. 有增值税一般纳税人资格的

答案：D

73. "抄表段"又称抄表区、抄表册或抄表本，是对用电客户和考核计量点进行（　　）的一个管理单元。

A. 计量   B. 收费   C. 核算   D. 抄表

答案：D

74. 《国家电网公司电费抄核收管理规则》规定：对用电量较大的客户、临时用电客户、租赁经营客户以及交纳电费信用等级较差的客户，应根据电费收缴风险程度，实行每月多次抄表，并按国家有关规定或合同约定实行（　　）或分次结算电费。

A. 催收   B. 预收   C. 补收   D. 走收

答案：B

75. 《功率因数调整电费办法》规定：100kVA 及以上的农业用电，功率因数标准应执行（　　）。

A. 0.9   B. 0.85   C. 0.8   D. 0.75

答案：C

76. 国家实行分类电价和分时电价，分类标准由（　　）确定。

A. 县人民政府   B. 市人民政府   C. 省人民政府   D. 国务院

答案：D

77. 对同一电网内的同一电压等级、同一用电类别的用电户执行（　　）的电价标准。

A. 相同   B. 相近   C. 不同   D. 相似

答案：A

78. 峰谷电价是应用（　　）手段来调整电网负荷，达到削峰填谷的目的。

A. 经济   B. 法律   C. 行政   D. 价格

答案：A

79. （　　）应包括电度电价、基本电价和力率调整电费三部分。

A. 居民生活电价   B. 工商业及其他用电两部制电价

C. 工商业及其他用电单一制电价   D. 农业生产电价

答案：B

80. 对学校教学和学生生活用电执行（　　）电价。

A. 工商业及其他用电两部制   B. 工商业及其他用电单一制

C. 农业生产   D. 学校

答案：D

81. 电价政策是国家物价政策的组成部分，也是国家制定和管理电价的（　　）。

A. 经济原则   B. 行为准则   C. 利益关系   D. 产业政策

答案：B

82. 因用户原因连续（　　）不能如期抄到计费电能表读数时，供电企业应通知该用户终止供电。

A. 3 个月   B. 6 个月   C. 1 年   D. 2 年

答案：B

83. 电费核算是电费管理的（　　）环节。

A. 中枢　　　　　　　B. 基本　　　　　　　C. 中间　　　　　　　D. 开始

答案：A

84. 最大需量是指客户一个月中每一固定时段的（　　）指示值。

A. 最大功率　　　　　　　　　　　　　B. 最大平均功率

C. 平均功率的最大　　　　　　　　　　D. 最大负荷

答案：C

85. 以变压器容量计算基本电费的客户，对备用的变压器（包括不通过变压器的高压电动机），属于（　　）状态并经供电企业加封的，不收基本电费。

A. 冷备用　　　　　　B. 热备用　　　　　　C. 暂停　　　　　　　D. 拆除

答案：A

86. 热备用是指（　　）。

A. 设备（不包括带串补装置的线路和串补装置）开关闭合，而刀闸仍在合闸位置

B. 设备（不包括带串补装置的线路和串补装置）开关断开，而刀闸仍在合闸位置

C. 设备（不包括带串补装置的线路和串补装置）开关闭合，而刀闸仍在拉开位置

D. 设备（不包括带串补装置的线路和串补装置）开关断开，而刀闸仍在拉开位置

答案：B

87. 冷备用是指（　　）。

A. 线路、母线等电气设备的开关断开，其两侧刀闸和相关接地刀闸处于断开位置

B. 线路、母线等电气设备的开关闭合，其两侧刀闸和相关接地刀闸处于断开位置

C. 线路、母线等电气设备的开关断开，其两侧刀闸和相关接地刀闸处于合闸位置

D. 线路、母线等电气设备的开关闭合，其两侧刀闸和相关接地刀闸处于合闸位置

答案：A

88. 按照最大需量计收基本电费的用户，选择核定值计费方式的，最大需量核定值不得低于客户受电容量的（　　）%。

A. 30　　　　　　　　B. 40　　　　　　　　C. 50　　　　　　　　D. 60

答案：B

89. 电价制度的执行应有相应（　　）配合，否则就难以核算。

A. 行政手段　　　　　B. 经济体制　　　　　C. 生产手段　　　　　D. 计量装置

答案：D

90. 在同一回路相同负荷大小时，功率因数越高（　　）。

A. 电流越大　　　　　B. 线路损耗越大　　　C. 线路压降越小　　　D. 线路压降越大

答案：C

91. 在用电信息采集的主要数据中，下列不属于电能量数据的是（　　）。

A. 总电能示值　　　　B. 最大需量　　　　　C. 有功功率　　　　　D. 总电能量

答案：C

92. 交流感应式单相电能表的电压元件是用细的绝缘铜线绕成匝数很多的电压线圈，套于具有极小气隙的铁芯上而成。由于它具有很大的感抗，以致它所产生的电压磁通几乎（　　）于所加的

电压为（ ）。

A. 超前，90° B. 滞后，90° C. 超前，180° D. 滞后，180°

答案：B

93. 关于电能表的型号与字母的含义表述正确的是（ ）。

A. D 表示单相，S 表示三相四线，T 表示三相三线，F 表示无功

B. D 表示单相，S 表示三相四线，T 表示三相三线，B 表示标准

C. S 表示三相三线，T 表示三相四线，F 表示复费率，Z 表示最大需量

D. S 表示三相三线，T 表示三相四线，B 表示无功，X 表示全电子

答案：C

94. 照明客户的照明灯等家电从未使用，（ ）电能表回路无电流。

A. 不能确定 B. 能确定 C. 电流很小 D. 可以忽略

答案：A

95. 山东省 2012 年 7 月 1 日施行的居民阶梯电价中规定："一户一表"居民用户按电力公司抄表周期正常交纳电费，年用电量 2520kWh 及以下执行现行电价 0.546 9 元/kWh；2520—4800kWh 部分执行第二档电量加价标准，超过 4800kWh 部分执行第三档电量加价标准，电价为（ ）元/kWh。

A. 0.596 9 B. 0.896 9 C. 0.846 9 D. 0.546 9

答案：C

96. 钳形表用于测量（ ）。

A. 直流电流 B. 交流电流 C. 直接电压 D. 交流电压

答案：B

97. 有一电流互感器，铭牌标明穿 2 匝时变比为 150/5。试求将该电流互感器变比改为 100/5 时，一次侧应穿（ ）匝。

A. 1 B. 3 C. 5 D. 6

答案：B

98. 电力客户选择按最大需量方式计收基本电费的，选择核定值计费方式的，最大需量值未超过核定值的（ ）%，按核定值计费。

A. 80 B. 100 C. 105 D. 200

答案：C

99. 三相三线电能表的 U 相电压和 W 相电压互换，其他接线正确，这时电能表将（ ）。

A. 少计电量 B. 不计电量 C. 多计电量 D. 不确定

答案：B

100. 15min 最大需量表计量的是（ ）。

A. 计量期内最大的一个 15min 的平均功率 B. 计量期内最大的一个 15min 的功率瞬时值

C. 计量期内最大 15min 的平均功率的平均值 D. 计量期内最大 15min 的功率瞬时值

答案：A

101. 当功率因数低时，电力系统中的变压器和输电线路的损耗将（ ）。

A. 减少 B. 增大 C. 不变 D. 不一定

答案：B

102. 指针式万用表在不用时，应将挡位打在（　　）挡上。

A. 直流电流　　　　B. 交流电流　　　　C. 电阻　　　　D. 交流电压最大

答案：D

103. 用电信息采集终端类型不包括（　　）。

A. 专用变压器采集终端　　　　　　　　B. 集中抄表终端

C. 智能监控终端　　　　　　　　　　　D. 分布式能源监控终端

答案：C

104. 一般厂用照明、动力用电，在装表计费方面的要求是（　　）。

A. 分别装表计费　　B. 可同用一块表　　C. 现场确定　　D. 客户意见

答案：A

105. 我们通常所说的一只 5A、220V 单相电能表，此处的 5A 是指这只电能表的（　　）。

A. 标定电流　　　　B. 额定电流　　　　C. 瞬时电流　　　D. 最大额定电流

答案：A

106. 由于电能表的相序接入变化，影响电能表的读数，这种影响称为（　　）。

A. 接线影响　　　　B. 输入影响　　　　C. 相序影响　　　D. 负载影响

答案：C

107. 某一用电客户，私自减少穿芯式电流互感器的穿芯匝数，这时与该互感器连用的有功电能表将（　　）。

A. 多计有功电量　　B. 少计有功电量　　C. 正常计量　　D. 不确定

答案：B

108. 利用万用表测量交流电压时，接入的电压互感器变比为 10 000/100，若电压读数为 20V，则实际电压为（　　）V。

A. 20　　　　　　　B. 2000　　　　　　C. 0.02　　　　　D. 2020

答案：B

109. 山东省电力客户选择按容量方式计收基本电费，基本电价（　　）元/kVA。

A. 20　　　　　　　B. 28　　　　　　　C. 38　　　　　　D. 76

答案：B

110. 采用分相接线的高压电流互感器二次侧（　　）接地。

A. S1　　　　　　　B. S2　　　　　　　C. 任一点　　　　D. 不需要

答案：B

111. 三相三线接线方式电流互感器的二次绕组与联合接线盒之间应采用（　　）连接。

A. 简化　　　　　　B. 三线　　　　　　C. 四线　　　　　D. 六线

答案：C

112. 为了防止断线，电流互感器二次回路中不允许有（　　）。

A. 接头　　　B. 隔离开关辅助触点　　C. 开关　　　D. 以上都是

答案：D

113. 35kV 电能计量柜的电压互感器二次侧应采用（　　）。

A. 二台接成 V/v 形接线   B. 三台接成 Y/y 形接线

C. 三台接成 Y_n/y_n 形接线   D. 以上均可

答案：A

114. 下列说法中，正确的是（　　　）。

A. 电能表采用经电压电流互感器接入方式时，电流电压互感器的二次侧必须分别接地

B. 电能表采用直接接入方式时，需要增加连接导线的数量

C. 电能表采用直接接入方式时，电流电压互感器二次应接地

D. 电能表采用经电压电流互感器接入方式时，电能表电流与电压连片应连接

答案：A

115. 安装在配电盘、控制盘上的电能表外壳（　　　）。

A. 无须接地   B. 必须接地

C. 可接可不接地   D. 必须多点接地

答案：A

116. 电压互感器二次回路应只有一处可靠接地，V/v 接线电压互感器应在（　　　）相接地。

A. U   B. V   C. W   D. 任意

答案：B

117. 电压互感器二次回路应只有一处可靠接地，星形接线电压互感器应在（　　　）接地。

A. U 相   B. V 相   C. W 相   D. 中心点处

答案：D

118. 两元件三相有功电能表接线时不接（　　　）。

A. U 相电流   B. V 相电流   C. W 相电流   D. V 相电压

答案：B

二、多选题

1. 营销移动作业应用系统边界面临（　　　）等网络攻击风险。

A. SQL 注入   B. 脚本攻击   C. 病毒攻击   D. 网络舆论

答案：ABC

2. 营销移动作业终端用电检查管理主要包括（　　　）。

A. 周期检查   B. 专项检查   C. 违约用电   D. 窃电检查

答案：ABCD

3. 现场执行欠费复电时，可通过移动作业终端核实（　　　），并按时完成现场复电工作。

A. 客户用电地址信息   B. 客户用电容量信息

C. 客户欠费信息   D. 客户复电信息

答案：CD

4. 移动作业终端用户账号注册时，选择供电服务区域，并填写（　　　），移动作业平台通过发送短信验证码的方式进行手机号码校验。

A. 姓名   B. 家庭住址   C. 手机号码   D. 固定号码

答案：AC

5. 移动作业账号管理用户绑定时，后台要对注册用户填写的（　　　）与营销系统进行校验。

A. 营销账号　　　　　B. 营销密码　　　　　C. 注册账号　　　　　D. 供电服务区域

答案： ABD

6. 基于公司统一的移动作业平台和安全防护体系，以（　　　）为目标，开展营销移动作业检测工作。

A. 移动作业平台良好使用　　　　　　　　B. 满足现场应用需求

C. 满足客户需求　　　　　　　　　　　　D. 现场作业人员的使用体验

答案： BD

7. 所有营销移动作业的（　　　）等通过营销移动作业后台管控平台进行管理。

A. 注册　　　　　B. 监控　　　　　C. 统计　　　　　D. 考核

答案： BCD

8. 在营销移动作业账号管理模块中，移动终端应用提供（　　　）等功能。

A. 用户注册　　　　　B. 用户注销　　　　　C. 密码修改重置　　　　　D. 账号绑定

答案： ACD

9. 通过移动作业终端现场开展中间检查、竣工验收业务，须根据终端提示，确认（　　　）；现场逐一检查待检查项目，并对缺陷拍照上传。

A. 客户申请　　　　　B. 现场危险点　　　　　C. 现场缺陷　　　　　D. 安全措施

答案： BD

10. 通过移动作业终端现场开展装（拆）表业务时，须根据终端提示，确认现场危险点和安全措施；现场核对（　　　）信息完成计量装置的装（拆）工作。

A. 计量装置　　　　　B. 采集装置　　　　　C. 现场缺陷　　　　　D. 客户申请

答案： AB

11. 现场封印的颜色主要有（　　　）。

A. 黄　　　　　B. 绿　　　　　C. 蓝　　　　　D. 红

答案： ACD

12. 电能计量装置投运前应进行全面的验收。验收的项目及内容是：（　　　）。

A. 技术资料　　　　　B. 现场核查　　　　　C. 验收试验　　　　　D. 验收结果的处理

答案： ABCD

13. 更换电能表或电能表接线时应注意事项有（　　　）。

A. 去了就换表　　　　　　　　　　　　B. 先将原接线做好标记

C. 拆线时，先拆电源侧　　　　　　　　D. 正确加封印

答案： BCD

14. 带电调换电能表和表尾线应注意事项有（　　　）。

A. 先拆电源侧　　　　B. 先接电源侧　　　　C. 先拆负荷侧　　　　D. 先接负荷侧

答案： AD

15. 下列措施（　　　）可预防电压回路短路或接地引起安全风险。

A. 先脱开联合接线盒上的电压连接片，换完表后，再恢复

B. 将拆下带电电压线头用绝缘包扎

C. 接线时先接零线（或地线）再接相线

D. 使用绝缘工具

答案：ABD

16. 计量异常包括（　　）。

A. 窃电行为　　　　　　B. 故障隐患　　　　　C. 接线错误　　　　D. 不合理计量方式

答案：ABCD

17. 计量现场作业的准备工作包括（　　）。

A. 接受工作任务　　　　　　　　　　　B. 工作预约、打印工作任务单

C. 填写并签发工作票　　　　　　　　　D. 准备和检查工器具

答案：ABCD

18. 计量装置检查验电时主要危险点预防控制措施有（　　）。

A. 核查前使用验电笔（器）验明计量柜（箱）和电能表等带电情况，防止人员触电

B. 在电气设备上作业时，必须将设备视为带电设备

C. 严禁工作人员未经验电开启电气设备柜门或操作电气设备，严禁在未采取任何监护措施和保护措施情况下登高检查作业

D. 应将不牢固的上翻式柜（箱）门拆卸，检验后恢复装回，防止柜（箱）门跌落伤害

答案：ABCD

19. 在使用相序表时，当将其标有 U、V、W 的三个端子分别接向电能表的三个电压端子时，可能出现三种正相接线方式，即（　　）。

A. U－V－W　　　　　B. W－U－V　　　　　C. V－W－U　　　　D. U－W－V

答案：ABC

20. 接线检查主要检查计量电流回路和电压回路的接线情况，它包括（　　）。

A. 检查接线有无开路或接触不良、检查接线有无短路

B. 检查有无改接和错接、检查有无越表接线

C. 检查 TA、TV 接线是否符合要求、检查互感器的实际接线和变化

D. 检查电能表的规格、准确度是否符合要求

答案：ABC

21. 为防止电能计量错接线，可采取的措施有（　　）。

A. 计量装接工作必须三人以上进行，并相互检查

B. 验收项目作为现场装接作业指导书的重要内容

C. 条件允许的情况想，装接完毕应立即通电检查

D. 加强对现场装接人员的培训

答案：BCD

22. 当电压互感器采用 Y0y0 接线，若二次电压测试结果是：$U_{uv}=U_{vw}=57.7V$，$U_{uw}=100V$，可能存在的问题为（　　）。

A. 一次 V 相断线　　　　　　　　　　　B. 一次 U 相断线

C. V 相电压互感器极性接反　　　　　　D. W 相极性接反

答案：AC

23. 对于判断错误的电能计量装置应有详细的记录，包括错误（　　）、更正后的接线形势、

相量图等。

    A. 接线的形式   B. 相量图   C. 计算公式   D. 频率

    答案：ABC

24. 检查电能计量装置接线要（　　　）。

    A. 检查接线有无开路或接触不良   B. 检查接线有无短路

    C. 检查接线有无改接和错接   D. 检查 TA、TV 接线是否符合要求

    答案：ABCD

25. 当电压互感器采用 Y0y0 接线，若二次电压测试结果是：$U_{uv}=U_{uw}=57.7V$，$U_{vw}=100V$，可能存在的问题为（　　　）。

    A. 一次 V 相断线   B. 一次 U 相断线

    C. U 相电压互感器极性接反   D. W 相极性接反

    答案：BC

26. 直接接入电能表现场检验时进行的外观检查包括（　　　）。

    A. 检查电能计量箱（柜）封印完整

    B. 检查计量箱（柜）观察窗清洁完好，各电能表安装、运行环境条符合要求

    C. 用温湿度计监测现场试验环境并记录

    D. 检查电能计量箱（柜）是否漏电

    答案：ABC

27. 供电企业在新装、换装及现场校验后应对电能计量装置加封，并请用户在工作凭证上签章，（　　　）。

    A. 如居民用户不在家，应以其他方式通知其电表底数

    B. 工作凭证上一定要有用户的签字

    C. 拆回的电能计量装置应在表库至少存放 1 个月，以便用户提出异议时进行复核

    D. 拆回的电能计量装置报废前应取得用户同意

    答案：AC

28. 用户对计费电能表的准确性提出异议，并要求进行校验的，经有资质的电能计量技术检定机构检定，（　　　）。

    A. 在允许误差范围内的，校验费由用户承担

    B. 超差的电能表，校验费由客户承担

    C. 超出允许误差范围的，校验费由供电企业承担，无需向用户退补相应电量的电费

    D. 超出允许误差范围的，校验费由供电企业承担，并按规定向用户退补相应电量的电费

    答案：AD

29. 用现场检验仪测量 380/220V 低压电能表，其中，380V 指的是（　　　），220V 指的是（　　　）。

    A. 线电压   B. 相电压   C. 电压最大值   D. 电压瞬时值

    答案：AB

30. 电能计量装置现场检验工作办理工作票签发手续，在客户电气设备上工作时应由供电公司与客户方进行双签发。供电方安全负责人对工作的（　　　）等内容负责。

    A. 必要性   B. 工作票上安全措施的正确性

C. 所安排工作负责人和工作人员是否合适　　　D. 安全性

答案：ABCD

31. 校验电能表时，下列有关接入校验仪的说法正确的是（　　　）。

A. 接入校验仪的电流回路时，应从表尾处接线

B. 接入校验仪的电流回路时，应从联合接线盒处接入

C. 接入校验仪的电流回路时，应逐相进行监视

D. 接入校验仪的电流回路时，应各相一起进行监视

答案：BC

32. 关于电能表校验的说法，下列不正确的是（　　　）。

A. 电能表各时段计度器示值电量之和与总计度器示值电量的相对误差应不大于0.1%

B. 电能表各时段计度器示值电量之和与总计度器示值电量的相对误差应不大于0.2%

C. 电能表显示功率、电流、电压值应与测试仪器值偏差不大于2%

D. 电能表显示功率、电流、电压值应与测试仪器值偏差不大于1%

答案：BC

33. 用现场检验仪测量工作（　　　）应正常、三相电压基本平衡，否则应查明原因。

A. 电压　　　　　　　B. 电流　　　　　　　C. 数据　　　　　　　D. 相位

答案：ABD

34. 为防止电能表现场试验时电流互感器二次回路开路，可采取下列措施（　　　）。

A. 检查校验仪电压电流试验导线

B. 严格执行监护制度

C. 规范接线，打开防窃电联合接线盒电流连片时，应逐项打开并且用电能表校验仪进行监视

D. 发现任何隐患，立即停止试验检查原因

答案：ABCD

35. 如何正确处理现场校验结果（　　　）。

A. 制定客户电能表现场申校的作业规范并严格执行

B. 主动提醒客户如果对现场的校验数据不满，可申请实验室检定

C. 现场校验合格可不告知客户

D. 客户不认可校验结果，作业人员可不予解释

答案：AB

36. 两部制电价由（　　　）三部分组成。

A. 电度电价　　　　　　B. 基本电价　　　　　　C. 力率调整电费　　　D. 代收加价

答案：ABC

37. 抄表管理不规范对电费管理造成的风险影响（　　　）。

A. 发生电费差错，影响正常缴费周期

B. 易造成与客户在电量电费确认方面的纠纷

C. 影响电费及时回收

D. 造成线损波动

答案：ABC

38. 执行两部制电价的电力客户，基本电费计算时可以按日计算的有（   ）。

A. 新装　　　　　　B. 暂停　　　　　　C. 销户　　　　　　D. 限电

答案：ABC

39. 功率因数调整电费的适用范围是按客户用电性质和变压器容量大小划分为（   ）三种标准进行电费增、减考核。

A. 0.95　　　　　　B. 0.9　　　　　　C. 0.85　　　　　　D. 0.8

答案：BCD

40. 实施《功率因数调整电费办法》可起到（   ）的作用。

A. 改善电压质量　　B. 提高供电能力　　C. 增加地方附加费收入　　D. 节约电能

答案：ABD

41. 电能表的发展经历了（   ）阶段。

A. 感应式　　　　　B. 电子式　　　　　C. 智能电能表　　　　D. 直接式

答案：ABC

42. 下列选项中，功率因数标准划分的影响因素有（   ）。

A. 用电性质　　　　B. 供电方式　　　　C. 设备容量　　　　D. 电价类别

答案：ABCD

43. 《国家电网公司电费抄核收管理规则》规定：对（   ）客户，其业务流程处理完毕后的首次电量电费计算，应进行逐户审核。

A. 新装用电　　　　　　　　　　　　B. 变更用电

C. 电能计量装置参数变化　　　　　　D. 销户

答案：ABC

44. 电量电费退补包括（   ）退补等类型。

A. 政策性　　　　　　　　　　　　　B. 计量故障

C. 营业差错　　　　　　　　　　　　D. 违约用电、窃电

答案：ABCD

45. 《国家电网公司电费抄核收管理规则》规定，对抄表段的（   ）操作，须履行审批手续。

A. 新建　　　　　　B. 调整　　　　　　C. 注销　　　　　　D. 抄录

答案：ABC

46. 衡量电能质量的标准指标是（   ）。

A. 电压　　　　　　B. 电流　　　　　　C. 波形　　　　　　D. 频率

答案：ACD

47. 在供电质量要求中，下列属于电能质量要求的有（   ）。

A. 供电电压允许偏差的范围　　　　　B. 供电电源

C. 三相供电电压允许的不平衡度　　　D. 供电电压允许的波动和闪变

答案：ACD

48. 在线路上产生电压损失的主要原因有（   ）。

A. 供电线路太长，超出合理的供电半径　　　B. 用户用电的功率因数低

C. 线路导线截面太小　　　　　　　　　　　D. 冲击性负荷，三相不平衡负荷的影响

答案：ABCD

49. 计量器具包括（　　　）。

A. 仪器仪表　　　　　B. 计量基准　　　　　C. 计量标准　　　　　D. 工作计量器具

答案：BCD

50. 智能电能表的主要功能有（　　　）。

A. 电能量计量　　　　B. 信息存储及处理　　C. 实时监测　　　　　D. 自动控制

答案：ABCD

51. 用电信息采集终端类型有（　　　）。

A. 专用变压器采集终端　　　　　　　　　　B. 集中抄表终端

C. 智能监控终端　　　　　　　　　　　　　D. 分布式能源监控终端

答案：ABD

52. 集中器采集电能表数据可采用的方式有（　　　）。

A. 实时采集　　　　　B. 定时自动采集　　　C. 自动补抄　　　　　D. 任务命令采集

答案：ABC

53. 采集系统需采集电能量数据包括（　　　）。

A. 总电能示值、总电能量　　　　　　　　　B. 各费率电能示值

C. 各费率电能量　　　　　　　　　　　　　D. 最大需量

答案：ABCD

54. 要使计量装置正确计量，不能忽视的因素是（　　　）。

A. 电流　　　　　　　B. 电压　　　　　　　C. 保安器　　　　　　D. 电能表

答案：ABD

55. 当用万用表的 R×1000Ω 挡检查容量较大的电容器容量时，下列表述中（　　　）是不正确的。

A. 指针不动，说明电容器的质量好

B. 指针有较大偏转，随后返回，接近于无穷大

C. 指针有较大偏转，返回无穷大，说明电容器在测量过程中断路

D. 指针有较大偏转，说明电容器的质量好

答案：ACD

56. 根据《国网营销部关于开展计量装表串户及习惯性违规专项治理工作的通知》中附件 3《计量装置施工质量治理重点》，计量装置施工质量治理重点包括（　　　）。

A. 采集终端安装质量检查　　　　　　　　　B. 智能电能表安装质量检查

C. 电能计量箱安装质量检查　　　　　　　　D. 低压电流互感器安装质量检查

答案：ABCD

57. 减小压降的措施有（　　　）。

A. 合理设计计量点位置，缩短回路长度　　　B. 选择高阻抗仪表，去除无用标记与负载

C. 定期检查熔丝空开测量压降　　　　　　　D. 加粗导线

答案：ABCD

58. 擅自操作客户电气设备可造成（　　　）后果。

A. 触电
B. 重要高危客户停电
C. 设备损坏产品报废等经济损失
D. 电网安全事故

答案：BC

59. 使用电压互感器应注意的问题（　　　）。

A. 电压互感器二次侧严禁短路
B. 按要求的相序进行接线
C. 电压互感器二次侧应可靠接地
D. 电压互感器使用前应进行检定

答案：ABCD

60. 分布式光伏发电自发自用电量免收（　　　）。

A. 可再生能源电价附加
B. 国家重大水利工程建设基金
C. 大中型水库移民后期扶持基金
D. 农网还贷基金

答案：ABCD

61. 装拆风险：因装拆计量装置工作中发生（　　　）等原因，引起的人身触电伤亡、二次回路开路或短路故障、计量差错等风险。

A. 走错工作间隔
B. 带电操作
C. 接线错误
D. 电能计量装置参数及电能表底度确认失误

答案：ABCD

三、判断题

1. 营销移动作业应用系统服务端系统部署在公司信息内网，现场作业人员移动智能终端通过电力无线虚拟公网接入，终端及其接入控制面临较高安全风险。（　　　）

答案：错误

解析：营销移动作业应用系统服务端系统部署在公司信息内网，现场作业人员移动智能终端通过电力无线虚拟专网接入，终端及其接入控制面临较高安全风险。

2. 营销移动作业应用系统基于公司统一的门户目录权限平台进行用户身份管理和认证。（　　　）

答案：正确

3. 营销移动作业应用系统配置统一门户目录权限平台，采用用户名、口令认证，口令必须由数字和字母组合且不小于 6 位。（　　　）

答案：错误

解析：营销移动作业应用系统配置统一门户目录权限平台，采用用户名、口令认证，口令必须由数字和字母组合且不小于 8 位。

4. 移动业务应用特点：任何时间、任何地点、台式设备。（　　　）

答案：错误

解析：移动业务应用特点：任何时间、任何地点、便携设备。

5. 省（自治区、直辖市）公司营销部（农电工作部）是本单位营销移动作业平台应用的归口管理部门，负责本单位移动作业终端的设备管理以及营销移动终端购置需求汇总及上报。（　　　）

答案：正确

6. 移动作业终端在使用过程中，使用人应高度重视对移动作业涉密数据的防护。（　　　）

答案：正确

7. 营销移动作业终端现场抄表业务应在规定的时间完成现场抄录及数据上传工作。（　　　）

答案：正确

8. 使用移动作业终端接收催费任务或现场发起催费流程后，现场催费工作须在计划日期当天完成。（　　　）

答案：正确

9. 营销移动作业终端现场催费工作须在计划日期两个工作日内完成。（　　　）

答案：错误

解析：营销移动作业终端现场催费工作须在计划日期三个工作日内完成。

10. 移动终端应用在设备锁屏或根据设定的会话时限进入锁屏界面，使用人不需要重新输入密码便可进入系统。（　　　）

答案：错误

解析：移动终端应用在设备锁屏或根据设定的会话时限进入锁屏界面，使用人必须重新输入密码才可进入系统。

11. 营销移动作业终端丢失，责任人应及时上报管理员做好终端解绑工作。（　　　）

答案：正确

12. 移动作业终端只能连接电力内网，禁止连接外网。不得与接入内网的计算机相连，不得私自更换 SIM 卡。（　　　）

答案：正确

13. 移动作业终端的 SIM 卡可以私自更换。（　　　）

答案：错误

解析：移动作业终端的 SIM 卡不可以私自更换。

14. 移动作业终端既可以连接电力内网，也可以连接外网。（　　　）

答案：错误

解析：移动作业终端既可以连接电力内网，严禁连接外网。

15. 移动作业终端发生丢失或损毁应设法自行处理，并采取必要措施进行应急处理。（　　　）

答案：错误

解析：移动作业终端发生丢失或损毁应及时向公司报告处理，并采取必要措施进行应急处理。

16. 拆除需更换终端时为避免造成被控开关跳闸，应短接控制回路动合触点，断开控制回路动断触点。（　　　）

答案：错误

解析：拆除需更换终端时为避免造成被控开关跳闸，应断开控制回路动合触点，短接控制回路动断触点。

17. 带电更换电能表完毕后，先恢复联合接线盒内的电压连接片，再恢复电流连接片。（　　　）

答案：正确

18. 电流互感器将 P1 和 S1 连接，通过 S1 接到电能表接线盒电流、电压共用端钮上时，互感器二次侧不能再接地。（　　　）

答案：正确

19. 一只电流互感器二次极性接反，将引起相接的三相三线有功电能表反向计量。（　　　）

答案： 错误

解析： 一只电流互感器二次极性接反，将引起相接的三相三线有功电能表正向计量、反向计量或不计量。

20. 对高压供电用户，应在高压侧计量，经双方协商同意，可在低压侧计量，但应加计变压器损耗。（　　）

答案： 正确

21. 对高压供电用户，须在高压侧计量，不可在低压侧计量。（　　）

答案： 错误

解析： 对高压供电用户，应在高压侧计量，经双方协商同意，可在低压侧计量，但应加计变压器损耗。

22. 使用电压互感器时，一次绕组应并联接入被测线路。（　　）

答案： 正确

23. 严禁电压互感器二次回路短路或接地。（　　）

答案： 正确

24. 自发自用余电上网方式的发电补贴高于全部自用方式的发电补贴。（　　）

答案： 错误

解析： 自发自用余电上网方式的发电补贴与全部自用方式的发电补贴标准一致。

25. 分布式光伏发电客户变更电量消纳方式只需向当地供电企业提出申请。（　　）

答案： 错误

解析： 分布式光伏发电客户变更电量消纳方式由项目单位（含自然人）向当地能源主管部门申请项目备案变更，项目备案变更完成后，地市公司营销部（客户服务中心）负责受理项目电量消纳模式变更申请。

26. 燃煤小火电厂属于分布式电源范畴。（　　）

答案： 错误

解析： 分布式电源包括太阳能、天然气、生物质能、风能、地热能、海洋能、资源综合利用发电（含煤矿瓦斯发电）等，燃煤小火电不属于分布式电源范畴。

27. 三相电能表、采集终端之间的水平距离不应小于80mm。（　　）

答案： 正确

28. 电流互感器二次绕组并联后，变比不变。（　　）

答案： 错误

解析： 电流互感器二次绕组并联后，变比减小。

29. 电流互感器二次绕组串联后，变比扩大一倍。（　　）

答案： 错误

解析： 电流互感器二次绕组串联后，变比不变。

30. 某供电线路三相负荷完全对称，若对换三相四线电能计量任意两相电压接线，则此时电能表将停止计量。（　　）

答案： 正确

31. 经电流互感器的三相四线电能表，一只电流互感器极性反接，电能表少计1/3。（　　）

答案：错误

解析：电能表少计 2/3。

32. 用于三相四线回路及中性点接地系统的电路叫星形接线。（   ）

答案：正确

33. 三相四线电能计量装置不论是正相序接线还是逆相序接线，从接线原理来看均可正确计量有功电能。（   ）

答案：正确

34. 三相四线负荷用户若安装三相三线电能表计量，易漏计电量。（   ）

答案：正确

35. 试验接线盒电流进、出线应上下对齐接入。（   ）

答案：错误

解析：电流线应一条上下对齐，一条上下错开接入。

36. 遇到对称负荷，三相四线制电能表不一定接零线。（   ）

答案：正确

37. 在检查三相四线三元件表的接线时，在三相负荷对称的情况下，若将其中任意两相电流对调，电能表应该停走。（   ）

答案：正确

38. 带电检查三相四线电能计量装置接线时，应防止相间短路和接地。（   ）

答案：正确

39. 低压三相四线制线路中，在三相负荷对称情况下，U、W 相电压接线互换，电流线不变，则电能表停转。（   ）

答案：正确

40. 有一只三相四线有功电能表，V 相电流互感器反接达一年之久，累计电量为 5000kWh，那么差错电量为 3000kWh。（   ）

答案：错误

解析：差错电量为 1 万 kWh。

41. 用钳形电流表测量较小负载电流时，将被测线路绕 2 圈后夹入钳口，若钳形表读数为 6A，则负载实际电流为 12A。（   ）

答案：错误

解析：负载实际电流为 3A。

42. 电能表现场检验仪的电流接入测试回路，一般有通过电流测试线直接接入和通过标准钳形电流互感器接入两种方式。（   ）

答案：正确

43. 电能表校验仪开机前应插好钳形电流互感器插头，同电能表校验仪一起预热足够的时间方可使用，禁止开机后插、拔钳形电流互感器插头。（   ）

答案：正确

44. 现场检测的标准器的准确度等级至少比被检电能表高一个准确度等级。（   ）

答案：错误

解析：至少比被检电能表高两个准确度等级。

45. 现场误差测试后，填写"电能表现场检测结果通知单"留给客户保存。"电能表现场检验记录"存档。（　　）

答案：正确

46. 在检验电能表时被检表的采样脉冲应适当选择，不能太少，至少应使两次出现误差的时间间隔不小于 10s。（　　）

答案：错误

解析：间隔不小于 5s。

47. 现场检验电能表时，当负载电流低于被检电能表标定电流的 10%，或功率因数低于 0.5 时，不宜进行误差测试。（　　）

答案：正确

48. 在现场检验的全过程中，严禁交流电压回路开路。（　　）

答案：错误

解析：严禁交流电压回路短路或接地。

49. 电能表现场校准时，不允许使用钳形电流互感器作为校准仪的电流输入元件。（　　）

答案：错误

解析：电能表等级较低时，允许使用钳形电流互感器作为校准仪的电流输入元件。

50. 现场检验电能表时，严禁电流互感器二次回路开路，严禁电压互感器二次回路短路。（　　）

答案：正确

51. 现场校验仪与被检电能表的对应元件接入的是不同相电压和电流。（　　）

答案：错误

解析：接入的是相同的电压和电流。

52. 属自来水供应业的用电客户应执行峰谷分时电价。（　　）

答案：错误

解析：属自来水供应业的用电客户不应执行峰谷分时电价。

53. 变压器装接容量在 315kVA 及以上的客户均应执行两部制电价。（　　）

答案：错误

解析：受电变压器含不通过受电变压器的用电设备容量在 315kVA 及以上的工业生产用电执行两部制电价，一般工商业用户选择性执行两部制电价。

54. 客户由两条线路供电并分别安装最大需量表和按最大需量方式计收基本电费，基本电费按需量值最大的一条线路来计收。（　　）

答案：错误

解析：按最大需量计费的两路及以上进线用户，各路进线分别计算最大需量，累加计收基本电费；对两路装有自动闭锁装置的互为备用进线用户，各路进线分别计算最大需量，取最大值计收基本电费。

55. 防汛临时照明用电，黑光灯捕虫用电执行农业生产电价。（　　）

答案：正确

56. 一执行两部制电价的客户申明为永久性减容，其减容后的容量为 250kVA，则该客户仍执

行两部制电价计费。（　　）

答案：错误

解析：减容暂停后容量达不到实施两部制电价标准的，应改为相应用电类别的单一制电价计费。

57. 供电营业人员抄表差错或电费计算出现错误影响客户按时交纳电费引起的电费违约金，可经审批同意后实施免收。（　　）

答案：正确

58. 套计的居民生活用电参加功率因数计算，参加电费调整。（　　）

答案：错误

解析：套计的居民生活用电参加功率因数计算，不参加电费调整。

59. 客户对当月电费有异议，可以暂不按期缴纳，等待处理结果确认后，再缴纳电费。（　　）

答案：错误

解析：客户对当月电费有异议，先按期缴纳电费。

60. 《国家电网公司电费抄核收管理规则》规定：对高压新装客户应在接电后的当月进行抄表。对在新装接电后当月抄表确有困难的其他客户，应在下一个抄表周期内完成抄表。（　　）

答案：正确

61. 基本电价计费方式的变更周期从按年调整为按季变更，电力用户可随时向公司申请变更后三个月的基本电价计费方式。（　　）

答案：错误

解析：基本电价计费方式的变更周期从按年调整为按季变更，电力用户可提前 15 个工作日向公司申请变更后三个月的基本电价计费方式。

62. 根据工作需要，供电公司可以对抄表例日进行变更，但需履行内部审批手续，无须与客户协商。（　　）

答案：错误

解析：抄表例日不得随意变更。确需变更的，应履行审批手续。抄表例日变更时，应事前告知相关客户。

63. 定量定比电量执行峰谷分时电价的，定量定比电量按同表组分时比例进行计算。转供定量电量不执行峰谷分时电价。（　　）

答案：正确

64. 变压器的损失分两部分，一部分是铁损，与负荷有关，与电压无关；一部分是铜耗，与负荷无关，与电压有关。（　　）

答案：错误

解析：变压器的损失分两部分，一部分是铁损，与负荷无关，与电压有关；一部分是铜耗，与负荷有关，与电压无关。

65. 《国家电网公司电费抄核收管理规则》规定：制定抄表计划应综合考虑抄表周期、抄表例日、抄表人员、抄表工作量及抄表区域的计划停电等情况。（　　）

答案：正确

66. 当月用电客户有增容或变更用电，引起功率因数执行标准发生变化的，需要根据变化前后的电量数据分段计算电费。（　　）

答案：正确

67. 户籍人口 5 人及以上的"一户一表"居民用户，第一档电量每月增加 100～310kWh，第二档电量为 310～400kWh 之间，第三档为 400kWh 以上，加价标准不变。（　　）

答案：正确

68. 居民个人拥有产权的独立空间且单独照明的车库执行居民生活电价。（　　）

答案：错误

解析： 居民个人拥有产权的独立空间且单独照明的车库，其中，用于盈利用途的个人车库，执行工商业及其他电价；不具备营利性质的个人车库，执行居民生活电价。

69. 电能表能否正确计量负载消耗的电能，与时间有关。（　　）

答案：错误

解析： 电能表能否正确计量负载消耗的电能，与时间无关。

70. 居民峰谷分时电价在现行阶梯电价的基础上，峰段加价 0.03 元/kWh，谷段降价 0.17 元/kWh。（　　）

答案：正确

71. 单相电能表的电流线圈串接在相线中，电压线圈并接在相线和零线上。（　　）

答案：正确

72. 电能表自身消耗的电量计入客户的用电量。（　　）

答案：错误

解析： 电能表计算电量时所用的电流不包含自身消耗的电流，所以电能表自身消耗的电量不计入用户的用电量。

73. 单相电能表铭牌上的电流为 5（60）A，其中 5A 为额定电流，60A 为标定电流。（　　）

答案：错误

解析： 单相电能表铭牌上的电流为 5（60）A，其中 5A 为标定电流，60A 为额定最大电流。

74. 智能电能表的电能表显示屏出现常亮状态，说明智能表已被损坏。（　　）

答案：错误

解析： 智能电能表通过显示屏显示电能表工作状态，当有报警事项发生时，电能表显示屏出现常亮状态，具体有以下两种情况：一是远程费控用户余额不足报警时出现电能表屏常亮。二是电能表停抄电池欠压时出现电能表屏常亮。

75. 装表时应向客户确认新装电能表的初始电量，或在现场更换电能表时应与客户共同抄录和确认被换电能表底度电量。（　　）

答案：正确

76. 拆除电能表进、出线，依次为先电压线、后电流线，先进线、后出线，先相线、后零线，从左到右。（　　）

答案：正确

77. 带电装表接电工作时，应采取防止短路和电弧灼伤的安全措施。（　　）

答案：正确

78. 监狱监房生活用电价格按照山东省居民生活中一户一表用户电价执行。（　　）

答案：错误

解析： 监狱监房生活用电价格按照山东省居民生活中合表用户电价执行。

79. 无功功率补偿的方法很多，主要是采用电力电容器或采用具有容性负荷装置进行补偿。
（　　）

答案： 正确

80. 供电所建立的设备台账，由专人负责，根据设备投运、更改情况及时更新。（　　）

答案： 正确

81. 各类经营性培训机构执行学校电价。（　　）

答案： 错误

解析： 执行居民用电价格的学校，是指经国家有关部门批准，由政府及其有关部门、社会组织和公民个人举办的公办、民办学校，不含各类经营性培训机构，如驾校、烹饪、美容美发、语言、电脑培训等。

82. 安装在用户处的 10kV 以上计费用电压互感器二次回路，应不装设隔离开关辅助触点，但可装设快速自动空气开关。（　　）

答案： 错误

解析： 安装在用户处的 35kV 以上计费用电压互感器二次回路，应不装设隔离开关辅助触点，但可装设快速自动空气开关。35kV 及以下贸易结算用电能计量装置的电压互感器二次回路，计量点在电力用户侧的应不装设隔离开关辅助触点和快速自动开关等。

83. 当三相三线电路的中性点直接接地时，宜采用三相四线有功电能表测量有功电量。（　　）

答案： 正确

84. 封印管理的目的是防窃电、防止设备损坏。（　　）

答案： 错误

解析： 封印管理的主要目的是防窃电，不具备防止设备损坏的功能。

85. 高压电压互感器二次侧要有一点接地，金属外壳也要接地。（　　）

答案： 正确

86. 接入中性点非有效接地的高压线路的计量装置，宜采用三相四线有功、无功电能表。（　　）

答案： 错误

解析： 接入中性点非有效接地的高压线路的计量装置，应采用三相三线有功、无功电能表。

87. 接入中性点有效接地的高压线路的三台电压互感器，应按 Y0/y0 方式接线。（　　）

答案： 正确

88. 三相四线制用电的用户，只要安装三相三线电能表，不论三相负荷对称或不对称，都能正确计量。（　　）

答案： 错误

解析： 三相四线制用电的用户，应安装三相四线电能表。

89. 对三相三线制接线的电能计量装置，其两台电流互感器二次绕组与电能表之间宜采用简化的三线连接。（　　）

答案： 错误

解析： 对三相三线制接线的电能计量装置，其两台电流互感器二次绕组与电能表之间应采用四线连接。

90. 分布式电源现场安装的光伏电池、逆变器等设备，需取得国家授权的有资质的检测机构检测报告。（　　　）

答案：正确

91. 10kV 电压等级接入且单个并网点总装机容量超过 8MW，年自发自用电量大于 50%的属于第二类分布式电源。（　　　）

答案：错误

解析：第二类分布式电源是指 35kV 电压等级接入，年自发自用电量大于 50%的分布式电源；或 10kV 电压等级接入且单个并网点总装机容量超过 6MW，年自发自用电量大于 50%的分布式电源。

92. 10kV 及以下电压等级接入，且单个并网点总装机容量不超过 6MW 的分布式电源属于第一类。（　　　）

答案：正确

四、简答题

1. 移动业务主要包含哪些内容？

答案：主要包括现场受理、现场业扩、现场用检、现场计量、现场核查、现场客服、现场抢修、现场采集作业、有序用电、业务辅助，其中业务辅助包括综合查询、知识库、GPS 路径规划、电子签单、超期预警单等功能。

2. 移动作业终端功能架构有哪几种？

答案：① 我的任务；② 业务功能；③ 公共查询；④ 电力知识库；⑤ 辅助工具；⑥ 系统设置。

3. 现有条件下，为什么不能使用终端进行业务受理和走高压流程？

答案：线上受理率和高压业扩协同规范率限制。

4. 营销移动作业终端管理办法（试行）中规定的国网营销部的职责分工是什么？

答案：国网营销部负责统一管理移动作业终端的功能设计，制定移动作业终端的采购计划，规范营销移动业务流程，制定与完善技术标准，并对终端整体开发应用情况进行管理。

5. 营销移动作业客户端应用有哪些功能？

答案：移动客户端应用采用国网营销部定制的智能终端，通过移动 APP 为现场作业人员提供现场业扩、现场计量、现场抄催、现场用检、现场客服、移动抢修等功能。

6. 电能计量装置竣工验收包括哪些项目？

答案：① 电能表的安装、接线；② 互感器的合成误差测试；③ 电压互感器二次压降的测试；④ 综合误差的计算；⑤ 计量回路的绝缘性能检查。

7. 不同类型的光伏电站对防孤岛保护分别是怎样要求的？

答案：① 对小型光伏电站，应具备快速监测孤岛且立即断开与电网连接的能力。② 对于大中性光伏电站，公用电网继电保护装置必须保障公用电网故障时切除光伏电站，光伏电站可不设置防孤岛保护。其中接入用户内部电网的中性光伏电站的防孤岛保护能力由电力调度部门确定。

8. 为什么电能表联合接线时要选用联合接线盒？

答案：电能表联合接线应安装联合接线盒，这样能使现场实负荷检表和带电状态下拆表、装表做到方便安全，以保证操作过程中防止电流二次回路开路和电压二次回路短路。

9. 现场检查接线时应检查哪些内容？

答案：① 检查接线有无开路或接触不良；② 检查接线有无短路；③ 检查接线有无改接和错接；④ 检查有无越表接线和私拉乱接；⑤ 检查电流互感器、电压互感器接线是否符合要求。

10. 带电检查电能表接线常用的检查方法有哪几种？

答案：常用的检查方法包括：① 瓦秒法（实负荷功率比较法）；② 力矩法；③ 六角图法。

11. 与单相电能表的零线接线方法相比，作为总表的三相四线有功电能表零线接法有什么不同？

答案：① 单相电能表的零线接法是将零线剪断，再接入电能表的 3、4 零线端子孔。② 三相四线有功电能表零线接法是零线不剪断，只在零线上用不小于 2.5mm² 的铜芯绝缘 T 接到三相四线电能表零线端子上，以供电能表电压元件回路使用。零线在中间没有断口的情况下直接接到用户设备上。

12. 为什么接入三相四线有功电能表的中线不能与 U、V、W 中任何一根相线颠倒，如何预防？

答案：因为三相四线有功电能表接线正常时，三个电压线圈上依次加的都是相电压，即 U_{UN}、U_{VN}、U_{WN}。若中线与 U、V、W 中任何一根相线（如 U 相线）颠倒，则第一元件上加的电压是 U_{NU}，第二、第三元件上加的电压分别是 U_{VU}、U_{WU}。这样，一方面会错计电量，另一方面是原来接在 V、W 相的电压线圈和负载承受的电压由 220V 上升到 380V，结果会导致这些设备烧坏。

为了防止发生中线和相线颠倒故障，在送电前必须用电压表准确找出中线。即若三个线与第四根线的电压分别都是 220V，则第四根线就为中线。

13. 什么叫电能表现场校验？

答案：对安装在现场的电能表在实际工作状态下实施的在线检测称为电能表现场校验。

14. 现场校验电能表负荷变化比较大时，应采取哪些对策？

答案：① 延长测量（校验）的时间，加大每次测量的脉冲数，直到误差落入正常范围。② 对于具有自动量程的校验仪，要选择手动量程进行工作。③ 适当增加测量次数，按测量方法误差理论的要求，剔除粗大误差（大于三倍的 δ 值），取多次测量的算术平均值作为测量结果。④ 有条件时，采用同步采样比较法校验。

15. 直接接入式电能表现场检验时，工作班成员测定电能表实负荷运行状态下的误差的工作内容包括哪些？

答案：① 检查电能表电池状态，当电池电量不足时应现场及时更换。② 检查电能表有无失电压、断电流等异常记录，有无当前故障代码。③ 出现失电压、断电流等异常记录和当前故障代码应查明原因，若影响计量应提出相应的退补电量依据，供相关部门参考。

16. 在现场检验电能表时，应检查那些不合理的计量方式和计量差错不合理计量方式？

答案：① 电流互感器变比过大，致使电能表经常在 1/3 标定电流以下运行的，以及电能表与其他二次设备共用一组电流互感器的；② 电压与电流互感器分别接在电力变压器不同电压侧的，以及不同的母线共用一组电压互感器的；③ 无功电能表与双向计量的有功电能表无止逆器；④ 电压互感器的额定电压与线路额定电压不相符的。

17. 对新装或检修后的测量用互感器直观检查的内容是什么？

答案：新装或检修后的测量用互感器的直观检查的内容有：① 有无损伤，绝缘套管是否清洁，对油浸式尚应观察油标指示位置是否合乎规定；② 铭牌及必要的标志是否完整（包括参数、极性符号等）。

18. 检查计量装置接线方面有哪些内容？

答案：主要从直观上检查计量电流回路和电压回路的接线是否正确完好，另外，还应检查有无绕越电表的接线或私拉乱接，检查 TV、TA 二次回路导线是否符合要求等。

① 检查接线有无开路或接触不良。② 检查接线有无短路。③ 检查接线有无改接和错接。④ 检查有无越表接线和私拉乱接。⑤ 检查 TA、TV 接线是否符合要求。

19. 在现场测试运行中电能表时，对现场条件有哪些要求？

答案：① 电压对额定值的偏差不应超过±10%；② 频率对额定值的偏差不应超过±5%；③ 环境温度应在 0～35℃之间；④ 通入标准电能表的电流应不低于其标定电流的 20%。

20. 电能表校验人员应符合什么条件？

答案：① 经考核合格，持有电能表计量检定员证；② 具有中专（高中）或相当于中专（高中）以上文化程度；③ 熟悉计量法律、法规；④ 熟练掌握电能表的操作技能。

21. 抄表数据复核的主要内容有哪些？

答案：峰平谷电量之和大于总电量；本月示数小于上月示数；零电量、电表循环、未抄、有协议电量或修改过示数的；抄表自动带回的异常：翻转、估抄等；与同期或历史数据比较进行查看，电量突增突减的客户；按电量范围进行查看，看客户数据是否正确；连续 3 个月估抄或连续 3 个月零电量的。

22. 合表用电客户总、分表之间为什么会出现差额？

答案：① 总表和分表电量抄错，分表的尾数未计，或者总、分表抄表日期不一致；② 总表内的内线有漏电现象或在总表范围的客户中可能有窃电现象；③ 在运行中，从总表到分表的一段导线也会消耗电量，分表本身也要消耗电量，这些都被总表计量，而分表不能计量该部分；④ 分表负载不合理，造成部分耗电仅在总表上反映出来，而加大了总分表之间的差额；⑤ 分表使用年久失准。

23. 简述非政策性退补的业务描述？

答案：由于计量故障、抄表差错、档案差错、违约窃电等原因，对用电客户进行退补电量电费，退补采用流程管理，包含退补电量电费的申请、审核、审批和发行，其中根据退补电量和电费的额度可设置不同的岗位审批，既可退补电量，也可退补电费。

24. 简述目前山东省工商业及其他电价政府性基金及附加的征收标准？

答案：① 农网还贷资金，征收标准 0.02 元/kWh；② 重大水利建设基金，征收标准 0.005 2 元/kWh；③ 中央库区移民后期扶持资金，征收标准 0.006 2 元/kWh；④ 可再生能源基金，征收标准 0.019 元/kWh。

25. 用电信息采集总体建设目标是什么？

答案：建设的总体目标是实现对国家电网公司经营区域内直供直管电力用户的"全覆盖、全采集、全费控"。

26. 用电信息采集系统主要功能是什么？

答案：系统主要功能包括系统数据采集、数据管理、控制、综合应用、运行维护管理、系统接口等。

27. 工作期间，工作负责人若离开工作现场时需如何办理手续？

答案：工作期间，工作负责人若需暂时离开工作现场，应指定能胜任的人员临时代替，离开前应将工作现场交代清楚，并告知全体工作班成员。原工作负责人返回工作现场时，也应履行同样的交接手续。工作负责人若需长时间离开工作现场时，应由原工作票签发人变更工作负责人，履行变更手续，并告知全体工作班成员及所有工作许可人。原、现工作负责人应履行必要的交接手续，并在工作票上签名确认。

28.《安规（配电部分）》规定的工作终结报告主要包括哪些内容？

答案：工作终结报告主要包括下列内容：工作负责人姓名，某线路（设备）上某处（说明起止杆塔号、分支线名称、位置称号、设备双重名称等）工作已经完工，所修项目、试验结果、设备改动情况和存在问题等，工作班自行装设的接地线已全部拆除，线路（设备）上已无本班组工作人员和遗留物。

29. 配电巡视人员在巡视中发现高压配电线路、设备接地或高压导线、电缆断落地面、悬挂空中时，应如何处置？

答案：巡视中发现高压配电线路、设备接地或高压导线、电缆断落地面、悬挂空中时，室内人员应距离故障点 4m 以外，室外人员应距离故障点 8m 以外；并迅速报告调度控制中心和上级，等候处理。处理前应防止人员接近接地或断线地点，以免跨步电压伤人。进入上述范围人员应穿绝缘靴，接触设备的金属外壳时，应戴绝缘手套。

30. 可以不用操作票的操作项目是如何规定的？

答案：（1）事故紧急处理。

（2）拉合断路器（开关）的单一操作。

③ 程序操作。

（4）低压操作。

（5）工作班组的现场操作。

以上（1）～（4）项的工作，在完成操作后应做好记录，事故紧急处理应保存原始记录。由工作班组现场操作的设备、项目及操作人员需经设备运维管理单位或调度控制中心批准。

五、计算题

1. 某三相低压平衡负荷用户，安装的三相四线电能表 U 相失压，W 相 TA 开路，TA 变比均为500/5A，若抄回表码为 200（电能表起码为 0），试求应追补的电量。

答案：U 相电压失压，W 相 TA 开路，表示 U 组、W 组元件力矩为 0，只有 V 相力矩工作。故三相计量表上有一相工作，两相未工作，因此应追补的电量是已抄收电量的 2 倍，即应追补电量为：$\Delta W = 200 \times 2 \times 500/5 = 40\,000$（kWh）。

2. 有一只三相四线有功电能表，V 相电流互感器反接达一年之久，累积电量 $W = 2000$kWh。求差错电量 ΔW。

答案：由题意可知，V 相电流互感器极性接反的功率表达式为

$$P' = U_u I_u \cos\varphi_u - U_v I_v \cos\varphi_v + U_w I_w \cos\varphi_w$$

三相负载平衡时，$U_u = U_v = U_w = U, I_u = I_v = I_w = I, \varphi_u = \varphi_v = \varphi_w = \varphi$

则

$$P' = UI\cos\varphi$$

当正确接线时 $\qquad P = 3UI\cos\varphi$

更正系数为 $\qquad k = \dfrac{P}{P'} = \dfrac{3UI\cos\varphi}{UI\cos\varphi} = 3$

$$\text{差错电量}\ \Delta W = (k-1)W = (3-1)\times 2000 = 4000\ (\text{kWh})$$

3. 有一只三相四线有功电能表，其 V 相电流互感器从二次反接运行达半度之久，电能表的累积电量为 150kWh，假设功率因数为 1，试求该表更正电量？

答案：当 V 相电流互感器反接时，其功率为

$$P' = U_\mathrm{u}I_\mathrm{u}\cos\varphi - U_\mathrm{v}I_\mathrm{v}\cos\varphi + U_\mathrm{w}I_\mathrm{w}\cos\varphi = U_\varphi I_\varphi\cos\varphi$$

正确接线时的功率为

$$P = 3U_\varphi I_\varphi\cos\varphi$$

更正系数为

$$K = \frac{P}{P'} = \frac{3U_\varphi I_\varphi\cos\varphi}{U_\varphi I_\varphi\cos\varphi} = 3$$

$$\text{实际用电量为：}A' = KA = 3\times 150 = 450\ （\text{kWh}）$$
$$\text{半年内少计电量为：}450 - 150 = 300\ （\text{kWh}）$$

4. 某用户电能表发生错误接线，经检查其错误接线的功率为 $P' = 2UI\sin\varphi$，电能表在错误接线情况下累计电量为 15 万 kWh，该用户的功率因数为 0.87（L），求实际电能量并确定退、补电量。

答案：更正系数为

$$K = \frac{P}{P'} = \frac{\sqrt{3}UI\cos\varphi}{2UI\sin\varphi} = \frac{\sqrt{3}\cos\varphi}{2\sin\varphi}$$

$\cos\varphi = 0.87$，则可以求得 $\sin\varphi = 0.49$

则可求得更正系数为：

$$K = \frac{P}{P'} = \frac{\sqrt{3}\times 0.87}{2\times 0.49} \approx 1.54$$

$$\text{实际电能量}\ A = KA' = 1.54\times 15 = 23.1\ （\text{万 kWh}）$$
$$\Delta A = A - A' = 23.1 - 15 = 8.1\ （\text{万 kWh}）$$

即电能表少计了 8.1 万 kWh 电能，用户应按规定电价补交电费。

5. 某低压三相用户，安装的是三相四线有功电能表，CT 变比为 250/5A，装表时误将 W 相二次电流接到了表的 U 相，负的 U 相电流接到了表的 W 相，已知故障期间平均功率因数为 0.88，故障期间抄见表码（有功）为 300kWh，试求应追补的电量。

答案：先求更正率 ε

$$\varepsilon = \frac{3IU\cos\varphi}{IU\cos(120°-\varphi) + IU\cos\varphi + IU\cos(180°-120°-\varphi)} - 1$$

$$= \frac{3IU\times 0.88}{-0.03IU + 0.88IU + 0.851IU} - 1 = 0.552$$

$$\text{故应追补的电量为}\ \Delta W = 0.552\times 300\times \frac{250}{5} = 8280(\text{kWh})$$

6. 某电力用户装有一块三相四线有功电能表，标定电压为 3×380/220V，标定电流为 5A，与电能表配套用有三台 200/5A 的电流互感器。某日有一台电流互感器因用电过负荷而烧毁，用户在请示供电部门的情况下，自行更换一台电流互感器。半年后在用电普查中发现用户自行更换的电流互感器的变比是 300/5。与原配套使用的电流互感器的变比不同，在此期间有功表共计量 5 万 kWh，试计算应追补多少电能？

答案： 先求更正率：

更正率＝(正确用电量－错误用电量)×100%/错误用电量；

正确用电量＝1/3+1/3+1/3＝1；

错误用电量＝1/3+1/3－(1/3)×(150/5)/(200/5)＝5/12；

故更正率＝140%；

追补用电量＝更正率×抄见用电量＝140%×80 000＝112 000（kWh）

7. 某电力客户的电能表经校验，误差为－5%，抄表用电量为 19 000kWh，若该客户的用电电价为 0.75 元/kWh，试问应向该客户追补多少用电量？实际用电量是多少？应交纳追补电量的电费是多少？

答案： 根据《供电营业规则》第八十条规定：互感器或电能表误差超出允许范围时，以"0"误差为基准，按验证后的误差值退补电量。退补时间从上次校验或换装后投入日起至误差更正之日止的二分之一时间计算。则：

起差电量＝19 000/(1－5%)－19 000＝1000（kWh）；

退补电量＝1000×0.5＝500（kWh）；

实际用电量＝19 000+500＝19 500（kWh），

应交纳追补电量的电费＝500×0.75＝375（元）。

应向该客户追补电量 500kWh，实际用电量为 19 500kWh，应交纳追补电量的电费为 375 元。

8. 某执行两部制电价用户 10kV 供电，新装 315kVA 变压器，3 月 2 日投入运行后，6 月 9 日又增一台 630kVA 变压器，问 3 月份和 6 月份各应收取的基本费是多少？基本电费按 28 元/(kVA·月)，该户抄表例日为每月 26 日。

答案： 3 月 315kWh 变压器运行天数 25 天，6 月 630kWh 变压器运行 18 天。

基本电费＝变压器容量×运行天数/30×基本电价，

3 月份基本电费＝315×25/30×28＝7350（元）；

6 月份基本电费＝315×28+630×18/30×28＝19 404（元），

该用户 3 月应交基本电费 7350 元，6 月应交基本电费 19 404（元）。

9. 某用电户有 2 盏 60W 灯泡，平均每天使用 3h；一台电视机，功率为 60W，平均每天收看 2h；一台电冰箱，平均每天耗电 1.1kWh。这个住户每月（按 30 天算）需交电费多少元（按 0.546 9 元/kWh 估算）？

答案： 设灯泡每天消耗的电能为 W_1，则：W_1＝60×3×2＝360Wh＝0.36（kWh）；

设电视机每天消耗的电能为 W_2，则：W_2＝60×2＝120Wh＝0.12（kWh）；

设电冰箱每天消耗的电能为 W_3，为 1.1kWh，则该用户每天消耗的电能为：$W＝W_1+W_2+W_3$＝0.36+0.12+1.1＝1.58（kWh），

每月应交电费＝0.546 9×1.58×30＝25.92（元）。

10. 某工业客户 2016 年的陈欠电费 10 万元（应于 2016 年 12 月 10 日结清），2017 年 2 月又欠供电公司电费 18 万元（应于 2017 年 2 月 10 日结算），问截至 2017 年 2 月 20 日该户需向供电公司交纳的电费违约金数额是多少？

答案： 陈欠电费 2016 年违约金＝100 000×0.2%×21＝4200（元），

陈欠电费 2017 年违约金＝100 000×0.3%×51＝15 300（元），

2017 年 2 月欠费违约金＝180 000×0.2%×10＝3600（元），

合计违约金＝4200+15 300+3600＝23 100（元）。

截至 2017 年 2 月 20 日该户需向供电公司交纳电费违约金 23 100 元。

六、识图题

1. 请识别如下电能表接线图。

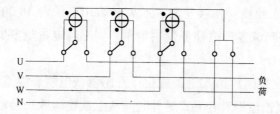

答案： 图示为三相四线有功电能表的直接接入方式的接线图。

2. 请在下图画出单相电能表现场检验接线图。

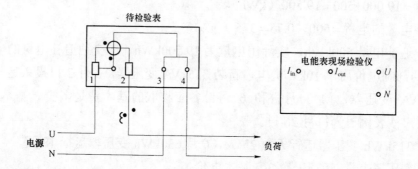

答案： 接线图如下所示：

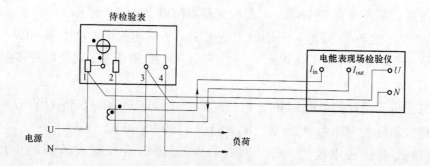

3. 请在下图画出直接接入式三相四线电能表现场检验接线图。

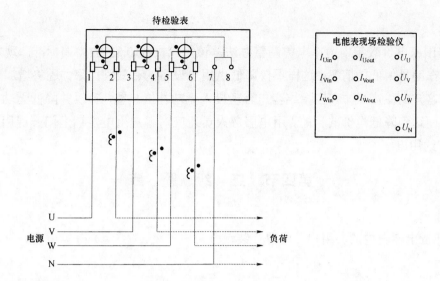

答案： 接线图如下所示：

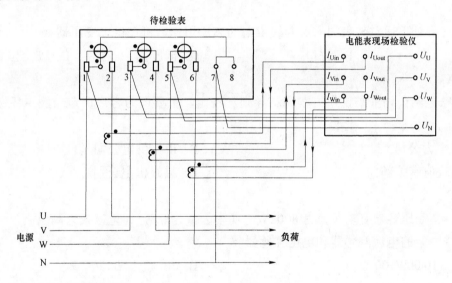

4. 请识别如下电能表接线图。

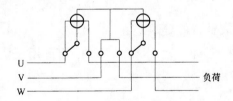

答案： 图示为三相三线两元件有功电能表接入方式的接线图。

七、案例分析题

某面粉加工企业为 10kV 供电，投运 160kVA 变压器，该户存在月平均电价偏高的情况，其主要生产时间为上午，用电检查人员现场用电服务过程中发现该户月功率因数为 0.65，且配电室内未安装无功补偿装置。若你是用电检查人员，试从电价角度分析如何帮助指导客户合理用电，降低电费成本。

答案： 该户用电主要集中在峰段、尖峰段时间用电，根据电价政策要求，高峰电价上浮比例较大，导致电费多支出。建议客户调整生产时间，将生产调整为平段或谷段时间用电，从而有效降低峰谷电费支出。

同时根据国家电价政策中力率电费调整办法，该户应执行 0.85 的力调标准。现场该户功率因数为 0.65，存在明显偏低的情况，这样不仅降低供用电设备的有效利用率，还将增加企业的力调电费支出，加大客户的生产成本。应指导客户合理投入无功补偿装置，补偿并降低无功损耗，提升月功率因数，从而达到降低电价的目的。用电服务人员还应对客户用电定期上门开展用电服务，指导客户合理、节约用电。

第四节 二 级 题 库

一、单选题

1. 共用计费电能表内的各用户，可自行装设分户电能表，（　　）分算电费，供电企业在技术上予以指导。

　　A. 集体　　　　　　　B. 自行　　　　　　　C. 共同　　　　　　　D. 领导

答案：B

2. 产权分界处不适宜装表的，对专线供电的高压用户，可在供电变压器（　　）装表计量。

　　A. 出口　　　　　　　B. 进口　　　　　　　C. 低压侧　　　　　　D. 安全位置

答案：A

3.《国家电网公司业扩供电方案编制导则》规定，重要电力客户认定一般由各级供电企业或电力客户提出，经（　　）批准。

　　A. 省级电力公司　　　　　　　　　　B. 市级供电公司

　　C. 当地政府有关部门　　　　　　　　D. 县级供电公司

答案：C

4. 某 10kV 高压客户有功负荷为 800kW，功率因数为 0.8，计量方式为高供高计，则应选择变比分别为（　　）的电流互感器和电压互感器。

　　A. 30/5、10 000/100　　　　　　　　B. 50/5、10 000/57.7

　　C. 75/5、10 000/100　　　　　　　　D. 100/5、10 000/57.7

答案：C

5. 稻田排灌和农村照明装表计费的要求是（　　）。

　　A. 分别装表计费　　　　　　　　　　B. 可同用一块

　　C. 因是农业用电可不严格规定　　　　D. 可按装见容量和使用时间估算电费

答案：A

6. 客户用的设备容量在 100kW 及以下或需用变压器容量在 50kVA 及以下者，可采用（　　）供电。

　　A. 低压单相　　　　B. 低压三相四线制　　　C. 10kV　　　　D. 10kV 以上

答案：B

7. 高压电力客户的电能表和互感器的选配时，负载电流应不大于电流互感器的一次额定电流，也不小于一次额定电流的（　　）。

　　A. 1/2　　　　　　　B. 1/3　　　　　　　C. 2/3　　　　　　　D. 3/4

答案：B

8. 用户用电设备容量在( )kW 及以下或需用变压器在 50kVA 及以下者,可采用低压 380V 供电。

A. 50 B. 100 C. 160 D. 180

答案:B

9. 凡高供低计计收铜、铁损的用户,为合理负担,应按( )分担损耗。

A. 用的类别 B. 用的容量 C. 供电电压 D. 月用电量

答案:D

10. 《国家电网公司业扩供电方案编制导则》第 7.7 条规定:建筑面积大于 50 平方米的住宅用电每户容量宜不小于( )kW。

A. 2 B. 4 C. 8 D. 6

答案:C

11. 对于高压供电用户,一般应在( )计量。

A. 高压侧 B. 低压侧 C. 高、低压侧 D. 任意一侧

答案:A

12. 低压用户若需要装设设备用电源,可( )。

A. 另设一个进户点

B. 共用一个进户点

C. 选择几个备用点

D. 另设一个进户点、共用一个进户点、选择几个备用点

答案:A

13. 计量方式是业扩工作确定供电( )的一个重要环节。

A. 方式 B. 方案 C. 方法 D. 方针

答案:B

14. 确定供电方案时,需要注意的问题包括变压器容量的确定,供电( )的确定、电能计量方式的确定。

A. 电流 B. 电压 C. 安装位置 D. 安全

答案:B

15. 双电源是指由( )独立的供电线路向同一个用电负荷实施的供电。

A. 同一个 B. 多个 C. 两个或多个 D. 两个

答案:D

16. ( )电源指由客户自行配备的,在正常供电电源全部发生中断的情况下,能够至少满足对客户保安负荷不间断供电的独立电源。

A. 保安 B. 自备应急 C. 备用 D. 生产

答案:B

17. 低压供电的客户,负荷电流为( )A 及以下时,电能计量装置接线宜采用直接接入式。

A. 40 B. 100 C. 50 D. 60

答案:D

18. 当不具备设计计算条件时,电容器安装容量的确定应符合下列规定:10kV 变压器可按变

压器容量的（　　）%确定。

 A. 10～20   B. 10～30   C. 20～30   D. 20～40

 答案：C

19. 备用电源自动投入装置，应具有（　　）闭锁的功能。

 A. 继电保护   B. 保护动作   C. 低电压   D. 电源切换

 答案：B

20. 客户单相用电设备总容量在 20kW 时采用（　　）供电。

 A. 低压 220V   B. 低压 380V

 C. 10kV   D. 低压 220V 或低压 380V

 答案：B

21. 用钳形电流表依次测量三相三线电能计量装置的各相电流，I_u、I_w 电流值相近，而将 I_u、I_w 两相电流合并后测试值为单独测量时的 $\sqrt{3}$ 倍，则说明（　　）。

 A. 一相电流接反 B. 两相电流极性反 C. 一相电流断线 D. 一相电流增大

 答案：A

22. 三相三线两元件电能表抽去中相电压时应（　　）。

 A. 基本不变   B. 走快   C. 走慢 1/2   D. 几乎停走

 答案：C

23. 在检查电能表接线时常采用力矩法（跨相去中相电压法），其中对三相二元件电能表断开 V 相电压会使电能表（　　）。

 A. 快一半   B. 慢一半   C. 基本正常   D. 几乎停止

 答案：B

24. 在检查某三相三线高压用户时发现其安装的三相二元件电能表的 V 相电压断路，则在其断相期间实际用电量是表计电量的（　　）倍。

 A. 1/3   B. 1.73   C. 0.577   D. 2

 答案：D

25. 在三相负载平衡的情况下，三相三线有功电能表 U 相电压未加，此时负荷功率因数为 0.5，则电能表（　　）。

 A. 走慢   B. 走快   C. 计量正确   D. 停止计量

 答案：C

26. 某三相三线有功电能表 W 相电流线圈接反，此时负荷功率因数为 1.0，则电能表（　　）。

 A. 少计电量   B. 多计电量   C. 反向计量   D. 不计电量

 答案：D

27. 在检查某三相三线高压用户时发现其安装的三相二元件电能表 U、W 相电流线圈均接反，用户的功率因数为 0.85，则在其错接线期间实际用电量是表计电量的（　　）倍。

 A. 1   B. 1.73   C. 0.577   D. −1

 答案：A

28. 在检查某三相三线高压用户时发现其安装的三相二元件电能表 U 相电流线圈接入 W 相电流，而 W 相电流线圈反接入 U 相电流，用户的功率因数为 0.866，则在此期间实际用电量约为表计电量的（　　）倍。

    A. 0.866　　　　　　　B. 1　　　　　　　　C. 1.5　　　　　　　　D. 1.73

    答案：C

29. 已知三相三线有功表接线错误，其接线形式为：U 相 U_{wu}、$-I_u$，W 相 U_{vu}、$-I_w$，其更正系数表达式为（　　）。

    A. $K = 2/(1 + \sqrt{3} \tan\varphi)$　　　　　　　　　　　B. $K = 2/(1 - \sqrt{3} \tan\varphi)$

    C. $K = 2/(\sqrt{3} \tan\varphi)$　　　　　　　　　　　　D. $K = 1/(\sqrt{3} \tan\varphi)$

    答案：A

30. 在三相三线电能计量装置的相量图中，相电压相量与就近的线电压相量相位差（　　）。

    A. 0°　　　　　　　　B. 30°　　　　　　　　C. 60°　　　　　　　　D. 90°

    答案：B

31. 在功率因数为（　　）时，三相三线有功电能表两元件上的力矩大小相等，但方向相反。

    A. 1　　　　　　　　B. $\sqrt{3}/2$　　　　　　C. 1/2　　　　　　　D. 0

    答案：D

32. 中性点有效接地的高压三相三线电路中，应采用（　　）电能表。

    A. 三相三线　　　　　　　　　　　　　　　　B. 三相四线

    C. 高精度的三相三线　　　　　　　　　　　　D. 以上 A、B 均可

    答案：B

33. 现场测得电能表第一元件接 U_{vw}、I_u，第二元件接 U_{uw}、$-I_w$，则更正系数为（　　）。

    A. $2\sqrt{3}/(\sqrt{3} + \tan\varphi)$　　　　　　　　　　B. $2/(\sqrt{3} - \tan\varphi)$

    C. $-2/(1 - \sqrt{3} \tan\varphi)$　　　　　　　　　　D. 0

    答案：A

34. 在三相负载平衡的情况下，三相三线有功电能表，功率因数为1，当（　　）时表计停走。

    A. U 相电流接反　　　　　　　　　　　　　　B. U 相无电压

    C. W 相无电压　　　　　　　　　　　　　　　D. U 相无电流

    答案：A

35. 在三相负载平衡的情况下，三相三线有功电能表，功率因数为0.5（感性），当（　　）时表计停走。

    A. U 相电流接反　　　B. U 相无电压　　　C. W 相无电压　　　D. U 相无电流

    答案：C

36. 在三相负载平衡的情况下，某三相三线有功电能表 W 相电流未加，此时负荷功率因数为0.5（感性），则电能表（　　）。

    A. 走慢　　　　　　　B. 走快　　　　　　　C. 正常　　　　　　　D. 停走

    答案：D

37. 在检查某三相三线高压用户时，发现其安装的 DSZ862 型电能表 V 相电压断相，则在其断相期间实际电量是表计电量的（　　）倍。

    A. 1/3　　　　　　　　B. 3/2　　　　　　　C. 1/2　　　　　　　D. 2

    答案：D

38. 在三相负载平衡的情况下，三相三线电能表的 U 相电压和 W 相电压互换，这时电能表将（   ）。

A. 走慢 　　　　B. 停走 　　　　C. 走快 　　　　D. 不确定

答案：B

39. 在 φ 为（   ）时，三相三线有功电能表第二元件功率是第一元件功率的 2 倍。

A. 0° 　　　　B. 30° 　　　　C. 60° 　　　　D. 90°

答案：B

40. 在 φ 为（   ）时，三相三线有功电能表两元件上的力矩大小相等，但方向相反。

A. 0° 　　　　B. 30° 　　　　C. 60° 　　　　D. 90°

答案：D

41. 《供电营业规则》中规定：窃电者除应按所窃电量补交电费外，还应承担补交电费（   ）倍的违约使用电费。

A. 1 　　　　B. 2 　　　　C. 3 　　　　D. 5

答案：C

42. 《供电营业规则》第一百零三条规定：窃电时间无法查明时，窃电日数至少以（   ）计算；每日窃电时间，电力用户按 12 小时，照明用户按 6 小时计算。

A. 一年 　　　　B. 180 天 　　　　C. 三个月 　　　　D. 30 天

答案：B

43. 《供电营业规则》第一百零一条规定，窃电行为包含：在供电企业的供电设施上，擅自（   ）用电。

A. 接线 　　　　B. 迁移 　　　　C. 更动 　　　　D. 操作

答案：A

44. 《供电营业规则》第一百零一条规定，窃电行为包含：（   ）供电企业用电计量装置用电。

A. 接入 　　　　B. 绕越 　　　　C. 并入 　　　　D. 串入

答案：B

45. 《供电营业规则》第一百零一条规定，（   ）行为包含：伪造或者开启供电企业加封的用电计量装置封印用电。

A. 违约用电 　　　　B. 窃电 　　　　C. 临时用电 　　　　D. 违章用电

答案：B

46. 窃电行为的直观检查法就是通过人的感官，采用口问、眼看、鼻闻、耳听、手摸等手段，检查电能表、互感器、连接线等（   ）装置，从中发现窃电迹象的侦查方法。

A. 保护 　　　　B. 接地 　　　　C. 计量 　　　　D. 仪表

答案：C

47. 窃电行为的电量检查法也叫电量分析法，是通过对照容量查电量、对照负荷查电量（对照需量查电量）、同期对比及与上月对比查电量等几种方法，侦查用户（   ）的一种方法。

A. 用电 　　　　B. 窃电 　　　　C. 违约用电 　　　　D. 违章用电

答案：B

48. 用电检查人员必须按照国家电网公司员工服务（　　）个不准的要求，遵纪守法，依法检查，不徇私舞弊，不以电谋私。

A. 五 B. 八 C. 十 D. 十二

答案：C

49. 现场检查确认有（　　）行为的，用电检查人员应当场予以中止供电，制止侵害，并按规定追补电费和加收电费。

A. 违约用电 B. 用电 C. 窃电 D. 违章用电

答案：C

50. 电力客户超过报装容量私自增加用电设备的，属于（　　）。

A. 正常增容 B. 违约用电行为 C. 窃电行为 D. 都不是

答案：B

51. 《供电营业规则》第一百条规定：擅自使用已在供电企业办理暂停手续的电力设备或启用供电企业封存的电力设备的两部制电价的用户，应停用违约使用的设备，补交擅自使用或启用封存设备容量和使用月数的基本电费，并承担（　　）倍补交基本电费的违约使用电费。

A. 1 B. 2 C. 3 D. 5

答案：B

52. 某一居民客户私自迁移自己所用的供电企业的用电计量装置位置，该户应承担每次（　　）元的违约使用电费。

A. 30 B. 50 C. 500 D. 5000

答案：C

53. 某服装店经营者私自迁移自己所用的供电企业的用电计量装置位置，该户应承担每次（　　）元的违约使用电费。

A. 500 B. 1000 C. 2000 D. 5000

答案：D

54. 某一报装变压器容量为100kVA的客户，在暂停期间私自启用暂停变压器用电进行生产，该户应承担擅自启用暂停设备容量违约使用电费共（　　）元。

A. 500 B. 600 C. 3000 D. 5000

答案：C

55. 窃电时间无法查明时，窃电日数至少以180天计算，电力客户每日窃电时间按（　　）小时计算。

A. 6 B. 12 C. 18 D. 24

答案：B

56. 窃电时间无法查明时，窃电日数至少以180天计算，照明客户每日窃电时间按（　　）小时计算。

A. 6 B. 12 C. 18 D. 24

答案：A

57. 已批准的未装表的临时用电户在规定时间外使用电力，称为（　　）。

A. 临时用电 B. 违章用电 C. 窃电 D. 非法用电

答案：C

58. 在有以下（　　）的情形下，供电企业的用电检查人员可不经批准即对客户中止供电，但事后应报告本单位负责人。

A. 确有窃电行为　　　　　　　　　　　B. 拒不在期限内拆除私增用电容量者

C. 拒不在限期内交付违约用电引起的费用者　　D. 私自向外转供电力者

答案：A

59. 开启授权的计量检定机构加封的电能计量装置封印用电的，属于（　　）。

A. 破坏行为　　　　　B. 违约用电行为　　　　C. 窃电行为　　　D. 都不是

答案：C

60. 故意使供电企业的用电计量装置失效或不准用电的，属于（　　）。

A. 破坏行为　　　　　B. 违约用电行为　　　　C. 窃电行为　　　D. 都不是

答案：C

61. 在查处违约用电、窃电行为时，供电企业应取得（　　）和（　　）的支持，加大对违约用电窃电行为的打击力度，保障用电检查人员的人身安全。

A. 政府电力管理部门、公安部部门　　　　B. 政府部门、公安部部门

C. 公安部部门、上级领导　　　　　　　D. 公安部部门、当地政府

答案：A

62. 私自迁移、更动和擅自操作供电企业的用电计量装置、电力负荷控制装置、供电设施以及约定由供电企业调度的用户受电设备者，属于居民的应承担每次（　　）元的违约使用电费。

A. 150　　　　　B. 200　　　　　C. 500　　　　D. 300

答案：C

63. 用电检查中定期检查的周期，35kV及以上电压等级的用户，至少每（　　）进行一次。

A. 年　　　　　B. 半年　　　　C. 季度　　　D. 两年

答案：B

64. 用电检查中定期检查的周期，6～10kV高压（不含高供低计）客户，至少每（　　）进行一次。

A. 年　　　　　B. 半年　　　　C. 季度　　　D. 两年

答案：A

65. 用电检查中定期检查的周期，6～10kV高供低计的高压用户，至少每（　　）进行一次。

A. 年　　　　　B. 半年　　　　C. 季度　　　D. 两年

答案：D

66. 用电检查中定期检查的周期，0.4kV及以下供电的用电用户，至少（　　）进行一次。

A. 年度　　　　　B. 半年　　　　C. 季度　　　D. 两年

答案：D

67. 因窃电或违约用电造成供电企业的供电设施损坏的，责任者必须承担供电设施的修复费用或进行（　　）。

A. 补偿　　　　　B. 赔偿　　　　C. 维修　　　D. 更换

答案：B

68. 不经过批准即可中止供电的是（　　）。

A. 确有窃电行为　　　　　　　　　　　B. 私自向外转供电力者

C. 拖欠电费经通知催交后仍不交者　　　　D. 私自增容者

答案：A

69. 开展营业（　　）的目的是加强营业管理，堵漏增收，提高效益，促进发展。

A. 检查　　　　　　B. 普查　　　　　　C. 调查　　　　　　D. 稽查

答案：B

70. 当供电电压较额定电压低于10%，家用电器的功率降低（　　）%。

A. 10　　　　　　　B. 19　　　　　　　C. 15　　　　　　　D. 9

答案：B

71. 用电检查人员对营业区内的客户进行用电检查，客户应当接受检查并为用电检查提供方便。用户对其设备的安全负责，用电检查人员（　　）因被检查设备不安全引起的任何直接损坏或损害的赔偿责任。

A. 不承担　　　　　B. 承担部分　　　　C. 承担全部　　　　D. 按比例分担

答案：A

72. 用电检查的主要范围是客户的（　　）。

A. 供电电源　　　　B. 计量装置　　　　C. 受电装置　　　　D. 继电保护

答案：C

73. 一台容量为1000kVA的变压器，24h的有功电量为15 360kWh，功率因数为0.85，该变压器24h的利用率为（　　）%。

A. 54　　　　　　　B. 64　　　　　　　C. 75.3　　　　　　D. 75

答案：C

74. 用电检查工作必须以事实为依据，以国家有关电力供应与使用的法规、方针、政策，以及国家和电力行业的标准为（　　），对用户的电力使用进行检查。

A. 准则　　　　　　B. 条例　　　　　　C. 条款　　　　　　D. 规定

答案：A

75. 用电检查工作贯穿于为电力客户服务的（　　），同时也担负着维护供电企业合法权益的任务。

A. 售前服务　　　　B. 全过程　　　　　C. 售后服务　　　　D. 部分过程

答案：B

76. 用电检查人员参与用户重大电气设备损坏和人身触电伤亡事故的调查，并在（　　）日内协助用户提出事故报告。

A. 3　　　　　　　　B. 5　　　　　　　C. 7　　　　　　　D. 10

答案：C

77. 绕越供电企业计量装置用电，属于（　　）。

A. 破坏行为　　　　B. 违约用电行为　　C. 窃电行为　　　　D. 都不是

答案：C

78. 电力客户超过报装容量私自增加用电设备的，属于（　　）。

A. 正常增容   B. 违约用电行为   C. 窃电行为   D. 都不是

答案：B

79. 某一饭店经营者私自迁移自己所用的供电企业的用电计量装置位置，该户应承担每次（   ）元的违约使用电费。

A. 30   B. 50   C. 500   D. 5000

答案：D

80. 供电企业用电检查人员实施现场检查时，用电检查员的人数不得少于（   ）人。

A. 2   B. 3   C. 5   D. 10

答案：A

81. 根据《国家电网公司用电信息采集系统建设管理办法》，省公司应依据本单位电力用户规模和坚强智能电网建设规划编制本单位采集系统建设中长期建设规划或方案，并经由（   ）组织审查与批复。

A. 国网营销部   B. 国网发策部   C. 国网物资部   D. 国网审计部

答案：A

82. 根据《国家电网公司用电信息采集系统建设管理办法》，公司下达营销专项计划后，各级营销部门将采集系统建设项目分解下达至（   ）组织实施，其他部门按照职责分工予以配合。

A. 各省、地市公司   B. 各地市、县供电公司

C. 各县供电公司、班组   D. 国网供电公司

答案：B

83. 根据《国家电网公司用电信息采集系统建设管理办法》，招标（含物资和设计、施工、监理等服务）采购过程应按照公司物资集约化管理要求，由（   ）统一组织实施。

A. 公司总部或省公司   B. 省公司或地市公司

C. 地市公司或县公司   D. 国网公司

答案：A

84. 根据《国家电网公司用电信息采集系统建设管理办法》，各级建设单位应组织各施工单位在开工前履行完整的（   ）。

A. 审批手续   B. 请示手续   C. 开工手续   D. 竣工手续

答案：C

85. 根据《国家电网公司用电信息采集系统建设管理办法》，单元工程验收是由建设管理单位或监理单位组织相关专业人员，对施工单位完成的最小综合体的验收，一般以（   ）划分。

A. 用户   B. 台区   C. 线路   D. 单位

答案：B

86. 根据《国家电网公司用电信息采集系统建设管理办法》，采集系统建设是公司（   ）建设的重要组成部分。

A. 电费回收   B. 坚强智能电网   C. 电网自动化   D. 优质服务

答案：B

87. 根据《国家电网公司用电信息采集系统建设管理办法》，国网（   ）是公司采集系统建设的归口管理部门。

A. 信通公司　　　　　B. 电能计量中心　　　　C. 营销部　　　　　　D. 运维检修部

答案：C

88. 根据《国家电网公司用电信息采集系统建设管理办法》，累计实现用电信息采集的用户数/应采集的用户数为（　　　）率。

A. 采集抄通　　　　　B. 采集完成　　　　　C. 采集成功　　　　　D. 采集接入

答案：D

89. 根据《国家电网公司用电信息采集系统建设管理办法》，每天用电信息采集系统主站采集成功的用户数/应采集的用户总数为（　　　）率。

A. 日采集抄通　　　　B. 日采集完成　　　　C. 日采集成功　　　　D. 日采集接入

答案：C

90. 根据《国家电网公司用电信息采集系统建设管理办法》，采集频度指标计算要求每天（　　　）次。

A. 一　　　　　　　　B. 十二　　　　　　　C. 二十四　　　　　　D. 二

答案：A

91. 根据《国家电网公司用电信息采集系统建设管理办法》，相邻单项电能表，垂直中心距应不小于（　　　）mm。

A. 150　　　　　　　B. 250　　　　　　　C. 350　　　　　　　D. 100

答案：B

92. 根据《国家电网公司用电信息采集系统建设管理办法》，电压二次回路导线截面积应不小于（　　　）mm^2。

A. 2.5　　　　　　　B. 4　　　　　　　　C. 6　　　　　　　　D. 10

答案：A

93. 根据《国家电网公司用电信息采集系统建设管理办法》，电流二次回路导线截面积应不小于（　　　）mm^2。

A. 2.5　　　　　　　B. 4　　　　　　　　C. 6　　　　　　　　D. 10

答案：B

94. 根据《国家电网公司用电信息采集系统建设管理办法》，电能计量箱门的开闭应灵活，开启角度不小于（　　　）度。

A. 30　　　　　　　　B. 45　　　　　　　C. 60　　　　　　　　D. 90

答案：D

95. 根据《国家电网公司用电信息采集系统建设管理办法》，实际采集的数据项和每个数据项中的数据点占应采集数据项和数据点的比例为（　　　）。

A. 采集数据准确率　　　　　　　　　　　B. 采集数据完整率
C. 采集数据成功率　　　　　　　　　　　D. 采集数据一致率

答案：B

96. 根据《国家电网公司用电信息采集系统建设管理办法》，采集数据准确的电能表数量占综合验收现场抄表的电能表数量的比例为（　　　）。

A. 采集数据准确率　　　　　　　　　　　B. 采集数据完整率

C. 采集数据成功率　　　　　　　　D. 采集数据一致率

答案：A

97. 根据《国家电网公司用电信息采集系统建设管理办法》，单元工程验收一般以（　　）划分。

A. 线路　　　　B. 开关　　　　C. 台区　　　　D. 变电站

答案：C

98. 根据《国家电网公司用电信息采集系统建设管理办法》，单项工程验收一般以（　　）划分。

A. 合同　　　　B. 标包　　　　C. 标段　　　　D. 供应商

答案：B

99. 根据《国家电网公司用电信息采集系统建设管理办法》，专变采集终端整点在线率以（　　）为考核周期。

A. 日　　　　B. 周　　　　C. 月　　　　D. 季

答案：A

100. 根据《国家电网公司用电信息采集系统建设管理办法》，（　　）验收是采集项目结（决）算的必要条件。

A. 单元工程　　　　B. 单项工程　　　　C. 综合　　　　D. 转序

答案：B

二、多选题

1. 常用变压器容量的确定法包括（　　）。

A. 用电负荷密度法　　B. 领导决定　　C. 需用系数法　　D. 直流分压

答案：AC

2. 《国家电网公司业扩供电方案编制导则》中规定，客户变电所中的电力设备和线路的继电保护应有（　　）保护，必要时可增设辅助保护。

A. 主　　　　B. 分　　　　C. 后备　　　　D. 异常运行

答案：ACD

3. 二级重要电力客户包括（　　）。

A. 直接引发人身伤亡的　　　　　　B. 造成严重环境污染的
C. 造成较大政治影响　　　　　　　D. 造成较大的经济损失

答案：CD

4. 如因（　　）使计费电能表出现故障，供电企业应免费更换，其他原因引起的，客户应负担赔偿费或修理费。

A. 供电企业责任　　B. 用户进行装修　　C. 负荷过大　　D. 不可抗力

答案：AD

5. 用电计量装置不安装在产权分界处，线路与变压器损耗的（　　）电量均须由产权所有者负担。

A. 铁损　　　　B. 有功　　　　C. 铜损　　　　D. 无功

答案：BD

268

6. 描述电流互感器作用正确的是（　　　）。

A. 使测量仪表小型化、标准化　　　　　　B. 利用电流互感器扩大表计的测量范围

C. 保证人员和设备的安全　　　　　　　　D. 提高电能利用率

答案：ABC

7. 客户变电所中的电力设备和线路，应装设反映短路故障和异常运行的继电保护和安全自动装置，满足（　　　）性的要求。

A. 可靠　　　　　　B. 选择　　　　　　C. 灵敏　　　　　　D. 速动

答案：ABCD

8. 选择电流互感器时，应根据主要参数有（　　　）。

A. 额定电压　　　　　　　　　　　　　　B. 准确度等级

C. 额定一次电流及变比　　　　　　　　　D. 二次额定容量

答案：AC

9. 《国家电网公司业扩供电方案编制导则》中规定，电源点应具备足够的（　　　），能提供合格的（　　　），满足客户的（　　　），保证接电后电网安全运行和客户用电安全。

A. 供电需求　　　　B. 供电能力　　　　C. 电能质量　　　　D. 用电需求

答案：BCD

10. 《国家电网公司业扩供电方案编制导则》中规定，供电方案应能满足供用电（　　　）、运行灵活、管理方便的要求，并留有发展余度。

A. 安全　　　　　　B. 可靠　　　　　　C. 经济　　　　　　D. 稳定

答案：ABC

11. 加强现场（　　　）等现场作业管理，结合各类现场作业工作特点，分析安全危险点并制定完善的预防预控措施，提高执行力。

A. 装拆设备　　　　　　　　　　　　　　B. 检验调试

C. 操作客户电气设备　　　　　　　　　　D. 室内检定

答案：ABC

12. 电力系统中性点接地方式有（　　　）。

A. 中性点不接地系统　　　　　　　　　　B. 中性点经消弧线圈接地系统

C. 中性点直接接地系统　　　　　　　　　D. 中性点绝缘系统

答案：ABC

13. 测量误差可分为（　　　）。

A. 人员误差　　　　B. 随机误差　　　　C. 粗大误差　　　　D. 系统误差

答案：BCD

14. 对电能表的误差有影响的运行参数有（　　　）。

A. 电压变化　　　　B. 三相电压不对称　　C. 负载不平衡　　　D. 负载波动

答案：ABCD

15. 电压互感器的主要参数有（　　　）。

A. 准确度等级　　　B. 额定电流　　　　C. 额定容量　　　　D. 额定电流变比

答案：AC

16. 三相电能表接线判断检查有（　　）。

A. 检查电流

B. 检查电压

C. 电流间的相位关系

D. 测定三相电压的排列顺序

答案：ABCD

17. 电能计量故障、差错调查处理的"四不放过"包括（　　）。

A. 故障差错原因未查清不放过

B. 责任人员未处理不放过

C. 整改措施未落实不放过

D. 有关人员未收到教育不放过

答案：ABCD

18. 某电力用户装有一只三相电能表，其铭牌说明与 300/5A 的电流互感器配套使用，在装设时由于工作失误而装设了一组 400/5A 的电流互感器。月底电能表的抄见用电量为 1000kWh，若电价为 0.532 元/kWh，则该用户的实际用电量为（　　）kWh，该户当月应交纳的电费为（　　）元。

A. 1333.3 　　　　 B. 2333.3 　　　　 C. 709.32 　　　　 D. 719.32

答案：AC

19. 已知三相三线有功表接线错，其接线形式为：一元件 U_{wu}、$-I_u$，二元件 U_{vu}、$-I_w$，则总功率表达式为（　　），更正系数为（　　）。

A. $\sqrt{3}\,U_X I_X \cos(60° - \varphi)$

B. $U_X I_X \cos(60° - \varphi)$

C. $\dfrac{2}{1 + \sqrt{3}\tan\varphi}$

D. $\dfrac{2}{1 - \sqrt{3}\tan\varphi}$

答案：AC

20. 某用户采用三相三线电能计量装置，发现二次 U 相电压断线，已运行三个月，已收电量 10 万 kWh。已知该负荷平均功率因数为 0.86，则该表应计有功电量为（　　）kWh，应追补电量为（　　）kWh。

A. 15 万 　　　　 B. 20 万 　　　　 C. 10 万 　　　　 D. 5 万

答案：AD

21. 以下属于违约用电行为的是（　　）。

A. 私自迁移供电企业的用电计量装置

B. 擅自启用被供电企业查封的电力设备

C. 伪造用电计量装置封印

D. 故意损坏供电企业用电计量装置

答案：AB

22. 以下属于窃电行为的是（　　）。

A. 私自迁移供电企业的用电计量装置

B. 擅自启用已经被供电企业查封的电力设备

C. 伪造用电计量装置封印

D. 故意损坏供电企业用电计量装置

答案：CD

23. 在有以下（　　）的情形下，供电企业的用电检查人员可不经批准即对用户中止供电，但事后应报告本单位负责人。

A. 不可抗力和紧急避险

B. 对危害供用电安全，扰乱供用电秩序，拒绝检查者

C. 确有窃电行为

D. 私自向外转供电力者

答案：AC

24. 在有以下（　　）的情形下，供电企业用电检查人员须经批准方可对客户中止供电。

A. 在供电企业供电设施上擅自接线用电者

B. 拖欠电费经通知催交仍不交者

C. 受电装置经检验不合格，在指定期间未改善者

D. 客户注入电网的谐波电流超过标准，以及冲击负荷、非对称负荷等对电能质量产生干扰与妨碍，在规定期限内不采取措施者

答案：BCD

25. 以下属于典型窃电手段的有（　　）。

A. 借零窃电　　　　　B. 强磁窃电　　　　　C. 遥控窃电　　　　　D. 绕越计量方式窃电

答案：ABCD

26. 以下供电企业停电行为合法的有（　　）。

A. 因供电设施实施检修需要停电　　　　　B. 依法限电对客户中断供电

C. 客户违法用电中断供电　　　　　D. 欠费立即停电

答案：ABC

27. 属于在线监测型防窃电技术的有（　　）。

A. 电量集抄系统　　　　　B. 调度自动化技术

C. 负荷控制系统　　　　　D. 智能型断压断流计时仪

答案：ACD

28. 以下（　　）是临时用电检查的内容。

A. 现场容量是否与登记容量相符　　　　　B. 使用时间是否与规定时间相符

C. 计量装置的运行情况是否正常　　　　　D. 是否有违约窃电现象

答案：ABCD

29. 根据检查内容不同，用电检查可以分为（　　）。

A. 周期性检查　　　　　B. 专项检查　　　　　C. 不定期检查　　　　　D. 季节性检查

答案：AB

30. 用电检查工作必须以事实为依据，以国家有关电力供应与使用的（　　）以及国家和电力行业的标准为准则，对用户的电力使用进行检查。

A. 法规　　　　　B. 方针　　　　　C. 政策　　　　　D. 标准

答案：ABC

31. 以下（　　）是营业普查的主要内容。

A. 客户现场资料数据与档案记录是否相符　　　　　B. 计量装置完好、正确与否

C. 客户有无违约用电、窃电行为　　　　　D. 客户的用电安全情况

答案：ABCD

32. 用电检查中的专项检查主要包括（　　）。

A. 保供电专项检查　　　B. 季节性检查　　　　　C. 营业普查　　　　　D. 针对性专项检查

答案：ABCD

33. 根据用电检查工作需要，用电检查职务序列有（　　）用电检查员。

A. 一级　　　　　　　B. 二级　　　　　　C. 三级　　　　　　D. 四级

答案：ABC

34. 以下需将停电时间按有关规定通知客户的有（　　）。

A. 计划检修停电　　　B. 因窃电停电　　　C. 计划停（限）电　D. 因欠费催收停电

答案：ACD

35. 供电企业的送电服务包括（　　）。

A. 供电方案的制定　　　　　　　　　　　B. 用电工程的检查验收

C. 表计安装　　　　　　　　　　　　　　D. 表计运行情况

答案：ABCD

36. 凡有（　　）电源的客户，在投入运行前要向电力部门提出申请并签订协议。

A. 自备　　　　　　　B. 备用　　　　　　C. 临时　　　　　　D. 安全

答案：AB

37. 属于用电检查中的季节性检查的有（　　）。

A. 防污检查　　　　　B. 防汛检查　　　　C. 防雷检查　　　　D. 防冻检查

答案：ABCD

38. 举证窃电的证据具有（　　）的特点。

A. 客观性　　　　　　B. 关联性　　　　　C. 不完整性　　　　D. 推定性

答案：ABCD

39. 关于 GPRS 通信方式的下列描述，正确的是（　　）。

A. 容量比较大，可实现大容量系统建设　　B. 建设成本较低

C. 需增加防火墙等安全措施　　　　　　　D. 属于无线专网通信

答案：ABC

40. 关于用电信息采集全覆盖，下列描述错误的是（　　）。

A. 偏远地区的用户可以暂不考虑　　　　　B. 电动汽车充电站也需要采集

C. 关口表可不用采集　　　　　　　　　　D. 考核计量点仅做考核用，可不采集

答案：ACD

41. 关于专用变压器采集终端功能的描述，正确的是（　　）。

A. 具有电压、电流、功率等交流模拟量采集功能

B. 能采集开关位置等遥信信息

C. 可以对电力用户进行远程负荷控制

D. 具有过流保护跳闸功能

答案：ABC

42. 关于集中器的描述，正确的是（　　）。

A. 集中器与主站之间可以采用 GPRS、微功率无线等方式通信

B. 集中器与采集器之间可以通过低压载波等方式进行通信

C. 集中器可以进行公用变压器电能计量

D. 可以进行直流模拟量采集

答案：BCD

43. 下属哪些项属于专用变压器采集终端的功率定值控制功能（　　　）。

A. 时段控　　　　　　B. 保电　　　　　　C. 厂休控　　　　　　D. 营业报停控

答案：ACD

44. 某集中器现场抄读载波表数据不全，可能是（　　　）。

A. 载波表故障　　　　　　　　　　　　B. 部分载波表被拆除

C. 现场表计清理不正确　　　　　　　　D. 集中器 GPRS 模块故障

答案：ABC

45. 某采集系统主站巡测 230M 采集数据发现有 50%的终端通信失败，可能的原因是（　　　）。

A. 移动公司的专用 APN 通道故障　　　B. 主站电台故障

C. 主站前置机故障　　　　　　　　　　D. 大面积线路停电

答案：BCD

46. 电磁波的传播途径有哪些（　　　）。

A. 天波　　　　　　B. 能量波　　　　　　C. 空间波　　　　　　D. 地面波

答案：ACD

47. 负控系统对专变用户的管理主要包括哪些方面（　　　）。

A. 有序用电　　　　　　B. 抄表结算　　　　　　C. 预购电　　　　　　D. 计量故障监测

答案：ABCD

48. 电能信息采集中心主站数传电台安装时应注意（　　　）。

A. 数传电台因其有较大的功率耗散，一般应安装在易于通风或散热的环境

B. 天线架设应尽量靠近电台，使天馈线电缆尽量短，以减少信号损耗

C. 天线架设应能覆盖其通信服务范围

D. 天线必须有可靠的防雷和接地措施

答案：ABCD

三、判断题

1. 对 10kV 以上三相三线制接线的电能计量装置，其两台电流互感器，可采用简化的三线连接。

（　　　）

答案：错误

解析：对 10kV 以上三相三线制接线的电能计量装置，其两台电流互感器，应采用四线连接。

2. 主供电源指能够正常有效且连续为全部用电负荷提供电力的电源。（　　　）

答案：正确

3. 根据对供电可靠性的要求以及中断供电危害程度，重要电力客户可以分为一级、二级、三级重要电力客户和临时性重要电力客户。（　　　）

答案：错误

解析：根据对供电可靠性的要求以及中断供电危害程度，重要电力客户可以分为特级、一级、二级重要电力客户和临时性重要电力客户。

4. 自备应急电源与电网电源之间可不装设可靠的电气或机械闭锁装置，防止倒送电。（　　　）

答案：错误

解析：自备应急电源与电网电源之间应装设可靠的电气或机械闭锁装置，防止倒送电。

5. 备用电源自动投入装置，应具有保护动作闭锁的功能。（   ）

答案：正确

6. 100kVA 及以上高压供电的电力客户，在高峰负荷时的功率因数不宜低于1。（   ）

答案：错误

解析：100kVA 及以上高压供电的电力客户，在高峰负荷时的功率因数不宜低于 0.95。

7. 双电源是指由两个供电线路向同一个用电负荷实施的供电。（   ）

答案：错误

解析：双电源是指分别来自两个不同变电站，或来自不同电源进线的同一变电站内两段母线，为同一用户负荷供电的两路供电电源。

8. 10kV 电压等级应采用单母线分段接线，装设两台及以上变压器。0.4kV 侧应采用单母线分段接线。（   ）

答案：正确

9. 具有两回线路供电的一级负荷客户，10kV 电压等级应采用双母线分段接线，装设两台及以上变压器。（   ）

答案：错误

解析：具有两回线路供电的一级负荷客户，10kV 电压等级应采用单母线分段接线，装设两台及以上变压器。

10. 变压器容量为 1000kVA 的高压计费客户选用 II 类电能计量装置。（   ）

答案：错误

解析：变压器容量为 1000kVA 的高压计费客户选用 I 类电能计量装置。

11. 用户用电设备容量在 100kW 以下或需用变压器容量在 50kVA 及以下者，可采用低压三相四线制供电，特殊情况也可采用高压供电。（   ）

答案：正确

12. 高压供电客户在满足长期生产需要的前提下，客户受电变压器应保留合理的备用容量，为发展生产留有余地。（   ）

答案：错误

解析：高压供电客户在满足近期生产需要的前提下，客户受电变压器应保留合理的备用容量，为发展生产留有余地。

13. 在供电方案中，明确客户治理电能质量污染的安全及技术方案要求。（   ）

答案：错误

解析：在供电方案中，明确客户治理电能质量污染的责任及技术方案要求。

14. 根据城市地形、地貌和城市道路规划要求，就近选择电源点。路径应短捷顺直，减少与道路交叉，避免近电远供、迂回供电。（   ）

答案：正确

15. 三相三线两元件电能表抽取中相电压时应几乎停走。（   ）

答案：错误

解析：抽取中相电压时电能表慢 1/2。

16. 带电检查高压电能表计量接线时应先测量电能表各端子对地电压。（　　）

答案：正确

17. 三相三线制接线的电能计量装置，当任意一台电流互感器二次侧极性接反时，三相三线有功电能表将反向计量。（　　）

答案：错误

解析：电能表可能会正向计量，也可能会反向计量。

18. W 相电压互感器二次侧断线，将造成三相三线有功电能表可能正向计量、反向计量或不计量。（　　）

答案：正确

19. 某三相三线有功电能表把 C 相电流线圈接反，此时，负荷平衡且功率因数为 0.5L 时，电能表停走。（　　）

答案：错误

解析：电能表反向计量。

20. 三相三线制有功电能表电压 U、V 两相接反时，电能表反向计量。（　　）

答案：错误

解析：电能表停走。

21. 由于错误接线，三相三线有功电能表在运行中始终反向计量，则算出的更正系数必定是负值。（　　）

答案：正确

22. 计量装置接线错误，以实抄电量为基数，按正确与错误的差额率退补电量。（　　）

答案：正确

23. 三相三线有功电能表，某相电压断开后，必定少计电能。（　　）

答案：错误

解析：也可能多计电能。

24. 在接三相三线有功电能表时，在三相负荷对称的情况下，如果 U、V 相电压对调，即三相电压错接为 VUW，将会导致电能表停走。（　　）

答案：正确

25. 某三相三线有功电能表 W 相电流线圈接反，负荷对称且功率因数为 1.0，此时电能表停走。（　　）

答案：正确

26. 用电检查人员需要检查带电设备时，必须停电进行。（　　）

答案：正确

27. 用电检查人员对有违章或窃电嫌疑的客户，没有取得确凿证据，也能依据相应的规定进行处理。（　　）

答案：错误

解析：用电检查人员对有违章或窃电嫌疑的客户，只有取得确凿证据后，才能依据相应的规定进行处理。

28. 用电检查人员不应帮助客户对用电事故情况进行分析、排查，在确认事故排除后，并修复或拆除损坏设备后，方可恢复用电。（　　）

答案：错误

解析：用电检查人员应帮助客户对用电事故情况进行分析、排查，在确认事故排除后，并修复或拆除损坏设备后，方可恢复用电。

29. 窃电时间无法查明时，窃电日至少以三个月计算。（　　）

答案：错误

解析：至少以 180 天计算。

30. 绕越供电企业用电计量装置用电是窃电行为。（　　）

答案：正确

31. 对于窃电行为造成的计量装置故障或电量差错，用电管理人员应注意对窃电事实的依法取证，应当场对窃电事实写出书面认定材料，由查电责任人签字认可。（　　）

答案：正确

32. 窃电行为危害了正常的供用电关系，侵害了供电企业等的合法财产，但不一定是一种犯罪行为。（　　）

答案：正确

33. 发现用户有违约用电或窃电时应停止装拆工作，保护现场，通知和等候用电稽查人员到达现场。（　　）

答案：正确

34. 伪造用电计量装置封印属于窃电行为。（　　）

答案：正确

35. 私自迁移供电企业的用电计量装置属于窃电行为。（　　）

答案：错误

解析：属于违约用电行为。

36. 用电检查要有全面性，对大多数电力客户，要以宣传政策、技术指导和帮助客户解决困难为主要服务内容。（　　）

答案：错误

解析：用电检查要有针对性，对大多数电力客户，要以宣传政策、技术指导和帮助客户解决困难为主要服务内容。

37. 凡有自备、备用电源的客户，在投入运行前要向电力部门提出申请并签订协议。（　　）

答案：正确

38. 2014 年 7 月 1 日起，110kV 以下的商场、超市、餐饮、宾馆、冷库五类用电不再纳入峰谷分时电价执行范围。（　　）

答案：错误

解析：2014 年 7 月 1 日起，110kVA 以下的商场、超市、餐饮、宾馆、冷库五类用电不再纳入峰谷分时电价执行范围。

39. 基本电费可以按变压器容量计收，也可以按最大需量计收，具体哪种方式应由供电企业指定。（　　）

答案：错误

解析：基本电费可以按变压器容量计收，也可以按最大需量计收，具体哪种方式应由用户根据实际情况选择。

40. 由于用户原因不能如期抄录电能表读数，供电企业应通知用户待期补抄并计收电费。（   ）

答案：错误

解析：由于客户的原因未能如期抄录计费电能表读数时，可通知客户待期补抄，或暂按前次用电量计收电费，待下次抄表时一并结清。

41. 用户可以根据自己需要随时进行更名，解除原供用电关系。（   ）

答案：错误

解析：① 在用电地址、用电容量、用电类别不变条件下，允许办理更名或过户；② 原用户应与供电企业结清债务，才能解除原供用电关系；③ 不申请办理过户手续而私自过户者，新用户应承担原用户所负债务。经供电企业检查发现用户私自过户时，供电企业应通知该户补办手续，必要时可中止供电。

42. 互感器或电能表误差超出范围，应以零误差为基准，按验证后的误差值退补电量。（   ）

答案：正确

43. 用电检查人员对有违章或窃电嫌疑的客户，只有取得确凿证据后，才能依据相应的规定进行处理。（   ）

答案：正确

44. 用电检查人员应帮助客户对用电事故情况进行分析、排查，在确认事故排除后，并修复或拆除损坏设备后，方可恢复用电。（   ）

答案：正确

45. 线损是电能在传输过程中所产生的有功、无功电能和电压损失的简称。（   ）

答案：正确

46. 统计线损是实际线损，理论线损是技术线损。（   ）

答案：正确

47. 用电检查中的周期检查只检查设备情况。（   ）

答案：错误

解析：周期检查的主要内容有基本情况、设备情况、运行管理情况、规范用电情况。

48. 具体某段线路来说，它的损失多少除与负荷大小有关外，与其潮流方向无关；而电压损失则与两者都有关。（   ）

答案：正确

49. 线损可分为固定损失、变动损失两部分。其中变动损失是线损中负荷的变动而变化的部分，它与负荷电流的平方成正比。（   ）

答案：正确

50. 居民用户一旦认定成为"电取暖"用户，一直按此政策执行，直到申请取消。（   ）

答案：错误

解析：居民用户每两年应到当地电力营业厅办理"电取暖"用电政策续期手续，逾期未办理的，将不再按"电取暖"用电政策执行。

51. 根据《国家电网公司用电信息采集系统建设管理办法》，根据各级供电企业实际运行情况，对于主站、通信信道、现场设备需要采用第三方外包运维的，应按照招投标相关规定选择外包运维队伍，签订外包合同，合同应明确考核内容，并附安全、保密协议。（   ）

答案：正确

52. 根据《国家电网公司用电信息采集系统建设管理办法》，采集系统建设工程项目实行项目法人制。招标（含物资和设计、施工、监理等服务）采购过程应按照公司物资集约化管理要求，由公司总部或省公司统一组织实施；对单项投资达到 1000 万元以上的采集项目必须实施监理管理。（   ）

答案：错误

解析：单项投资达到 3000 万元以上的采集项目必须实施监理管理。

53. 根据《国家电网公司用电信息采集系统建设管理办法》，"全覆盖"指采集系统覆盖公司经营区域内包括结算关口、大型专变用户、中小型专变用户、一般工商业用户、居民用户的全部电力用户计量点和公用配变考核计量点。（   ）

答案：正确

54. 根据《国家电网公司用电信息采集系统建设管理办法》，采集系统建设应符合坚强智能电网"统一规划、统一标准、统一应用"的要求，严格执行公司用电信息采集系统、智能电能表、采集系统主站软件标准化设计等技术标准和安全防护相关规定。（   ）

答案：错误

解析：采集系统建设应符合坚强智能电网统一规划、统一标准、统一建设的要求。

55. 根据《国家电网公司用电信息采集系统建设管理办法》，未履行项目储备的采集系统建设项目原则上不得列入年度综合计划和年度预算。（   ）

答案：正确

56. 根据《国家电网公司用电信息采集系统建设管理办法》，施工准备包括方案设计、合同签订、检测验收、物资领用、开工手续办理等工作。（   ）

答案：错误

解析：施工准备还包括招标采购。

57. 根据《国家电网公司用电信息采集系统建设管理办法》，建设单位是指参与组织、管理和实施采集项目的省、地市（县）供电企业。（   ）

答案：错误

解析：建设单位是指参与组织、管理和实施采集项目的地市（县）供电企业。

58. 根据《国家电网公司用电信息采集系统建设管理办法》，招标（含物资和设计、施工、监理等服务）采购过程应按照公司物资集约化管理要求，由公司总部或省公司统一组织实施；对单项投资达到 5000 万元以上的采集项目必须实施监理管理。（   ）

答案：错误

解析：单项投资达到 3000 万元以上的采集项目必须实施监理管理。

59. 根据《国家电网公司用电信息采集系统建设管理办法》，签订的施工合同应包括工程范围、工程量、合同金额、质量要求、工期要求、违约责任、安全协议等内容。（   ）

答案：正确

60. 根据《国家电网公司用电信息采集系统建设管理办法》，各级建设单位应组织各施工单位在开工前履行完整的开工手续，编制施工方案和工程开工报告。（　　）

答案：正确

61. 根据《国家电网公司用电信息采集系统建设管理办法》，各级建设单位应严格执行国家《安全生产法》，建立和完善采集系统建设的安全保证体系和监督体系。全面落实现场安全责任，严格执行"两票三制"规定，强化作业前"停电、验电、挂地线"流程和计量标准化作业指导书执行。（　　）

答案：错误

解析：严格执行两票三制、双签发双许可规定。

62. 根据《国家电网公司用电信息采集系统建设管理办法》，对工程剩余物资应如实填写退料单并及时退料，对工程中拆除的废旧表计、终端、互感器等设备应如实填写拆旧报废物资清单。（　　）

答案：正确

63. 根据《国家电网公司用电信息采集系统建设管理办法》，遵循"安装一片、调试一片、费控一片"的原则，开展台区采集安装标准化验收。（　　）

答案：错误

解析：安装一片、调试一片、应用一片。

64. 根据《国家电网公司用电信息采集系统建设管理办法》，单元工程验收是由建设管理单位或监理单位组织相关专业人员，对施工单位完成的最小综合体的验收，一般以线路划分。（　　）

答案：错误

解析：一般以标包划分。

65. 根据《国家电网公司用电信息采集系统建设管理办法》，各级建设单位应逐级建立采集系统建设质量保证体系和控制体系，全面加强采集系统建设质量管理。（　　）

答案：正确

四、简答题

1. 专变变压器用户在装表接电前必须具备哪些条件？

答案：必须具备如下条件：① 业扩工程已验收合格；② 按规定将应交的费用结清；③ 供用电合同及有关协议都已签订；④ 电能计量装置已检验安装合格；⑤ 客户电气工作人员考试合格并取得证件；⑥ 客户安全运行规章制度已经建立。

2. 供电方式分哪几种类型？

答案：供电方式主要分以下几种类型：① 按电压分为高压和低压；② 按电源数量分为单相电源与多相电源供电；③ 按电源相数分为单相与三相供电；④ 按供电回路与多回路供电；⑤ 按计量形式分为装表与非装表供电；⑥ 按用电期限分为临时用电与正式供电；⑦ 按管理关系分为直接与间接供电。

3. 什么是自备应急电源？

答案：自备应急电源是指由客户自行配备的，在正常供电电源全部发生中断的情况下，能够至少满足对客户保安负荷不间断供电的独立电源。

4. 低压供电客户供电方案的基本内容有哪些？

答案：① 客户基本用电信息包括户名、用电地址、行业、用电性质、负荷分级、核定的用电容量、拟定的客户分级；② 供电电源及每路进线的供电容量；③ 供电电压等级，供电线路及敷设方式要求；④ 客户电气主接线及运行方式，主要受电装置的容量及电气参数配置要求；⑤ 计量点的设置，计量方式，计费方案，用电信息采集终端安装方案；⑥ 无功补偿标准、应急电源及保安措施配置，谐波治理、继电保护、调度通信要求；⑦ 受电工程建设投资界面；⑧ 供电方案的有效期；⑨ 其他需说明的事宜。

5. 重要电力客户分为哪几级？

答案：根据对供电可靠性的要求，以及中断供电危害程度，重要电力客户可以分为特级、一级、二级重要电力客户和临时性重要电力客户。

6. 更换电能表或电能表接线时应注意哪些事项？

答案：应注意以下事项：① 先将原接线做好标记；② 拆线时，先拆电源侧，后拆负荷侧，恢复时，先接负荷侧，后接电源侧；③ 要先做好安全措施，以免造成电压互感器二次短路或接地、电流互感器二次回路开路；④ 工作完成应清理、打扫现场，不要将工具或线头遗留在现场，并应再复查一遍所有接线，确保无误后再送电；⑤ 送电后，观察电能表运行是否正常；⑥ 正确加封印。

7. 三相三线制电能计量装置的电压互感器高压侧为什么不接地？

答案：因为三相三线制电能计量装置计量的线路大多为中性点非有效接地系统的高压线路，为了避免一次侧电网发生单相接地时，产生过电压使电压互感器烧坏，故电压互感器高压侧不接地。

8. 三相四线用电为什么不能装三相三线表？

答案：如三相负荷不对称将使计量不准确。极端情况下如仅 V 相有负荷就计量不到电量，如仅 U 相有负荷应该计量到的电量 $W_u = U_u I_u \cos\phi$，而与表计实际计量到的电量 $W_u = U_{uv} I_u \cos(30° + \phi)$ 差异很大，同样如仅有 W 相负荷，应计量的电量和实际计量到的电量也不一致。

9. 什么是电流互感器的同极性端？

答案：电流互感器为减极性时，一、二次绕组的首端 P1 和 S1 称为同极性端。

10. 如何用相位表法判断三相三线电能表接线？

答案：① 检查电压：测量电压值；判断 V 相；测定三相电压的排列顺序。② 检查电流：测量电流值。③ 检查电压、电流间的相位关系。④ 利用测量的相位角确定电能表各元件的电压、电流的组合。

11. 三相三线计量方式 U、W 两相二次电流互换，试分析电能表的计量状况（三相电路对称）。

答案：电能表的接线方式为 U_{uv}、I_w、U_{wv}、I_u

电能表计量功率表达式为 $P_U = U_{UV} I_w \cos(90° - \varphi)$，$P_w = U_{WV} I_U \cos(90° + \varphi)$

故 $P = P_U + P_w = U_{UV} I_w \cos(90° - \varphi) + U_{WV} I_U \cos(90° + \varphi)$

由于三相电路对称，则 $P = 0$，故此错误接线电能表不能计量。

12. 三相三线计量方式 U、W 两相二次电压互换，试分析电能表的计量状况（三相电路对称）。

答案：电能表的接线方式为 U_{wv}、I_u、U_{uv}、I_w

电能表计量功率表达式为 $P_U = U_{WV} I \cos(90° + \varphi)$，$P_w = U_{UV} I_w \cos(90° - \varphi)$

故 $P = P_U + P_w = U_{WV} I_U \cos(90° + \varphi) + U_{UV} I_w \cos(90° - \varphi)$

由于三相电路对称，则 P＝0，故此错误接线电能表不能计量。

13. 用电检查人员对临时用电的检查内容有哪些？

答案：临时用电检查的内容有：① 现场容量是否与登记容量相符；② 使用时间是否与规定时间相符；③ 计量装置的运行情况是否正常；④ 是否有违约、窃电现象。

14. 用电检查人员在什么情形下对客户停电可不经批准？

答案：有下列情形之一者，不经批准即可中止供电，但事后应报告本单位负责人：① 不可抗力和紧急避险；② 确有窃电行为。

15. 《供电营业规则》对因故需要中止供电时的要求是什么？

答案：《供电营业规则》第六十八条规定因故需要中止供电时，供电企业应按下列要求事先通知客户或进行公告：① 因供电设施计划检修需要停电时，应提前七天通知客户或进行公告；② 因供电设施临时检修需要停止供电时，应当提前 24 小时通知重要客户或进行公告；③ 发供电系统发生故障需要停电、限电或者计划限、停电时，供电企业应按确定的限电序位进行停电或限电。但限电序位应事前公告客户。

16. 供电企业对（除因故中止供电外）的客户停止供电时应办理停电手续的程序是什么？

答案：除因故中止供电外，供电企业需对客户停止供电时，应按下列程序办理停电手续：① 应将停电的客户、原因、时间报本单位负责人批准。批准权限和程序由省电网经营企业制定；② 在停电前 3～7 天内，将停电通知书送达客户，对重要客户的停电，应将停电通知书报送同级电力管理部门；③ 在停电前 30min，将停电时间再通知客户一次，方可在通知规定时间实施停电。

17. 对于窃电的初步判断主要从哪几个方面进行？

答案：主要从以下几个方面判断：① 封印检查；② 计量装置外观检查；③ 检查电能表运行情况；④ 电能表事件检查；⑤ 检查接线；⑥ 检查互感器。

18. 用电检查人员应如何检查客户履行《供用电合同》的情况？

答案：① 用电检查人员应结合日常工作，对客户履行《供用电合同》的情况进行检查；② 客户如有违反《供用电合同》条款的行为，按双方约定的违约条款进行处理；③ 负责督促到期合同的续签工作。

19. 窃电行为包括哪些？

答案：① 在供电企业的供电设施上，擅自接线用电；② 绕越供电企业用电计量装置用电；③ 伪造或者开启供电企业加封的用电计量装置封印用电；④ 故意损坏供电企业用电计量装置；⑤ 故意使供电企业用电计量装置不准或者失效；⑥ 采用其他方法窃电。

20. 窃电定义？

答案：窃电是指以非法占有应交电费为目的，采用隐蔽或者其他手段不计量或者少计量电量、电费用电的行为。

21. 有哪几种常见的用电检查方法？

答案：主要有四种方法：直观检查法、电量检查法、仪表检查法、经济分析法。

22. 降低管理线损的重点工作有哪些？

答案：① 加强计量管理，对电能表的安装、运行、管理必须认真到位，专人负责，努力做到安装正确合理，定时轮换校验，保持误差值在合格范围内，确保电能计量装置的准确性；② 按时到位正确抄表，提高电能表的实抄率，杜绝估抄、漏抄和错抄现象的发生；③ 计量装置必须加封、加锁，采取防盗措施；④ 加强用户的用电分析，及时发现问题、解决问题、消除隐患；⑤ 定期进行用电普查，对可疑用户重点检查，堵塞漏洞；⑥ 加强电力法律法规知识宣传，消灭无表用电和杜绝违章用电，严肃依法查处窃电。

23. 根据《国家电网公司用电信息采集系统建设管理办法》，采集工程台区化验收应遵循什么原则？

答案：遵循"安装一片、调试一片、应用一片"的原则，开展台区采集安装标准化验收。

24. 根据《国家电网公司用电信息采集系统建设管理办法》，项目检查和考核的内容有哪些？

答案：检查考核应涵盖规划、计划、设计、施工、验收等全过程，内容包括但不限于资金计划完成情况、建设进度、施工质量、优质服务、安全管理等方面。

25. 《国家电网公司用电信息采集系统建设管理办法》是哪一天开始执行的？

答案：2014 年 10 月 1 日起施行。

26. 用电信息采集的数据项主要包括哪些，请至少回答 4 种。

答案：电能数据、交流模拟量、工况数据（开关状态等）、电能质量越限统计数据、事件记录数据、其他数据（预付费信息）等。

27. 简要回答用电信息采集系统的主要功能，请至少回答 4 种。

答案：数据采集、数据管理、控制、综合应用、运行维护管理、系统。

五、计算题

1. 已知三相三线有功表接线错误，其接线形式为：一元件 U_{wu}、$-I_u$，二元件 U_{vu}、$-I_w$，请写出两元件的功率表达式和总功率表达式，以及计算出更正系数表达式。

答案：两元件功率表达式为

$$P_u = U_{wu} I_u \cos(30° - \varphi)$$
$$P_w = U_{vu} I_w \cos(90° - \varphi)$$

总功率表达式为

$$P' = P_u + P_w = U_x I_x [\cos(30° - \varphi) + \cos(90° - \varphi)]$$
$$= \sqrt{3} U_x I_x \cos(60° - \varphi)$$

对称的三相电路中，$U_{wu} = U_{vu} = U_x$，$I_u = I_w = I_x$
更正系数表达式为

$$K = \frac{P}{P'} = \frac{\sqrt{3} U_x I_x \cos\varphi}{\sqrt{3} U_x I_x \cos(60° - \varphi)} = \frac{2}{1 + \sqrt{3}\tan\varphi}$$

2. 已知三相三线有功表接线错误，其接线形式为：一元件 U_{vw}、$-I_w$，二元件 U_{uw}、I_u，请写出两元件的功率表达式和总功率表达式并确定更正系数。

答案：$P_1 = U_{vw} I_w \cos(30° - \varphi)$

$$P_2 = U_{uw} I_u \cos(30° - \varphi)$$
$$P_总 = P_1 + P_2 = U_x I_x [\cos(30° - \varphi) + \cos(30° - \varphi)]$$
$$= 2U_x I_x \cos(30° - \varphi)$$

在对称的三相电路中，$U_{vw} = U_{uw} = U_x$，$I_u = I_w = I_x$，则更正系数为

$$K = \frac{P_{正}}{P_{误}} = \frac{\sqrt{3}U_X I_X \cos\varphi}{2U_X I_X \cos(30° - \varphi)}$$

$$= \frac{\sqrt{3}}{\sqrt{3} + tan\varphi}$$

3. 有一只三相三线有功表，在运行中 U 相电压断路，已运行三月，已收 10 万 kWh，负荷月平均功率因数为 0.86，试求该表应计有功电量多少？应追补电量多少？

答案：先求更正系数

$$K = \frac{\sqrt{3}UI \cos\varphi}{UI \cos(30° - \varphi)} = 1.5$$

该表应计有功电量为

$$A = KA' = 1.5 \times 10 = 15（万\ kWh）$$

应追补电量为

$$\Delta A = A - A' = 15 - 10 = 5（万\ kWh）$$

4. 某用户用一块三相三线电能表计量，原抄见底码为 3250，一个月后抄见底码为 1250，经检查错误接线的功率表达式为 $-2UI \cos(30° + \varphi)$，该用户月平均率因数为 0.9，电流互感器变比为 150/5A，电压互感器变比为 6600/100V，请确定退补电量。

答案：根据错误接线时的功率表达式可求出更正系数为

$$K = \frac{P_{正}}{P_{误}} = \frac{\sqrt{3}UI \cos\varphi}{-2UI \cos(30° + \varphi)} = \frac{\sqrt{3} \cos\varphi}{-\sqrt{3} \cos\varphi + \sin\varphi} = \frac{\sqrt{3}}{tan\varphi - \sqrt{3}}$$

$$\cos\varphi = 0.9，则\ \varphi = 25.8°，则\ K = -1.39$$

因此实际应计的有功电量为

$$A = KA' = -1.39 \times (1250 - 3250) \times \frac{150}{5} \times \frac{6600}{100} = 550.44（万\ kWh）$$

确定退补电量为

$$\Delta A = A - A' = 550.44 - 396 = 154.44（万\ kWh）$$

5. 某客户高供高计三相三线电能电表，其接线方式为：$U_{uv}—I_u$、$U_{wv}—I_w$，W 相电流接反，试画出其错误接线相量图，并计算更正系数？

答案：错误接线时功率为 P' 为

$$P' = U_{uv}I_u \cos(30° + \phi) + U_{wv}(-I_w)\cos(150° + \phi)$$

$$= UI \cos(30° + \phi) - UI \cos(30° - \phi)$$

$$= UI[(\cos 30° \cos\phi - \sin 30° \sin\phi) - (\cos 30° \cos\phi - \sin 30° \sin\phi)]$$

$$= -UI \sin\phi$$

更正系数为

$$K = \frac{P}{P'} = \frac{\sqrt{3}UI \cos\varphi}{-UI \sin\varphi} = -\sqrt{3} \cot\varphi$$

6. 某客户高供高计三相三线电能电表接入电能表电压端钮相序为 U、W、V，试计算错误接线时的功率？

答案：错误接线时的功率 P'

$$P' = U_{uw}I_u \cos(30° - \varphi) + U_{vw}I_w \cos(150° + \varphi)$$
$$= UI \cos(30° - \varphi) - UI \cos(30° - \varphi) = 0$$

7. 接入三相三线电能表电压端钮相序为 V、U、W 且 W 相电流反接，计算更正系数。

答案：其接线方式为 U_{vu}、I_u，U_{wu}、$-I_w$。

错误接线时功率为

$$P' = P'_1 + P'_2 = U_{vu}I_u \cos(150° - \varphi) + U_{wu}I_w \cos(150° - \varphi)$$
$$= -UI \cos(30° + \varphi) - UI \cos(30° + \varphi)$$
$$= -2UI \cos(30° + \varphi)$$

更正系数为

$$K = \frac{P}{P'} = \frac{\sqrt{3}UI \cos\varphi}{-2UI \cos(30° + \varphi)} = \frac{\sqrt{3}\cos\varphi}{-\sqrt{3}\cos\varphi + \sin\varphi} = \frac{\sqrt{3}}{\tan\varphi - \sqrt{3}}$$

8. 2011 年 9 月 30 日，供电公司用电稽查人员对某一执行两部制电价客户用电检查时，发现该户私增 315kVA 变压器 1 台，检查当日下午已拆除私增变压器。经调查核实变压器私增时间为 2011 年 8 月 25 日，问供电企业应收取多少违约使用电费（基本电价为 20 元/kVA·月）？

答案：根据《供电营业规则》第一百条第 2 款规定，超过合同约定的容量用电的，除应拆除私增容设备外，属于两部制电价的用户，应补交私增设备容量使用月数的基本电费，并承担三倍私增容量基本电费的违约使用电费。因此，该户应按以下计算补交基本电费及承担三倍的违约使用电费：

补交基本电费 = [315×(7/30)+315]×20 = 7770.00（元）

违约使用电费 = 7770.00×3 = 23 310.00（元）。

供电企业应收取该户补交电费 7770.00 元，违约使用电费 23 310.00 元。

9. 供电企业在一次营业普查中发现，某一低压动力用电户绕越电能表用电，经统计窃电设备容量为 10kW，且具体窃电时间用户只承认刚接用 2～3 天就被发现。问按规定该用户应补交电费及违约使用电费各多少元（假设电价为 0.50 元/kWh）？

答案：根据《供电营业规则》第一百零三条规定，窃电时间无法查明时，窃电日数至少以一百八十天计算，每日窃电时间电力用户按 12h 计算。

补交电费 = 10×180×12×0.5 = 10 800.00（元）

违约使用电费 = 10 800×3 = 32 400.00（元）

该用户应补交电费 10 800 元，违约使用电费 32 400.00 元。

10. 8 月 16 日上午 10：20 分左右，某供电公司用电检查员会同城关台区抄表人员，在抄表过程中，发现一农业生产用户，在三相计费电能表的出线上，私自转供一基建工地临时用电，现场核定用电设备容量为 8.2kW，使用起讫时间难以确定，在《用电检查工作单》上，双方当事人签字认可后，拆除了私自违约转供用电接线。（电价：农业生产 0.54 元/kWh，工商业及其他 0.752 5 元/kWh）

答案：此行为违反以下规定：①《供电营业规则》第十四条之规定"用户不得自行转供电"；②《供电营业规则》第一百条第一款之规定"在电价低的供电线路上，擅自接用电价高的用电设备或私自改变用电类别的，应按实际使用日期补交其差额电费，并承担二倍差额电费的违约使用电费。使用起讫日期难以确定的，实际使用日期按三个月计算"。

应补交违约用电量其差额电费 = 8.2×12×180×（0.752 5 - 0.54）= 3763.8（元）

同时应补交二倍差额电费的违约使用电费：3763.8×2 = 7527.6（元）。

合计补收违约用电量的差额电费及违约使用电费：3763.8+7527.6＝11 291.4（元）。

六、案例分析题

1. 2010 年 6 月，某化工有限责任公司 10kV 高压配电室发生客户 10kV 设备事故，用电检查人员蔡某接到客户通知后，第一时间独自赶到客户现场，并开展事故调查服务工作。调查过程中，受客户请求帮助操作受电装置，回到单位口头进行了汇报。请就此工作内容指出用电检查人员蔡某在此次事故调查过程中违反了哪些规定？

答案：① 用电检查人员蔡某第一时间未向领导汇报，检查工作未得到批准；② 用电检查人员开展现场检查不能少于二人；③ 在客户现场应向客户出示用电检查证，表明工作内容；④ 不得操作客户受电装置；⑤ 回单位后，应同时以口头和书面形式向相关领导汇报；⑥ 应按照事故调查有关规定开展工作，而是不是独立进行。

暴露问题：用电检查人员仍存在不严格按照用电检查管理办法，违规进行用电检查工作。

措施建议：① 加强用电检查人员业务培训；② 到客户现场检查工作，要严格执行《用电检查管理办法》中检查程序要求。

2. 某供电公司一位用电检查员，在星期天与两名同学在饭店就餐。席间，发现该饭店电表计量箱箱门被打开，电能表封印被破坏。就餐结束后，该用电检查人员在吧台出示了用电检查证，指出私启电表箱属于窃电行为，当场对该饭店终止了供电，并收取现金 1000 元，让该饭店听候处理。请分析本次查电。

答案：① 按规定，用电检查时用电检查人员不得少于 2 人，贾某虽然有另外两名同学作陪，但不属用电检查人员，且本次检查未经批准；② 检查时机不对，该饭店虽有窃电嫌疑，但在就餐过程中进行查处容易引起对方误会，此案应另派人员现场处理；③ 现场缺少必要的取证工作；④ 按照查处分开原则，检查人员不能在现场收取现金，并且没有开具收据；⑤ 本题中也没有指出贾某是否在现场制作必要的相关的法律文书。

暴露问题：用电检查人员仍存在不严格按照用电检查管理办法，违规进行用电检查工作。

措施建议：① 加强用电检查人员业务培训；② 到客户现场检查工作，要严格执行《用电检查管理办法》中检查程序要求。

3. 某公司报装变压器容量为 200kVA，在 6 月的一次检查中发现，该户计费电能计量装置箱铅封有伪造痕迹，且计量箱内的二次接线盒三相电流均被 U 型金属丝短接，致使电能表三相严重失流。作为用电检查员请分析该户的用电行为，应如何处理？（假设该用户执行的电价为 0.6 元/kWh）

答案：（1）该用户"计费电能计量装置箱铅封有伪造痕迹，且计量箱内的二次接线盒三相电流均被 U 型金属丝短接，致使电能表三相严重失流"的行为符合《电力供应与使用条例》第三十一条"窃电行为包括"第（三）项"伪造或者开启法定的或者授权的计量检定机构加封的用电计量装置封印用电"和第（五）项"故意使供电企业用电计量装置不准或者失效"，应属于窃电行为。

（2）《供电营业规则》第一百零二条规定："供电企业对查获的窃电者，应予制止，并可当场中止供电。窃电者应按所窃电量补交电费，并承担补交电费 3 倍的违约使用电费。拒绝承担窃电责任的，供电企业应报请电力管理部门依法处理。窃电数额较大或情节严重的，供电企业应提请司法机关依法追究刑事责任。"

（3）根据《供电营业规则》第一百零三条规定窃电量按下列方法确定：① 在供电企业的供电设施上，擅自接线用电的，所窃电量按私接设备额定容量（千伏安视同千瓦）乘以实际使用时间计算确定；② 以其他行为窃电的，所窃电量按计费电能表标定电流值（对装限流器的，按限流器整定电流值）所指的容量（千伏安视同千瓦）乘以实际窃用的时间计算确定。

窃电时间无法查明时，窃电日数至少以 180 天计算，每日窃电时间：电力用户按 12h 计算；照明用户按 6h 计算。因此，对该用户应作以下处理。

用电检查人员可当场中止供电，下发《窃电通知书》。

应追补电量＝180×12×200＝432 000（kWh）

补交电费＝0.6×432 000＝259 200（元）

承担违约使用电费＝259 200×3＝777 600（元）

如用户拒绝承担窃电责任，供电企业应报请电力管理部门依法处理，同时提请司法机关依法追究刑事责任。

第二篇 实操题库

实操题库开发以《台区经理农网配电营业工技能等级认证实施细则》和《岗位关键能力评价大纲》为依据，遵循"技能必备、知识够用"原则，以岗位技能要求为导向，采用统一模板，一项目一表单，每表包括考核内容、考核要求、考核时长、考场准备、考核评分记录表等，分为基本技能项目、配电专业技能项目、营销专业技能项目三部分，共计44个项目，详见《台区经理农网配电营业工实操题库汇总表》。

台区经理农网配电营业工实操题库汇总表

序号	能力类别	能力等级	评价项目名称	评价项目编号
1	基本技能	五级	触电急救	JB01-2-01-Ⅴ
2			常用仪器仪表的正确使用	JB02-2-02-Ⅴ
3			安全工器具选取及检查	JB03-2-03-Ⅴ
4	配电专业	五级	绝缘子顶扎法、颈扎法绑扎	ZD07-2-22-Ⅴ
5			更换低压蝶式绝缘子	ZD02-2-09-Ⅴ
6			接地体接地电阻测量	ZC03-2-06-Ⅴ
7			绳扣制作	ZD07-2-23-Ⅴ
8			更换直线杆横担	ZD02-2-10-Ⅴ
9			拉线制作	ZD05-2-19-Ⅴ
10		四级	更换10kV跌落式熔断器	ZD02-2-11-Ⅳ
11			钢芯铝绞线插接法连接	ZD04-2-16-Ⅳ
12			更换10kV避雷器	ZD02-2-12-Ⅳ
13			低压配电线路验电、装拆接地线	ZD06-2-21-Ⅳ
14			低压电力电缆故障查找	ZE04-2-28-Ⅳ
15			剩余电流动作保护器故障查找及排除	ZE03-2-27-Ⅳ
16		三级	低压回路故障查找及排除	ZE02-2-25-Ⅲ
17			配电变压器停送电操作	ZC01-2-04-Ⅲ
18			钢芯铝绞线钳压法连接	ZD04-2-17-Ⅲ

续表

序号	能力类别	能力等级	评价项目名称	评价项目编号
19	配电专业	三级	0.4kV 低压电缆终端头制作	ZD03－2－14－Ⅲ
20			更换 10kV 悬式绝缘子	ZD02－2－13－Ⅲ
21			拉线制作安装	ZD05－2－20－Ⅲ
22		二级	10kV 终端杆备料	ZD01－2－08－Ⅱ
23			低压回路故障查找及排除	ZE02－2－26－Ⅱ
24			配电变压器直流电阻测试	ZC02－2－05－Ⅱ
25			10kV 冷缩电缆终端头制作	ZD03－2－15－Ⅱ
26			经纬仪测量对地距离及交叉跨越	ZC04－2－07－Ⅱ
27			配电故障抢修方案制定	ZE01－2－24－Ⅱ
28			0.4kV 架空绝缘线承力导线钳压法连接	ZD04－2－18－Ⅱ
29	营销专业	五级	直接接入式电能表安装及接线	ZF01－2－29－Ⅴ
30			居民客户故障报修受理	ZK01－2－48－Ⅴ
31			瓦秒法粗测电能表误差	ZG04－2－36－Ⅴ
32			低压采集装置安装	ZI01－2－42－Ⅴ
33		四级	经电流互感器接入式低压三相四线电能表安装及接线	ZF02－2－30－Ⅳ
34			低压客户分布式光伏项目新装受理	ZJ01－2－45－Ⅳ
35			低压客户业扩报装咨询受理	ZJ02－2－46－Ⅳ
36			低压客户抄表核算	ZH01－2－39－Ⅳ
37		三级	低压电能计量装置带电检查	ZG01－2－33－Ⅲ
38			大客户抄表及电费核算	ZH02－2－40－Ⅲ
39			低压三相四线电能表现场校验	ZG05－2－37－Ⅲ
40			高压电能计量装置和终端安装与调试	ZF04－2－32－Ⅲ
41		二级	反窃电（违约）用电检查处理	ZG06－2－38－Ⅱ
42			高压电能计量装置带电检查	ZG03－2－35－Ⅱ
43			电能计量方案确定	ZJ03－2－47－Ⅱ
44			低压台区营业普查	ZH03－2－41－Ⅱ

第一章 基本技能项目

项目一：触 电 急 救

一、考核内容

断开电源，判定伤员意识，放置伤员体位，畅通伤员气道，判断呼吸和脉搏，采取心肺复苏抢救。

二、考核要求

（1）采取正确方法断开电源，在规定时间内，判定伤员意识、放置伤员体位、畅通伤员气道、判断呼吸和脉搏、采取心肺复苏抢救。

（2）正确使用安全工器具；不发生人身伤害和设备损坏事故。

（3）文明考试。

三、考核时长

10min。要求在规定时间内完成。

四、考场准备

（1）场地准备：必备4个工位，可以同时进行作业；每工位需模拟人一个，必备材料齐全，模拟触电环境。

（2）功能准备：布置现场工位间距不小于3m，各工位之间用遮栏隔离，场地清洁，无干扰；能够保证考评员正确考核。

（3）设备材料准备（每工位）见下表。

序号	名 称	规格型号	单位	数量	备注
1	心肺复苏模拟人	KAP/CPR500 全自动电脑心肺复苏模拟人或 GD/CPR500 高级心肺复苏模拟人	个	1	现场准备
2	模拟电源开关		个	1	现场准备
3	模拟电源导线		m	5	现场准备
4	金属棒		根	1	现场准备
5	干木棒		根	1	现场准备
6	绝缘杆		根	1	现场准备
7	电源插座	220V	个	1	现场准备
8	医用酒精		瓶	1	现场准备
9	脱脂棉球		个	若干	现场准备
10	屏障消毒面膜		片	若干	现场准备
11	秒表		块	1	现场准备
12	安全帽		顶	1	考生自备
13	绝缘鞋		双	1	考生自备
14	急救箱（配备外伤急救用品）		个	1	现场准备

五、考核评分记录表

触电急救考核评分记录表

姓名：　　　　　　　　准考证号：　　　　　　　　单位：

序号	项目	考核要点	配分	评分标准	得分	扣分	备注
1	工作准备						
1.1	着装穿戴	穿工作服、绝缘鞋；戴安全帽、线手套	5	1. 未穿工作服、绝缘鞋，未戴安全帽、线手套，每缺少一项扣2分。 2. 着装穿戴不规范，每处扣1分			
1.2	检查清理工器具	检查工器具齐全，符合使用要求；对模拟人进行消毒、隔离	5	1. 工具未检查试验、检查不全每件扣1分。 2. 未对模拟人进行口腔消毒、隔离、消毒方法不正确扣2分			
2	工作过程						
2.1	迅速脱离电源（10s）	断开电源，采取正确方式将触电者迅速脱离电源	5	1. 断开电源时间超过时限5s扣2分。 2. 脱离电源超过时限10s该项目不得分。 3. 任何使救护者或触电者处于不安全状况的错误行为，该项不得分			
2.2	判断伤员意识（10s）	正确意识判断	5	1. 判断意识：轻拍伤员肩部，高声呼叫伤员："喂！你怎么啦？"检查伤员瞳孔，眼球固定，瞳孔放大，无反应时，立即用手指甲掐压人中穴或合谷穴约5s；缺少每项扣2分。 2. 操作时间超过10s扣2分			
2.3	呼救并放好伤员（10s）	呼救，并将伤员放好	5	1. 大叫"来人哪！救命哪！"并打120电话通知医院，未呼救、声音小、未模拟电话通知医院的动作每项扣2分。 2. 迅速将伤员放置为仰卧位，并放在地上或硬板上。伤员头、颈、躯干平卧无扭曲，双手放于两侧躯干旁，体位放置不正确扣3分。 3. 解开伤员上衣，暴露胸部（或仅留内衣），冬季要注意使其保暖，未做扣2分			
2.4	通畅气道并判断伤员呼吸（15s）	采用仰头举颏法通畅气道，检查伤员口、鼻腔有无异物，通过看、听、试判断伤者呼吸	5	1. 用一只手置于伤员前额，另一只手的食指与中指置于下颌骨近下颏处，两手协同使头部后仰90°；未做通畅气道操作、操作不当每项扣1分。 2. 清除口腔异物，将伤员头部侧转，用一个手指或用两手指交叉从口角处插入，取出异物，未做清除口腔异物操作扣1分。 3. 看：看伤员的胸部、腹部有无起伏动作。听：用耳贴近伤员的口鼻处，听有无呼气声音。试：用颜面部的感觉测试口鼻有无呼吸的气流。未正确执行看、听、视的，每项扣1分。 4. 观察过程要求始终保持气道开放位置，未开放扣2分。 5. 操作时间超过10s扣2分			
2.5	人工呼吸（10s）	确定伤员无呼吸后，应立即进行两次口对口（鼻）人工呼吸	5	1. 未保持气道畅通扣5分。 2. 抢救一开始的首次吹气两次，每次时间1～1.5s，吹气时不要按压胸部，吹气量不要过大，约600mL，未按要求规范操作每次扣2分。 3. 人工呼吸错误每次扣2分。 4. 吹气时间超过5s扣2分			

续表

序号	项目	考核要点	配分	评分标准	得分	扣分	备注
2.6	判断伤员心跳（10s）	正确判断伤者心跳。检查时间在5～10s内	5	1. 一只手置于伤员前额，使头部保持后仰，另一只手的食指及中指指尖在靠近救护者一侧轻轻触摸喉结旁2～3cm凹陷处的颈动脉有无搏动，操作不规范、检查位置不对每次扣2分。 2. 操作时间10s，不符合要求扣1分。 3. 对心跳停止者，在按压前先手握空心拳，快速垂直击打胸前区胸骨中下段1～2次，每次1～2s，力量中等，未击打伤员胸前区扣2分			
2.7	胸外按压（90s）	正确进行胸外按压，按压位置、按压姿势、按压用力方式、按压频率符合要求	25（15）	1. 按压位置：食指及中指沿伤员肋弓下缘向中间移滑；在两侧肋弓交点处寻找胸骨下切迹；食指及中指并拢横放在胸骨下切迹上方；以另一手的掌根紧贴食指上方置于胸骨正中部；将定位之手取下，重叠将掌根放于另一手背上，两手手指交叉抬起，使手指脱离胸壁；缺少每项扣2分；未按规范操作每次扣1分。 2. 按压姿势：两臂绷直，双肩在伤员胸骨上方正中，靠自身重量垂直向下按压；未按规范操作扣5分。 3. 按压用力方式：平稳，有节律，不得间断；不能用冲击式的按压；下压及向上放松时间相等，下压至按压深度（成人伤员为3.8～5cm），停顿后全部放松；垂直用力向下；放松时手掌根部不得离开胸壁。每缺少一项扣2分；操作不规范、按压错误每次扣1分。 4. 按压频率：按压频率超过设定值的±5%，扣5分			
2.8	口对口人工呼吸（25s）	保持气道通畅，正确进行口对口人工呼吸	25（15）	1. 未保持气道畅通扣5分。 2. 用按于前额一手的拇指与食指捏住伤员鼻翼下端深吸一口气屏住并用自己的嘴唇包住伤员微张的嘴；用力快而深地向伤员口中吹气，同时仔细观察伤员胸部有无起伏；未按要求规范操作、错误每次扣2分。 3. 一次吹气完毕后，脱离伤员口部，吸入新鲜空气，同时使伤员的口张开，并放松捏鼻的手；漏气不规范每次扣1分。 4. 每个吹气循环需连续吹气两次，每次1.5～2s，5s内完成；每个吹气循环超过时间扣2分			
3	工作终结验收						
3.1	抢救结束再判定（10s）	用看、听、试方法对伤员呼吸和心跳是否恢复再判定，并汇报；根据情况进行第二次抢救	3	1. 在5～10s时间内完成对伤员呼吸和心跳是否恢复的再判定，未做再判定、超时间每项扣3分。 2. 未口述伤者瞳孔、脉搏和呼吸情况扣2分			

续表

序号	项目	考核要点	配分	评分标准	得分	扣分	备注
3.2	安全文明生产	汇报结束前，所选工器具放回原位，摆放整齐；无损坏设备、工具；恢复现场；无不安全行为	7	1. 出现不安全行为每次扣5分。 2. 作业完毕，现场未清理恢复扣5分，不彻底扣2分。 3. 损坏工器具每件扣3分			
4	完成情况						
4.1	伤员救治情况			1. 第一次救治成功，2.7和2.8项合计得分为50分。 2. 第一次救治不成功，第二次救治成功，2.7和2.8项合计得分为30分。 3. 第二次救治不成功，2.7和2.8项不得分			
4.2	救治完成时间			每240s为一个抢救时段，在150～190s内完成不扣分，每提前或延后10s扣1分			
合计得分							

否定项说明：① 违反《国家电网公司电力安全工作规程（配电部分）》；② 违反职业技能鉴定考场纪律；③ 造成设备重大损坏；④ 发生人身伤害事故

考评员：　　　　　　　　　　　　　　　　　　　年 月 日

项目二：常用仪器仪表的正确使用

一、考核内容
万用表、钳形电流表、绝缘电阻测试仪和接地电阻测试仪的正确使用。

二、考核要求
能正确选择和使用钳形电流表、万用表、绝缘电阻测试仪、接地电阻测试仪。

三、考核时长
30min。要求在规定时间内完成。

四、考场准备

（1）场地准备：必备4个工位，布置现场工作间距不小于3m，各工位之间用遮栏隔离，场地清洁；每工位配置电能计量接线仿真装置一台，每工位必备安全措施。

（2）功能准备：4个工位可以同时进行作业；每工位能实现利用仪表进行测试操作；工位间安全距离符合要求，无干扰；能够保证考评员正确考核。

（3）设备材料准备（每工位）见下表。

序号	名 称	规格型号	单位	数量	备注
1	钳形电流表		块	1	
2	万用表		块	1	
3	手套		副	1	
4	绝缘电阻测试仪		台	1	
5	接地电阻测试仪		台	1	
6	低压配电柜	GGD	面	1	

续表

序号	名　　称	规格型号	单位	数量	备注
7	电阻		个	若干	
8	二极管		个	若干	
9	干电池		个	若干	

五、考核评分记录表

常用仪器仪表使用操作考核评分记录表

姓名：　　　　　　　　　　　准考证号：　　　　　　　　　　　单位：

序号	项目	考核要点	配分	评分标准	得分	扣分	备注
1	工作准备						
1.1	着装穿戴	穿工作服、绝缘鞋；戴安全帽、线手套	5	1. 未穿工作服、绝缘鞋，未戴安全帽、线手套，每缺少一项扣 2 分； 2. 着装穿戴不规范，每处扣 1 分			
1.2	仪器仪表选择	选择材料和工器具齐全，符合使用要求	5	1. 未对仪器仪表进行外观检查扣 2 分； 2. 仪器仪表未检查试验、试验项目不全、方法不规范每件扣 1 分			
2	工作过程						
2.1	设备检查	1. 对设备外壳进行验电； 2. 检查配电盘接线是否正确	5	1. 工作地点未验电扣 5 分，验电方法不正确扣 3 分； 2. 检查不全每处扣 1 分；未检查扣 5 分			
2.2	测试前准备	1. 正确使用万用表及钳形电流表； 2. 选择挡位正确	5	1. 仪表使用前不进行自检测扣 2 分； 2. 仪表使用完毕未正确关闭扣 3 分			
2.3	测量与读数	1. 对 U、V、W 相电压逐相进行测试； 2. 对 U、V、W 相电流逐相进行测试； 3. 对干电池、电阻、二极管进行测试 4. 正确读取数值	60	1. 工具、器件掉落扣 2 分/次； 2. 选择量程不正确每次扣 5 分； 3. 表笔插孔不正确，扣 10 分； 4. 测量时带电转换量程每次扣 10 分，造成表计烧坏的本项不得分； 5. 测量方法不正确扣 3 分； 6. 测量值错误每处扣 2 分； 7. 涂改每处扣 1 分			
2.4	注意事项掌握	熟知万用表、钳形电流表使用方法和注意事项	15	仪器仪表使用方法和注意事项错写、漏写每条扣 3 分			
3	工作终结验收						

续表

序号	项目	考核要点	配分	评分标准	得分	扣分	备注
3.1	安全文明生产	汇报结束前，所选工器具放回原位，摆放整齐，现场恢复原状	5	1. 出现不安全行为扣 5 分； 2. 现场未恢复扣 5 分，恢复不彻底扣 2 分			
得分							

下列现象为否定项：① 违反《国家电网公司电力安全工作规程》；② 违反职业技能鉴定考场纪律；③ 造成设备重大损坏；④ 发生人身伤害事故

考评员：　　　　　　　　　　　　　　　　　　　　　　　年　月　日

项目三：安全工器具选取及检查

一、考核内容

选择与检查安全工器具。

二、考核要求

（1）能正确选择安全工器具。

（2）能正确使用安全工器具。

三、考核时长

30min。要求在规定时间内完成。

四、考场准备

（1）场地准备：必备 4 个工位，每工位铺设 2×2m 帆布一块，布置现场工作间距不小于 3m，各工位之间用栅（带）状遮栏隔离，场地清洁。

（2）功能准备：4 个工位可以同时进行作业；每个工位安全工器具选择及检查操作；工位间安全距离符合要求，无干扰；能够保证考评员正确考核。

（3）设备材料准备（每工位）见下表。

序号	名　称	规格型号	单位	数量	备注
1	安全帽	黄色	顶	6	3 顶合格 3 顶不合格
2	绝缘靴	10kV	双	4	2 双合格 2 双不合格
3	绝缘鞋	5kV	双	4	2 双合格 2 双不合格
4	绝缘手套	10kV	副	4	2 副合格 2 副不合格
5	绝缘杆	10kV	组	6	3 组合格 3 组不合格
6	验电器	10kV	支	6	3 支合格 3 支不合格
7	验电器	500V	支	6	3 支合格 3 支不合格
8	接地线	10kV	组	4	2 组合格 2 组不合格
9	接地线	0.4kV	组	4	2 组合格 2 组不合格
10	脚扣		副	6	3 副合格 3 副不合格
11	安全带	全方位	副	6	3 副合格 3 副不合格

五、考核评分记录表

安全工器具选取及检查项目技能操作考核评分记录表

姓名：　　　　　　　　　　准考证号：　　　　　　　　　　单位：

序号	项目	考核要点	配分	评分标准	得分	扣分	备注
1	工作准备						
1.1	着装穿戴	穿工作服、绝缘鞋；戴安全帽、线手套	5	1. 未穿工作服、绝缘鞋，未戴安全帽、线手套，每缺少一项扣2分； 2. 着装穿戴不规范，每处扣1分			
1.2	核对设备材料	根据材料准备单核对设备	5	1. 未核对扣2分； 2. 核对时漏核每件扣1分			
2	工作过程						
2.1	佩戴安全工器具选择检查	选择安全帽、绝缘手套、绝缘靴，进行正确检查，并报告检验周期及检查结果	30	1. 漏选一项扣5分。 2. 安全帽外观检查：帽壳、帽衬、帽箍、顶衬、下颏带等附件是否完好无损；有无试验合格证并在试验周期内；漏检、错检每项扣3分。 3. 绝缘手套外观检查：有无割裂伤；表面及指缝有无风化脱胶；裂纹、有无试验合格证并在试验周期内、分别做充气试验并无漏气；漏检、错检每项扣3分。 4. 绝缘靴外观检查：有无割裂伤、有无风化脱胶、裂纹、有无试验合格证并在试验周期内；漏检、错检每项扣3分。 5. 未报告检查结果扣5分			
2.2	操作安全工器具选择检查	选择同电压等级的绝缘杆、验电笔、接地线，进行正确检查，并报告检验周期及检查结果	30	1. 漏选、错选每项扣5分。 2. 绝缘杆外观检查：绝缘部分有无裂纹、老化、绝缘层脱落、严重伤痕，固定连接部分有无松动、锈蚀、断裂等现象；每节是否有试验合格证并在试验周期内；漏检、错检每项扣3分。 3. 验电器外观检查：绝缘部分有无裂纹、老化、绝缘层脱落、严重伤痕，固定连接部分有无松动、锈蚀、断裂等现象；护环完好；自检试验正常；有无试验合格证并在试验周期内；漏检、错检每项扣3分。 4. 接地线外观检查：绝缘部分有无裂纹、老化、绝缘层脱落、严重伤痕，固定连接部分有无松动、锈蚀、断裂等现象；每节是否有试验合格证并在试验周期内；绞线有无松股、断股、护套严重破损、夹具断裂松动；漏检、错检每项扣3分。 5. 未报告检查结果扣5分			
2.3	登高工具选择检查	选择脚扣、安全带，进行正确检查，并报告检验周期及检查结果	25	1. 漏选每项扣5分。 2. 脚扣外观检查：金属部分有无裂纹；连接部位开口销是否完好；胶垫有无破损、脱落；鞋带有无断裂；有无试验合格证并在试验周期内；漏检、错检每项扣3分。 3. 安全带外观检查：表面有无断裂；固定连接部有无松动、锈蚀、断裂；卡环（钩）有无裂纹；有无试验合格证并在试验周期内；漏检、错检每项扣3分。 4. 未报告检查结果扣5分			

序号	项目	考核要点	配分	评分标准	得分	扣分	备注
3	工作终结验收						
3.1	安全文明生产	汇报结束前，所选工器具放回原位，摆放整齐；无损坏元件、工具；恢复现场；无不安全行为	5	1. 出现不安全行为每次扣5分。 2. 作业完毕，现场未清理恢复扣5分，不彻底扣2分。 3. 损坏工器具每件扣3分			
			合计得分				

下列现象为否定项：① 严重违反《国家电网公司电力安全工作规程》；② 违反职业技能鉴定考场纪律；③ 造成设备重大损坏；④ 发生人身伤害事故

考评员：　　　　　　　　　　　　　　　　　　　　　　　　年　月　日

第二章 配电专业项目

第一节 五 级 项 目

项目一：绝缘子顶扎法、颈扎法绑扎

一、考核内容

选择扎线，运用顶扎法、颈扎法进行绑扎作业。

二、考核要求

（1）材料工具选择符合施工要求，对工器具进行外观检查；在钢芯铝绞线上缠绕铝包带，完成绝缘子顶扎法、颈扎法绑扎作业；绑扎工艺符合要求，绑扎牢固；验收工作正确、完整。

（2）正确使用安全工器具；不发生人身伤害和设备损坏事故。

（2）文明考试。

三、考核时长

30min。要求在规定时间内完成。

四、考场准备

（1）场地准备：必备4个工位，布置现场工作间距不小于3m，各工位之间用遮栏隔离，场地清洁。

（2）功能准备：4个工位可以同时进行作业；每工位实现绝缘子顶扎法、颈扎法操作；工位间安全距离符合要求，无干扰；能够保证考评员正确考核。

（3）设备材料准备（每工位）见下表。

序号	名　称	规格型号	单位	数量	备注
1	绑扎工作台		套	1	现场准备
2	钢芯铝绞线	LGJ－35（LGJ－50）	kg	若干	现场准备
3	绑线	φ2.11	m	若干	现场准备
4	铝包带	1×10	kg	若干	现场准备
5	中性笔		支	2	考生自备
6	通用电工工具		套	1	考生自备
7	安全帽		顶	1	考生自备
8	绝缘鞋		双	1	考生自备
9	工作服		套	1	考生自备
10	线手套		副	1	考生自备
11	急救箱（配备外伤急救用品）		个	1	现场准备

五、考核评分记录表

绝缘子顶扎法、颈扎法绑扎项目考核评分记录表

姓名：　　　　　　　　　准考证号：　　　　　　　　　单位：

序号	项目	考核要点	配分	评分标准	得分	扣分	备注
1	工作准备						
1.1	着装穿戴	穿工作服、绝缘鞋；戴安全帽、线手套	5	1. 未穿工作服、绝缘鞋，未戴安全帽、线手套，每缺少一项扣 2 分； 2. 着装穿戴不规范，每处扣 1 分			
1.2	材料选择及工器具检查	选择材料及工器具齐全，符合使用要求	10	1. 工器具齐全，缺少或不符合要求每件扣 1 分； 2. 工具未检查试验、检查项目不全、方法不规范每件扣 1 分； 3. 材料不符合要求每件扣 2 分； 4. 备料不充分扣 5 分			
2	工作过程						
2.1	工具使用	工具使用恰当，不得掉落	5	1. 工具使用不当每次扣 1 分； 2. 工具、材料掉落每次扣 2 分			
2.2	铝包带缠绕	正确缠绕铝包带，缠绕均匀、圆滑、紧密	20	1. 缠绕方向与导线绞向不一致扣 5 分； 2. 缠绕不均匀、不圆滑、不紧密、有重叠现象每处扣 1 分； 3. 缠绕超出绑线边缘 20～30mm，每处小于或大于 1mm 扣 2 分； 4. 尾端没有钳平每处扣 2 分			
2.3	导线绑扎	正确采用顶扎法绑扎、颈扎法绑扎；扎线缠绕均匀、紧密	50	1. 绑扎方向与导线绞向不一致扣 5 分。 2. 绑扎线的绑扎方法不正确每处扣 2 分。 3. 绑扎、交叉线不牢固每处扣 3 分。 4. 绑扎不均匀，缝隙超过 0.2mm，每处扣 2 分。 5. 顶扎法绝缘子脖颈的内、外侧缠绕均为 4 圈，导线左右侧缠绕均为 6 圈，顶部交叉扎线 2 道；颈扎法绝缘子脖颈的内侧缠绕 6 圈，外侧交叉扎线 2 道，导线左、右侧缠绕均为 6 圈，圈数每少一圈扣 2 分。 6. 线头没有回到绝缘子中间收尾扣 2 分。 7. 绑扎线损伤每处扣 2 分。 8. 收尾线未拧紧、少于 3 扣、未剪断压平、未朝线路方向压平每处扣 2 分			
3	工作终结验收						
3.1	安全文明生产	汇报结束前，所选工器具放回原位，摆放整齐；无损坏元件、工具；恢复现场；无不安全行为	10	1. 出现不安全行为每次扣 5 分； 2. 作业完毕，现场未清理恢复扣 5 分，不彻底扣 2 分； 3. 损坏工器具每件扣 3 分			
合计得分							

否定项说明：① 违反《国家电网公司电力安全工作规程（配电部分）》；② 违反职业技能鉴定考场纪律；③ 造成设备重大损坏；④ 发生人身伤害事故

考评员：　　　　　　　　　　　　　　　　　　　　　　　　　年　月　日

项目二：更换低压蝶式绝缘子

一、考核内容

选择绝缘子、工器具；高处作业安全；更换低压蝶式绝缘子。

二、考核要求

（1）材料工具选择符合施工要求，对工器具进行外观检查；擦拭蝶式绝缘子并测试其绝缘电阻；按规程规定安全高处作业；更换低压蝶式绝缘子；验收工作正确、完整。

（2）正确使用安全工器具；不发生人身伤害和设备损坏事故。

（3）文明考试。

三、考核时长

60min。要求在规定时间内完成。

四、考场准备

（1）场地准备：必备 4 个工位，布置现场工作间距不小于 3m，各工位之间用遮栏隔离，场地清洁。

（2）功能准备：4 个工位可以同时进行作业；每工位实现低压蝶式绝缘子更换操作；工位间安全距离符合要求，无干扰；能够保证考评员正确考核。

（3）设备材料准备（每工位）见下表。

序号	名　称	规格型号	单位	数量	备注
1	接地线（成套）	0.4kV	组	1	现场准备
2	铝合金卡线器	35	个	2	现场准备
3	铁锤	1磅	把	1	现场准备
4	紧线器		套	1	现场准备
5	钢丝绳套	1m	个	1	现场准备
6	验电器	0.4kV	只	1	现场准备
7	传递绳		条	1	现场准备
8	蝶式绝缘子	ED－1	个	1	现场准备
9	铝绑线		m	若干	现场准备
10	铝包带	1×10	kg	若干	现场准备
11	断丝钳	600	个	1	现场准备
12	绝缘电阻表	500V	块	1	现场准备
13	通用电工工具		套	1	考生自备
14	脚扣	400	副	1	考生自备
15	安全带	带后备绳	副	1	考生自备
16	中性笔		支	2	考生自备
17	安全帽		顶	1	考生自备
18	绝缘鞋		双	1	考生自备

序号	名　　称	规格型号	单位	数量	备注
19	工作服		套	1	考生自备
20	线手套		副	1	考生自备
21	急救箱（配备外伤急救用品）		个	1	现场准备

五、考核评分记录表

更换低压蝶式绝缘子项目考核评分记录表

姓名：　　　　　　　　　　准考证号：　　　　　　　　　　单位：

序号	项目	考核要点	配分	评分标准	得分	扣分	备注
1	工作准备						
1.1	着装穿戴	穿工作服、绝缘鞋；戴安全帽、线手套	5	1. 未穿工作服、绝缘鞋，未戴安全帽、线手套，每缺少一项扣2分； 2. 着装穿戴不规范，每处扣1分			
1.2	材料选择及工器具检查	选择材料及工器具齐全，符合使用要求	10	1. 工器具齐全，缺少或不符合要求每件扣1分； 2. 工具未检查试验、检查项目不全、方法不规范每件扣1分； 3. 材料不符合要求每件扣2分； 4. 备料不充分扣5分			
2	工作过程						
2.1	工器具使用	工器具使用恰当，不得掉落	5	1. 工器具使用不当每次扣1分； 2. 工器具材料掉落每次扣1分； 3. 使用铁锤戴手套每次扣2分			
2.2	登杆	登杆操作及工作过程规范，符合《电力安全工作规程》要求；登杆全过程系安全带；后备保护绳、传递绳系在牢固的构件上	20	1. 登杆前核对线路名称、色标、编号，检查杆身、杆根、基础、拉线，没进行核对、检查每项扣1分。 2. 安全带、铁鞋外观检查、实验周期检查、冲击试验，没进行检查、试验，每件扣1分。 3. 登杆全过程不系安全带扣5分、保险环未检查扣1分。 4. 登杆过程中脚踏空、手抓空、铁鞋互碰、掉鞋每项扣2分。 5. 杆上滑落扣5分；杆上落物、抛物，每次扣2分。 6. 传递设备材料时碰撞杆体每次扣2分。 7. 后备保护绳、传递绳未系在牢固构件上每项扣2分。 8. 用扳手代替手锤扣3分/次。 9. 安全带低挂高用每次扣2分。 10. 站位不正确每次扣2分			
2.3	验电、装拆接地线	操作及工作过程规范，符合电力安全工作规程要求	10	1. 验电顺序不正确，每次扣2分； 2. 装拆接地线时，碰触、缠绕人体和电杆每次扣2分； 3. 装拆接地线顺序不正确每次扣2分； 4. 接地棒插入地下不足0.6米，扣1分			

续表

序号	项目	考核要点	配分	评分标准	得分	扣分	备注
2.4	更换低压蝶式绝缘子	拆卸绑线、绝缘子方法正确，安装绝缘子工艺规范、平正、牢固；螺栓安装方向正确	20	1. 未正确使用紧线器和卡线器，未用钢丝绳套配合另一个卡线器做防滑脱后备保护每项扣 5 分； 2. 蝶式绝缘子安装反向扣 2 分； 3. 螺丝松动扣 1 分，缺垫片每处扣 1 分； 4. 螺丝方向错误每处扣 1 分			
2.5	低压蝶式绝缘子绑扎	绑扎点合理，绑扎匝数满足工艺要求且牢固	20	1. 绑扎长度少于 12cm 扣 1 分；副头抽动或松动扣 5 分；绑扎起点（从瓷瓶边缘外起）小于 10cm 或大于 15cm 扣 1 分； 2. 绑线绑扎间隙大于 1mm 每处扣 1 分			
3	工作终结验收						
3.1	安全文明生产	汇报结束前，所选工器具放回原位，摆放整齐；无损坏元件、工具；恢复现场；无不安全行为	10	1. 出现不安全行为每次扣 5 分； 2. 作业完毕，现场未清理恢复扣 5 分，不彻底扣 2 分； 3. 损坏工器具每件扣 3 分			
合计得分							

否定项说明：① 违反《国家电网公司电力安全工作规程（配电部分）》；② 违反职业技能鉴定考场纪律；③ 造成设备重大损坏；④ 发生人身伤害事故

考评员：　　　　　　　　　　　　　　　　　　　　　　　　　年　月　日

项目三：接地体接地电阻测量

一、考核内容

拆除接地引线与接地体的连接，装设临时接地线，测量接地体的接地电阻，填写接地电阻测试记录，恢复接地引线与接地体的连接，拆除临时接地线。

二、考核要求

（1）了解接地电阻测试仪的结构和原理；学会测量工作要求和规定，正确使用仪表及安全注意事项。

（2）文明考试。

三、考核时长

20min。要求在规定时间内完成。

四、考场准备

（1）场地准备：必备 4 个工位，可以同时进行作业的场地。每个工位场地设置安全遮栏，在施工人员出入口向外悬挂"从此进出"标示牌，在遮栏四周向外悬挂"止步，高压危险"警示牌，场地清洁。

（2）功能准备：4 个工位可以同时进行作业；布置现场工作间距不小于 3m，无干扰；能够保证考评员正确考核。

（3）设备材料准备（每工位）见下表。

序号	名　　　称	规格型号	单位	数量	备注
1	接地电阻测试仪	ZC-8	台	1	现场准备
2	携带型检修接地线		组	1	现场准备
3	可拆装模拟接地体	引下线螺栓连接	组	1	现场准备
4	绝缘手套	10kV	副	1	现场准备
5	清洁布		块	若干	现场准备
6	皮卷尺	50m	个	1	现场准备
7	活络扳手	250	把	1	现场准备
8	手锤	2kg	把	1	现场准备
9	安全遮栏		套	若干	现场准备
10	警示牌	止步，高压危险	块	2	现场准备
11	警示牌	从此进出	块	2	现场准备
12	中性笔		支	2	考生自备
13	通用电工工具		套	1	考生自备
14	安全帽		顶	1	考生自备
15	绝缘鞋		双	1	考生自备
16	工作服		套	1	考生自备
17	线手套		副	1	考生自备
18	急救箱（配备外伤急救用品）		个	1	现场准备

五、考核评分记录表

接地体接地电阻测量考核评分记录表

姓名：　　　　　　　　　　准考证号：　　　　　　　　　　　单位：

序号	项目	考核要点	配分	评分标准	得分	扣分	备注
1	工作准备						
1.1	着装穿戴	穿工作服、绝缘鞋；戴安全帽、线手套	5	1. 未穿工作服、绝缘鞋，未戴安全帽、线手套，每缺少一项扣2分； 2. 着装穿戴不规范，每处扣1分			
1.2	工器具检查	材料及工器具准备齐全；检查试验工器具	5	1. 工器具缺少或不符合要求，每件扣1分； 2. 工具未检查试验、检查项目不全、方法不规范，每项扣1分			
2	工作过程						
2.1	引线处理	戴绝缘手套断开接地引下线装置与接地极的连接；对拆开的接地引下线断开处装设临时接地线	10	1. 未戴绝缘手套扣3分； 2. 未可靠断开扣2分； 3. 未检查、清洁连接点或处理不当扣2分； 4. 未装设临时接地线、装设临时接地线方法不规范，每项扣5分			

续表

序号	项目	考核要点	配分	评分标准	得分	扣分	备注
2.2	接地棒装设	准确测量接地棒间隔距离（20m与40m）；垂直地插入地面深处400mm（不应小于接地棒长度的3/4）	10	1. 测量距离不符合要求，每处扣2分； 2. 未垂直插入、布线方向不垂直每处扣2分； 3. 深度不符合要求、使用手锤带线手套扣4分			
2.3	接线	用5m线连接表上接线柱E和接地装置的接地体；用40m线连接表上接线柱C和接地棒（电流极）；用20m线连接表上接线柱P和接地棒（电压极）	10	1. 接线松动每处扣2分； 2. 接地探测棒选错每处扣4分； 3. 接线错误一项扣5分； 4. 测量引线缠绕，每处扣1分			
2.4	仪表调零	仪表放置平稳，调零；根据被测电阻要求进行粗调	10	不符合要求每项扣5分			
2.5	测量、读数及计算	一手扶住转盘并压住使仪器平稳，另一手摇动摇把；以约120r/min的转速均匀摇动手柄，当表针偏离中心时，边摇动手柄边细调拨盘，直至表针居中并稳定后为止；直视表盘正确读数；摇测两次	30	1. 速度过快或过慢扣4分； 2. 指针未稳定就读数扣4分； 3. 读数方法不正确扣5分； 4. 摇测低于两次扣10分； 5. 读数错误扣5分； 6. 计算错误，分析、结论不正确，扣5分			
2.6	恢复接地	拆除仪表接线；恢复接地；拆除临时接地线	10	1. 拆除方法错误扣2分； 2. 未拆除临时接地线扣4分； 3. 未恢复引下线与接地体连接扣5分； 4. 接地恢复压接不符合要求扣4分			
3	工作终结验收						
3.1	安全文明生产	汇报结束前，所选工器具放回原位，摆放整齐；无损坏元件、工具；恢复现场；无不安全行为	10	1. 出现不安全行为每次扣5分； 2. 作业完毕，现场未清理恢复扣5分，不彻底扣2分； 3. 损坏工器具，每件扣3分			
合计得分							

否定项说明：① 违反《国家电网公司电力安全工作规程（配电部分）》；② 违反职业技能鉴定考场纪律；③ 造成设备重大损坏；④ 发生人身伤害事故

考评员：

年　月　日

六、项目记录表

接地电阻测量记录表

姓名：　　　　　　　　　　准考证号：　　　　　　　　　　单位：

被测量接地体：	测量时间：
第一次测量值：	
第二次测量值：	
测量平均值：	
测试结果结论： 测量人：	

项目四：绳扣制作

一、考核内容

给定被绑扎物体，现场根据要求对物体进行绳扣制作。

二、考核要求

（1）材料工具选择符合施工要求，对工器具进行外观检查，确保正常使用；从绳扣（紧线扣、双套扣、抬扣、倒扣、背扣、倒背扣、拴马扣、瓶扣）中组合三组，每组四种绳扣，现场抽一组进行考核；对绳扣制作要求正确，对绳扣松紧度、位置进行调整，制作动作规范，验收工作正确、完整。

（2）正确使用安全工器具；不发生人身伤害和设备损坏事故。

（3）文明考试。

三、考核时长

15min。要求在规定时间内完成。

四、考场准备

（1）场地准备：必备4个工位，布置现场工作间距不小于3m，各工位之间用遮栏隔离，场地清洁。

（2）功能准备：4个工位可以同时进行作业，每工位能够实现绳扣制作考核，工位间安全距离符合要求，无干扰，能够保证考评员正确考核。

（3）设备材料准备（每工位）见下表。

序号	名　称	规格型号	单位	数量	备注
1	绳索	$\phi12\times3000$	条	4	现场准备
2	铁横担	L6×60×1500	条	1	现场准备
3	针式绝缘子	PS-15	只	1	现场准备
4	拉盘	LP-8	块	1	现场准备
5	桩锚	L8×80×1000	条	1	现场准备
6	木棍	2m	条	1	现场准备
7	吊钩	1.5T	件	1	现场准备
8	铝绑线	$\phi2.6$	m	若干	现场准备
9	铁绑线	20号	盘	1	现场准备
10	绝缘线	BLV-50mm²	米	1	现场准备
11	木桩	$\phi150\times50$	个	1	现场准备
12	中性笔		支	1	考生自备
13	通用电工工具		套	1	考生自备
14	工作服		套	1	考生自备
15	安全帽		顶	1	考生自备

续表

序号	名　称	规格型号	单位	数量	备注
16	绝缘鞋		双	1	考生自备
17	线手套		副	1	考生自备
18	急救箱（配备外伤急救用品）		个	1	现场准备

五、考核评分记录表

绳扣制作考核评分记录表

姓名：　　　　　　　　　　准考证号：　　　　　　　　　　单位：

序号	项目	考核要点	配分	评分标准	得分	扣分	备注
1	工作准备						
1.1	着装穿戴	穿工作服、绝缘鞋；戴安全帽、线手套	5	1. 未穿工作服、绝缘鞋，未戴安全帽、线手套，每缺少一项扣2分； 2. 着装穿戴不规范，每处扣2分			
1.2	材料、工器具及检查	根据选中考项要求正确选择材料及工器具，准备齐全；符合使用要求	10	1. 材料齐全，错选、漏选，每件扣1分； 2. 工器具未检查、检查项目不全、方法不规范，每件扣1分； 3. 工器具不符合要求，每件扣1分； 4. 备料不充分扣5分			
2	工作过程						
2.1	工器具使用	工器具使用恰当，不得掉落	5	1. 工器具使用不当每次扣1分； 2. 工器具掉落每次扣2分			
2.2	紧线扣	绝缘线尾端需回头，使用2.6mm铝质绑线缠绕8～10匝，尾端对扭2～3转；系法正确；受力后尾端无滑动现象；尾绳长度300～400mm	25	1. 导线未绑扎不得分； 2. 绑扎匝数超出范围一匝，扣3分； 3. 扎线选用错误，扣5分； 4. 系法不正确，扣15分； 5. 受力出现滑动，每次扣5分； 6. 尾绳超出范围100mm，扣3分； 7. 返工每次扣2分			
2.3	倒扣	系法正确；受力后尾端无滑动现象；倒扣尾部应与主绳用20号铁绑线固定，绑扎不少于20mm；尾绳长度100～200mm	25	1. 系法不正确扣15分； 2. 受力出现滑动，每次扣3分； 3. 未用铁绑线固定，扣10分，每少5mm扣2分； 4. 尾绳超出范围100mm，扣3分； 5. 返工每次扣2分			
2.4	抬扣	系法正确；调整绳头，受力后尾端无滑动现象	25	1. 系法不正确，每个扣15分； 2. 受力出现滑动，每次扣3分； 3. 返工每次扣2分			

续表

序号	项目	考核要点	配分	评分标准	得分	扣分	备注
2.5	直扣或活扣	系法正确；调整绳头，受力后尾端无滑动现象；尾绳长度300~400mm	15	1. 系法不正确扣10分； 2. 受力出现滑动，每次扣3分； 3. 尾绳超出范围100mm，扣3分； 4. 返工每次扣2分			
2.6	拴马扣或背扣	系法正确；背扣尾绳缠绕不少于两转；受力后尾端无滑动现象；尾绳长度300~400mm	15	1. 系法不正确扣10分； 2. 受力出现滑动，每次扣3分； 3. 尾绳超出范围100mm，扣3分； 4. 返工每次扣2分			
2.7	倒背扣或吊钩扣	背扣尾绳在角铁外平面，且系于横担重心偏下位置，尾绳缠绕不少于两转，倒扣位置适当；吊钩扣两个绳端不得滑动	15	1. 系法不正确扣10分； 2. 受力出现滑动，每次扣3分； 3. 背扣位置，尾绳方位不正确，扣5分，少于两转扣3分； 4. 返工每次扣2分			
2.8	双套结或瓶扣	系法正确；针式绝缘子上系双套结；颈槽系瓶扣；受力后尾端无滑动、绝缘子无坠落现象，尾绳长度300~400mm	15	1. 系法不正确扣10分； 2. 受力出现滑动，每次扣3分； 3. 绝缘子坠落或损伤均不得分； 4. 尾绳超出范围100mm，扣3分； 5. 返工每次扣2分			
3	工作终结验收						
3.1	安全文明生产	爱护工具、节约材料，按要求进行拆装，操作现场清理干净彻底；汇报结束后，恢复现场；无不安全行为	10	1. 出现不安全行为每次扣5分； 2. 作业完毕，现场未清理恢复扣5分，不彻底扣2分； 3. 损坏工器具，每件扣3分			
			合计得分				

否定项说明：① 违反《国家电网公司电力安全工作规程（配电部分）》；② 违反职业技能鉴定考场纪律；③ 造成设备重大损坏；④ 发生人身伤害事故

考评员： 年 月 日

项目五：更换直线杆横担

一、考核内容

登杆前对电杆进行检查；登高工具外观检查及冲击试验；登杆过程；杆上作业。

二、考核要求

（1）登杆前对电杆检查；登高工具进行外观检查并进行冲击试验；材料工具选择符合安装

要求；上下杆动作规范，全过程使用安全带；杆上作业站位正确，后备保护绳、传递绳系在电杆上；拆卸横担方法正确，安装横担、抱箍，工艺规范、平正、牢固，方向正确；验收工作正确完整。

（2）正确使用安全工器具；不发生人身伤害和设备损坏事故。

（3）文明考试。

三、考核时长

30min。要求在规定时间内完成。

四、考场准备

（1）场地准备：必备 4 个工位，布置现场工作间距不小于 3m，各工位之间用遮栏隔离，场地清洁，采用 ϕ 190×10m 的电杆，每个工位必备防坠措施。

（2）功能准备：4 个工位可以同时进行作业，工位间安全距离符合要求，无干扰，能够保证考评员独立考评。

（3）设备材料准备（每工位）见下表。

序号	名　称	规格型号	单位	数量	备注
1	横担	∠63×6×1500mm	条	1	现场准备
2	U 形抱箍	ϕ190	副	1	现场准备
3	传递绳		条	1	现场准备
4	安全带	全方位	副	1	现场准备
5	脚扣		副	1	现场准备
6	中性笔		支	1	考生自备
7	通用电工工具		套	1	考生自备
8	工作服		套	1	考生自备
9	安全帽		顶	1	考生自备
10	绝缘鞋		双	1	考生自备
11	线手套		副	1	考生自备
12	急救箱（配备外伤急救用品）		个	1	现场准备

五、考核评分记录表

更换直线杆横担项目考核评分记录表

姓名：　　　　　　　　　准考证号：　　　　　　　　　单位：

序号	项目	考核要点	配分	评分标准	得分	扣分	备注
1	工作准备						
1.1	着装穿戴	穿工作服、绝缘鞋；戴安全帽、线手套	5	1. 未穿工作服、绝缘鞋，未戴安全帽、线手套，每缺少一项扣 2 分； 2. 着装穿戴不规范，每处扣 1 分			

续表

序号	项目	考核要点	配分	评分标准	得分	扣分	备注
1.2	材料选择及工器具检查	选择材料及工器具齐全，符合使用要求	10	1. 工器具齐全，缺少或不符合要求每件扣1分； 2. 工具未检查试验、检查项目不全、方法不规范每项扣1分； 3. 备料每遗漏一件扣1分，选择错误每件扣1分			
2	工作过程						
2.1	工器具使用	工器具使用恰当，不得掉落	10	1. 工器具使用不当，每次扣2分； 2. 工器具材料掉落，每次扣2分			
2.2	登杆作业	检查杆根；登杆平稳、踩牢；全过程正确使用安全带；探身姿势应舒展，站位正确；避免高处意外落物；材料传递过程中不得发生碰撞，横担应垂直上下传递	35	1. 未检查杆根、杆身扣2分；不规范每项扣1分。 2. 未检查电杆名称、色标、编号扣2分；不规范每项扣1分。 3. 登杆前脚扣、安全带未做外观检查、未做冲击试验，每项扣2分；不规范，每件扣1分。 4. 上下杆时脚扣互碰、虚扣每次扣1分，脚扣下滑小于10cm每次扣2分、大于等于10cm或掉落每次扣3分。 5. 探身姿势不舒展、站位不正确每次扣2分。 6. 不正确使用安全带、后备保护绳每次扣3分，未检查扣环扣2分。 7. 未用传递绳传递物品，每件扣1分；材料传递过程发生碰撞，每次扣1分；横担未垂直上下传递，每次扣2分。 8. 传递绳未固定在牢固构件上传递工具材料扣2分。 9. 高处意外落物，每次扣2分；高处坠落本项不得分			
2.3	更换横担	拆卸横担方法正确，安装横担工艺规范、平正、牢固；螺栓安装方向正确	30	1. 拆卸横担及安装方法不正确，每次扣5分； 2. 横担与杆顶误差每超过±50mm，每处扣3分； 3. 横担安装不牢固扣5分； 4. 横担水平倾斜超标准±20mm扣2分；横担左右倾斜超标准±20mm扣2分； 5. 螺栓用在椭圆眼上，不使用垫片每个扣1分；螺栓安装方向不正确，每处扣2分； 6. 横担方向反装、安装方向错误扣5分，重新调整扣3分； 7. 损坏横担、U形抱箍镀锌层，每处扣2分			
3	工作终结验收						
3.1	安全文明生产	无损坏元件、工具；恢复现场；无不安全行为	10	1. 出现不安全行为每次扣5分； 2. 作业完毕，现场不恢复扣5分、恢复不彻底扣2分； 3. 损坏工器具，每件扣3分			
合计得分							

否定项说明：① 违反《国家电网公司电力安全工作规程（配电部分）》；② 违反职业技能鉴定考场纪律；③ 造成设备重大损坏；④ 发生人身伤害事故

考评员：　　　　　　　　　　　　　　　　　　　　　　　　　　　年　月　日

项目六：拉 线 制 作

一、考核内容

拉线材料截取，拉线的制作过程，拉线制作工艺。

二、考核要求

（1）材料工具选择符合制作要求；对工器具进行外观检查；正确使用工器具；正确制作拉线上把、中把，制作工艺符合标准要求；验收工作正确、完整。

（2）正确使用安全工器具；不发生人身伤害和设备损坏事故。

（3）文明考试。

三、考核时长

30min。要求在规定时间内完成。

四、考场准备

（1）场地准备：必备4个工位，布置现场工作间距不小于3m，各工位之间用遮栏隔离，场地清洁。

（2）功能准备：4个工位可以同时进行作业，工位间安全距离符合要求，考评员间不得相互影响，能够保证考评员独立考评。

（3）设备材料准备（每工位）见下表。

序号	名 称	规格型号	单位	数量	备注
1	钢绞线	GJ－25/35	m	若干	现场准备
2	铁丝	10号和20号	m	若干	现场准备
3	拉线绝缘子	J－4.5	个	1	现场准备
4	楔形线夹	NX－1	只	1	现场准备
5	钢线卡子	JK－1	个	8	现场准备
6	断线钳		把	1	现场准备
7	手锤	木锤/橡胶锤	把	1	现场准备
8	急救箱		个	1	现场准备
9	通用电工工具		套	1	考生自备
10	安全帽		顶	1	考生自备
11	绝缘鞋		双	1	考生自备
12	中性笔		支	1	考生自备
13	工作服		套	1	考生自备
14	线手套		副	1	考生自备

五、考核评分记录表

拉线制作项目考核评分记录表

姓名：　　　　　　　　　　准考证号：　　　　　　　　　　单位：

序号	项目	考核要点	配分	评分标准	得分	扣分	备注
1	工作准备						
1.1	着装穿戴	穿工作服、绝缘鞋；戴安全帽、线手套	5	1. 未戴安全帽、线手套，未穿工作服及绝缘鞋，每项各扣2分； 2. 着装不规范，每处扣1分			
1.2	材料工具	材料及工器具准备齐全，符合使用要求	10	1. 工器具齐全，缺少或不符合要求，每件扣2分； 2. 工具未检查试验、项目不全、方法不规范每处扣1分； 3. 备料不充分扣5分			
2	工作过程						
2.1	工器具使用	工器具使用恰当，不得掉落	10	1. 工器具使用不当，每次扣1分； 2. 工器具掉落，每次扣2分			
2.2	上把制作	正确制作拉线上把，夹舌板与钢绞线接触紧密，线夹凸肚安装合理，钢绞线弯曲部分无明显松股，绑扎整齐、紧密；上把尾线从楔形线夹处露出的长度400mm；尾线用钢线卡子距尾线头50mm处卡住（U形卡副线）；上把线头使用铁丝绑扎牢固，防止散股，绑扎终点距尾线末端20mm；楔形线夹凸肚侧应向上并在同一侧	35	1. 尾头未用铁丝绑扎、钢绞线散股，每处扣2分； 2. 尾线露出长度每超±10mm扣1分/处； 3. 线夹凸肚方向安装错误，每处扣2分； 4. 钢绞线剪下废料每超200mm扣1分； 5. 尾线方向错误扣5分/处； 6. 钢绞线与舌块间隙超过2mm扣1分/处； 7. 钢绞线损伤、线夹损伤扣1分/件； 8. 钢线卡子距离不正确，每超10mm扣1分； 9. 钢线卡子安装不正确，每处扣1分； 10. 螺丝不紧固，每处扣1分			
2.3	中把制作	中把拉线绝缘子使用钢线卡子连接，两侧尾线长度为600mm；钢线卡子距尾线头50mm处卡住（U形卡副线），以钢线卡子U弯边沿开始量数据；钢线卡子应正反交替安装，每个间隔150mm	35	1. 尾头未用铁丝绑扎、钢绞线散股，每处扣2分； 2. 拉线绝缘子方向安装错误扣5分； 3. 尾线长度每超±10mm扣1分/处； 4. 钢绞线剪下废料每超200mm扣1分； 5. 钢绞线损伤扣1分/件； 6. 钢线卡子距离不正确，每超10mm扣1分； 7. 钢线卡子安装不正确，每处扣1分； 8. 螺丝不紧固，每处扣1分			

续表

序号	项目	考核要点	配分	评分标准	得分	扣分	备注
3	工作终结验收						
3.1	安全文明生产	汇报结束前，恢复现场；无损坏工具；无不安全行为	5	1. 出现不安全行为，每次扣5分； 2. 作业完毕，现场未清理扣5分、清理不彻底扣2分； 3. 损坏工器具，每件扣3分			
		合计得分					

否定项说明：① 违反《国家电网公司电力安全工作规程（配电部分）》；② 违反职业技能鉴定考场纪律；③ 造成设备重大损坏；④ 发生人身伤害事故

考评员：　　　　　　　　　　　　　　　　　　　　　　年　月　日

第二节　四　级　项　目

项目一：更换 10kV 跌落式熔断器

一、考核内容

选择 10kV 跌落式熔断器和熔丝，在高空处进行更换。

二、考核要求

（1）材料工具选择符合施工要求，对工器具进行外观检查；上、下杆（梯）动作规范，杆（梯）上作业站位正确；更换 10kV 跌落式熔断器符合要求，引线连接牢固；验收工作正确、完整。

（2）正确使用安全工器具；不发生人身伤害和设备损坏事故。

（3）文明考试。

三、考核时长

30min。要求在规定时间内完成。

四、考场准备

（1）场地准备：必备 4 个工位，布置现场工作间距不小于 3m，各工位之间用栅状遮栏隔离，场地清洁。每工位在电杆（墙）上已安装 10kV 跌落式熔断器，引线已连接；每工位已做好停电、验电、装设接地线的安全措施。

（2）功能准备：4 个工位可以同时进行作业；每工位能够实现更换 10kV 跌落式熔断器操作考核；工位间安全距离符合要求，无干扰；能够保证考评员正确考核。

（3）设备材料准备（每工位）（见下表）

序号	名　　称	规格型号	单位	数量	备注
1	跌落式熔断器	10kV	只	1	现场准备
2	熔丝	不同型号	根	若干	现场准备
3	绝缘操作杆		套	1	现场准备
4	绝缘电阻表	2500V	块	1	现场准备
5	传递绳		根	1	现场准备

续表

序号	名　　称	规格型号	单位	数量	备注
6	脚扣		副	1	现场准备
7	安全带	全方位	副	1	现场准备
8	梯子		架	1	现场准备
9	中性笔		支	2	考生自备
10	通用电工工具		套	1	考生自备
11	安全帽		顶	1	考生自备
12	绝缘鞋		双	1	考生自备
13	工作服		套	1	考生自备
14	线手套		副	1	考生自备
15	急救箱（配备外伤急救用品）		个	1	现场准备

五、考核评分记录表

更换 10kV 跌落式熔断器项目考核评分记录表

姓名：　　　　　　　　准考证号：　　　　　　　　单位：

序号	项目	考核要点	配分	评分标准	得分	扣分	备注
1	工作准备						
1.1	着装穿戴	穿工作服、绝缘鞋；戴安全帽、线手套	5	1. 未穿工作服、绝缘鞋，未戴安全帽、线手套，每缺少一项扣 2 分； 2. 着装穿戴不规范，每处扣 1 分			
1.2	材料选择及工器具检查	选择材料及工器具齐全，符合使用要求	10	1. 工器具缺少或不符合要求，每件扣 1 分； 2. 工具未检查试验、检查项目不全、方法不规范，每件扣 1 分； 3. 设备材料未做外观检查，每件扣 1 分；跌落式熔断器未试验扣 3 分，未清洁熔断器表面扣 1 分； 4. 备料不充分扣 5 分			
2	工作过程						
2.1	熔丝安装	熔丝安装松紧适宜无折断	5	1. 接点及固定螺栓未压实，每扣 1 分； 2. 熔线安装松紧适宜，过紧、过松，每处扣 1 分； 3. 熔丝安装时折断，每根扣 2 分			
2.2	登高作业	检查杆根（或梯角）；登杆（梯）平稳、踩牢；正确使用安全带；探身姿势应舒展，站位正确；避免高处意外落物；材料传递过程中不得碰电杆（梯子）	40	1. 未检查杆根、杆身（或梯角）扣 2 分； 2. 使用梯子，未检查防滑措施、限高标志、梯阶距离，每项扣 2 分；梯子与地面夹角应在 55～60 度范围内，过大或过小，每次扣 3 分。 3. 未检查电杆名称、色标、编号扣 2 分； 4. 登杆前脚扣、安全带（或梯子）未作冲击试验，每项扣 2 分； 5. 登杆（梯）不平稳，脚扣虚扣、滑脱或滑脚，每次扣 1 分，掉脚扣每次扣 3 分； 6. 不正确使用安全带扣 3 分； 7. 不检查扣环或安全带扣扎不正确、不牢固每项扣 2 分；			

续表

序号	项目	考核要点	配分	评分标准	得分	扣分	备注
2.2	登高作业	检查杆根（或梯角）；登杆（梯）平稳、踩牢；正确使用安全带；探身姿势应舒展，站位正确；避免高处意外落物；材料传递过程中不得碰电杆（梯子）	40	8. 探身姿势不舒展每次扣2分； 9. 高处意外落物每次扣2分； 10. 材料传递过程碰电杆（梯子）每次扣1分； 11. 不用绳传递物品每件扣1分； 12. 传递绳未固定在牢固构件上下传递每次扣2分； 13. 站位不正确每次扣2分			
2.3	跌落式熔断器及引线安装	跌落开关安装符合要求，熔管倾角符合标准，上下端无扭曲；牢固可靠，铁件螺栓齐全紧固	30	1. 熔管倾角为150～300，超出范围扣3分； 2. 熔管上下端扭曲扣2分； 3. 跌落式熔断器铁件螺栓每缺1只扣2分，每处螺栓不紧固扣2分，螺栓穿向错误，每处扣1分； 4. 跌落式熔断器安装过程中破损，每件扣3分； 5. 安装过程中扳手反向使用或使用扳手代替手锤，每次扣2分； 6. 引流线扭曲变形扣2分； 7. 安装完成后未做拉合试验扣2分			
3	工作终结验收						
3.1	安全文明生产	汇报结束前，所选工器具放回原位，摆放整齐；无损坏元件、工具；恢复现场；无不安全行为	10	1. 出现不安全行为，每次扣5分； 2. 作业完毕，现场未清理恢复扣5分，不彻底扣2分； 3. 损坏工器具，每件扣3分			
合计得分							

否定项说明：① 违反《国家电网公司电力安全工作规程（配电部分）》；② 违反职业技能鉴定考场纪律；③ 造成设备重大损坏；④ 发生人身伤害事故

考评员：　　　　　　　　　　　　　　　　　　　　　　　　　年　月　日

项目二：钢芯铝绞线插接法连接

一、考核内容

假定钢芯铝绞线损伤，需要切断重接；准备工具、材料，进行插接法导线连接。

二、考核要求

（1）按要求着装。

（2）对工具进行检查；材料工具选择符合安装要求；导线分离成伞状打开，除导线氧化层；插接芯线间隔交叉，绑线和芯线缠绕紧密、圆滑，圈、匝数、组数合格；绑线、芯线端头叠压自然，端头处理正确；在缠绕处涂电力复合脂；验收工作正确、完整，动作规范。

（3）正确使用安全工器具，现场就地操作、演示；不发生人身伤害和设备损坏事故。

（4）文明考试。

三、考核时长

40min。要求在规定时间内完成。

四、考场准备

（1）场地准备：必备 4 个工位，布置现场工作间距不小于 3m，各工位之间用遮栏隔离，场地清洁。

（2）功能准备：4 个工位可以同时进行作业；每工位能够实现钢芯铝绞线插接法连接考核；工位间安全距离符合要求，无干扰；能够保证考评员正确考核。

（3）设备材料准备（每工位）见下表。

序号	名　称	规格型号	单位	数量	备注
1	钢芯铝绞线	LGJ－50	m	若干	现场准备
2	断线钳	600mm	把	1	现场准备
3	木锤		把	1	现场准备
4	砂纸	100～200 号	张	1	现场准备
5	细钢丝刷		把	1	现场准备
6	电力复合脂		盒	1	现场准备
7	木质垫板		块	1	现场准备
8	棉纱		块	若干	现场准备
9	清洁布		块	若干	现场准备
10	米尺	2m	把	1	现场准备
11	镀锌铁丝	20 号	m	若干	现场准备
12	汽油	92 号	升	0.5	现场准备
13	中性笔		支	1	考生自备
14	通用电工工具		套	1	考生自备
15	工作服		套	1	考生自备
16	安全帽		顶	1	考生自备
17	绝缘鞋		双	1	考生自备
18	线手套		副	1	考生自备
19	急救箱（配备外伤急救用品）		个	1	现场准备

五、考核评分记录表

钢芯铝绞线插接法连接考核评分记录表

姓名：　　　　　　　　　　准考证号：　　　　　　　　　　单位：

序号	项目	考核要点	配分	评分标准	得分	扣分	备注
1	工作准备						
1.1	着装穿戴	穿工作服、绝缘鞋、戴安全帽、线手套	5	1. 未穿工作服、绝缘鞋，未戴安全帽、线手套，每缺少一项扣 2 分； 2. 着装穿戴不规范，每处扣 1 分			

续表

序号	项目	考核要点	配分	评分标准	得分	扣分	备注
1.2	备料及检查工器具	选择材料及工器具，准备齐全，符合使用要求	10	1. 工器具齐全，缺少或不符合要求，每件扣1分； 2. 工器具未检查、检查项目不全、方法不规范，每件扣1分； 3. 工器具不符合要求每件扣1分； 4. 备料不充分扣5分			
2	工作过程						
2.1	工器具使用	工器具使用恰当，不得掉落	5	1. 工器具使用不当每次扣1分； 2. 工器具掉落每次扣1分			
2.2	导线分离、清除氧化层	导线分离及拉直长度符合要求，钢芯线裁剪准确，氧化层处理规范	10	1. 铝线分离长度400～500mm，每超出范围10mm扣2分； 2. 钢芯线裁剪长度120mm，每超出10mm扣2分； 3. 损伤导线，每处扣2分； 4. 每线芯未用细钢丝刷、砂纸单向擦磨低于两次，扣2分； 5. 没用清洁布擦除碎屑扣2分； 6. 没用汽油清洗晾干，每处扣2分			
2.3	导线分芯伞骨状	伞根芯线紧密，伞根绑扎，芯线开伞角度适宜	10	1. 导线分芯时，伞根部芯线未绞紧、松散，每处扣2分； 2. 伞根未绑扎，每处扣2分； 3. 伞状打开超过30度，每芯线扣1分			
2.4	导线对叉、分芯缠绕	插接芯线间隔交叉并敷实，导线缠绕紧密、圆滑，圈数、匝数、组数（12组）符合要求，顺导线绞向缠绕	25	1. 伞状芯线未分隔对插，每处扣2分。 2. 未用木锤整理，扣3分； 3. 使用木锤时戴手套，扣3分； 4. 缠绕不紧密、不圆滑，每处扣1分； 5. 缠绕的圈数不符合要求（6～7圈），每处扣3分； 6. 绑扎、组数不符合要求，每少一组扣5分； 7. 缠绕方向错误，扣10分； 8 出现返工重绕，每次扣5分			
2.5	导线芯线处理	绑线、芯线端头叠压自然，端头处理正确	20	1. 多余的芯线头未处理、处理不规范，每根芯线扣1分； 2. 绑线线端未钳平，每处扣2分； 3. 收尾未拧紧、少于3转扣3分； 4. 收尾未剪断压平，每处扣2分			
2.6	涂电力复合脂	在缠绕处涂电力复合脂	5	1. 涂电力复合脂不均匀扣2分； 2. 涂抹不规范扣2分； 3. 没有涂电力复合脂扣5分			
3	工作终结验收						
3.1	安全文明生产	汇报结束前，所选工器具放回原位，摆放整齐；无损坏元件、工具；恢复现场；无不安全行为	10	1. 出现不安全行为每次扣5分； 2. 作业完毕，现场未清理扣5分，清理恢复不彻底扣2分； 3. 损坏工器具，每件扣3分			

续表

序号	项目	考核要点	配分	评分标准	得分	扣分	备注
				合计得分			

否定项说明：① 违反《国家电网公司电力安全工作规程（配电部分）》；② 违反职业技能鉴定考场纪律；③ 造成设备重大损坏；④ 发生人身伤害事故

考评员： 年 月 日

项目三：更换 10kV 避雷器

一、考核内容

选择 10kV 避雷器，在高空处进行更换。

二、考核要求

（1）材料工具选择符合施工要求，对工器具进行外观检查；上、下杆（梯）动作规范，杆（梯）上作业站位正确；更换 10kV 避雷器符合要求，引线连接牢固；验收工作正确、完整。

（2）正确使用安全工器具；不发生人身伤害和设备损坏事故。

（3）文明考试。

三、考核时长

30min。要求在规定时间内完成。

四、考场准备

（1）场地准备：必备 4 个工位，布置现场工作间距不小于 3m，各工位之间用栅状遮栏隔离，场地清洁。每工位在电杆（墙）上已安装 10kV 避雷器，引线已连接；每工位已做好停电、验电、装设接地线的安全措施。

（2）功能准备：4 个工位可以同时进行作业；每工位能够实现更换 10kV 避雷器操作考核；工位间安全距离符合要求，无干扰；能够保证考评员正确考核。

（3）设备材料准备（每工位）见下表。

序号	名 称	规格型号	单位	数量	备注
1	避雷器	10kV	只	1	现场准备
2	绝缘电阻表	2500V	块	1	现场准备
3	传递绳		根	1	现场准备
4	脚扣		副	1	现场准备
5	安全带	全方位	副	1	现场准备
6	梯子		架	1	现场准备
7	中性笔		支	2	考生自备
8	通用电工工具		套	1	考生自备
9	安全帽		顶	1	考生自备
10	绝缘鞋		双	1	考生自备
11	工作服		套	1	考生自备

序号	名　称	规格型号	单位	数量	备注
12	线手套		副	1	考生自备
13	急救箱（配备外伤急救用品）		个	1	现场准备

五、考核评分记录表

更换 10kV 避雷器项目考核评分记录表

姓名：　　　　　　　　　　准考证号：　　　　　　　　　　单位：

序号	项目	考核要点	配分	评分标准	得分	扣分	备注
1	工作准备						
1.1	着装穿戴	穿工作服、绝缘鞋；戴安全帽、线手套	5	1. 未穿工作服、绝缘鞋，未戴安全帽、线手套，每缺少一项扣 2 分； 2. 着装穿戴不规范，每处扣 1 分			
1.2	材料选择及工器具检查	选择材料及工器具齐全，符合使用要求	15	1. 工器具齐全，缺少或不符合要求，每件扣 1 分； 2. 工具未检查试验、检查项目不全、方法不规范，每件扣 1 分； 3. 设备材料未做外观检查每件扣 1 分；避雷器未试验扣 3 分； 4. 备料不充分扣 5 分			
2	工作过程						
2.1	登高作业	检查杆根（或梯角）；登杆（梯）平稳、踩牢；正确使用安全带；探身姿势应舒展，站位正确；避免高空意外落物；材料传递过程中不得碰电杆（梯子）	40	1. 未检查杆根、杆身（或梯角）扣 2 分； 2. 使用梯子，未检查防滑措施、限高标志、梯阶距离，每项扣 2 分；梯子与地面夹角应在 55～60 度范围内，过大或过小每次扣 3 分。 3. 未检查电杆名称、色标、编号扣 2 分； 4. 登杆前脚扣、安全带（或梯子）未作冲击试验，每项扣 2 分； 5. 登杆（梯）不平稳，脚扣虚扣、滑脱或滑脚每次扣 1 分，掉脚扣每次扣 3 分； 6. 不正确使用安全带扣 3 分； 7. 不检查卡环或安全带扣扎不正确、不牢固，每项扣 2 分； 8. 探身姿势不舒展扣 2 分； 9. 高空意外落物每次扣 2 分； 10. 材料传递过程碰电杆（梯子），每次扣 1 分； 11. 不用绳传递物品，每件扣 1 分； 12. 传递绳未固定在牢固构件上下传递，每次扣 2 分； 13. 站位不正确，每次扣 2 分			
2.2	更换避雷器	避雷器固定牢靠，不歪斜，两端水平一致；安装完整无损；引线固定牢靠	30	1. 避雷器固定不牢靠、歪斜或两端不平衡，每处扣 2 分； 2. 螺丝缺少平垫、弹垫，每个扣 1 分； 3. 引线固定不牢靠扣 2 分； 4. 避雷器安装过程中造成破损扣 20 分			

续表

序号	项目	考核要点	配分	评分标准	得分	扣分	备注
3	工作终结验收						
3.1	安全文明生产	汇报结束前，所选工器具放回原位，摆放整齐；无损坏元件、工具；恢复现场；无不安全行为	10	1. 出现不安全行为，每次扣5分； 2. 作业完毕，现场未清理恢复扣5分，不彻底扣2分； 3. 损坏工器具，每件扣3分			
			合计得分				

否定项说明：① 违反《国家电网公司电力安全工作规程（配电部分）》；② 违反职业技能鉴定考场纪律；③ 造成设备重大损坏；④ 发生人身伤害事故

考评员：　　　　　　　　　　　　　　　　　　　　　　　年　月　日

项目四：低压配电线路验电、装拆接地线

一、考核内容

低压配电架空线路进行验电、装拆接地线作业。

二、考核要求

（1）正确使用施工及安全工器具，不发生人身伤害和工器具、材料损坏。

（2）登杆过程动作协调，不发生踏空现象；验电、接地按顺序进行。

（3）文明考试。

三、考核时长

30min。要求在规定时间内完成。

四、考场准备

（1）场地准备：必备4个工位，布置现场工作间距不小于3m，各工位之间用遮栏隔离，场地清洁。

（2）功能准备：4个工位可以同时进行作业；每工位实现验电、装拆接地线操作；工位间安全距离符合要求，无干扰；能够保证考评员正确考核。

（3）设备材料准备（每工位）见下表。

序号	名　称	规格型号	单位	数量	备注
1	安全带	全方位	副	1	现场准备
2	脚口		副	1	现场准备
3	低压验电器（测电笔）		支	1	现场准备
4	低压接地线		组	1	现场准备
5	绝缘手套		副	1	现场准备
6	传递绳		条	1	现场准备
7	工作服		套	1	考生自备
8	线手套		副	1	考生自备

续表

序号	名　称	规格型号	单位	数量	备注
9	中性笔		支	2	考生自备
10	通用电工工具		套	1	考生自备
11	安全帽		顶	1	考生自备
12	绝缘鞋		双	1	考生自备
13	急救箱（配备外伤急救用品）		个	1	现场准备

五、考核评分记录表

低压配电线路验电、装拆接地线考核评分记录表

姓名：　　　　　　　　　　　　准考证号：　　　　　　　　　　　　单位：

序号	项目	考核要点	配分	评分标准	得分	扣分	备注
1	工作准备						
1.1	着装穿戴	1. 穿工作服、绝缘鞋； 2. 戴安全帽、线手套	5	1. 未穿工作服、绝缘鞋，未戴安全帽、线手套，每缺少一项扣2分； 2. 着装穿戴不规范，每处扣1分			
1.2	工器具、材料选择及检查	选择材料及工器具齐全，符合使用要求	10	1. 工器具缺少或不符合要求，每件扣1分； 2. 工具材料未检查、检查项目不全、方法不规范，每件扣1分； 3. 备料不充分扣5分			
2	工作过程						
2.1	工器具使用	工器具使用恰当，不得掉落	10	1. 工器具使用不当，每次扣1分； 2. 工器具掉落，每次扣2分			
2.2	低压验电器（测电笔）测试	低压验电前先将验电器或测电笔在低压设备有电部位上试验，以验证验电器或测电笔良好	5	未将验电器或测电笔在低压设备有电部位上试验，扣5分			
2.3	作业现场安全要求	登杆操作及工作过程规范，符合安全技术规程要求；登杆全过程使用安全带；传递绳系在杆塔或牢固的构件上；正确使用验电器验电，先验近侧、后验远侧，正确安全悬挂接地线，先挂近侧、后挂远侧	30	1. 未检查杆根、杆身，扣2分； 2. 未检查电杆名称、色标、编号扣2分； 3. 登杆前脚扣、安全带未作冲击试验，每项扣2分； 4. 登杆不平稳，脚扣虚扣、滑脱或滑脚，每次扣1分，掉脚扣每次扣3分； 5. 不正确使用安全带扣3分，未检查扣环扣2分； 6. 探身姿势不舒展、站位不正确扣2分； 7. 高处落物每次扣2分； 8. 验电顺序错误，每次扣3分； 9. 拆、挂接地线顺序错误，每次扣3分，身体碰触接地线，每次扣3分；			

续表

序号	项目	考核要点	配分	评分标准	得分	扣分	备注
2.3	作业现场安全要求	登杆操作及工作过程规范，符合安全技术规程要求；登杆全过程使用安全带；传递绳系在杆塔或牢固的构件上；正确使用验电器验电，先验近侧、后验远侧，正确安全悬挂接地线，先挂近侧、后挂远侧	30	10. 验电前和拆接地线后，人体接近至安全距离以内扣5分； 11. 验电、装拆接地线不戴绝缘手套每次扣5分； 12. 接地极深度不足0.6m扣2分； 13. 工器具传递时碰电杆每次扣1分，未用传递绳每次扣1分，戴绝缘手套提物件每次扣2分，传递绳未固定在牢固构件上提物件扣2分			
3	工作终结验收						
3.1	安全文明生产	汇报结束后，所选工器具放回原位，摆放整齐；无损坏元件、工具；恢复现场；无不安全行为	10	1. 出现不安全行为每次扣5分； 2. 作业完毕，现场未清理恢复扣5分，不彻底扣2分； 3. 损坏工器具每件扣3分			
合计得分							

否定项说明：① 违反《国家电网公司电力安全工作规程（配电部分）》；② 违反职业技能鉴定考场纪律；③ 造成设备重大损坏；④ 发生人身伤害事故

考评员：　　　　　　　　　　　　　　　　　　　　　　　年　月　日

项目五：低压电力电缆故障查找

一、考核内容

假定低压电力电缆发生故障，需要进行故障查找，对工器具、仪器仪表进行检查；材料工具选择符合安装要求；动作规范，验收工作正确完整，现场就地操作、演示，无不安全现象发生。

二、考核要求

（1）按要求着装。

（2）正确选择工器具及仪器仪表；选择合适的仪器仪表进行故障查找，测量相关数据并记录，填写《项目记录表》，判断被测低压电力电缆的状态。

（3）正确使用工器具及仪器仪表，现场就地操作、演示；不发生人身伤害和设备损坏事故。

（4）文明考试。

三、考核时长

40min。要求在规定时间内完成。

四、考场准备

（1）场地准备：必备4个工位，布置现场工作间距不小于3m，各工位之间用遮栏隔离，备有足够长度的电力电缆，模拟检测环境，每工位必备电源和接地装置，并在需要工作人员操作的位置铺设绝缘胶垫。场地清洁。

（2）功能准备：4个工位可以同时进行作业；每工位能够实现低压电力电缆故障查找操作考核；工位间安全距离符合要求，无干扰；能够保证考评员正确考核。

（3）设备材料准备（每工位）见下表。

序号	名 称	规格型号	单位	数量	备注
1	绝缘电阻表	500V	块	1	现场准备
2	测试导线	软铜	套	1	现场准备
3	放电棒	10kV	支	1	现场准备
4	被测试低压电力电缆	$VLV_{22}-4×35+1×16$ /1kV	m	5	现场准备
5	清洁布		块	1	现场准备
6	万用表	数字型	块	1	现场准备
7	温湿度计		只	1	现场准备
8	中性笔		支	1	考生自备
9	通用电工工具		套	1	考生自备
10	工作服		套	1	考生自备
11	安全帽		顶	1	考生自备
12	绝缘鞋		双	1	考生自备
13	线手套		副	1	考生自备
14	急救箱（配备外伤急救用品）		个	1	现场准备

五、考核评分记录表

低压电力电缆故障查找项目考核评分记录表

姓名：　　　　　　　　　　准考证号：　　　　　　　　　　单位：

序号	项目	考核要点	配分	评分标准	得分	扣分	备注
1	工作准备						
1.1	着装穿戴	穿工作服、绝缘鞋；戴安全帽、线手套	5	1. 未穿工作服、绝缘鞋、未戴安全帽、线手套，每缺少一项扣2分； 2. 着装穿戴不规范，每处扣1分			
1.2	工器具、仪表	正确选择工器具、仪表；准备齐全；外观检查周全	5	1. 工器具、仪表错误，每件扣2分； 2. 工器具、仪表不齐全，每少一件扣2分； 3. 工器具、仪表外观检查整洁无破损、有试验合格证，未正确检查，每项扣1分			
2	工作过程						
2.1	低压电缆放电	放电装置检查；每根线芯对地充分放电	10	1. 未检查放电装置扣2分； 2. 未放电扣2分； 3. 放电方法不正确，每次扣1分；放电不充分，每次扣1分； 4. 未擦拭电缆终端头扣2分			

续表

序号	项目	考核要点	配分	评分标准	得分	扣分	备注
2.2	低压电缆故障初判断	正确使用万用表；检查芯线对地、芯线间通断	10	1. 万用表未自检扣2分； 2. 故障初判断不正确，每处扣2分； 3. 万用表使用完毕状态，未在"OFF"或交流电压最高档扣2分			
2.3	线芯对地、线芯间绝缘电阻测试	检查调试绝缘电阻表；正确接线；按标准速度摇动，逐渐加快到120r/min；测量线芯对地、线芯间绝缘电阻数值；测量读数完毕，继续使摇柄转动，然后断开测量接线；对电缆充分放电	30	1. 检查绝缘电阻表，空试，指针应指向"∞"，短接，指针应指向"0"，未检查调试，每次扣2分； 2. 绝缘电阻表未放在水平位置，每次扣2分； 3. 检查不合格不处理继续使用，每次扣10分； 4. 绝缘电阻表接线错误，每次扣5分； 5. 测试导线缠绕，每次扣1分； 6. 一只手按住绝缘电阻表，另一只手顺时针摇动摇柄，摇动方法不正确，每次扣2分； 7. 待指针稳定后读取并记录电阻值，转速不恒定、指针未稳定读取数值，每次扣2分； 8. 测量读数完毕，绝缘电阻表停用方法不正确，每次扣2分； 9. 测量结束对电缆放电，未放电每次扣2分； 10. 放电方法不正确，每次扣2分； 11. 放电不充分每次扣1分			
2.4	填写测量记录表	填写测量记录表正确齐全	15	1. 测量记录表漏填、错填，每处扣2分； 2. 测量记录表填写有涂改，每处扣1分			
2.5	故障判断	根据读数，正确判断故障；故障描述准确	20	1. 数据读取不正确扣3分； 2. 故障描述不准确扣3分； 3. 故障判断不正确扣10分			
3	工作终结验收						
3.1	安全文明生产	汇报结束前，所选工器具、仪表放回原位，摆放整齐、无损坏；恢复现场；无不安全行为	5	1. 出现不安全行为每次扣5分； 2. 作业完毕，现场未清理恢复扣3分，不彻底扣2分； 3. 损坏工器具每件扣3分			
合计得分							

否定项说明：① 违反《国家电网公司电力安全工作规程（配电部分）》；② 违反职业技能鉴定考场纪律；③ 造成设备重大损坏；④ 发生人身伤害事故

考评员： 年 月 日

六、项目记录表

低压电力电缆故障查找记录表

姓名： 准考证号： 单位：

测试人		温度（℃）		测试时间	
监护人		湿度			

		万用表测量	绝缘电阻表测量
低压电力电缆型号、位置（名称）			额定电压	
绝缘电阻表型号			额定电压	
万用表型号			额定电压	
线芯对地绝缘电阻值	U 相对地		
	V 相对地		
	W 相对地		
	N 线对地		
	PE 线对地		
线芯间绝缘电阻值	UV 相间		
	VW 相间		
	WU 相间		
	UN		
	VN		
	WN		
	U－PE		
	V－PE		
	W－PE		
	N－PE		
故障判断结果		－	

项目六：剩余电流动作保护器故障查找及排除

一、考核内容

正确停送电；发现故障，使用万用表查找故障原因，排除故障；填写报告记录单。

二、考核要求

（1）工具选择符合工作要求，对工器具进行外观检查；办理停送电操作票；送电查看故障现象；停电查找故障原因，排除故障；送电检查是否运行正常；清理现场填写报告记录单。

（2）正确使用安全工器具；不发生人身伤害和设备损坏事故。

（3）文明考试。

三、考核时长

45min。要求在规定时间内完成。

四、考场准备

（1）场地准备：必备 4 个工位，布置现场工作间距不小于 1.5m，各工位之间用遮栏隔离，场地清洁，并具备试验电源。

（2）功能准备：4个工位可以同时进行作业；每工位实现剩余电流动作保护器故障查找及排除操作；工位间安全距离符合要求，无干扰；能够保证考评员正确考核。

（3）设备材料准备（每工位）见下表。

序号	名　称	规格型号	单位	数量	备注
1	剩余电流动作保护器故障排除实训装置		套	1	现场准备
2	数字式万用表		块	1	现场准备
3	低压验电笔		支	1	现场准备
4	短接线		根	若干	现场准备
5	通用电工工具		套	1	考生自备
6	工作服		套	1	考生自备
7	安全帽		顶	1	考生自备
8	绝缘鞋		双	1	考生自备
9	急救箱（配备外伤急救用品）		个	1	现场准备

五、考核评分记录表

剩余电流动作保护器故障查找及排除项目考核评分记录表

姓名：　　　　　　　　　准考证号：　　　　　　　　　单位：

序号	项目	考核要点	配分	评分标准	得分	扣分	备注
1	工作准备						
1.1	着装穿戴	穿工作服、绝缘鞋；戴安全帽、线手套	5	1. 未穿工作服、绝缘鞋，未戴安全帽、线手套，每缺少一项扣2分； 2. 着装穿戴不规范，每处扣1分			
1.2	材料选择及工器具检查	选择材料及工器具齐全，符合使用要求	10	1. 工器具齐全，缺少或不符合要求每件扣1分； 2. 工具未检查试验、检查项目不全、方法不规范，每件扣1分； 3. 材料不符合要求，每件扣2分； 4. 备料不充分扣5分			
2	工作过程						
2.1	工器具仪表使用	1. 工器具仪表使用恰当，不得掉落、乱放； 2. 仪表按原理正确使用；不得超过试验周期	5	1. 工器具仪表掉落，每次扣2分； 2. 工器具仪表使用前不进行自检测，每次扣1分；工器具、仪表使用不合理，每次扣2分； 3. 仪表使用完毕后未关闭或未调至安全档位，每次扣1分； 4. 查找故障时造成表计损坏扣2分			
2.2	填写记录	故障现象、分析判断、检查步骤、注意事项	15	1. 故障现象表述不确切或不正确，每处扣2分； 2. 故障原因不全面，每项扣2分； 3. 排除方法不正确每处扣2分，不规范，每处扣1分； 4. 安全注意事项不全，每缺少1条扣2分； 5. 记录单涂改，每处扣1分			

序号	项目	考核要点	配分	评分标准	得分	扣分	备注
2.3	查找及处理	1. 正确停送电操作，根据故障现象查找引起故障的设备元件； 2. 确定故障设备和相对应的接线端子号； 3. 使用仪表对可能造成故障的所有设备进行认真测试检查，最后确定故障点； 4. 使用故障恢复连接线进行连接处理，排除故障	55	1. 未口述办理停、送操作票每次扣3分；未申请专人监护的，每次扣5分； 2. 未验明盘体无电，每次扣2分；停送电操作前不检查开关位置每处扣2分；停送电操作顺序错误，每处扣3分；停、送电时面部与开关小于30°，每次扣1分； 3. 查找方法针对性不强每处扣3分；无目的查找，每处扣5分；查找过程中损坏元器件，每件扣2分；带电查故障，每次扣10分； 4. 设备未恢复，每处扣2分； 5. 故障点少查一处扣10分； 6. 造成故障点增加，每处扣10分； 7. 造成短路扣30分			
3	工作终结验收						
3.1	安全文明生产	汇报结束前，所选工器具放回原位，摆放整齐；无损坏元件、工具；恢复现场；无不安全行为	10	1. 出现不安全行为，每次扣5分； 2. 作业完毕，现场未清理恢复扣5分，不彻底扣2分； 3. 损坏工器具，每件扣3分			
合计得分							

否定项说明：① 违反《国家电网公司电力安全工作规程（配电部分）》；② 违反职业技能鉴定考场纪律；③ 造成设备重大损坏；④ 发生人身伤害事故

考评员：   年　月　日

六、项目记录表

剩余电流动作保护器故障查找及排除记录表

姓名：　　　　　　　　准考证号：　　　　　　　　单位：

1	故障现象	
2	故障原因	
3	排除方法	
4	安全注意事项	
5	实际故障	

第三节　三　级　项　目

项目一：低压回路故障查找及排除

一、考核内容

假定低压故障排除实训装置中指示仪表回路、照明回路、电机正反转回路发生故障，需要进行故障判断并排除。

二、考核要求

（1）对工具进行检查；材料工具选择符合安装要求；动作规范，验收工作正确完整。

（2）现场就地操作、演示，不得触动其他设备。

（3）严禁带电查找、排除故障。

（4）文明考试。

三、考核时长

60min。要求在规定时间内完成。

四、考场准备

（1）场地准备：必备4个工位，布置现场工作间距不小于3m，各工位之间用遮栏隔离，场地清洁。

（2）功能准备：4个工位可以同时进行作业；每工位实现独立操作；工位间安全距离符合要求，无干扰；能够保证考评员正确考核。

（3）设备材料准备（每工位）见下表。

序号	名　称	规格型号	单位	数量	备注
1	低压验电笔	氖灯式	支	1	现场准备
2	万用表	数字式	块	1	现场准备
3	尖嘴钳	150mm	把	1	现场准备
4	螺丝刀	十字、金属杆带绝缘套	把	1	现场准备
5	螺丝刀	一字、金属杆带绝缘套	把	1	现场准备
6	故障排除连接线	黄、绿、红、蓝	根	12	现场准备
7	中性笔		支	1	考生自备
8	通用电工工具		套	1	考生自备
9	安全帽		顶	1	考生自备
10	绝缘鞋		双	1	考生自备
11	工作服		套	1	考生自备
12	线手套		副	1	考生自备
13	急救箱（配备外伤急救用品）		个	1	现场准备

五、考核评分记录表

低压回路故障查找及排除项目考核评分记录表

姓名：　　　　　　　　　　　准考证号：　　　　　　　　　　　单位：

序号	项目	考核要点	配分	评分标准	得分	扣分	备注
1	工作准备						
1.1	着装穿戴	1. 穿工作服、绝缘鞋； 2. 戴安全帽、线手套	5	1. 未穿工作服、绝缘鞋，未戴安全帽、线手套，每缺少一项扣2分； 2. 着装穿戴不规范，每处扣1分			
1.2	检查工器具、仪表	1. 工器具、仪表准备齐全； 2. 检查试验工器具、仪表	10	1. 工器具、仪表齐全，缺少或不符合要求，每件扣2分； 2. 工器具、仪表未检查试验、检查项目不全、方法不规范，每件扣1分； 3. 工器具、仪表不符合安检要求，每件扣1分			
2	工作过程						
2.1	工器具、仪表使用	工器具、仪表使用恰当，不得掉落	5	1. 工器具、仪表使用不当，每次扣1分； 2. 工器具、仪表掉落，每次扣1分； 3. 仪表使用前不进行自检测扣2分； 4. 仪表使用完毕后未关闭或未调至安全档位扣2分； 5. 查找故障时造成表计损坏扣5分			
2.2	填写记录	1. 根据送电后各设备的运行情况，观察故障现象，判断可能造成故障的各种原因； 2. 对照所观察到的故障现象，填写故障记录及分析表	15	1. 故障现象无表述每处扣5分、表述不正确扣3分； 2. 分析判断不全面每项扣1分；无根据每项扣2分； 3. 检查步骤不正确，每项扣2分； 4. 安全防范措施填写不全面，每项扣2分； 5. 涂改、错字，每处扣2分			
2.3	查找及处理	1. 熟悉低压回路故障排除实训装置中指示仪表回路、照明回路、电机正反转回路的接线原理； 2. 正确停送电操作，根据故障现象查找引起故障的设备元件； 3. 确定故障设备和相对应的接线端子号；	55	1. 打开实训装置柜门前未检查柜体接地扣2分、未验明柜体无电扣5分；碰触柜体内开关、线路、设备前未验明开关、线路、设备无电各扣5分，程序不完整或错误扣3分；使用验电笔方法错误，每次扣3分。 2. 试送电前应检查所有开关在断开位置，开关位置不正确，每处扣1分。 3. 停送电顺序、方法不正确，每次扣5分；停、送电时面部与开关的夹角小于30°，每次扣2分。 4. 现场所做安全措施每少一项扣5分。 5. 在带电的情况下进行故障查找，每次扣10分。 6. 未使用万用表查找故障、查找方法针对性不强，每次扣3分。 7. 故障排除线接点未接好，每处扣2分。 8. 故障点少查一处扣20分。			

续表

序号	项目	考核要点	配分	评分标准	得分	扣分	备注
2.3	查找及处理	4. 使用仪表对可能所造成故障的所有设备进行认真测试检查，最后确定故障点； 5. 使用故障恢复连接线进行连接处理，排除故障	55	9. 造成故障点增加每处扣10分。 10. 故障排除后未送电试验扣10分，少送一处扣5分。 11. 造成短路扣30分。 12. 查找过程中损坏元器件，每件扣5分。 13. 阶段性操作结束未关闭柜门，每次扣1分			
3	工作终结验收						
3.1	安全文明生产	汇报结束前，所选工器具放回原位，摆放整齐；无损坏元件、工具；恢复现场；无不安全行为	10	1. 出现不安全行为扣5分； 2. 现场恢复不彻底扣3分，未恢复扣5分			
合计得分							
否定项说明：① 违反《国家电网公司电力安全工作规程（配电线路）》；② 违反职业技能鉴定考场纪律；③ 造成设备重大损坏；④ 发生人身伤害事故							

考评员：　　　　　　　　　　　　　　　　　　　　　　　　　　　　年　　月　　日

六、项目记录表

低压回路故障查找及排除记录表

姓名：　　　　　　　　　准考证号：　　　　　　　　　单位：

1	故障现象	
2	故障原因	
3	处理故障时所采用的方法及步骤	
4	查找过程应注意的事项	
5	实际故障	

项目二：配电变压器停送电操作

一、考核内容

填写操作票，按照正确顺序进行倒闸操作。

二、考核要求

（1）工器具选择符合停送电操作要求；填写操作票；操作时唱票；按操作顺序进行高低压停送电操作；无不安全现象发生；验收工作正确、完整。

（2）正确使用安全工器具；不发生人身伤害和设备损坏事故。

（3）文明考试。

三、考核时长

40min。要求在规定时间内完成。

四、考场准备

（1）场地准备：必备 4 个工位，可以同时进行作业；每个工位已安装好 10kV 跌落熔断器、变压器、低压配电盘，引线已连接。

（2）功能准备：布置现场工作间距不小于 4m，各工位之间用遮栏隔离，场地清洁，无干扰。

（3）设备材料准备（每工位）见下表。

序号	名　称	规格型号	单位	数量	备注
1	绝缘操作杆	10kV	套	1	现场准备
2	绝缘手套	10kV	副	1	现场准备
3	绝缘靴	10kV	双	1	现场准备
4	绝缘垫	1×2	块	2	现场准备
5	警示牌		面	1	现场准备
6	护目镜		副	1	现场准备
7	低压验电笔		支	1	现场准备
8	中性笔		支	1	考生自备
9	通用电工工具		套	1	考生自备
10	安全帽		顶	1	考生自备
11	绝缘鞋		双	1	考生自备
12	工作服		套	1	考生自备
13	线手套		副	1	考生自备
14	急救箱（配备外伤急救用品）		个	1	现场准备

五、考核评分记录表

配电变压器停送电操作项目考核评分记录表

姓名：　　　　　　　　　　准考证号：　　　　　　　　　　单位：

序号	项目	考核要点	配分	评分标准	得分	扣分	备注
1	工作准备						
1.1	着装穿戴	穿工作服、绝缘鞋；戴安全帽、线手套	5	1. 未穿工作服、绝缘鞋，未戴安全帽、线手套，每缺少一项扣2分； 2. 着装穿戴不规范，每处扣1分			
1.2	工器具检查	工器具齐全，符合使用要求	10	1. 工器具齐全，缺少或不符合要求，每件扣1分； 2. 工器具需做外观检查、试验，检查项目不全、方法不规范，每项扣1分			
2	工作过程						
2.1	操作票填写	正确填写停送电操作票	15	1. 操作任务填写不正确扣5分； 2. 未填写设备双重名称扣3分； 3. 操作漏项，每处扣2分； 4. 字迹工整清楚，有涂改每处扣1分，涂改达到3处及3处以上扣5分；字迹潦草扣2分； 5. 未填写操作终止号扣2分，书写位置不正确、不规范扣1分； 6. 未填写开始和结束时间每处扣2分，结束时间在操作未完成前填写扣1分； 7. 未签名每处扣2分； 8. 操作顺序填写错误本小项不得分			
2.2	唱票	操作时使用规的操作术语，唱票复诵，准确清晰，严肃认真，声音洪亮	15	1. 未唱票每处扣1分； 2. 未复诵每处扣1分，复诵不完整、不准确，每处扣0.5分； 3. 未使用规范的操作术语，每次扣2分，使用不准确，每次扣1分； 4. 声音不洪亮扣2分			
2.3	停送电操作	1. 按操作票顺序正确操作，并检查设备状态，使用工器具正确。拉合低压侧刀时面部与开关不小于30°，拉合跌落熔断器时戴护目镜； 2. 停电先停低压侧后停高压侧，送电顺序相反； 3. 拉开跌落式熔断器时，先拉中相，后拉两边相（有风时应先拉下风侧，后拉上风侧），送电顺序相反；	45	1. 操作前未核对设备名称、位置、编号及实际运行状态，每项扣2分。 2. 接触运行中配电设备外壳未验电，每次扣5分；验电不规范、位置不正确，每次扣2分。 3. 低压停送电顺序错误，每次扣10分。 4. 跌落式熔断器停送电操作顺序错误，每次扣5分。 5. 使用绝缘杆未戴绝缘手套、未穿绝缘靴、抛掷绝缘杆，每项扣2分。 6. 拉合低压侧刀、断路器时面部与操作开关小于30°，每次扣5分。 7. 拉合跌落式熔断器时未戴护目镜扣2分。 8. 未面向被操作设备的名称编号牌，每次扣2分。 9. 未独立用手指指明操作应动部件，每次扣2分；指向不明确，每次扣2分。 10. 监护人未在发出"对、执行"的操作指令后再操作的，每次扣2分。 11. 检查项目未检查每次扣2分，检查漏项，每次扣2分。			

续表

序号	项目	考核要点	配分	评分标准	得分	扣分	备注
2.3	停送电操作	4. 低压停电时先停各断路器，然后停低压侧总断路器，然后停低压侧刀闸，送电顺序相反	45	12. 未在操作票的"ㄣ"号上盖"已执行"章扣2分。 13. 高低压停送电顺序错误本项不得分			
3	工作终结验收						
3.1	安全文明生产	汇报结束前，所选工器具放回原位，摆放整齐；无损坏元件、工具；恢复现场；无不安全行为	10	1. 出现不安全行为每次扣5分； 2. 作业完毕，现场未清理恢复扣5分，不彻底扣2分； 3. 损坏工器具每件扣3分			
			合计得分				
否定项说明：① 违反《国家电网公司电力安全工作规程（配电部分）》；② 违反职业技能鉴定考场纪律；③ 造成设备重大损坏；④ 发生人身伤害事故							

考评员：　　　　　　　　　　　　　　　　　　　　　　　　　　　年　月　日

六、项目记录表

倒 闸 操 作 票

姓名：　　　　　　　　　　　准考证：　　　　　　　　　　　　单位：

发令人	×××	受令人		发令时间：		年　月　日　时　分
操作开始时间：			年　月　日　时　分	操作结束时间：		年　月　日　时　分
操作任务						
顺序	操 作 项 目					√
备注						
操作人：				监护人：		

接线图

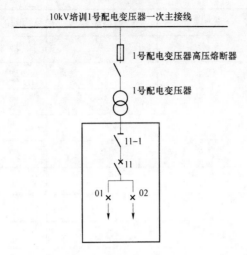

10kV培训1号配电变压器一次主接线

1号配电变压器高压熔断器

1号配电变压器

11-1

11

01　02

项目三：钢芯铝绞线钳压法连接

一、考核内容

钢芯铝绞线钳压法连接。

二、考核要求

（1）对工器具进行外观检查；材料工具选择符合压接要求；正确使用工器具。

（2）正确裁线；按顺序清理导线、接续管清除氧化层，按顺序压接导线。

（3）现场就地操作、演示，一人操作、一人辅助兼监护，不考核辅助人。

（4）文明考试。

三、考核时长

40min。要求在规定时间内完成。

四、考场准备

（1）场地准备：必备4个工位，布置现场工作间距不小于3m，各工位之间用遮栏隔离，场地清洁。

（2）功能准备：4个工位可以同时进行作业；每工位实现独立操作；工位间安全距离符合要求，无干扰；能够保证考评员正确考核。

（3）设备材料准备（每工位）见下表。

序号	名　　称	规格型号	单位	数量	备注
1	压接钳及其钢模		套	1	现场准备
2	接续管	考评指定	套	1	现场准备
3	钢芯铝绞线	考评指定	m	若干	现场准备
4	游标卡尺		把	1	现场准备
5	平锉		把	1	现场准备
6	细砂纸	200号	张	1	现场准备

续表

序号	名　称	规格型号	单位	数量	备注
7	钢丝刷		把	1	现场准备
8	细钢丝刷		把	1	现场准备
9	木锤		把	1	现场准备
10	清洁布		块	1	现场准备
11	断线钳		把	1	现场准备
12	电力复合脂		盒	1	现场准备
13	细铁丝	20 号	m	若干	现场准备
14	记号笔		支	2	现场准备
15	汽油	93 号	升	若干	现场准备
16	钢锯		把	1	现场准备
17	中性笔		支	1	考生自备
18	通用电工工具		套	1	考生自备
19	安全帽		顶	1	考生自备
20	绝缘鞋		双	1	考生自备
21	工作服		套	1	考生自备
22	线手套		副	1	考生自备
23	急救箱（配备外伤急救用品）		个	1	现场准备

五、考核评分记录表

钢芯铝绞线钳压法连接项目考核评分记录表

姓名：　　　　　　　　　准考证号：　　　　　　　　　单位：

序号	项目	考核要点	配分	评分标准	得分	扣分	备注
1	工作准备						
1.1	着装穿戴	1. 穿工作服、绝缘鞋； 2. 戴安全帽、线手套	5	1. 未穿工作服、绝缘鞋，未戴安全帽、线手套，每缺少一项扣 2 分； 2. 着装穿戴不规范，每处扣 1 分			
1.2	备料及检查工器具	1. 材料及工器具准备齐全； 2. 检查试验工器具	10	1. 工器具缺少或不符合要求，每件扣 1 分； 2. 工具材料未检查、检查项目不全、方法不规范，每件扣 1 分； 3. 备料不充分扣 5 分			
2	工作过程						
2.1	工器具使用	工器具使用恰当	10	1. 工器具使用不当，每次扣 1 分； 2. 工器具掉落，每次扣 3 分			

续表

序号	项目	考核要点	配分	评分标准	得分	扣分	备注
2.2	裁线	线芯端头、切断处处理符合要求	10	1. 导线头未使用细铁丝绑扎，每端扣 2 分；与端头距离大于 20mm 或小于 10mm，每差 5mm 扣 1 分； 2. 切断处未用细砂纸或平锉打磨，每端扣 2 分			
2.3	导线、接续管清除氧化层	导线和接续管氧化层清理干净，清理方式和步骤正确	20	1. 未使用钢丝刷和细砂纸清除导线连接部位氧化层各扣 3 分、使用顺序不对扣 2 分、未从里向外一个方向清理氧化层或方法不对各扣 2 分； 2. 未对接续管内壁氧化层进行清除扣 3 分； 3. 未用汽油清洗导线连接部位和接续管内壁各扣 3 分； 4. 未对导线压接部位和接续管内壁涂电力复合脂各扣 2 分、涂抹长度不足各扣 1 分			
2.4	导线压接及工艺要求	穿管顺序正确；压接位置、尺寸画印准确，压接顺序符合规程及设计要求；压口尺寸误差在±0.5mm 以内，每个坑压时应保持压力大于 30s	35	1. 压接顺序不正确，每处扣 2 分； 2. 每坑压接保持压力时间不足，每处扣 2 分； 3. 压坑数每增减一个扣 5 分； 4. 任意一端 a2、a3 位置颠倒扣 25 分； 5. 压坑位置误差每超±2mm 扣 1 分、端头误差每超±5mm 扣 1 分；压口尺寸超误差范围±0.5mm，每处扣 1 分； 6. 压后接续管铝垫片两端露出的尺寸不一致每差 5mm 扣 1 分；铝垫片未在两线中间扣 10 分；不使用铝垫片扣 20 分； 7. 压后接续管有明显弯曲扣 3 分； 8. 压后接续管棱角、毛刺未打光每处扣 2 分； 9. 压后导线露出的端头不足 20mm 或大于 30mm，每差 5mm 扣 1 分			
3	工作终结验收						
3.1	安全文明生产	汇报结束前，所选工器具放回原位，摆放整齐；无损坏元件、工具；恢复现场；无不安全行为	10	1. 出现不安全行为，每次扣 5 分； 2. 作业完毕，现场未清理恢复扣 5 分，不彻底扣 2 分； 3. 损坏工器具，每件扣 3 分			
合计得分							

否定项说明：① 违反《国家电网公司电力安全工作规程（配电部分）》；② 违反职业技能鉴定考场纪律；③ 造成设备重大损坏；④ 发生人身伤害事故

考评员：
年 月 日

项目四：0.4kV 低压电缆终端头制作

一、考核内容

工具材料检查准备、0.4kV 低压电缆头终端制作。

二、考核要求

（1）对绝缘电阻表、压接钳、压接钳模具、铝接线端子、电缆、电缆终端、锉刀、米尺、电缆终端制作支撑支架等工具、材料进行检查；工器具使用正确，无不安全现象发生。

（2）聚乙烯绝缘聚氯乙烯护套钢带铠装低压电力电缆进行低压全冷缩四芯户外终端制作。

（3）文明考试。

三、考核时长

60min。要求在规定时间内完成。

四、考场准备

（1）场地准备：必备4个工位，布置现场工作间距不小于3m，各工位之间用遮栏隔离，场地清洁。

（2）功能准备：4个工位可以同时进行作业；每工位实现0.4kV低压电缆头终端制作；工位间安全距离符合要求，无干扰；能够保证考评员正确考核。

（3）设备材料准备（每工位）见下表。

序号	名　　　　称	规格型号	单位	数量	备注
1	低压冷缩电缆终端	1kV低压冷缩终端4芯0号	套	1	现场准备
2	聚乙烯绝缘聚氯乙烯护套钢带铠装低压电力电缆	YJLV，铝，16，4芯，ZC，22，普通	米	3	现场准备
3	绝缘电阻表	1000V	个	1	现场准备
4	钢锯		把	1	现场准备
5	锯条		根	3	现场准备
6	压接钳带模具	16mm²	套	1	现场准备
7	铝接线端子	DL-1-16mm²	个	4	现场准备
8	细锉刀		把	1	现场准备
9	电缆终端制作支撑支架		个	1	现场准备
10	米尺	2m	把	1	现场准备
11	急救箱（配备外伤急救用品）		个	1	现场准备
12	中性笔		支	1	考生自备
13	通用电工工具		套	1	考生自备
14	安全帽		顶	1	考生自备
15	绝缘鞋		双	1	考生自备
16	工作服		套	1	考生自备
17	线手套		副	1	考生自备

五、考核评分记录表

0.4kV 低压电缆终端头制作项目考核评分记录表

姓名：　　　　　　　　　　　　　准考证号：　　　　　　　　　　　　单位：

序号	项目	考核要点	配分	评分标准	得分	扣分	备注
1	工作准备						
1.1	着装穿戴	1. 穿工作服、绝缘鞋； 2. 戴安全帽、线手套	5	1. 未穿工作服、绝缘鞋，未戴安全帽、线手套，每缺少一项扣2分； 2. 着装穿戴不规范，每处扣1分			
1.2	工器具检查及材料选择	1. 选择材料及工器具齐全； 2. 符合使用要求	5	1. 工器具缺少或不符合要求，每件扣1分； 2. 电缆，电缆终端及其附件未外观检查，每件扣1分； 3. 材料每缺少一件扣1分			
2	工作过程						
2.1	剥外护套	将电缆校直、擦净，在外护套切断处做好标记。剥除外护套	5	1. 电缆没有校直扣1分； 2. 表面没有擦拭干净扣1分； 3. 电缆外护套剥削长度每超20mm扣1分； 4. 外护套切断处不做标记扣1分			
2.2	锯钢铠、剥内护层及填充物、安装接地线	1. 恒力弹簧固定钢铠，锯一环形深痕，留钢铠30mm，用一字螺丝刀翘起，再用钳子拉开，处理好毛刺，钢铠不能松脱； 2. 剥内护层，注意下刀深度，内护套保留10mm，并用PVC带缠绕钢铠； 3. 露出填充物清理干净； 4. 钢铠清理干净，缠填充胶；外护套表面毛面处理	30	1. 铠甲取长度每超5mm扣1分； 2. 锯铠甲时锯伤内护套，每处扣1分； 3. 铠甲未用扎线扎紧扣1分； 4. 铜屏蔽翘角，每处扣1分； 5. 内护层剥削长度，每超5mm扣1分； 6. 未缠PVC带，每处扣1分； 7. 损伤电缆铜屏蔽层，每处扣1分； 8. 未清理干净，每根扣1分； 9. 铠甲上的油漆、铁锈未用砂纸打磨干净扣1分； 10. 未用恒力弹簧将接地线固定在铠甲上扣5分，固定方法不正确扣1分； 11. 未用恒力弹簧固定此接地线外环绕部分扣1分； 12. 未在护套断口以下50mm至整个恒力弹簧、铠甲及内护层缠绕两层填充胶，每处扣1分； 13. 未在护套断口缠绕的填充胶以下的外护套上缠绕两层密封胶扣1分； 14. 未将接地线夹在密封胶中间的扣1分； 15. 接地线与外护套接触不紧密扣1分			
2.3	安装冷缩四芯分支、套装冷缩护套管	1. 将四指套尽量下压到底，先抽大口端塑料条，再抽四指端塑料条； 2. 将冷缩管套至指套根部，重叠20mm； 3. 电缆芯线做好相色标记	20	1. 冷缩四指套衬管条抽出顺序不正确扣2分，未缠绕PVC带，每处扣1分； 2. 冷缩四指套安装后四芯结合平面处和电缆四芯结合根部有空隙扣2分； 3. 冷缩延长管未套至冷缩四指套根部，每根扣3分，误差10mm扣1分； 4. 安装后顶端不齐扣1分			

续表

序号	项目	考核要点	配分	评分标准	得分	扣分	备注
2.4	主绝缘剥除及表面清理、安装接线端子及冷缩密封管	1. 按接线端子深度，剥去主绝缘，主绝缘倒45°角，处理压接处的毛刺； 2. 清洁纸擦净主绝缘表面； 3. 四相端子方向一致，箍压2模，清洁干净，用填充胶填充，安装相色带； 4. 四相接线端子安装冷缩密封管，四相对齐	10	1. 主绝缘剥除长度每误差5mm扣1分； 2. 主绝缘未倒角扣3分； 3. 有毛刺扣1分； 4. 主绝缘层未用清洁纸清洁每根扣1分； 5. 四相端子不一致扣2分； 6. 每少1模扣1分； 7. 每漏一相色带扣1分，安装相色错误扣5分； 8. 四相不齐扣2分； 9. 未包住接线端子压接管每相扣1分			
2.5	绝缘测试	用绝缘电阻表对每相间和相线对地绝缘	15	1. 检查绝缘电阻表是否合格，不检查扣2分； 2. 测量相间绝缘，每漏一处扣2分； 3. 测量相对地绝缘每相扣1分； 4. 测量后不放电每处扣3分			
3	工作终结验收						
3.1	安全文明生产	汇报结束前，所选工器具放回原位，摆放整齐；无损坏元件、工具；恢复现场；无不安全行为	10	1. 出现不安全行为每次扣5分； 2. 作业完毕，现场未清理恢复扣5分，不彻底扣2分； 3. 损坏工器具每件扣3分			
合计得分							

否定项说明：① 违反《国家电网公司电力安全工作规程》；② 违反职业技能鉴定考场纪律；③ 造成设备重大损坏；④ 发生人身伤害事故

考评员： 　　　　　　　　　　　　　　　　　　　　　 年 月 日

项目五：更换 10kV 悬式绝缘子

一、考核内容

更换 10kV 悬式绝缘子作业。

二、考核要求

（1）正确使用施工及安全工器具，不发生人身伤害和工器具、材料损坏。

（2）登杆过程动作协调，不发生踏空现象；验电、接地按顺序进行。

（3）文明考试。

三、考核时长

40min。要求在规定时间内完成。

四、考场准备

（1）场地准备：必备 4 个工位，布置现场工作间距不小于 3m，各工位之间用遮栏隔离，场地清洁。

（2）功能准备：4 个工位可以同时进行作业；每工位实现更换 10kV 悬式绝缘子操作；工位间安全距离符合要求，无干扰；能够保证考评员正确考核。

（3）设备材料准备（每工位）见下表。

序号	名　称	规格型号	单位	数量	备注
1	安全带	有后备保护绳的双控背带式	副	1	现场准备
2	脚口		副	1	现场准备
3	清洁布		块	1	现场准备
4	悬式绝缘子	XP－70	片	2	现场准备
5	紧线器	1.5T	台	1	现场准备
6	卡线器	70－120	只	2	现场准备
7	双扣钢丝绳	1.5m	根	1	现场准备
8	钢丝绳套		根	1	现场准备
9	传递绳	15m	条	1	现场准备
10	绝缘电阻表	ZC－7/2500	台	1	现场准备
11	取销钳		把	1	现场准备
12	验电器	10kV	只	1	现场准备
13	接地线	10kV	组	1	现场准备
14	绝缘手套	10kV	副	1	现场准备
15	工作服		套	1	考生自备
16	线手套		副	1	考生自备
17	中性笔		支	1	考生自备
18	通用电工工具		套	1	考生自备
19	安全帽		顶	1	考生自备
20	绝缘鞋		双	1	考生自备
21	急救箱（配备外伤急救用品）		个	1	现场准备

五、考核评分记录表

更换 10kV 悬式绝缘子项目考核评分记录表

姓名：　　　　　　　　　　准考证号：　　　　　　　　　　单位：

序号	项目	考核要点	配分	评分标准	得分	扣分	备注
1	工作准备						
1.1	着装穿戴	1. 穿工作服、绝缘鞋； 2. 戴安全帽、线手套	5	1. 未穿工作服、绝缘鞋，未戴安全帽、线手套，每缺少一项扣 2 分； 2. 着装穿戴不规范，每处扣 1 分			

续表

序号	项目	考核要点	配分	评分标准	得分	扣分	备注
1.2	工器具、材料选择及检查	选择材料及工器具齐全，符合使用要求	10	1. 工器具缺少或不符合要求，每件扣1分； 2. 工具材料未检查、检查项目不全、方法不规范，每件扣1分； 3. 备料不充分扣5分			
2	工作过程						
2.1	工器具使用	工器具使用恰当，不得掉落	10	1. 工器具使用不当，每次扣1分； 2. 工器具掉落，每次扣2分			
2.2	绝缘子选用	绝缘子外观、绝缘电阻值符合要求，并进行擦拭	5	1. 选用的绝缘子型号不合适或有破损，每处扣2分； 2. 绝缘子不进行擦拭，每个扣2分； 3. 未进行绝缘电阻测试扣2分			
2.3	作业现场安全要求	登杆操作及工作过程规范，符合安全技术规程要求；登杆全过程系安全带；工作绳系在杆基或牢固的构件上；正确使用验电器验电，先验近侧、后验远侧。正确安全悬挂接地线，先挂近侧、后挂远侧	40	1. 未检查杆根、杆身；扣2分； 2. 未检查电杆名称、色标、编号扣2分； 3. 登杆前脚扣、安全带未作冲击试验，每项扣2分； 4. 登杆不平稳，脚扣虚扣、滑脱或滑脚每次扣1分，掉脚扣，每次扣3分； 5. 不正确使用安全带扣3分，未检查扣环扣2分； 6. 探身姿势不舒展、站位不正确扣2分； 7. 高空落物每次扣2分； 8. 验电顺序错误每次；扣3分； 9. 拆、悬挂接地线顺序错误每次扣3分，身体碰触接地线铜线，每次扣3分； 10. 验电前和拆接地线后，人体接近至安全距离以内扣5分； 11. 验电、装拆接地线不戴绝缘手套，每次扣5分； 12. 接地极深度不足0.6m扣2分； 13. 材料传递时碰电杆每次扣1分，未用传递绳每次扣1分，戴绝缘手套提物每次扣2分，传递绳未固定在牢固构件上提物扣2分； 14. 不验电、不挂接地线，本项不得分			
2.4	更换悬式绝缘子	使用紧线器紧线前，先把双头钢丝绳的一端扣在横担上，另一端扣卡线器，卡线器安装在需操作的导线上，作为后备保险装置；正确使用紧线器收紧导线，更换绝缘子	20	1. 未使用后备保护绳扣5分； 2. 紧线器安装位置不正确扣2分； 3. 导线收紧程度不够拆除绝缘子扣3分； 4. 悬式绝缘子安装方向不正确扣2分			
3	工作终结验收						

续表

序号	项目	考核要点	配分	评分标准	得分	扣分	备注
3.1	安全文明生产	汇报结束后，所选工器具放回原位，摆放整齐；无损坏元件、工具；恢复现场；无不安全行为	10	1. 出现不安全行为每次扣 5 分； 2. 作业完毕，现场未清理恢复扣 5 分，不彻底扣 2 分； 3. 损坏工器具每件扣 3 分			
		合计得分					

否定项说明：① 违反《国家电网公司电力安全工作规程》；② 违反职业技能鉴定考场纪律；③ 高处坠落、发生人身伤害事故

考评员： 　　　　　　　　　　　　　　　　　　　　年 月 日

项目六：拉 线 制 作 安 装

一、考核内容
拉线材料截取，拉线的制作过程，高处作业，拉线制作安装工艺。

二、考核要求
（1）材料工具选择符合制作要求；对工器具进行外观检查；正确使用工器具；按照标准要求制作拉线，登杆及杆上作业符合规程要求；验收工作正确、完整。

（2）正确使用安全工器具；不发生人身伤害和设备损坏事故。

（3）文明考试。

三、考核时长
60min。要求在规定时间内完成。

四、考场准备
（1）场地准备：必备 4 个工位，布置现场工作间距不小于 3m，各工位之间用遮栏隔离，场地清洁。

（2）功能准备：4 个工位可以同时进行作业，工位间安全距离符合要求，考评员间不得相互影响，能够保证考评员独立考评。

（3）设备材料准备（每工位）见下表。

序号	名　称	规格型号	单位	数量	备注
1	钢绞线	GJ－25/35	m	若干	现场准备
2	拉线抱箍	ϕ190	副	1	现场准备
3	延长环	PH－7	个	1	现场准备
4	铁丝	10 号和 20 号	m	若干	现场准备
5	螺栓	ϕ16×80	个	2	现场准备
6	拉线绝缘子	J－4.5	个	1	现场准备
7	UT 线夹	NUT－1	只	1	现场准备
8	楔形线夹	NX－1	只	1	现场准备

续表

序号	名　　称	规格型号	单位	数量	备注
9	拉线棒	$\phi 16\times 2000$	根	1	现场准备
10	钢线卡子	JK－1	个	8	现场准备
11	断线钳		把	1	现场准备
12	脚扣		副	1	现场准备
13	安全带		副	1	现场准备
14	紧线器		个	1	现场准备
15	卡线器		个	1	现场准备
16	传递绳		条	1	现场准备
17	通用电工工具		套	1	考生自备
18	安全帽		顶	1	考生自备
19	绝缘鞋		双	1	考生自备
20	中性笔		支	1	考生自备
21	急救箱（配备外伤急救用品）		个	1	现场准备
22	工作服		套	1	考生自备
23	线手套		副	1	考生自备

五、考核评分记录表

拉线制作安装项目考核评分记录表

姓名：　　　　　　　　　　准考证号：　　　　　　　　　　单位：

序号	项目	考核要点	配分	评分标准/扣分	得分	扣分	备注
1	工作准备						
1.1	着装穿戴	穿工作服、绝缘鞋；戴安全帽、线手套	5	1. 未穿戴工作服、绝缘鞋、安全帽、线手套，每项扣2分。 2. 着装穿戴不规范，每处扣1分			
1.2	材料选择及工器具检查	选择材料及工器具齐全，符合使用要求	5	1. 工具未检查、缺少或不符合要求，每件扣2分； 2. 检查项目不全、方法不规范，每件扣1分； 3. 设备材料未做外观检查，每件扣1分； 4. 备料不充分扣5分			
2	工作过程						
2.1	工器具使用	工器具使用恰当，不得掉落	10	1. 工器具使用不当，每次扣2分； 2. 工器具掉落，每次扣2分； 3. 使用手锤时戴线手套扣3分			

序号	项目	考核要点	配分	评分标准/扣分	得分	扣分	备注
2.2	拉线制作	上把两端、下把上端尾线露出的长度为 400mm；尾线用钢线卡子距尾线头 50mm 处卡住或用 10 号铁丝绑扎 100mm；线夹舌板与钢绞线接触紧密，钢绞线弯曲部分无明显松股。中把用钢线卡子加装拉线绝缘子，螺栓紧固，钢线卡子正反交替安装，每个卡子间距 150mm；拉线绝缘子距离地面符合要求。拉线断线时，拉线绝缘子距离地面不小于 2.5m	30	1. 钢绞线剪下废料每超 500mm 扣 1 分； 2. 钢绞线端头未用细铁丝绑扎扣 2 分，散股每处扣 1 分； 3. 尾线未留在线夹凸肚一侧每处扣 5 分，尾线长度每差±20mm 扣 1 分，尾线端头每差±10mm 扣 1 分； 4. 钢绞线与舌块间隙不紧密每处每超 2mm 扣 1 分； 5. 绑线损伤、钢绞线损伤、线夹损伤，每处扣 2 分； 6. 缺少垫片、备帽扣 5 分，备帽不紧扣 2 分； 7. 钢绞线在绑把内绞花，每处扣 2 分； 8. 钢线卡子距离误差每差±10mm 扣 1 分，钢线卡子安装方向错误每个扣 1 分；螺母不紧固每个扣 1 分； 9. 拉线绝缘子高度不够扣 10 分、方向错误扣 2 分			
2.3	登高作业	检查杆根，登杆平稳、踩牢；正确使用安全带；杆上作业站立位置正确；避免高空意外落物；材料上拔过程中不得碰电杆	25	1. 未核对线路名称、杆号、色标每项扣 2 分，未检查杆根、杆身、基础、拉线每项扣 2 分； 2. 未对安全带、脚扣做冲击性试验（冲击性试验后不检查），每件扣 2 分； 3. 上下杆过程中脚踏空、手抓空、脚扣下滑每次扣 3 分，脚扣互碰每项扣 2 分、脚扣脱落每次扣 10 分、人员滑落本项不得分； 4. 作业时瞬间失去安全带或安全绳的保护每次扣 10 分，登杆不使用安全带扣 25 分，作业时不使用安全绳，每次扣 5 分； 5. 不检查扣环或安全带扣扎不正确，每项扣 5 分； 6. 杆上作业两脚站立位置错误，每次扣 3 分； 7. 杆上落物、掉绳每次扣 2 分，抛物每次扣 3 分； 8. 提升物件工作绳未系在牢固的构件上，每次扣 2 分，提升物件碰电杆，每次扣 1 分			
2.4	拉线安装	正确安装拉线，使用紧线器调整拉线。下把下端尾线从 UT 线夹处露出的长度为 500mm，绑扎终点距尾线末端 50mm，尾线用 10 号铁丝绑扎 100mm；U 形丝	20	1. 不使用紧线器调整拉线扣 5 分、使用方法错误扣 2 分。 2. 漏安装元件，每件扣 2 分；螺丝穿向错误扣 1 分，金具连接方法错误，每处扣 5 分。 3. 尾线不在同一方向扣 2 分。 4. 拉线未调紧扣 2 分，U 形丝未留出 1/2 可调丝扣 2 分。 5. 挂拉线时未采取放掉落保护措施扣 2 分。			

续表

序号	项目	考核要点	配分	评分标准/扣分	得分	扣分	备注
2.4	拉线安装	杆留有 1/2 丝扣长度可供调整。尾线在线夹凸肚一侧；安装工艺规范，牢固螺丝穿向符合规定	20	6. 铁丝绑扎匝间有超过 1mm 的缝隙每处扣 1 分，收尾没有剪断压平各扣 2 分、小辫缠绕少于 3 圈扣 2 分			
3	工作终结验收						
3.1	安全文明生产	汇报结束前，所选工器具放回原位，摆放整齐；无损坏工具；恢复现场；无不安全行为	5	1. 出现不安全行为每次扣 3 分； 2. 现场不清理扣 3 分、清理不彻底扣 1 分； 3. 损坏工器具，每件扣 3 分			
		合计得分					

否定项说明：① 违反《国家电网公司电力安全工作规程（配电部分）》；② 违反职业技能鉴定考场纪律；③ 造成设备重大损坏；④ 发生人身伤害事故

考评员：   年 月 日

第四节 二 级 项 目

项目一：10kV 终端杆备料

一、考核内容

填写材料单，识别并选择材料，按组装顺序摆放。

二、考核要求

（1）根据 10kV 终端杆安装要求和安装尺寸图编制材料计划单；材料配备齐全，材料名称、型号、数量符合安装要求；现场根据材料计划单从材料区挑选材料并根据实际安装顺序合理摆放于指定位置，不得损坏材料。

（2）正确使用安全工器具；不发生人身伤害和设备损坏事故。

（3）文明考试。

三、考核时长

40min。要求在规定时间内完成。

四、考场准备

（1）场地准备：必备 4 个工位，布置现场工作间距不小于 5m，各工位之间用遮栏隔离，场地清洁。

（2）功能准备：4 个工位可以同时进行作业；每工位实现终端杆材料配备、挑选及摆放；工位间安全距离符合要求，无干扰；能够保证考评员正确考核。

（3）设备材料准备（每工位）见下表。

序号	名　称	规格型号	单位	数量	备注
1	耐张横担	不同型号	根	各2	现场准备
2	耐张联板	不同型号	根	2	现场准备
3	抱箍	不同型号	副	各1	现场准备
4	延长环	不同型号	个	各8	现场准备
5	楔形形夹	不同型号	只	各1	现场准备
6	UT线夹	不同型号	只	各1	现场准备
7	拉线绝缘子	不同型号	个	各2	现场准备
8	钢线卡子	不同型号	个	各8	现场准备
9	悬式绝缘子	不同型号	片	各6	现场准备
10	直角挂环	不同型号	套	各6	现场准备
11	平行挂板	不同型号	套	各4	现场准备
12	平行单板	不同型号	套	各8	现场准备
13	碗头挂板	不同型号	只	各3	现场准备
14	U形挂环	不同型号	只	各1	现场准备
15	耐张线夹	不同型号	只	各3	现场准备
16	联板	不同型号	块	各6	现场准备
17	双头螺栓	不同型号	根	各4	现场准备　两平两弹
18	螺栓	不同型号	根	各4	现场准备　两平一弹
19	钢芯铝绞线	不同型号	根	各3	现场准备　每根0.5m
20	10kV架空绝缘线	不同型号	根	各3	现场准备　每根0.5m
21	钢绞线	不同型号	根	各2	现场准备　每根0.5m
22	拉线棒	不同型号	根	各1	现场准备
23	拉线盘拉环	不同型号	只	各1	现场准备
24	拉线盘	不同型号	块	各1	现场准备
25	铁线	不同型号	kg	若干	现场准备
26	中性笔		支	2	考生自备
27	通用电工工具		套	1	考生自备
28	安全帽		顶	1	考生自备
29	绝缘鞋		双	1	考生自备
30	工作服		套	1	考生自备
31	线手套		副	1	考生自备
32	急救箱（配备外伤急救用品）		个	1	现场准备

五、考核评分记录表

10kV 终端杆备料项目考核评分记录表

姓名：　　　　　　　　　　准考证号：　　　　　　　　　　单位：

序号	项目	考核要点	配分	评分标准	得分	扣分	备注
1	工作准备						
1.1	着装穿戴	穿工作服、绝缘鞋；戴安全帽、线手套	5	1. 未穿工作服、绝缘鞋，未戴安全帽、线手套，每缺少一项扣2分； 2. 着装穿戴不规范，每处扣1分			
1.2	工器具检查	工器具齐全，符合使用要求	5	缺少或不符合要求，每件扣2分			
2	工作过程						
2.1	材料计划编制	根据终端耐张杆所列条件，正确编制材料名称、型号及数量	40	1. 名称错填每项扣1分；漏填每项扣2分； 2. 型号错填、漏填，每项扣3分； 3. 数量每少1项或多1项扣1分； 4. 材料配备缺项每项扣2分； 5. 涂改每处扣1分			
2.2	材料选取	能根据材料计划单正确识别并选取	20	1. 未按材料计划名称正确选择，每项扣2分； 2. 未检查材料是否符合要求，每次扣2分； 3. 选取不合格材料，每件扣2分； 4. 掉落或抛掷材料，每次扣5分； 5. 材料漏选，每项扣2分； 6. 损坏材料，每件扣10分			
2.3	摆放	根据安装顺序正确摆放，熟悉各种型号材料的安装位置	20	1. 未按安装顺序摆放，每处错误扣1分； 2. 摆放凌乱，每处扣2分			
3	工作终结验收						
3.1	安全文明生产	汇报结束后，所选材料放回原位，摆放整齐；无损坏元件；恢复现场；无不安全行为	10	1. 出现不安全行为，每次扣5分； 2. 损坏材料，每件扣5分； 3. 现场清理恢复不彻底扣2分； 4. 作业完毕，交还材料未归原位，每处扣2分			
		合计得分					

否定项说明：① 违反《国家电网公司电力安全工作规程（配电部分）》；② 违反职业技能鉴定考场纪律；③ 造成设备重大损坏；④ 发生人身伤害事故

考评员：　　　　　　　　　　　　　　　　　　　　　年　月　日

六、考核样题

操 作 考 核 试 题（例）

一、10kV 终端杆已知条件

终端杆安装要求如下。

（1）海拔高度：＜1000m。

（2）锥形混凝土电杆高度：12m。

（3）电杆梢径：φ190 梢径。

（4）导线型号：LGJ－50/8。

（5）耐张悬式绝缘子材质：瓷绝缘子。

（6）绝缘子串方向：正装。

（7）导线排列方式：三角形排列。

（8）耐张线夹紧固方式：螺栓型耐张线夹。

（9）气象环境有污染。

（10）绝缘子连接方式：球窝连接。

（11）拉线用 UT 线夹和楔形线夹固定。

（12）安装拉线绝缘子，V 型双拉线。

说明：反措材料可不配备如警示防护管、防盗帽等；导线、底盘、卡盘可不配备；电杆、拉线盘现场不摆放。

二、10kV 终端杆三角排列安装尺寸图（尺寸单位：mm）

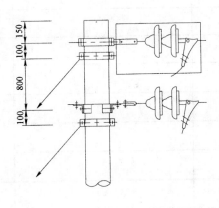

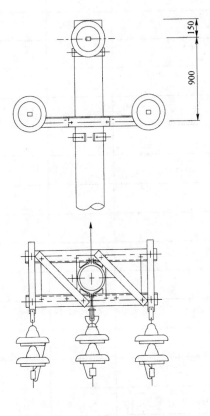

终端杆(D)装置图　　三角排列

材 料 单

序号	名称	规格型号	单位	数量	备注

项目二：低压回路故障查找及排除

一、考核内容

假定低压故障排除实训装置中指示仪表回路、照明回路、电机正反转回路、星三角启动回路、无功补偿回路、总控回路发生故障，需要进行故障判断并排除。

二、考核要求

（1）对工具进行检查；材料工具选择符合要求；动作规范，验收工作正确完整。

（2）现场就地操作、演示，不得触动其他设备。

（3）严禁带电查找、排除故障。

（4）文明考试。

三、考核时长

60min。要求在规定时间内完成。

四、考场准备

（1）场地准备：必备 4 个工位，布置现场工作间距不小于 3m，各工位之间用遮栏隔离，场地清洁。

（2）功能准备：4 个工位可以同时进行作业；每工位实现独立操作；工位间安全距离符合要求，无干扰；能够保证考评员正确考核。

（3）设备材料准备（每工位）见下表。

序号	名　　称	规格型号	单位	数量	备注
1	低压验电笔	氖灯式	支	1	现场准备
2	万用表	数字式	块	1	现场准备
3	尖嘴钳	150mm	把	1	现场准备
4	螺丝刀	一字、金属杆带绝缘套	把	1	现场准备
5	螺丝刀	十字、金属杆带绝缘套	把	1	现场准备
6	故障排除连接线	黄、绿、红、蓝	根	12	现场准备
7	中性笔		支	2	考生自备
8	通用电工工具		套	1	考生自备
9	安全帽		顶	1	考生自备
10	绝缘鞋		双	1	考生自备
11	工作服		套	1	考生自备
12	线手套		副	1	考生自备
13	急救箱（配备外伤急救用品）		个	1	现场准备

五、考核评分记录表

低压回路故障查找及排除项目考核评分记录表

姓名：　　　　　　　　　　准考证号：　　　　　　　　　　单位：

序号	项目	考核要点	配分	评分标准	得分	扣分	备注
1	工作准备						
1.1	着装穿戴	1. 穿工作服、绝缘鞋； 2. 戴安全帽、线手套	5	1. 未穿工作服、绝缘鞋，未戴安全帽、线手套，每缺少一项扣2分； 2. 着装穿戴不规范，每处扣1分			
1.2	检查工器具、仪表	1. 工器具、仪表准备齐全； 2. 检查试验工器具、仪表	10	1. 工器具、仪表缺少或不符合要求，每件扣2分； 2. 工器具、仪表未检查试验、检查项目不全、方法不规范，每件扣1分； 3. 工器具、仪表不符合安检要求，每件扣1分			
2	工作过程						
2.1	工器具、仪表使用	工器具、仪表使用恰当，不得掉落	5	1. 工器具、仪表使用不当，每次扣1分； 2. 工器具、仪表掉落，每次扣1分； 3. 仪表使用前不进行自检测扣2分； 4. 仪表使用完毕后未关闭或未调至安全档位扣2分； 5. 查找故障时造成表计损坏扣5分			
2.2	填写记录	1. 根据送电后各设备的运行情况，观察故障现象，判断可能造成故障的各种原因； 2. 对照所观察到的故障现象，填写故障记录及分析表	15	1. 故障现象无表述，每处扣5分；表述不正确扣3分。 2. 分析判断不全面，每项扣1分；判断无根据，每项扣2分。 3. 检查步骤不正确，每项扣2分。 4. 安全防范措施填写不全面，每项扣2分。 5. 涂改、错字，每处扣2分			
2.3	查找及处理	1. 熟悉低压回路故障排除实训装置中指示仪表回路、照明回路、电机正反转回路、星三角启动回路、无功补偿回路、总控回路的接线原理； 2. 正确停送电操作，根据故障现象查找引起故障的设备元件； 3. 确定故障设备和相对应的接线端子号；	55	1. 打开实训装置柜门前未检查柜体接地扣2分、未验明柜体无电扣5分；碰触柜体内开关、线路、设备前未验明开关、线路、设备无电各扣5分，程序不完整或错误扣3分；使用验电笔方法错误，每次扣3分。 2. 试送电前应检查所有开关在断开位置，开关位置不正确每处扣1分。 3. 停送电顺序、方法不正确，每次扣5分；停、送电时面部与开关的夹角小于30°，每次扣2分。 4. 现场所做安全措施，每少一项扣5分。 5. 在带电的情况下进行故障查找，每次扣10分。 6. 未使用万用表查找故障、查找方法针对性不强，每次扣3分。 7. 故障排除线接点未接好，每处扣2分。 8. 故障点少查一处扣20分。 9. 造成故障点增加，每处扣10分。			

续表

序号	项目	考核要点	配分	评分标准	得分	扣分	备注
2.3	查找及处理	4. 使用仪表对可能所造成故障的所有设备进行认真测试检查，最后确定故障点； 5. 使用故障恢复连接线进行连接处理，排除故障	55	10. 故障排除后未送电试验扣 10 分，少送一处扣 5 分。 11. 造成短路扣 30 分。 12. 查找过程中损坏元器件，每件扣 5 分。 13. 阶段性操作结束未关闭柜门，每次扣 1 分			
3	工作终结验收						
3.1	安全文明生产	汇报结束前，所选工器具放回原位，摆放整齐；无损坏元件、工具；恢复现场；无不安全行为	10	1. 出现不安全行为扣 5 分； 2. 现场恢复不彻底扣 3 分，未恢复扣 5 分			
合计得分							

否定项说明：① 违反《国家电网公司电力安全工作规程（配电线路）》；② 违反职业技能鉴定考场纪律；③ 造成设备重大损坏；④ 发生人身伤害事故

考评员：　　　　　　　　　　　　　　　　　　　　　　　　　　　年　月　日

六、项目记录表

低压回路故障查找及排除记录表

姓名：　　　　　　　　　　准考证号：　　　　　　　　　　单位：

1	故障现象	
2	故障原因	
3	处理故障时所采用的方法及步骤	
4	查找过程应注意的事项	
5	实际故障	

项目三：配电变压器直流电阻测试

一、考核内容

工器具及仪表外观检查及使用，配电变压器分接开关调整，单臂电桥、双臂电桥接线及测量，配电变压器直流电阻测量记录表填写。

二、考核要求

（1）检查被测设备处在停电状态，并已充分放电；对工器具进行外观检查；选择单、双臂电桥并进行检查；将测量引线连接牢靠；正确测量与读数并记录；测量完毕后拆除引线；判定测量结果；验收工作正确、完整。

（2）正确使用安全工器具；不发生人身伤害和设备损坏事故。

（3）文明考试。

三、考核时长

60min。要求在规定时间内完成。

四、考场准备

（1）场地准备：必备4个工位，布置现场工作间距不小于3m，每个工位给定待测10kV配电变压器，引线已解除；每工位必备接地装置。各工位之间用遮栏隔离，场地清洁。

（2）功能采用准备：工位间安全距离符合要求，考评员间不得相互影响，能够保证考评员独立考评。

（3）设备材料准备（每工位）见下表。

序号	名称	规格型号	单位	数量	备注
1	变压器	10kV	台	1	现场准备
2	万用表		块	1	现场准备
3	直流单臂电桥	QJ23	台	1	现场准备
4	直流双臂电桥	QJ103	台	1	现场准备
5	直流电桥引线	多股、单股	根	若干	现场准备
6	放电棒	10kV	根	1	现场准备
7	固定用绝缘扎绳		米	若干	现场准备
8	温度、湿度计		只	1	现场准备
9	秒表		块	1	现场准备
10	清洁布		块	若干	现场准备
11	通用电工工具		套	1	考生自备
12	安全帽		顶	1	考生自备
13	绝缘鞋		双	1	考生自备
14	中性笔		支	1	考生自备
15	急救箱		个	1	现场准备
16	工作服		套	1	考生自备
17	线手套		副	1	考生自备

五、考核评分记录表

配电变压器直流电阻测试项目考核评分记录表

姓名：　　　　　　　　　准考证号：　　　　　　　　　单位：

序号	项目	考核要点	配分	评分标准	得分	扣分	备注
1	工作准备						
1.1	着装穿戴	穿工作服、绝缘鞋；戴安全帽、线手套	5	1. 未穿工作服、绝缘鞋，未戴安全帽、线手套，每缺少一项扣2分； 2. 着装穿戴不规范，每处扣1分			
1.2	测试仪器的选择与检查，被测设备检查	1. 测量中等阻值电阻及较小的电阻应选用单臂电桥和双臂电桥进行测量。 2. 使用直流电桥应做的检查：外壳有无破损；接线端子是否齐全完好，各按键是否操作灵活且应在弹出位置；各连接片是否齐全；电桥内是否有电池。 3. 检查被测设备是否处在停电状态，将设备验电、充分放电、接地后，方可进行测量	15	1. 选择单双臂电桥，漏选1个扣5分； 2. 未进行外观检查扣5分，检查不全面，每项扣1分； 3. 未检查设备停电状态扣3分			
2	工作过程						
2.1	直流电桥的接线	1. 测量高压侧时，直流电桥的测试引线应选用绝缘良好的多股软铜线；应尽量短而粗，连接良好；"Rx"两接线柱引线应独立并分开； 2. 测量低压侧时，将被测变压器按4端接线法接到相应的接线柱上，连接牢固，非被试绕组要开路	10	1. 电桥引线选择错误，每次扣2分； 2. 连接导线不符合要求，每次扣2分； 3. 引线缠绕，每次扣2分； 4. 电桥电压线和电流线不分开，每次扣2分； 5. 电桥电压线和电流线位置不对，每次扣2分； 6. 测量接线接触不良，每次扣1分； 7. 非被试绕组没开路扣2分			

续表

序号	项目	考核要点	配分	评分标准	得分	扣分	备注
2.2	直流电阻的测试	1. 根据被测电阻 *Rx* 的大致数值（可用万用表粗测），选择适当的比率臂；打开检流计锁扣；检流计是否调整在零位上；比率臂的选择一定要保证比较臂的四个挡都能用上，以确保测量结果有4位有效数字； 2. 由于绕组电感较大，需等几分钟充电，待电流稳定后，才能接通检流计进行测量； 3. 观察检流计指针的偏转情况，指针向"+"方向偏转，需增大比较臂阻值，反之，则减小比较臂阻值，如此反复进行，直到电桥平衡，指针指零，电桥平衡； 4. 直流双臂电桥的工作电流较大，测量时要迅速，以避免电池的无谓消耗	40	1. 仪表放置不水平或有振动，每次扣1分； 2. 不校验检流计零点或灵敏度，每次扣1分； 3. 未估算或粗测被测阻值，每次扣2分； 4. 检流计和电源按钮操作顺序不对，每次扣3分； 5. 比率臂选择不合适，每次扣3分； 6. 充电方法不正确扣3分； 7. 比较臂调整方法不对扣3分； 8. 损坏电桥指针扣10分； 9. 少测量一相扣2分； 10. 测量数据错误，每次扣2分； 11. 操作顺序错误不得分； 12. 检流计不稳读数，每次扣5分； 13. 未按单、双臂电桥正确使用方法操作扣，每次扣10分			
2.3	拆除接线	1. 测量完毕，先断开检流计按钮，再断开电源按钮，然后拆除被测设备，将检流计锁扣锁上，以防搬动过程中损坏检流计； 2. 被试设备充分放电后方可拆除接线	10	1. 测量完毕，未先断开检流计按钮，每次扣3分； 2. 未将检流计锁扣锁上，每次扣3分； 3. 拆除接线时未将设备充分放电，每次扣5分			

续表

序号	项目	考核要点	配分	评分标准	得分	扣分	备注
2.4	直流电阻记录	1. 电桥平衡后，根据比率臂和比较臂的示值，按下式计算被测电阻大小，被测电阻值＝比率臂示值×比较臂示值； 2. 对三相直流电阻进行计算，扣除原始差异，相间互差不大于三相平均值的4%，线间互差不大于三相平均值的2%； 3. 与同相初值比较，变化不大于2%，分析得出测试结论	10	1. 未记录测量数据本项不得分； 2. 未记录环境温度湿度各扣3分； 3. 测量数据或记录错误扣4分； 4. 计算方法不正确扣4分； 5. 对电阻值不进行相间互差、同相变化计算、分析判断不正确者扣5分			
3	工作终结验收						
3.1	安全文明生产	汇报结束前，所选工器具放回原位，摆放整齐；无损坏元件、工具；恢复现场；无不安全行为	10	1. 出现不安全行为每次扣5分； 2. 作业完毕，现场未清理恢复扣5分，不彻底扣2分； 3. 损坏工器具每件扣3分			
			合计得分				

否定项说明：① 违反《国家电网公司电力安全工作规程》；② 违反职业技能鉴定考场纪律；③ 造成设备重大损坏；④ 发生人身伤害事故

考评员：　　　　　　　　　　　　　　　　　　　　　　　　　　年　月　日

六、项目记录表

配电变压器直流电阻测试记录表

温度（℃）		湿度（%）	
测试仪表			
设备铭牌			
型　号		阻抗电压	
额定容量		接线组别	
额定电压		出厂编号	
额定电流		出厂日期	
无载开关分接挡数		生产厂家	

续表

		测量记录				
	分接头	I	II	III	IV	V
高压绕组	AB					
	BC					
	CA					
	互差%					
低压绕组	对应相间	a0		b0		c0
	测量值					
	互差%					
测试结论						

项目四：10kV 冷缩电缆终端头制作

一、考核内容

工具材料检查准备，10kV 冷缩电缆头终端制作，质量检查。

二、考核要求

（1）正确选择工器具：压接钳、压接钳模具（和接线端子、导线相匹配）、锉刀、钢锯、锯条、米尺、电缆终端制作支撑支架及工具箱等。

（2）检查电缆终端规格是否同电缆一致，各部件是否齐全，检查出厂日期，检查包装（密封性），认真阅读图纸，防止剥除尺寸发生错误。

（3）操作人员按规定着装，穿工作服、绝缘鞋，戴安全帽、线手套。

（4）文明考试。

三、考核时长

90min。要求在规定时间内完成。

四、考场准备

（1）场地准备：必备 4 个工位，布置现场工作间距不小于 3m，各工位之间用栅状遮栏隔离，场地清洁。

（2）功能准备：4 个工位可以同时进行作业；每工位能够实现 10kV 电缆终端头制作操作考核；工位间安全距离符合要求，无干扰；能够保证考评员正确考核。

（3）设备材料准备（每工位）见下表。

序号	名 称	规格型号	单位	数量	备注
1	10kV 全冷缩三芯户外终端及其附件	WLS－10－3.1（25～50mm²）	套	1	现场准备
2	聚乙烯绝缘聚氯乙烯护套钢带铠装 10kV 电力电缆	YJLV22－8.7/10 3×35	m	3	现场准备
3	钢锯		把	1	现场准备

续表

序号	名 称	规格型号	单位	数量	备注
4	锯条		根	3	现场准备
5	压接钳带模具	35mm^2	套	1	现场准备
6	铜铝接线端子	DTL－1－35mm^2	个	3	现场准备
7	细锉刀		把	1	现场准备
8	电缆终端制作支撑支架		个	1	现场准备
9	米尺	2m	把	1	现场准备
10	急救箱（配备外伤急救用品）		个	1	现场准备
11	中性笔		支	2	考生自备
12	通用电工工具		套	1	考生自备
13	安全帽		顶	1	考生自备
14	绝缘鞋		双	1	考生自备
15	工作服		套	1	考生自备
16	线手套		副	1	考生自备

五、考核评分记录表

10kV 冷缩电缆终端头制作项目考核评分记录表

姓名： 准考证号： 单位：

序号	项目	考核要点	配分	评分标准	得分	扣分	备注
1	工作准备						
1.1	着装穿戴	1. 穿工作服、绝缘鞋； 2. 戴安全帽、线手套	5	1. 未穿工作服、绝缘鞋，未戴安全帽、线手套，每缺少一项扣2分； 2. 着装穿戴不规范，每处扣1分			
1.2	工器具检查及材料选择	1. 选择材料及工器具齐全； 2. 符合使用要求	5	1. 工器具缺少或不符合要求，每件扣1分； 2. 电缆，电缆终端及其附件未外观检查，每件扣1分； 3. 材料每缺少一件扣1分			
2	工作过程						
2.1	剥外护套	将电缆校直、擦净，在外护套切断处做好标记。剥除外护套	5	1. 电缆没有校直扣1分； 2. 表面没有擦拭干净扣1分； 3. 电缆外护套剥削长度每超20mm扣1分； 4. 外护套切断处不做标记扣1分			
2.2	锯钢铠、剥内护套及填充物、安装接地线	1. 恒力弹簧固定钢铠，锯一环形深痕，留钢铠30mm，用一字螺丝刀翘起，再用钳子拉开，处理好毛刺，钢铠不能松脱；	30	1. 铠甲留取长度每超5mm扣1分； 2. 锯铠甲时锯伤内护套，每处扣1分； 3. 铠甲未用扎线扎紧扣1分； 4. 铜屏蔽翘角，每处扣1分； 5. 内护套剥削长度每超5mm扣1分； 6. 未缠PVC带，每处扣1分；			

序号	项目	考核要点	配分	评分标准	得分	扣分	备注
2.2	锯钢铠、剥内护套及填充物、安装接地线	2. 剥内护套，注意下刀深度，内护套保留10mm，并用 PVC 带缠绕钢铠。 3. 露出填充物清理干净。 4. 钢铠清理干净，缠填充胶；钢铠与铜屏蔽层接线对角分别接地，外护套表面毛面处理	30	7. 损伤电缆铜屏蔽层，每处扣 1 分； 8. 未清理干净，每根扣 1 分； 9. 铠甲上的油漆、铁锈未用砂纸打磨干净扣 1 分； 10. 未用恒力弹簧将接地线固定在铠甲上扣 5 分，固定方法不正确扣 1 分； 11. 未将另一根接地线塞入三芯电缆中间扣 1 分； 12. 未将此接电线包绕三线芯铜屏蔽根部一圈 1 分； 13. 未用另一恒力弹簧固定此接地线外环绕部分扣 1 分； 14. 铠甲接地线与铜屏蔽地线不错开安装扣 1 分，互碰短接扣 2 分； 15. 未在护套断口以下 50mm 至整个恒力弹簧、铠甲及内护层缠绕两层填充胶，每处扣 1 分； 16. 未在护套断口缠绕的填充胶以下的外护套上缠绕两层密封胶扣 1 分； 17. 未将接地线夹在密封胶中间的扣 1 分； 18. 接地线与外护套接触不紧密扣 1 分			
2.3	安装冷缩三芯分支、套装冷缩护套管、铜屏蔽层处理、剥外半导层	1. 将三指套尽量下压到底，先抽大口端塑料条，再抽三指端塑料条； 2. 将冷缩管套至指套根部，重叠 20mm； 3. 电缆芯线做好相色标记； 4. 剥除铜屏蔽层，口要平滑整齐，不得有尖角或缺口； 5. 剥除外半导层防止伤及主绝缘	20	1. 冷缩三指套衬管条抽出顺序不正确扣 2 分，未缠绕 PVC 带，每处扣 1 分； 2. 冷缩三指套安装后三芯结合平面处和电缆三芯结合根部有空隙扣 2 分； 3. 冷缩延长管未套至冷缩三指套根部，每根扣 3 分，每误差 10mm 扣 1 分； 4. 安装后顶端不齐扣 1 分； 5. 铜屏蔽和外半导电带剥削后超 5mm 每处扣 1 分； 6. 环口有毛刺扣 1 分； 7. 伤到半导层，每处扣 2 分； 8. 刀痕过深超过 1mm 伤及主绝缘层，每处扣 1 分； 9. 轻刀痕未用砂纸打磨光滑，每处扣 1 分； 10. 主绝缘层上残留半导电层未用玻璃和砂纸打磨干净，每处扣 1 分			
2.4	主绝缘剥除及表面清理、安装冷缩应力管	1. 按接线端子深度，剥去主绝缘，主绝缘倒 45°角，处理压接处的毛刺； 2. 清洁纸擦净主绝缘表面，清洁从绝缘端擦向外半导层端，不能来回擦拭； 3. 安装前，表面的涂抹硅脂，冷缩应力管末端与限位线对齐	15	1. 主绝缘剥除长度每误差 5mm 扣 1 分； 2. 主绝缘未倒角扣 3 分； 3. 有毛刺扣 1 分； 4. 主绝缘层未用清洁纸清洁，每根扣 1 分； 5. 未从线芯端头起到外半导电层的顺序擦拭，每根扣 1 分； 6. 主绝缘层表面未均匀涂抹硅脂膏，每处扣 1 分； 7. 冷缩应力管末端与限位线不对齐，每根扣 3 分			

续表

序号	项目	考核要点	配分	评分标准	得分	扣分	备注
2.5	安装接线端子及冷缩密封管	1. 三相端子方向一致，箍压2模，清洁干净，用填充胶填充，安装相色带； 2. 三相接线端子安装冷缩密封管，三相对齐	10	1. 三相端子不一致扣2分； 2. 每少1模扣1分； 3. 未清洁干净，每相扣1分； 4. 每漏一相色带扣1分，安装相色错误扣5分； 5. 三相不齐扣2分； 6. 未包住接线端子压接管，每相扣1分			
3	工作终结验收						
3.1	安全文明生产	汇报结束前，所选工器具放回原位，摆放整齐；无损坏元件、工具；恢复现场；无不安全行为	10	1. 出现不安全行为，每次扣5分； 2. 作业完毕，现场未清理恢复扣5分，不彻底扣2分； 3. 损坏工器具，每件扣3分			
合计得分							

否定项说明：① 违反《国家电网公司电力安全工作规程》；② 违反职业技能鉴定考场纪律；③ 造成设备重大损坏；④ 发生人身伤害事故

考评员： 年 月 日

项目五：经纬仪测量对地距离及交叉跨越

一、考核内容

经纬仪整平、测量，根据测量结果进行计算并分析。

二、考核要求

（1）合理着装。

（2）正确选择工器具。

（3）经纬仪安装牢固，操作平稳。

（4）测量数据记录完整。

（5）计算结果正确。

（6）分析计算结果准确。

（7）文明考试。

三、考核时长

40min。要求在规定时间内完成。

四、考场准备

（1）场地准备：必备4个工位，布置现场工作间距不小于3m，各工位之间用栅状遮栏隔离，场地清洁。

（2）功能准备：4个工位可以同时进行作业；每工位能够实现经纬仪测量操作考核；工位间安全距离符合要求，无干扰；能够保证考评员正确考核。

（3）设备材料准备（每工位）见下表。

序号	名　　　称	规格型号	单位	数量	备注
1	经纬仪	J2 或 J6	台	1	现场准备
2	塔尺		支	1	现场准备
3	计算器	带函数功能	只	1	现场准备
4	卷尺	3m	个	1	现场准备
5	急救箱（配备外伤急救用品）		个	1	现场准备
6	中性笔		支	2	考生自备
7	通用电工工具		套	1	考生自备
8	安全帽		顶	1	考生自备
9	绝缘鞋		双	1	考生自备
10	工作服		套	1	考生自备
11	线手套		副	1	考生自备

五、考核评分记录表

经纬仪测量对地距离及交叉跨越项目考核评分记录表

姓名：　　　　　　　　　　准考证号：　　　　　　　　　　单位：

序号	项目	考核要点	配分	评分标准	得分	扣分	备注
1	工作准备						
1.1	着装穿戴	1. 穿工作服、绝缘鞋； 2. 戴安全帽、线手套	5	1. 未穿工作服、绝缘鞋，未戴安全帽、线手套，每缺少一项扣2分； 2. 着装穿戴不规范，每处扣1分			
1.2	工器具选择及检查	1. 检查经纬仪外观良好，无潮湿、破损； 2. 检查其他材料，配套、完好从箱内取出须轻拿轻放	5	1. 工器具检查项目不全、方法不规范，每处扣2分； 2. 仪器进出箱各种制动螺丝固定不规范，每处扣1分； 3. 仪器损伤该项不得分			
2	工作过程						
2.1	仪器架设及装箱	1. 三脚架安置的角度和高度适宜（试镜水平时不高于眼部或低于下颌），脚架的分节固定牢固； 2. 经纬器要轻拿轻放； 3. 经纬器安装牢固	5	1. 安置高度不适宜扣2分； 2. 脚架腿碰动一次（需调整）扣3分； 3. 不连接底座中心螺旋扣3分			

序号	项目	考核要点	配分	评分标准	得分	扣分	备注
2.2	定位、整平	1. O、C 定位点合适，实际测量竖直夹角小于45°； 2. 整平后，水准管气泡偏移不得超过 1 格	5	1. 定位不合适或再次移动扣 5 分； 2. 整平误差不满足要求扣 5 分			
2.3	测量水平距离	1. 瞄准 C 点塔尺中心，锁紧水平制动旋钮； 2. 瞄准镜水平对准塔尺后锁紧竖直制动旋钮，视窗的中丝准确对准观测部位； 3. 读取数据记录； 4. 列公式计算	15	1. 未锁紧制动旋转按钮，每处扣 5 分； 2. 读数或计算不准确各扣 10 分； 3. 无计算结果不得分			
2.4	测量被跨点竖直角	1. 松开经纬仪竖直制动旋钮； 2. 对准被跨越点锁紧竖直制动旋钮； 3. 读取数据记录； 4. 列公式计算	20	1. 未松开制动旋钮旋转经纬仪，每次扣 10 分； 2. 读数或计算不准确各扣 10 分； 3. 无计算结果不得分			
2.5	测量被跨点竖直角	1. 松开经纬仪竖直制动旋钮； 2. 对准被跨越点锁紧竖直制动旋钮； 3. 读取数据记录； 4. 列公式计算	20	1. 未松开制动旋钮旋转经纬仪，每次扣 10 分； 2. 读数或计算不准确各扣 10 分； 3. 无计算结果不得分			
2.6	测量结果计算分析	根据测量结果进行对地距离计算	10	1. 对地距离误差不大于 30mm 扣 5 分； 2. 记录有涂改的每处扣 2 分； 2. 无分析不得分			
2.7	经纬仪装箱	1. 拆经纬仪前松开制动旋钮； 2. 按规定角度装箱	5	1. 未松开制动旋钮旋转经纬仪，每处扣 5 分； 2. 未按规定角度装箱，每处扣 5 分			
3	工作终结验收						
3.1	安全文明生产	汇报结束前，所选工器具放回原位，摆放整齐；无损坏元件、工具；恢复现场；无不安全行为	10	1. 出现不安全行为，每次扣 5 分； 2. 作业完毕，现场未清理恢复扣 3 分，不彻底扣 2 分； 3. 损坏工器具，每件扣 3 分			

续表

序号	项目	考核要点	配分	评分标准	得分	扣分	备注
			合计得分				

否定项说明：① 违反《国家电网公司电力安全工作规程》；② 违反职业技能鉴定考场纪律；③ 造成设备重大损坏；④ 发生人身伤害事故

考评员： 年 月 日

六、项目记录表

经纬仪测量对地距离及交叉跨越记录表

姓名： 准考证号： 单位：

1	跨越物		被跨越物	
2	经纬仪中丝水平对应塔尺高度		m	
3	经纬仪水平对应塔尺上丝对应塔尺高度		m	
4	经纬仪水平对应塔尺下丝对应塔尺高度		m	
5	被跨越点竖直角度		度　分　秒	
6	跨越点竖直角度		度　分　秒	
7	计算 D_{OC} 距离		$D_{OC}=K$（上丝－下丝）$\cos^2\alpha$　$K=100$　$\alpha=0°$	
8	计算净空高度 P 距离		$P=D_{OC}$（$\tan\alpha$上－$\tan\alpha$下）	
9	计算导线对地距离高度 H		$H=D_{OC}*\tan\alpha$上+中丝高度	
10	分析计算结果			

项目六：配电故障抢修方案制定

一、考核内容

根据故障描述书面制定配电故障抢修方案制定。

二、考核要求

（1）故障线路的名称、位置描述清楚，故障情况描述清楚。

（2）危险点分析准确。

（3）安全措施、抢修方案完备，符合故障现场条件要求。

（4）文明考试。

三、考核时长

120min。要求在规定时间内完成。

四、考场准备

（1）场地准备：必备4个工位，布置现场工作间距不小于3m，各工位之间用遮栏隔离，场地清洁。

（2）功能准备：4 个工位可以同时进行作业；每工位实现配电故障抢修方案制定；工位间安全距离符合要求，无干扰；能够保证考评员正确考核。

（3）设备材料准备（每工位）见下表。

序号	名　　称	规格型号	单位	数量	备注
1	书写板		个	1	现场准备
2	工作服		套	1	考生自备
3	线手套		副	1	考生自备
4	中性笔		支	2	考生自备
5	安全帽		顶	1	考生自备
6	绝缘鞋		双	1	考生自备

五、考核评分记录表

配电故障抢修方案制定考核评分记录表

姓名：　　　　　　　　　　准考证号：　　　　　　　　　　单位：

序号	项目	考核要点	配分	评分标准	得分	扣分	备注
1	工作准备						
1.1	着装穿戴	1. 穿工作服、绝缘鞋； 2. 戴安全帽、线手套	5	1. 未穿工作服、绝缘鞋，未戴安全帽、线手套，每缺少一项扣 2 分； 2. 着装穿戴不规范，每处扣 1 分			
2	工作过程						
2.1	故障情况	故障线路的名称、位置描述清楚，故障情况描述清楚	5	1. 故障线路的名称、位置描述不清楚扣 2 分； 2. 故障情况描述不清楚扣 3 分； 3. 关键词书写错误，每处扣 1 分； 4. 内容涂改，每处扣 0.5 分			
2.2	危险点分析	危险点分析齐全、清楚，对交叉跨越、防触电、防感应电、高空坠落、落物伤人、倒杆断线等内容分析	10	1. 分析错误，每缺一项扣 5 分； 2. 分析不全面，每处扣 2 分； 3. 分析描述错误，每处扣 2 分； 4. 内容涂改，每处扣 0.5 分			
2.3	安全措施	工作地点有明显断开点，所有来电源方向做安全措施；根据危险点分析内容，制定安全措施	30	1. 应断开的开关、刀闸不符合现场实际条件，每处扣 5 分；开关位置未进行确认，扣 2 分。 2. 未验电和应装设的接地线、围栏、警示标志未装设，每处扣 5 分；验电、装设接地线的杆号错误，每处扣 5 分；无接地线编号扣每处扣 2 分。 3. 应设置的专责监护人未设置，每处扣 3 分。 4. 交叉跨越未采取安全措施，每处扣 5 分；安全措施不规范，每处扣 2 分。			

序号	项目	考核要点	配分	评分标准	得分	扣分	备注
2.3	安全措施	工作地点有明显断开点，所有来电源方向做安全措施；根据危险点分析内容，制定安全措施	30	5. 紧、撤线前未增设临时拉线，每处扣5分；未检查杆根拉线，每项扣3分。 6. 无防高空坠落、落物伤人措施，每项扣5分；措施不规范，每项扣2分。 7. 危险点分析内容，未采取安全措施，每缺一项扣5分。 8. 内容涂改，每处扣0.5分			
2.4	抢修方案	明确抢修工作任务、工作流程、抢修人员、抢修车辆及主要工器具材料	40	1. 工作任务不明确，缺项，每处扣2分； 2. 工作流程颠倒、错误、漏项，每项扣3分； 3. 所指派工作负责人、专责监护人、抢修人员、车辆符合抢修条件，未满足要求，每项扣2分； 4. 主要工器具、材料，每缺少一件扣2分； 5. 内容涂改，每处扣0.5分			
2.5	工作终结	工作终结报告简明扼要，汇报内容满足安规要求	10	1. 未按照安规要求进行汇报，每缺少一项扣1分；汇报内容不规范，每项扣0.5分； 2. 内容涂改，每处扣0.5分			
合计得分							

否定项说明：① 违反《国家电网公司电力安全工作规程》；② 违反职业技能鉴定考场纪律；③ 高处坠落、发生人身伤害事故

考评员：　　　　　　　　　　　　　　　　　　　　　　　　　　　年　月　日

六、项目记录表

配电故障抢修方案制定记录表

姓名：　　　　　　　　　准考证号：　　　　　　　　　　　　单位：

1	故障情况	
2	危险点分析	
3	安全措施	
4	抢修方案	
5	工作终结	

七、考核样题

考 核 试 题 （例一）

（一）故障描述

2017年6月26日14时24分，35kV齐陵变电站10kV齐水线过流Ⅰ段保护动作掉闸重合成功，自动化判断故障区间为10kV齐水线06D开关以下，10kV齐水线负荷突降为零，当日为雷电天气。原因：经现场故障巡视发现10kV齐水线06D开关机械指示在分位，控制器闭锁灯常亮，10号杆负荷侧A、B相导线掉落地面，其他设备巡视无异常，判定故障点为10号杆遭雷击A、B相短路断线造成，10kV齐水线8号杆至18号杆导线型号为JKLJYJ-1×240绝缘导线。周围环境：10kV齐水线10号杆至11号杆间跨越乡村道路，车辆稀少；9号杆至10号杆间交叉跨越35kV线路一条；11号杆T接农灌1号配电室，19号杆T接农灌2号配电室。

（二）配电线路一次接线图

附图一　10kV齐水线线路图

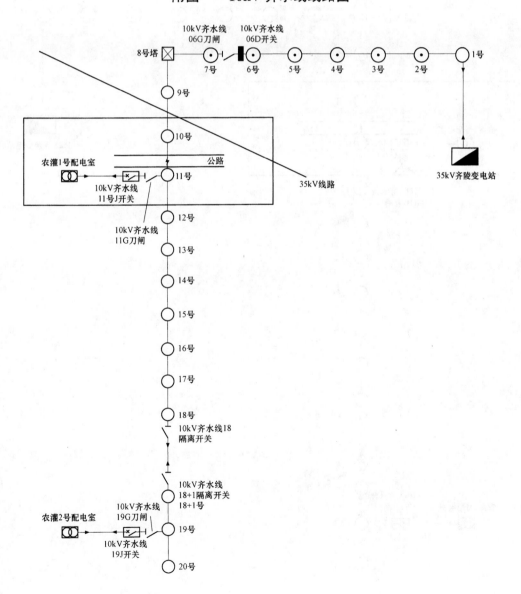

考核试题（例二）

（一）故障描述

2017 年 6 月 26 日 14 时 24 分，35kV 齐陵变电站 10kV 齐水线过流 I 段保护动作掉闸重合成功，自动化判断故障区间为 10kV 齐水线 06D 开关以下，10kV 齐水线负荷突降为零。原因：经现场故障巡视发现 10kV 齐水线 06D 开关机械指示在分位，控制器闭锁灯常亮，10kV 齐水线 11 号杆 10kV 齐水线 11J 开关本体顶盖鼓起，外壳有黑色烟迹，其他设备巡视无异常，判定故障点为 10kV 齐水线 11 号杆 10kV 齐水线 11J 开关内部短路造成。周围环境：10kV 齐水线 10 号杆至 11 号杆间跨越乡村道路，车辆稀少；11 号杆 T 接农灌 1 号配电室，19 号杆 T 接农灌 2 号配电室。

（二）配电线路一次接线图

附图二　10kV 齐水线线路图

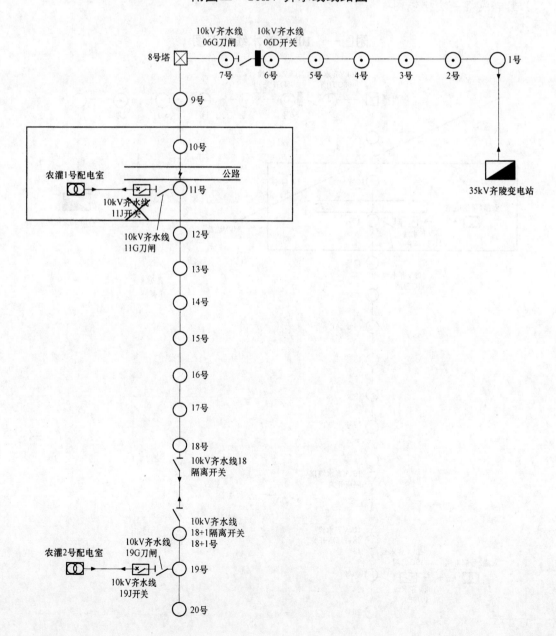

项目七：0.4kV 架空绝缘线承力导线钳压法连接

一、考核内容

0.4kV 架空绝缘线承力导线钳压法连接并恢复绝缘。

二、考核要求

（1）对工器具进行外观检查；材料工具选择符合压接要求；正确使用工器具。

（2）正确裁线；按顺序清理导线、接续管氧化层，按顺序压接导线；正确恢复绝缘。

（3）现场就地操作、演示，一人操作、一人辅助兼监护，不考核辅助人。

（4）文明考试。

三、考核时长

60min。要求在规定时间内完成。

四、考场准备

（1）场地准备：必备 4 个工位，布置现场工作间距不小于 3m，各工位之间用遮栏隔离，场地清洁。

（2）功能准备：4 个工位可以同时进行作业；每工位实现独立操作；工位间安全距离符合要求，无干扰；能够保证考评员正确考核。

（3）设备材料准备（每工位）见下表。

序号	名　　称	规格型号	单位	数量	备注
1	压接钳及其钢模		套	1	现场准备
2	接续管	考评指定	套	1	现场准备
3	0.4kV 架空绝缘线承力导线	考评指定	m	若干	现场准备
4	游标卡尺		把	1	现场准备
5	绝缘线剥线器		把	1	现场准备
6	绝缘防水带		盘	2	现场准备
7	绝缘自粘带		盘	2	现场准备
8	平锉		把	1	现场准备
9	细砂纸	200 号	张	1	现场准备
10	钢丝刷		把	1	现场准备
11	细钢丝刷		把	1	现场准备
12	木槌		把	1	现场准备
13	清洁布		块	1	现场准备
14	断线钳		把	1	现场准备
15	电力复合脂		盒	1	现场准备
16	细铁丝	20 号	m	若干	现场准备
17	记号笔		支	2	现场准备
18	汽油	93 号	L	若干	现场准备

续表

序号	名称	规格型号	单位	数量	备注
19	钢锯		把	1	现场准备
20	中性笔		支	1	考生自备
21	通用电工工具		套	1	考生自备
22	安全帽		顶	1	考生自备
23	绝缘鞋		双	1	考生自备
24	工作服		套	1	考生自备
25	线手套		副	1	考生自备
26	急救箱（配备外伤急救用品）		个	1	现场准备

五、考核评分记录表

0.4kV 架空绝缘线承力导线钳压法连接项目考核评分记录表

姓名：　　　　　　　　准考证号：　　　　　　　　单位：

序号	项目	考核要点	配分	评分标准	得分	扣分	备注
1	工作准备						
1.1	着装穿戴	1. 穿工作服、绝缘鞋； 2. 戴安全帽、线手套	5	1. 未穿工作服、绝缘鞋，未戴安全帽、线手套，每缺少一项扣 2 分； 2. 着装穿戴不规范，每处扣 1 分			
1.2	备料及检查工器具	1. 材料及工器具准备齐全； 2. 检查试验工器具	10	1. 工器具缺少或不符合要求，每件扣 1 分； 2. 工具材料未检查、检查项目不全、方法不规范，每件扣 1 分； 3. 备料不充分扣 5 分			
2	工作过程						
2.1	工器具使用	工器具使用恰当	10	1. 工器具使用不当，每次扣 1 分； 2. 工器具掉落，每次扣 3 分			
2.2	剥离绝缘层	剥离长度、线芯端头、切断处处理符合要求	10	1. 剥离绝缘层严重损伤线芯每处扣 1 分； 2. 切口处绝缘层未与线芯 45° 倒角，每端扣 2 分； 3. 剥离长度不符合要求，每差 ±10mm 扣 1 分； 4. 导线头未使用细铁丝绑扎每端扣 2 分；与端头距离大于 20mm 或小于 10mm，每差 5mm 扣 1 分； 5. 切断处未用细砂纸或平锉打磨，每端扣 2 分			
2.3	导线、接续管清除氧化层	导线和接续管氧化层清理干净，清理方式和步骤正确	10	1. 未使用钢丝刷和细砂纸清除导线连接部位氧化层各扣 3 分，使用顺序不对扣 2 分，未从里向外一个方向清理氧化层或方法不对各扣 2 分； 2. 未对接续管内壁氧化层进行清除扣 3 分； 3. 未用汽油清洗导线连接部位和接续管内壁各扣 3 分； 4. 未对导线压接部位和接续管内壁涂电力复合脂各扣 2 分，涂抹长度不足各扣 1 分			

续表

序号	项目	考核要点	配分	评分标准	得分	扣分	备注
2.4	导线压接及工艺要求	穿管顺序正确；压接位置、尺寸画印准确，压接顺序符合规程及设计要求；压口尺寸误差为±0.5mm，每个坑压应保持压力大于30s	25	1. 接续管喇叭口未锯掉或锉平，每端扣2分，不圆滑每端扣1分； 2. 压接顺序不正确，每处扣2分； 3. 每坑压接保持压力时间不足，每处扣2分； 4. 压坑数每增减一个扣5分； 5. 任意一端a2、a3位置颠倒扣25分； 6. 压坑位置误差每超过±2mm扣1分、端头误差每超过±5mm扣1分；压口尺寸超误差范围±0.5mm超过每处扣1分； 7. 压后接续管铝垫片两端露出的尺寸不一致，每差5mm扣1分；铝垫片未在两线中间扣10分；不使用铝垫片扣10分； 8. 压后接续管有明显弯曲扣3分； 9. 压后接续管棱角、毛刺未打光，每处扣2分； 10. 压后导线露出的端头不足20mm或大于30mm，每5mm扣1分			
2.5	绝缘恢复	钳压管端口至绝缘层倒角处，应用绝缘带填充并缠绕成弧形；恢复绝缘起始点至绝缘层倒角处为绝缘带2倍的带宽；底层缠绕绝缘防水带2层；外层缠绕绝缘自粘带2层	20	1. 未绝缘防水带缠绕填充，每端扣2分；填充后未用绝缘自粘带缠绕成弧形，每端扣2分；缠绕弧形不均匀每处扣1分； 2. 恢复绝缘起始点至绝缘层倒角处小于绝缘带2倍的带宽，每端扣2分；距离大于2倍的带宽，每超5mm扣1分。 3. 未成45度角压带宽的一半进行缠绕绝缘带，每处扣0.5分；缠绕不紧密，每层扣2分。 4. 绝缘带缠绕总层数，每少一层扣5分；绝缘防水带和绝缘自粘带缠绕先后顺序错误，每层扣5分。 5. 接续管毛刺刺破绝缘层本项不得分			
3	工作终结验收						
3.1	安全文明生产	汇报结束前，所选工器具放回原位，摆放整齐；无损坏元件、工具；恢复现场；无不安全行为	10	1. 出现不安全行为，每次扣5分； 2. 作业完毕，现场未清理恢复扣5分，不彻底扣2分； 3. 损坏工器具，每件扣3分			
合计得分							

否定项说明：① 违反《国家电网公司电力安全工作规程（配电部分）》；② 违反职业技能鉴定考场纪律；③ 造成设备重大损坏；④ 发生人身伤害事故

考评员：   年 月 日

第三章 营销专业项目

第一节 五 级 项 目

项目一：直接接入式电能表安装及接线

一、考核内容

正确完成直接接入式电能表的安装及接线。

二、考核要求

（1）填写工作单：正确填写，不得漏填、错填、涂改。

（2）电路检查：检查开关是否断开，对验电笔进行外观检查，正确进行验电。

（3）接线质量工艺要求：接线、导线线径、相色选择正确；电气连接可靠、接触良好；安装牢固、整齐、美观；导线无损伤、绝缘良好、留有余度。

三、考核时长

30min。要求在规定时间内完成。

四、考场准备

（1）场地准备：必备至少4个工位，布置现场工作间距不小于1m，各工位之间用栅状遮栏隔离，场地清洁，工位前铺设绝缘垫。配备扫把、旧线回收箱。

（2）功能准备：各工位可以同时进行作业；每工位能够实现"直接接入式电能表安装及接线"操作；工位间安全距离符合要求，无干扰。

（3）设备材料准备（每工位）见下表。

序号	名 称	规格型号	单位	数量	备 注
1	电能计量柜		套	1	
2	智能电能表	3×220/380V，3×10（100）A	块	1	
3	智能电能表	220V，5（60）A	块	1	
4	多股铜芯线	25mm²	盘	若干	黄、绿、红、蓝
5	秒表		块	1	
6	卷尺		把	1	
7	板夹		个	1	
8	万用表		块	1	
9	验电笔	500V	支	1	
10	封印		粒	若干	黄色
11	急救箱		个	1	
12	交流电源	3×220/380V	处	1	
13	通用电工工具		套	1	

五、考核评分记录表

直接接入式电能表安装及接线项目考核评分记录表

姓名：   准考证号：   单位：

序号	项目评分	考核要点	配分	标准	得分	扣分	备注
1	工作准备						
1.1	着装穿戴	穿工作服、绝缘鞋；戴安全帽、线手套	5	1. 未穿工作服、绝缘鞋，未戴安全帽、线手套，每项扣 2 分； 2. 着装穿戴不规范，每处扣 1 分			
1.2	材料选择及工器具检查	选择材料及工器具齐全，符合使用要求	5	1. 工器具缺少或不符合要求，每件扣 1 分； 2. 工具未检查、检查项目不全、方法不规范，每件扣 1 分			
2	工作过程						
2.1	填写工作单	正确填写工作单	5	1. 工作单漏填、错填，每处扣 2 分； 2. 工作单填写有涂改，每处扣 1 分			
2.2	带电情况检查	操作前不允许碰触柜体，验电步骤合理	10	1. 未检查扣 5 分； 2. 未验电扣 5 分； 3. 验电前触碰柜体扣 5 分； 4. 验电方法不正确扣 3 分			
2.3	电能表导通测试	测试方法正确	5	未正确进行测试扣 5 分			
2.4	接线方式	接线正确，导线线径、相色选择正确	15	1. 导线选择错误，每处扣 2 分； 2. 导线选择相序颜色错误，每相扣 5 分； 3. 接线错误本项及 2.5 项不得分			
2.5	设备安装	1. 设备安装工序合理、操作熟练、作业安全，满足作业指导书的相关要求； 2. 设备安装布局美观，接线正确、顺序合理； 3. 安全工器具使用得当； 4. 不得发生设备损坏或影响设备运行效果的作业行为	50	1. 压点紧固复紧不超过 1/2 周但又不伤线、滑丝，不合格的每处扣 2 分； 2. 表尾接线应有两处明显压点，不明显的每处扣 2 分； 3. 导线压绝缘层，每处扣 2 分； 4. 横平竖直偏差大于 3mm 每处扣 1 分，转弯半径不符合要求，每处扣 2 分； 5. 导线未扎紧，绑扎间隔不均匀、绑线间距超过 15cm，每处扣 2 分； 6. 离转弯点 5cm 处两边扎紧，不合格的每处扣 2 分； 7. 芯线裸露超过 1mm，每处扣 1 分； 8. 导线绝缘有损伤、有剥线伤痕，每处扣 2 分； 9. 剩线长超过 20cm，每根扣 2 分； 10. 螺丝、垫片、元器件掉落，每次扣 2 分；造成设备损坏的，每次扣 5 分； 11. 电能表接线端钮盒盖未施封扣 2 分；施封不规范扣 1 分			

续表

序号	项目评分	考核要点	配分	标准	得分	扣分	备注
3	工作终结验收						
3.1	安全文明生产	结束前，工器具放回原位，摆放整齐；无损坏元件、工具；恢复现场；无不安全行为	5	1. 出现不安全行为扣5分； 2. 现场未恢复扣5分，恢复不彻底扣2分； 3. 损坏工具，每件扣2分； 4. 工作单未上交扣5分			
			合计得分				
否定项说明：① 违反《国家电网公司电力安全工作规程》；② 违反职业技能鉴定考场纪律；③ 造成设备重大损坏；④ 发生人身伤害事故							

考评员：　　　　　　　　　　　　　　　　　　　　　　　年　月　日

六、项目记录单

直接接入式电能表安装及接线项目记录单

姓名：　　　　　　　　　　准考证号：　　　　　　　　　　单位：

计量点名称			×××	供电所（变电站）		×××
所属线路			×××	配变容量（kVA）		×××
工　作　内　容						
电能表	资产编号			负荷终端	资产号	×××
	型号				型号	×××
	制造厂家				制造厂家	×××
	额定电压				额定电压	×××
	额定电流				额定电流	×××
	装出示数信息		正向有功	反向有功		
		总				
		尖		×		
		峰		×		
		谷		×		
		平		×		
互感器	型　号		×××	×××	×××	
	变　比		×××	×××	×××	
	资产编号	U 相	×××	×××	×××	
		V 相	×××	×××	×××	
		W 相	×××	×××	×××	
	制造厂家		×××	×××	×××	
检验人员：×××　　　　安装人员：　　　　　　客户签字：×××　　　　　　　　安装日期：　　　年　月　日						

项目二：居民客户故障报修受理

一、考核内容

正确完成居民客户故障报修受理及工单填写。

二、考核要求

（1）根据给定的试题背景，准确填写报修单。

（2）规范填写报修工单服务项目内容。

（3）正确填写服务工单，完成工单回复。

三、考核时长

30min。要求在规定时间内完成。

四、考场准备

（1）场地准备：必备 4 个工位，布置现场工作间距不小于 3m，各工位之间用栅状遮栏隔离，场地清洁。

（2）功能准备：4 个工位可以同时进行作业；工位间安全距离符合要求，无干扰；能够保证考评员正确考核。

（2）设备材料准备（每工位）见下表。

序号	名　称	规格型号	单位	数量	备　注
1	抢修记录单		张	若干	
2	中性笔		支	2	考生自备
3	通用电工工具		套	1	考生自备
4	安全帽		顶	1	考生自备
5	绝缘鞋		双	1	考生自备

五、考核评分记录表

居民客户故障报修受理考核评分记录表

姓名：　　　　　　　　　　准考证号：　　　　　　　　　　单位：

序号	项目	考核要点	配分	评分标准	得分	扣分	备注
1	工作准备						
1.1	着装穿戴	穿工作服、绝缘鞋、戴安全帽、线手套	5	1. 未穿工作服、绝缘鞋，未戴安全帽、线手套，每缺少一项扣 2 分； 2. 着装穿戴不规范扣 1 分			
1.2	材料选择及检查工器具	选择材料及工器具齐全，符合使用要求	5	1. 工器具、仪表齐全，缺少或不符合要求，每件扣 1 分； 2. 工器具、仪表未检查、检查项目不全、方法不规范，每件扣 1 分			
2	工作过程						
2.1	故障判定	1. 故障类别判定； 2. 正确判定故障原因及范围； 3. 故障现象描述； 4. 故障分析正确	35	1. 故障产权、危害程度、电压类别判定错误，每项扣 5 分； 2. 故障地点、部位判断不准确扣 5 分； 3. 故障现象描述不正确，每项扣 5 分； 4. 故障分析判断不全面扣 5 分； 5. 故障分析错误扣 10 分			

续表

序号	项目	考核要点	配分	评分标准	得分	扣分	备注
2.2	报修时限	故障区域、时限判断正确	20	1. 不能按故障区域判断到达时限扣 5 分； 2. 故障所需备料判断错误扣 5 分			
2.3	抢修单填写	故障抢修单整洁无涂改	30	1. 故障报修单涂改，每处扣 1 分； 2. 故障报修单漏填、错填，每项扣 2 分； 3. 故障描述不完整，分析不彻底扣 10 分			
3	工作终结验收						
3.1	安全文明生产	汇报结束前，工器具摆放整齐	5	1. 出现不安全行为，扣 5 分； 2. 损坏工器具，每件扣 5 分； 3. 作业完毕，现场不恢复扣 5 分，恢复不彻底扣 2 分			
合计得分							

否定项说明：① 违反《国家电网公司电力安全工作规程（配电部分）》；② 违反职业技能鉴定考场纪律；③ 造成设备重大损坏；④ 发生人身伤害事故

考评员：　　　　　　　　　　　　　　　　　　　　　　　　　　　　年　月　日

六、项目记录单

配电标准化低压抢修记录单

姓名：　　　　　　　　　准考证号：　　　　　　　　　单位：

抢修站（点）		接单抢修人员		
接单时间	年　月　日　时　分	工单号	×××	
客户姓名地址		客户联系电话		
客户经理及联系电话		客户经理是否到现场抢修	□ 是	□ 否
客户提前联系	□ 是　　　□ 否			
到达现场时间	年　月　日　时　分			
故障处理情况				
故障原因分类	□ 高压故障　　□ 低压故障　　□ 计量设备 □ 客户内部故障　□ 低压质量　□ 其他故障			
是否更换表计	□ 是　□ 否	是否处理客户内部故障	□ 是　□ 否	
处理结果	□ 已处理　　　□ 临时处理			
恢复送电时间	年　月　日　时　分			
反馈信息时间	年　月　日　时　分			
序号	抢修消耗主要材料	型号	单位	数量
1		×××		
2		×××		
备注				
物料核算	□ 是　□ 否	物料核算人	×××	
审核	□ 合格　□ 不合格	审核人	×××	

项目三：瓦秒法粗测电能表误差

一、考核内容

利用瓦秒法测量低压单相电能表、三相四线电能表误差的操作流程、仪表使用及安全注意事项。

二、考核要求

（1）正确选择工器具，并检查检验合格，规范着装。

（2）正确使用工器具、仪器仪表，不发生人身伤害和设备损坏事故，能够熟练运用瓦秒法计算用户负荷功率和电能表误差。

（3）文明考试。

三、考核时长

30min。要求在规定时间内完成。

四、考场准备

（1）场地准备：必备 4 个及以上工位，布置现场工作间距不小于 1m，各工位之间用栅状遮栏隔离，场地清洁。

（2）功能准备：4 个及以上工位可以同时进行作业；每工位能够实现"瓦秒法粗测电能表误差"操作；工位间安全距离符合要求，无干扰；能够保证考评员正确考核；必要的桌、椅，能够满足计算要求。

（3）设备材料准备（每工位）见下表。

序号	名　　称	规格型号	单位	数量	备　　注
1	电能计量装置接线仿真系统		台	1	现场准备
2	钳形电流表		块	1	现场准备
3	秒表		块	1	现场准备
4	万用表		块	1	现场准备
5	螺丝刀	平口	把	1	现场准备
6	螺丝刀	十字	把	1	现场准备
7	斜口钳		把	1	现场准备
8	验电笔	500V	支	1	现场准备
9	电能表误差计算表		页	若干	现场准备
10	草稿纸	A4	张	若干	现场准备
11	线手套		副	1	现场准备
12	科学计算器		个	1	现场准备
13	安全帽		顶	1	现场准备
14	封印		粒	若干	现场准备
15	签字笔（红、黑）		支	2	现场准备
16	板夹		块	1	现场准备

五、考核评分记录表

瓦秒法粗测电能表误差考核评分记录表

姓名：　　　　　　　　　　准考证号：　　　　　　　　　　单位：

序号	项目	考核要点	配分	评分标准	得分	扣分	备注
1	工作准备						
1.1	着装穿戴	1. 穿工作服、绝缘鞋； 2. 戴安全帽、线手套	5	1. 未穿工作服、绝缘鞋，未戴安全帽、线手套，每缺少一项扣2分； 2. 着装穿戴不规范，每处扣1分			
1.2	检查工器具	工器具齐全，符合使用要求	5	1. 工器具齐全，每缺少一件扣2分； 2. 工器具不符合有关要求，每件扣1分； 3. 工器具未检查，每件扣2分			
2	工作过程						
2.1	测量	1. 验电； 2. 正确使用秒表； 3. 正确使用钳形电流表、万用表； 4. 数据记录； 5. 卷面整洁无涂改	35	1. 工作前未验电扣5分，验电不正确扣3分； 2. 不能正确使用秒表扣5分，使用前没有清零扣2分； 3. 不能正确使用万用表扣5分，挡位、量程选择错误扣2分； 4. 不能正确使用钳形电流表扣5分，挡位、量程选择错误扣2分； 5. 漏填、错填、测错数据，每处扣2分； 6. 卷面每涂改一处扣1分			
2.2	误差计算	熟练运用公式计算出电能表误差	50	1. 功率表达式缺少或错误扣10分； 2. 功率计算错误扣10分； 3. 时间或脉冲数（转数）测量错误，每项扣5分； 4. 理论时间计算缺少公式或公式错误扣10分； 5. 理论时间计算错误扣10分； 6. 电能表误差公式缺少或错误扣10分； 7. 电能表误差计算错误扣10分，误差值偏差超过5%扣5分； 8. 卷面每涂改一处扣1分			
3	工作终结验收						
3.1	安全文明生产	汇报结束前，所用工器具放回原位，摆放整齐；无损坏元件、工具；恢复现场；无不安全行为	5	1. 出现不安全行为扣5分； 2. 作业完毕，现场不恢复扣5分、恢复不彻底扣2分； 3. 损坏工器具，每件扣5分			
合计得分							

否定项说明：① 违反《国家电网公司电力安全工作规程（配电部分）》；② 违反职业技能鉴定考场纪律；③ 造成设备重大损坏；④ 发生人身伤害事故

考评员：　　　　　　　　　　　　　　　　　　　　　　年　月　日

六、项目记录单

瓦秒法粗测电能表误差计算表

姓名：　　　　　　　　　　准考证号：　　　　　　　　　　单位：

一、电能表信息					
型号		准确度等级		常数	

二、用户负荷功率的计算（有计算过程）

三、测量数据

测量脉冲数（个）	所用时间 t（s）

四、计算电能表的计量误差（有计算过程）

1. 理论时间：

2. 电能表误差：

3. 结论：

项目四：低压采集装置安装

一、考核内容

低压采集装置安装

二、考核要求

（1）正确选择合格的工器具、仪表；

（2）检查开关是否断开，对验电笔进行外观检查，正确进行验电；

（3）使用万用表对电能表进行导通测试；

（4）接线方式、导线线径、相色选择正确；

（5）采集器接线正确、天线安装到位；

（6）接线符合工艺要求，安装完毕不得漏装表尾盖，应加装封印；

（7）正确使用安全工器具，不发生人身伤害和设备损坏事故；

（8）文明考试。

三、考核时长

30min。要求在规定时间内完成。

四、考场准备

（1）场地准备：必备 4 个工位，布置现场工作间距不小于 1m，各工位之间用遮栏隔离，场地清洁。

（2）功能准备：4 个工位可以同时进行作业；每工位实现低压采集装置安装操作；工位间安全距离符合要求，无干扰；能够保证考评员正确考核。

（3）设备材料准备（每工位）见下表。

序号	名　　称	规格型号	单位	数量	备　注
1	单相智能电能表	220V，5（60）A	块	1	现场准备
2	单相集中器		只	1	现场准备
3	交流电源	3×220/380V	处	1	现场准备
4	万用表	数字式	块	1	现场准备
5	验电笔	500V	支	1	现场准备
6	多股铜芯线	BV 16mm² 红色	m	100	现场准备
7	多股铜芯线	BV 16mm² 蓝色	m	100	现场准备
8	RS－485 线	2×0.75mm²	m	100	现场准备
9	通用电动工具		套	1	现场准备
10	封印		粒	若干	现场准备
11	急救箱		个	1	现场准备
12	塑料扎带		包	1	现场准备

五、考核评分记录表

低压采集装置安装考核评分记录表

姓名：　　　　　　　　　　准考证号：　　　　　　　　　　单位：

序号	项目	考核要点	配分	评分标准	得分	扣分	备注
1	工作准备						
1.1	着装穿戴	戴安全帽、线手套，穿工作服及绝缘鞋，按标准要求着装	5	1. 未戴安全帽、线手套，未穿工作服及绝缘鞋，每项扣2分； 2. 着装穿戴不规范，每处扣1分			
1.2	材料选择及检查工器具	选择材料及工器具齐全，符合使用要求	5	1. 工器具、仪表缺少或不符合要求，每件扣1分； 2. 工器具、仪表未检查、检查项目不全、方法不规范，每件扣1分			
2	工作过程						
2.1	填写工作单	正确填写工作单	5	1. 工作单漏填、错填，每处扣2分； 2. 工作单填写涂改，每处扣1分			
2.2	采集器检查	检查各部件完好	5	1. 各模块插接牢固，未检查每处扣2分； 2. 接收天线位置不正确，未检查扣1分			
2.3	电路检查	检查开关是否断开；正确验电	10	1. 未检查扣5分； 2. 未验电扣5分，方法错误扣2分			
2.4	导通测试	检查方法正确	5	不能正确进行电能表导通测试扣5分			
2.5	接线正确无误	接线正确，导线选择合理	15	1. 导线选择错误，每处扣2分； 2. 相色选择错误，每处扣5分； 3. 485信号线接错本项不得分； 4. 接线错误本项及2.6项不得分			
2.6	接线工艺	布线美观，横平竖直，压点牢固，压线符合规范	40	1. 压点紧固复紧不超过1/2周但又不伤线、滑丝，尾线压点应有两处明显压痕但不伤线，导线不能压绝缘皮，达不到要求每处扣2分； 2. 横平竖直偏值差大于3mm，每处扣1分，转弯半径不符合要求，每处扣2分； 3. 导线未扎紧，不符合工艺，每处扣2分； 4. 芯线裸露超过1mm，每处扣1分； 5. 导线剥削过程中损伤，每处扣2分； 6. 导线长度超过15cm，每根扣2分； 7. 螺丝、工器具掉落，每次扣2分； 8. 漏装表尾盖、终端盖，每处扣2分； 9. 未实施铅封，每处扣5分			
3	工作终结验收						
3.1	安全文明生产	汇报结束前，所选工器具放回原位，摆放整齐，现场恢复原状	10	1. 出现不安全行为扣5分； 2. 现场未恢复扣5分，恢复不彻底扣2分； 3. 损坏工器具、元件，每处扣2分； 4. 工作单未上交扣5分			
	合计得分						
否定项说明：① 违反《国家电网公司电力安全工作规程》之规定；② 违反职业技能鉴定考场纪律；③ 造成设备重大损坏；④ 发生人身伤害事故							

考评员：　　　　　　　　　　　　　　　　　　　　　　　　　年　月　日

第二节 四 级 项 目

项目一：经电流互感器接入式低压三相四线电能表安装及接线

一、考核内容

完成经电流互感器接入式低压三相四线电能表的安装及接线。

二、考核要求

（1）填写工作单：正确填写，不得漏填、错填、涂改。

（2）电路检查：检查开关是否断开，对验电笔进行外观检查，正确进行验电。

（3）接线质量工艺要求：接线、导线线径、相色选择正确；电气连接可靠、接触良好；安装牢固、整齐、美观；导线无损伤、绝缘良好、留有余度。

三、考核时长

30min。要求在规定时间内完成。

四、考场准备

（1）场地准备：必备至少4个工位，布置现场工作间距不小于1m，各工位之间用栅状遮栏隔离，场地清洁，工位前铺设绝缘垫。配备扫把、旧线回收箱。

（2）功能准备：各工位可以同时进行作业；每工位能够实现"经电流互感器接入式低压三相四线电能表安装及接线"操作；工位间安全距离符合要求，无干扰。

（3）设备材料准备见下表。

序号	名　　称	规格型号	单位	数量	备　　注
1	高供低计电能计量装置安装模拟装置		套	1	
2	智能电能表	3×220/380V，3×1.5（6）A	块	1	
3	电流互感器	150/5A	只	3	
4	试验接线盒		只	1	
5	单股铜芯线	2.5mm²	盘	若干	黄、绿、红、蓝
6	单股铜芯线	4mm²	盘	若干	黄、绿、红
7	尼龙扎带	3×150mm	包	1	
8	秒表		块	1	
9	卷尺		把	1	
10	板夹		个	1	
11	万用表		块	1	
12	验电笔	10kV	支	1	
13	验电笔	500V	支	1	
14	封印		粒	若干	黄色
15	急救箱		个	1	
16	交流电源	3×220/380V	处	1	
17	通用电工工具		套	1	

五、考核评分记录表

经电流互感器接入式低压三相四线电能表安装及接线考核评分记录表

姓名：　　　　　　　　　　准考证号：　　　　　　　　　　单位：

序号	项目评分	考核要点	配分	标准	得分	扣分	备注
1	工作准备						
1.1	着装穿戴	穿工作服、绝缘鞋；戴安全帽、线手套	5	1. 未穿工作服、绝缘鞋，未戴安全帽、线手套，每项扣 2 分； 2. 着装穿戴不规范，每处扣 1 分			
1.2	材料选择及工器具检查	选择材料及工器具齐全，符合使用要求	5	1. 工器具齐全，缺少或不符合要求每件扣 1 分； 2. 工具未检查、检查项目不全、方法不规范每件扣 1 分			
2	工作过程						
2.1	填写工作单	正确填写工作单	5	1. 工作单漏填、错填，每处扣 2 分； 2. 工作单填写有涂改，每处扣 1 分			
2.2	带电情况检查	操作前不允许碰触柜体，验电步骤合理	10	1. 未检查扣 5 分； 2. 未验电、验电前触碰柜体扣 5 分； 3. 验电方法不正确扣 3 分			
2.3	电能表导通测试、互感器极性测试	测试方法正确	5	未正确进行测试扣 5 分			
2.4	接线方式	接线正确，导线线径、相色选择正确	15	1. 导线选择错误，每处扣 2 分； 2. 导线选择相序颜色错误，每相扣 5 分； 3. 接线错误本项及 2.5 项不得分			
2.5	设备安装	1. 设备安装工序合理、操作熟练、作业安全，满足作业指导书的相关要求； 2. 设备安装布局美观，接线正确、顺序合理； 3. 安全工器具使用得当； 4. 不得发生设备损坏或影响设备运行效果的作业行为	50	1. 压接圈应在互感器二次端子两平垫之间，不合格每处扣 1 分； 2. 压接圈外露部分超过垫片的 1/3，每处扣 2 分； 3. 线头超出平垫或闭合不紧，每处扣 1 分； 4. 线头弯圈方向与螺丝旋紧方向不一致，每处扣 1 分； 5. 接线应有两处明显压点，不明显的每处扣 2 分； 6. 导线压绝缘层，每处扣 2 分； 7. 横平竖直偏差大于 3mm，每处扣 1 分，转弯半径不符合要求，每处扣 2 分； 8. 导线未扎紧、间隔不均匀、间距超过 15cm，每处扣 2 分； 9. 离转弯点 5cm 处两边扎紧，不合格的每处扣 2 分； 10. 芯线裸露超过 1mm，每处扣 1 分； 11. 导线绝缘有损伤、有剥线伤痕，每处扣 2 分； 12. 剩线长超过 20cm，每根扣 2 分； 13. 元器件掉落每次扣 2 分，造成设备损坏的每次扣 5 分； 14. 计量回路未施封每处扣 2 分，施封不规范，每处扣 1 分			

续表

序号	项目评分	考核要点	配分	标准	得分	扣分	备注
3	工作终结验收						
3.1	安全文明生产	汇报结束前，所选工器具放回原位，摆放整齐；无损坏元件、工具；无不安全行为	5	1. 出现不安全行为扣 5 分； 2. 现场未恢复扣 5 分，恢复不彻底扣 2 分； 3. 损坏工具，每件扣 2 分； 4. 工作单未上交扣 5 分			
	合计得分						
否定项说明：① 违反《国家电网公司电力安全工作规程》；② 违反职业技能鉴定考场纪律；③ 造成设备重大损坏；④ 发生人身伤害事故							

考评员：　　　　　　　　　　　　　　　　　　　　　　　年　月　日

六、项目记录表

经电流互感器接入式低压三相四线电能表安装及接线记录表

姓名：　　　　　　　　　　准考证号：　　　　　　　　　　单位：

申请编号/		计量点编号：/	计量点名称：/	上级计量点编号：/	计量点级数：1	申请类别：/

客户名称			客户编号	/	合同容量	kW(kVA)	用电性质（关口分类）	用电客户
地址	/		变电站（开关编号）		供电线路	/	计量方式	供　计
联系人	/	联系电话	/	客户类型	/	电压等级	交流　kV	计量点性质	结算
抄表号	/	柜箱屏型号		柜箱屏编号	/	出厂时间	/	/	/
二次回路截面	/	长度	/	导线型号	/	安装位置	/		

装	电能表	资产编号	额定电压	电流	准确度	综合倍率	总	尖	峰	平	谷
			V	A		正向有功					
			V	A		反向有功					
	终端	资产编号	额定电压	电流	地址码	SIM卡号	最大需量	/	/	/	/
			V	A			无功总	无功Ⅰ象限	无功Ⅱ象限	无功Ⅲ象限	无功Ⅳ象限
			V	A							

右上角：续表

装	电流/电压互感器	资产编号	出厂编号	额定电压	变比	准确度	相别		箱柜门	端子盒	端钮盒	其他
			/	kV			U	封印				
			/	kV			V					
			/	kV			W					
			/	kV			U	申请备注：				
			/	kV			V					
			/	kV			W					

装拆人员：　　/	被派工人员：/	装拆日期：　　年　月　日
友情提示：请用电客户对装表底度及施加封印情况签字确认。		客户签字：　　　　　　年　月　日

项目二：低压客户分布式光伏项目新装受理

一、考核内容

完成低压分布式光伏申请类表单的填写及接入系统方案的确认。

二、考核要求

（1）对客户的低压光伏申请能够熟练受理，并按照光伏业务的现行规定、政策正确填写申请类工单；

（2）正确填写分布式电源接入系统方案；

（3）单位符号书写规范；

（4）文明考试。

三、考核时长

30min。要求在规定时间内完成。

四、考场准备

（1）场地准备：必备 4 个工位，布置现场工作间距不小于 1m，各工位之间用遮栏隔离，场地清洁。

（2）功能准备：4 个工位可以同时进行作业；工位间安全距离符合要求，无干扰；能够保证考评员正确考核。

（3）设备材料准备（每工位）见下表。

序号	名　　称	规格型号	单位	数量	备注
1	分布式光伏业务表单	A4	张	若干	现场准备
2	桌子		张	1	现场准备
3	凳子		把	1	现场准备
4	中性笔		支	1	现场准备
5	安全帽		顶	1	现场准备

五、考核评分记录表

低压客户分布式光伏项目新装受理考核评分记录表

姓名：　　　　　　　　　准考证号：　　　　　　　　　单位：

序号	项目	考核要点	配分	评分标准	得分	扣分	备注
1	工作准备						
1.1	着装穿戴	戴安全帽、线手套，穿工作服及绝缘鞋，按标准要求着装	10	1. 未穿工作服、绝缘鞋，未戴安全帽、线手套，缺少每项扣2分； 2. 着装穿戴不规范，每处扣1分			
2	工作过程						
2.1	受理过程	1. 文明受理客户申请； 2. 审核客户证件资料	10	1. 受理客户申请时未使用文明用语扣5分； 2. 客户申请所需资料不明扣5分			
2.2	现场工作过程	1. 填写分布式电源并网申请表； 2. 填写"承诺书"； 3. 填写接入系统方案项目确认单； 4. 填写接入电网方案	70	1. 表单错填、漏填，每处扣5分，涂改每处扣2分； 2. 接入电网方案错误扣10分； 3. 单位符号书写不规范，每处扣3分； 4. 表单空白，每张扣20分			
3	工作终结验收						
3.1	安全文明生产	考核结束前，所有表单摆放整齐，现场恢复原状	10	1. 表单资料摆放不规范扣5分； 2. 现场未恢复扣5分，恢复不彻底扣2分			
		合计得分					
否定项说明：① 违反《国家电网公司电力安全工作规程》；② 违反职业技能鉴定考场纪律；③ 造成设备重大损坏；④ 发生人身伤害事故							

考评员：　　　　　　　　　　　　　　　　　　　　　　年　月　日

六、项目记录单

低压客户分布式光伏项目新装受理记录表一

姓名：　　　　　　　　　准考证号：　　　　　　　　　单位：

分布式电源接入申请表

项目编号	×××	申请日期	年　月　日
项目名称			
项目地址			
项目类型	□光伏发电　□天然气三联供　□生物质发电　□风电 □地热发电　□海洋能发电　□资源综合利用发电（含煤矿瓦斯发电）		
项目投资方			
项目联系人		联系人电话	
联系人地址			

续表

装机容量	投产规模　　　　kW 本期规模　　　　kW 终期规模　　　　kW	意向并网 电压等级	□ 35kV □ 10（含 6、20）kV □ 380（含 220）V □ 其他
发电量意向 消纳方式	□ 全部自用 □ 自发自用、余电上网	意向并网点	□　　　　个
计划开工时间	×××	计划投产时间	×××
核准情况	□ 省级核准　□ 地市级核准　□ 省级备案　□ 地市级备案　□ 其他		
用电情况	年用电量（×××　kWh） 装接容量（×××　万 kVA）	主要用电设备	×××
业主提供 资料清单	一、自然人申请需提供：经办人身份证原件及复印件、房产证（或乡镇及以上级政府出具的房屋使用证明）。 　　二、法人申请需提供：1. 经办人身份证原件及复印件和法人委托书原件（或法定代表人身份证原件及复印件）；2. 企业法人营业执照、土地证项目合法性支持性文件；3. 政府投资主管部门同意项目开展前期工作的批复（需核准项目）；4. 发电项目（多并网点 380/220V 接入、10kV 及以上接入）前期工作及接入系统设计所需资料；5. 用电电网相关资料（仅适用于大工业用户）		
本表中的信息及提供的文件真实准确，谨此确认。 申请单位：（公章） 申请个人：（经办人签字） 　　　　　　　　　　　年　月　日		客户提供的文件已审核，接入申请已受理，谨此确认。 受理单位：（公章） 　　　　　　　　　　　年　月　日	
受理人		受理日期	年　月　日

告知事项：
1. 本表信息由客服中心录入，申请单位（个人用户经办人）与客服中心签章确认。
2. 同一新装客户业扩报装申请与分布式电源接入申请分开受理。
3. 分布式电源接入系统方案制定应在用户业扩报装接入系统方案审定后开展。
4. 合同能源管理项目、公共屋顶光伏项目，还需提供建筑物及设施使用或租用协议。
5. 年用电量：对于现有用户，为上一年度用电量；新报装用户，依据报装负荷折算。
6. 本表 1 式 2 份，双方各执 1 份

低压客户分布式光伏项目新装受理记录表二

姓名：　　　　　　　　　准考证号：　　　　　　　　　　单位：

承　诺　书

国网××供电公司：

　　本人（单位）因＿＿＿＿＿＿需要办理光伏发电申请手续，此次申请用电的地址为＿＿＿＿＿＿＿＿＿＿＿，申请装机容量＿＿＿＿＿千伏安（或千瓦）。因＿＿＿＿＿＿原因，目前暂时只能提供本单位的主体资格证明资料《＿＿＿＿＿＿＿＿＿＿》，其他相应的用电申请资料在以下时间点提供：

　　在＿＿＿＿＿＿＿＿前提交资料：《＿＿＿＿＿＿＿＿＿＿＿＿》。

　　为保证本单位能够及时用电，在提请供电公司先启动相关服务流程，我本人（单位）承诺：

　　1. 我方已清楚了解上述各项资料是完成申请光伏业务的必备条件，不能在规定的时间提交将影响后续业务办理，甚至造成无法并网的结果。若因我方无法按照承诺时间提交相应资料，由此引起的流程暂停或终止、延迟并网等相应后果由我方自行承担。

　　2. 我方已清楚了解所提供各类资料的真实性、合法性、有效性、准确性是合法用电的必备条件。若因我方提供资料的真实性、合法性、有效性、准确性问题造成无法按时并网，或并网后在发电上网过程中发生事故，或被政府有关部门责令中止供电、关停、取缔等情况，所造成的法律责任和各种损失后果由我方全部承担。

　　　　　　　　　　　　　　　　　　　　　　　　　　　　用电人（承诺人）：
　　　　　　　　　　　　　　　　　　　　　　　　　　　　　　　　年　月　日

低压客户分布式光伏项目新装受理记录表三

姓名：　　　　　　　　　准考证号：　　　　　　　　　单位：

分布式电源接入系统方案项目业主（用户）确认单

＿＿＿＿＿＿＿公司（项目业主）：

你公司（项目业主）＿＿＿＿＿＿项目接入系统申请已受理，接入系统方案已制订完成，现将接入系统方案告知你处，请收到后，确认签字，并将本单返还客户服务中心。若有异议，请到客户服务中心咨询。

项目单位：（公章）

项目个人：（经办人签字）　　　　　　　　　客户服务中心：（公章）

年　月　日　　　　　　　　　　　　　　　年　月　日

附件：＿＿＿＿＿＿＿项目接入系统方案

低压客户分布式光伏项目新装受理记录表四

姓名：　　　　　　　　　准考证号：　　　　　　　　　单位：

关于　　　　　　　　项目接入电网的方案

＿＿＿＿＿＿＿（项目业主）：

你公司（项目业主）＿＿＿＿＿＿项目接入系统方案已制定并经你方确认。经研究，原则同意该项目接入电网，具体意见如下：

一、项目本期规模为＿＿＿＿＿kW，规划规模为＿＿＿＿＿kW。经双方商定，本项目电量结算原则为：＿＿＿＿＿＿＿。

二、该项目本期接入系统方案为：

三、请按此方案开展项目相关设计、施工等后续工作。

四、项目主体工程和接入系统工程完工后，请前往××客户服务中心申请并网调试和验收服务。

五、本方案可作为项目核准（或备案）支持性文件之一，文件有效期1年。

××电力公司（公章）

年　月　日

项目三：低压客户业扩报装咨询受理

一、考核内容

掌握客户业扩报装申请类工单的填写及利用移动作业终端发起业扩流程，正确填写供电方案答复书。

二、考核要求

（1）对客户的业扩报装申请能够熟练受理，并按照业扩报装现行规定、政策，正确填写业扩申请类工单。

（2）熟练使用移动作业终端发起、处理业扩流程。

（3）正确填写供电方案答复书。

（4）单位符号书写规范。

（5）文明考试。

三、考核时长

30min。要求在规定时间内完成。

四、考场准备

（1）场地准备：必备4个工位，布置现场工作间距不小于1m，各工位之间用遮栏隔离，场地清洁。

（2）功能准备：4个工位可以同时进行作业；工位间安全距离符合要求，无干扰；能够保证考评员正确考核。

（3）设备材料准备（每工位）见下表。

序号	名　称	规格型号	单　位	数　量	备注
1	业扩表单	A4	张	若干	现场准备
2	桌子		张	1	现场准备
3	凳子		把	1	现场准备
4	移动作业终端		台	1	现场准备
5	中性笔		支	1	现场准备
6	安全帽		顶	1	现场准备

五、考核评分记录表

低压客户业扩报装咨询受理考核评分记录表

姓名：　　　　　　　　　　准考证号：　　　　　　　　　　单位：

序号	项目	考核要点	配分	评分标准	得分	扣分	备注
1	工作准备						
1.1	着装穿戴	戴安全帽、线手套，穿工作服及绝缘鞋，按标准要求着装	10	1. 未戴安全帽、线手套，未穿工作服及绝缘鞋，每项扣2分； 2. 着装穿戴不规范，每处扣1分			
2	工作过程						
2.1	受理过程	1. 文明受理客户申请； 2. 审核客户证件资料	10	1. 受理客户申请时未使用文明用语扣5分； 2. 未审核客户证件资料，每项扣2分			

续表

序号	项目	考核要点	配分	评分标准	得分	扣分	备注
2.2	现场工作过程	1. 使用移动作业终端发起流程； 2. 填写客户用电负荷清单、低压居民生活用电登记表、"承诺书"、联系人资料表、填写供电方案答复书； 3. 履行告知义务，客户在告知书签字。 4. 单位符号书写规范	70	1. 未使用移动终端发起流程或流程发起错误，每次扣10分； 2. 表单错填、漏填，每处扣3分，涂改每处扣2分； 3. 供电方案内容答复错误，每处扣5分； 4. 单位符号书写不规范，每处扣2分			
3	工作终结验收						
3.1	安全文明生产	考核结束前，表单摆放整齐，设备恢复原状	10	1. 表单资料摆放不规范扣5分； 2. 现场未恢复扣5分，恢复不彻底扣2分			
合计得分							
否定项说明：① 违反《国家电网公司电力安全工作规程》；② 违反职业技能鉴定考场纪律；③ 造成设备重大损坏；④ 发生人身伤害事故							

考评员：　　　　　　　　　　　　　　　　　　　　　　　　　年　月　日

六、项目记录表

低压客户业扩报装咨询受理记录表一

姓名：　　　　　　　　准考证号：　　　　　　　　单位：

客户主要用电设备清单

户　　号	×××		申请编号	×××
户　　名				
序号	设备名称	型号	数量	总容量（kW/kVA）	负荷等级
用电设备容量合计： 　　台　　　kW（kVA）			根据用电设备容量及用电情况统计 我户需求负荷为　　　　　kW		
经办人签名（单位盖章）：　　　　　　　　　　　　　　　　　　　　　　　　　年　月　日					

低压客户业扩报装咨询受理记录表二

姓名：　　　　　　　　　准考证号：　　　　　　　　　单位：

联 系 人 资 料 表

户　号		×××	申请编号		×××								
户　名												
法人联系人	姓　名		固定电话	移动电话									
	邮　编		通信地址										
	传　真		电子邮箱										
电气联系人	姓　名		固定电话	移动电话									
	邮　编		通信地址										
	传　真		电子邮箱										
账务联系人	姓　名		固定电话	移动电话									
	邮　编		通信地址										
	传　真		电子邮箱										
	姓　名		固定电话	移动电话									
	邮　编		通信地址										
	传　真		电子邮箱										

经办人签名（单位盖章）：　　　　　　　　　　　　　　　　　　　　　年　月　日

其他说明	

低压客户业扩报装咨询受理记录表三

姓名：   准考证号：   单位：

低压居民生活用电登记表

客 户 基 本 信 息				
客户名称				（档案标识二维码，系统自动生成）
（证件名称）				
用电地址				
通信地址	×××	邮编	×××	
电子邮箱	×××			
固定电话	×××	移动电话		

经 办 人 信 息		
经 办 人	身份证号	
固定电话	移动电话	

服 务 确 认			
业务类型	新装□	增容□	
户　号	×××	户　名	×××
供电方式		供电容量	
电　价	×××	增值服务	×××
收费名称	×××	收费金额	×××
其他说明	×××		

特别说明：

本人已对本表信息进行确认并核对无误，同时承诺提供的各项资料真实、合法、有效，并愿意签订供用电合同，遵守所签合同中的各项条款。

经办人签名：_____

年　　月　　日

供电企业填写	受理人员：	申请编号：×××
	受理日期：	年　月　日

低压客户业扩报装咨询受理记录表四

姓名： 准考证号： 单位：

承 诺 书

国网××供电公司：

本人（单位）因＿＿＿＿需要办理用电申请手续，此次申请用电的地址为＿＿＿＿＿＿，申请用电的容量＿＿＿＿kVA。因＿＿＿＿＿原因，目前暂时只能提供本单位的主体资格证明资料《＿＿＿＿＿》，其他相应的用电申请资料在以下时间点提供：

在＿＿＿＿＿前提交资料：《＿＿＿＿＿＿＿》。

为保证本单位能够及时用电，在提请供电公司先启动相关服务流程，我本人（单位）承诺：

1. 我方已清楚了解上述各项资料是完成用电报装的必备条件，不能在规定的时间提交将影响后续业务办理，甚至造成无法送电的结果。若因我方无法按照承诺时间提交相应资料，由此引起的流程暂停或终止、延迟送电等相应后果由我方自行承担。

2. 我方已清楚了解所提供各类资料的真实性、合法性、有效性、准确性是合法用电的必备条件。若因我方提供资料的真实性、合法性、有效性、准确性问题造成无法按时送电，或送电后在生产经营过程中发生事故，或被政府有关部门责令中止供电、关停、取缔等情况，所造成的法律责任和各种损失后果由我方全部承担。

用电人（承诺人）：

年 月 日

低压客户业扩报装咨询受理记录表五

姓名： 准考证号： 单位：

低压供电方案答复单

客 户 基 本 信 息				
户 号	×××	申请编号	×××	（档案标识二维码，系统自动生成）
户 名				
用电地址				
用电类别		行业分类		
供电电压		供电容量		
联 系 人		联系电话		

营 业 费 用				
费用名称	单价	数量（容量）	应收金额（元）	收费依据
×××	×××	×××	×××	×××

供 电 方 案					
电源编号	电源性质	供电电压	供电容量	电源点信息	
×××					

计量点组号	电价类别	定量定比	电能表		电流互感器	
			精度	规格及接线方式	精度	变比
×××	×××	×××	×××	×××	×××	×××
×××	×××	×××	×××	×××	×××	×××
×××	×××	×××	×××	×××	×××	×××
备注	1. 表箱安装位置；2. 需客户配合事项说明；3. 其他事项					
其他说明	1. 本供电方案自客户签收之日起三个月内有效。如遇有特殊情况，需延长供电方案有效期的，客户应在有效期到期前十天向供电企业提出申请，供电企业视情况予以办理延长手续。 2. 贵户如有受电工程，可委托有资质的电气设计、承装单位进行设计和施工。 3. 贵户受电工程竣工并经自验收合格后请及时联系供电企业进行竣工检验					
客户签名（单位盖章）： 年 月 日	供电企业（盖章）： 年 月 日（系统自动生成）					

低压客户业扩报装咨询受理记录表六

姓名：　　　　　　　　　　准考证号：　　　　　　　　　　单位：

用电业务办理告知书（居民生活）

尊敬的电力客户：

　　欢迎您到国网××供电公司办理用电业务！我公司为您提供营业厅、"掌上电力"手机 APP、95598 网站等业务办理渠道。为了方便您办理业务，请您仔细阅读以下内容。

　　一、业务办理流程

```
┌──────────┐        ┌──────────┐
│ 1.用电申请 │  ───►  │ 2.装表接电 │
└──────────┘        └──────────┘
```

　　二、业务办理说明

1. 用电申请
在受理您用电申请后，请您与我们签订供用电合同，并按照当地物价管理部门价格标准交清相关费用。您需提供的申请材料应包括：房屋产权证明以及与产权人一致的用电人身份证明。 　　若您暂时无法提供房屋产权证明，我们将提供"一证受理"服务。在您签署《客户承诺书》后，我们将先行受理，启动后续工作。

2. 装表接电
受理您用电申请后，我们将在 2 个工作日内，或者按照与您约定的时间开展上门服务并答复供电方案，请您配合做好相关工作。如果您的用电涉及工程施工，在工程竣工后，请及时报验，我们将在 3 个工作日内完成竣工检验。您办结相关手续，并经验收合格后，我们将在 2 个工作日内装表接电。 　　您应当按照国家有关规定，自行购置、安装合格的漏电保护装置，确保用电安全。

　　请您对我们的服务进行监督，如有建议或意见，请及时拨打 95598 服务热线或登录"掌上电力"手机 APP，我们将竭诚为您服务！

（掌上电力二维码）

　　注：本告知书一式两份，申请单位一份，受理单位留存一份。

客户签字：

　年　月　日

项目四：低压客户抄表核算

一、考核内容

正确抄录低压客户电能表，根据抄表数据进行电量计算。

二、考核要求

（1）工作前应对所选用的工器具进行检查；检查确认台体外壳无电压；对表计铭牌信息及表码进行抄录，并计算电量；在考核时间内正确完成抄录、计算。

（2）正确使用安全工器具；不发生人身伤害和设备损坏事故。

（3）文明考试。

三、考核时长

30min。要求在规定时间内完成。

四、考场准备

（1）场地准备：必备 4 个工位，布置现场工作间距不小于 1m，各工位之间用栅状遮栏隔离，场地清洁。

（2）功能准备：4 个工位可以同时进行作业；每工位能够实现抄表及电量计算；工位间安全距离符合要求，无干扰；能够保证考评员正确考核。

（3）设备材料准备（每工位）见下表。

序号	名 称	规格型号	单 位	数 量	备 注
1	抄核收模拟装置		台	1	现场准备
2	三相四线电源		只	1	现场准备
3	三相四线智能电能表		只	2	现场准备
4	单相智能表		只	2	现场准备
5	验电笔	500V	支	1	现场准备
6	桌子		张	1	现场准备
7	凳子		把	1	现场准备
8	答题纸		张	若干	现场准备
9	抄表卡		张	1	现场准备
10	计算器		个	1	现场准备
11	板夹		块	1	现场准备
12	安全帽		顶	1	现场准备
13	线手套		副	1	现场准备
14	签字笔		支	1	现场准备

五、考核评分记录表

低压客户抄表核算考核评分记录表

姓名： 准考证号： 单位：

序号	项目	考核要点	配分	评分标准	得分	扣分	备注
1	工作准备						
1.1	着装穿戴	戴安全帽、线手套；穿工作服及绝缘鞋，按标准要求着装	5	1. 未戴安全帽、线手套，未穿工作服及绝缘鞋，每项扣 2 分； 2. 着装穿戴不规范，每处扣 1 分			
1.2	检查工器具	前期准备工作规范，相关工器具准备齐全	5	1. 工器具齐全，每缺少一件扣 1 分； 2. 工器具不符合安检要求，每件扣 2 分			

续表

序号	项目	考核要点	配分	评分标准	得分	扣分	备注
2	工作过程						
2.1	礼貌术语	1. 抄表前向考评员报抄表； 2. 抄表后让考评员验证、签字	5	1. 抄表前未向考评员报抄表扣2分； 2. 抄表后未让考评员验证、签字扣3分			
2.2	安全措施	1. 正确验电； 2. 抄表过程中不得触及按钮以外的部位	10	1. 工作前未验电扣5分，验电方法不正确扣3分； 2. 抄表过程中触及按钮以外的部位，每次扣2分			
2.3	抄录电能表示数	1. 抄录示数完整； 2. 不得错抄、漏抄数据； 3. 记录准确无涂改	25	1. 抄表数据不完整，每处扣2分； 2. 漏抄每处扣5分，错抄每处扣5分； 3. 涂改每处扣2分			
2.4	计算电量	1. 计算分类电量； 2. 计算总电量； 3. 计算过程清晰； 4. 单位符号书写规范	50	1. 分类电量计算错误，每处扣5分； 2. 总电量计算错误扣10分； 3. 无计算过程扣10分； 4. 单位符号书写不规范，每处扣2分			
3	工作终结验收						
3.1	安全文明生产	汇报结束前，所选工器具放回原位，摆放整齐，现场恢复原状	5	1. 出现不安全行为扣5分； 2. 现场未恢复扣5分，恢复不彻底扣2分			
		合计得分					

否定项说明：① 违反《国家电网公司电力安全工作规程》之规定；② 违反职业技能鉴定考场纪律；③ 造成设备重大损坏；④ 发生人身伤害事故

考评员：　　　　　　　　　　　　　　　　　　　　　　　　　　年 月 日

六、项目记录单

低压客户抄表核算技能操作考核计算表

姓名：　　　　　　　　　　准考证号：　　　　　　　　　　单位：

客户	表位置号	资产编号			型号	容量
计量装置 （工商业用户）	1					
	×××××　上月示值	总	尖	峰	平	谷
	当前示值					
计量装置 （居民用户）	2					
	上月总示值			当前总示值		
计算与说明	表位1总电量： 表位1尖电量： 表位1峰电量： 表位1平电量： 表位1谷电量： 表位2总电量：					

第三节 三 级 项 目

项目一：低压电能计量装置带电检查

一、考核内容

完成低压电能计量装置带电检查。

二、考核要求

（1）着装穿戴正确，正确选择合格的工器具、仪表，正确填写工作票。

（2）正确测量，判断接线方式，绘制相量图，计算更正系数并化为最简式。

（3）文明考试。

三、考核时长

45min。要求在规定时间内完成。

四、考场准备

（1）场地准备：必备 4 个及以上工位，布置现场工作间距不小于 1m，各工位之间用栅状遮栏隔离，场地清洁。

（2）功能准备：4 个及以上工位可以同时进行作业；每工位能够实现"低压电能计量装置带电检查"操作；工位间安全距离符合要求，无干扰；能够保证考评员正确考核；必要的桌、椅，能够满足考核要求。

（3）设备材料准备（每工位）见下表。

序号	名 称	规格型号	单位	数量	备 注
1	电能计量接线仿真系统		台	1	现场准备
2	相序表		块	1	现场准备
3	相位伏安表		块	1	现场准备
4	螺丝刀	平口	把	1	现场准备
5	螺丝刀	十字口	把	1	现场准备
6	万用表		块	1	现场准备
7	验电笔	500V	支	1	现场准备
8	配电第二种工作票	A4	张	若干	现场准备
9	急救箱		个	1	现场准备
10	线手套		副	1	现场准备
11	科学计算器		个	1	现场准备
12	安全帽		顶	1	现场准备
13	封印		粒	若干	现场准备
14	签字笔（红、黑）		支	2	现场准备
15	板夹		块	1	现场准备

五、考核评分记录表

低压电能计量装置带电检查考核评分记录表

姓名：　　　　　　　　　准考证号：　　　　　　　　　单位：

序号	项目	考核要点	配分	评分标准	得分	扣分	备注
1	工作准备						
1.1	着装穿戴	戴安全帽、线手套，穿工作服及绝缘鞋，按标准要求着装	5	1. 未戴安全帽、线手套，未穿工作服及绝缘鞋，每项扣2分； 2. 着装穿戴不规范，每处扣1分			
1.2	填写工作票	正确填写工作票	5	工作票填写错误扣5分，涂改每处扣1分			
1.3	检查工器具	前期准备工作规范，相关工器具、仪表准备齐全	5	1. 工器具、仪表齐全，每少一件扣2分； 2. 工器具、仪表不符合要求，每件扣1分			
2	工作过程						
2.1	测量过程	1. 验电； 2. 仪表的使用； 3. 数据测量	20	1. 工作前未验电扣5分，验电不正确扣3分； 2. 掉落物件，每次扣2分； 3. 仪表使用前未检查扣2分； 4. 仪表挡位、量程选择错误，每次扣2分； 5. 测量数据错误，每处扣2分； 6. 涂改每处扣1分			
2.2	判断接线方式	1. 相量图绘制； 2. 接线方式	20	1. 相量图画错扣20分，绘制不规范，每处扣1分； 2. 角度绘制与实际测量值偏差大于10°，每处扣1分； 3. 相量图符号标注不正确，每处扣1分； 4. 电压、电流组合判错，每元件扣5分； 5. 涂改每处扣1分			
2.3	更正系数计算	1. 计算功率表达式； 2. 计算更正系数	40	1. 功率表达式错误，每元件扣5分； 2. 总功率表达式错误扣10分，无计算过程扣2分，未化为最简式扣2分； 3. 更正系数表达式错误扣10分，无计算过程扣4分，未化为最简式扣2分； 4. 更正系数值计算错误扣10分； 5. 单位符号书写不规范，每处扣1分，涂改每处扣1分			
3	工作终结验收						
3.1	安全文明生产	汇报结束前，所选工器具放回原位，摆放整齐，现场恢复原状	5	1. 出现不安全行为扣5分； 2. 现场未恢复扣5分，恢复不彻底扣2分			
			合计得分				
否定项说明：① 违反《国家电网公司电力安全工作规程（配电部分）》；② 违反职业技能鉴定考场纪律；③ 造成设备重大损坏；④ 发生人身伤害事故							

考评员：　　　　　　　　　　　　　　　　　　　年　月　日

六、项目记录单

低压电能计量装置带电检查记录分析表

姓名：　　　　　　　　　　　准考证号：　　　　　　　　　　　单位：

一、电能表基本信息					
型号		等级		资产编号	
规格		制造厂家			

二、实测数据			
相电压	$U_1=$	$U_2=$	$U_3=$
电流	$I_1=$	$I_2=$	$I_3=$
相位角度	$\overset{\wedge}{\dot{U}_1\dot{I}_1}=$	$\overset{\wedge}{\dot{U}_2\dot{I}_2}=$	$\overset{\wedge}{\dot{U}_3\dot{I}_3}=$

电压相序判断：

三、错误接线相量图 （电压和电流相量用 1、2、3 和 u、v、w 双下标）	四、错误接线形式：下标用 u、v、w 表示
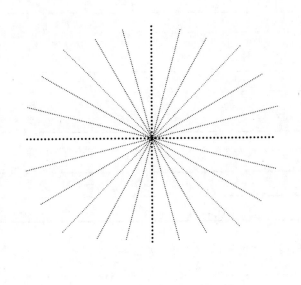	第一元件： 第二元件： 第三元件：

五、写出错误接线时功率表达式

$P_1=$　　　　　　　　$P_2=$　　　　　　　　$P_3=$

$P=P_1+P_2+P_3=$

六、写出更正系数 K 的表达式，并化为最简式

$$K=\frac{P_0}{P}=$$

配 电 第 二 种 工 作 票

单位＿＿＿＿＿＿＿＿＿＿＿＿＿＿＿＿＿　　　　　　　　编号＿＿＿＿＿＿＿＿＿＿＿＿＿＿

1. 工作负责人（监护人）＿＿＿＿＿＿＿＿＿＿＿＿＿＿＿＿　　班组＿＿＿＿＿＿＿＿＿＿＿＿＿

2. 工作班人员（不包括工作负责人）＿＿＿＿＿＿＿＿＿＿＿＿＿＿＿＿＿＿＿＿＿＿＿＿＿＿＿＿

＿＿＿＿＿＿＿＿＿＿＿＿＿＿＿＿＿＿＿＿＿＿＿＿＿＿＿＿＿＿＿＿＿＿＿＿　共＿＿人。

3. 工作任务

工作地点或设备［注明变（配）电站、线路名称、设备双重名称及起止杆号］	工作内容

4. 计划工作时间：自＿＿年＿＿月＿＿日＿＿时＿＿分至＿＿年＿＿月＿＿日＿＿时＿＿分

5. 工作条件和安全措施（必要时可附页绘图说明）

＿＿

＿＿

＿＿

＿＿

工作票签发人签名＿＿＿＿＿＿＿＿＿＿＿＿＿＿＿＿＿＿　　年＿＿＿月＿＿＿日＿＿＿时＿＿＿分

工作负责人签名＿＿＿＿＿＿＿＿＿＿＿＿＿＿＿＿＿＿＿　　年＿＿＿月＿＿＿日＿＿＿时＿＿＿分

6. 现场补充的安全措施

＿＿

＿＿

7. 工作许可

许可的线路、设备	许可方式	工作许可人	工作负责人签名	许可工作（或开工）时间
				年　月　日　时　分
				年　月　日　时　分

8. 现场交底，工作班成员确认工作负责人布置的工作任务、人员分工、安全措施和注意事项并签名：

＿＿

＿＿

工作开始时间：＿＿＿年＿＿月＿＿日＿＿时＿＿分　　工作负责人签名＿＿＿＿＿＿＿＿＿＿

9. 工作票延期：有效期延长到＿＿＿＿＿＿年＿＿＿＿月＿＿＿＿日＿＿＿＿时＿＿＿＿分。

工作负责人签名＿＿＿＿＿＿＿＿＿＿＿＿＿＿＿＿＿＿＿＿　年＿＿＿月＿＿＿日＿＿＿时＿＿＿分

工作许可人签名＿＿＿＿＿＿＿＿＿＿＿＿＿＿＿＿＿＿＿＿　年＿＿＿月＿＿＿日＿＿＿时＿＿＿分

10. 工作完工时间＿＿＿年＿＿月＿＿日＿＿时＿＿分　　工作负责人签名＿＿＿＿＿＿＿＿＿

11. 工作票终结

11.1　工作班人员已全部撤离现场，材料工具已清理完毕，杆塔、设备上已无遗留物。

11.2　工作终结报告

终结的 线路或设备	报告方式	工作负责人签名	工作许可人	终结报告（或结束）时间
				年　月　日　时　分
				年　月　日　时　分
				年　月　日　时　分
				年　月　日　时　分

12. 备注

12.1 指定专责监护人＿＿＿＿＿＿负责监护＿＿＿＿＿＿＿＿＿＿＿＿

＿＿＿＿＿＿＿＿＿＿＿＿＿＿＿＿＿＿＿＿＿（地点及具体工作）

12.2 其他事项

＿＿＿＿＿＿＿＿＿＿＿＿＿＿＿＿＿＿＿＿＿＿＿＿＿＿＿＿＿＿＿＿＿

＿＿＿＿＿＿＿＿＿＿＿＿＿＿＿＿＿＿＿＿＿＿＿＿＿＿＿＿＿＿＿＿＿

项目二：大客户抄表及电费核算

一、考核内容

对大客户三相三线电能表进行正确抄表，完成电费核算。

二、考核要求

（1）对表计铭牌信息及表码、互感器变比进行抄录，并计算电量电费。

（2）正确使用安全工器具，不发生人身伤害和设备损坏事故。

（3）文明考试。

三、考核时长

45min。要求在规定时间内完成。

四、考场准备

（1）场地准备：必备 4 个工位，布置现场工作间距不小于 1m，各工位之间用栅状遮栏隔离，场地清洁。

（2）功能准备：4 个工位可以同时进行作业；每工位能够实现大客户抄表及电费核算；工位间安全距离符合要求，无干扰；能够保证考评员正确考核。

（3）设备材料准备（每工位）见下表。

序号	名　称	规格型号	单位	数量	备注
1	抄核收模拟装置		台	1	现场准备
2	三相三线多功能电能表		只	1	现场准备
3	电压互感器		只	1	现场准备
4	电流互感器		只	1	现场准备
5	三相三线电源		只	1	现场准备
6	科学计算器		个	1	现场准备
7	验电笔	500V	支	1	现场准备
8	桌子		张	1	现场准备

续表

序号	名　称	规格型号	单位	数量	备注
9	凳子		把	1	现场准备
10	答题纸		张	若干	现场准备
11	抄表卡		本	1	现场准备
12	功率因数调整电费表		张	1	现场准备
13	现行电价表		张	1	现场准备
14	板夹		块	1	现场准备
15	安全帽		顶	1	现场准备
16	线手套		副	1	现场准备
17	签字笔		支	1	现场准备

五、考核评分记录表

大客户抄表及电费核算考核评分记录表

姓名：　　　　　　　　　准考证号：　　　　　　　　单位：

序号	项目	考核要点	配分	评分标准	得分	扣分	备注
1	工作准备						
1.1	着装穿戴	戴安全帽、线手套，穿工作服及绝缘鞋，按标准要求着装	5	1. 未戴安全帽、线手套，未穿工作服及绝缘鞋，每项扣2分； 2. 着装穿戴不规范，每处扣1分			
1.2	检查工器具	前期准备工作规范，相关工器具准备齐全	5	1. 工器具齐全，缺少每件扣1分； 2. 工器具不符合安检要求，每件扣2分			
2	工作过程						
2.1	礼貌术语	1. 抄表前向考评员报抄表； 2. 抄表后让考评员验证、签字	5	1. 抄表前未向考评员报抄表扣2分； 2. 抄表后未让考评员验证、签字扣3分			
2.2	现场抄表及抄表记录	1. 正确验电； 2. 抄表过程中不得触及按钮以外的部位； 3. 抄录示数完整； 4. 不得错抄、漏抄数据； 5. 记录准确无涂改	25	1. 工作前未验电扣5分，验电方法不正确扣3分； 2. 抄表过程中触及按钮以外的部位，每次扣2分； 3. 抄表过程限时10min，每超时1min扣2分； 4. 抄表数据不完整，每处扣2分； 5. 漏抄每处扣5分，错抄每处扣3分； 6. 涂改每处扣1分			
2.3	电费计算	1. 分类电量、电费计算正确； 2. 基本电费计算正确； 3. 功率调整电费计算正确； 4. 政策性基金及附加计算正确； 5. 总电量、电费计算正确； 6. 计算步骤清晰、准确	55	1. 总电量、电费计算错误扣10分； 2. 分类电量、电费计算错误，每项扣5分； 3. 基本电费计算错误扣5分； 4. 功率调整电费计算错误扣5分； 5. 政策性基金及附加计算错误扣5分； 6. 无计算步骤，每项扣2分； 7. 公式错误，每项扣2分； 8. 涂改每处扣1分			

续表

序号	项目	考核要点	配分	评分标准	得分	扣分	备注
3	工作终结验收						
3.1	安全文明生产	汇报结束前,所选工器具放回原位,摆放整齐,现场恢复原状	5	1. 出现不安全行为扣5分; 2. 现场未恢复扣5分,恢复不彻底扣2分			
			合计得分				

否定项说明:① 违反《国家电网公司电力安全工作规程》之规定;② 违反职业技能鉴定考场纪律;③ 造成设备重大损坏;④ 发生人身伤害事故

考评员: 年 月 日

六、项目记录单

大客户抄表及电费核算技能操作考核计算表

姓名: 准考证号: 单位:

客户	表位置号	资产编号		型号	容量	TV变比	TA变比
计量装置		总	尖	峰	平	谷	无功
	上月示值						
	当前示值						
计算与说明	倍率:						
	有功总电量:						
	尖电量:						
	峰电量:						
	平电量:						
	谷电量:						
	无功电量:						
	尖电费:						
	峰电费:						
	平电费:						
	谷电费:						
	基本电费:						
	实际功率因数:						
	功率调整电费:						
	政府性基金及附加:						
	总电费:						

项目三：低压三相四线电能表现场校验

一、考核内容

低压三相四线电能表现场校验的操作方法、仪表使用及安全注意事项。

二、考核要求

（1）着装穿戴正确，正确选择合格的工器具、仪表，正确填写工作票。

（2）检查电能表运行情况，校验电能表误差，填写"电能表现场检验记录单"并向客户出具"电能表现场检验结果通知单"。

（3）文明考试。

三、考核时长

45min。要求在规定时间内完成。

四、考场准备

（1）场地准备：必备 4 个及以上工位，布置现场工作间距不小于 1m，各工位之间用栅状遮栏隔离，场地清洁。

（2）功能准备：4 个及以上工位可以同时进行作业；每工位能够实现"低压三相四线电能表现场校验"操作；工位间安全距离符合要求，无干扰；能够保证考评员正确考核；必要的桌、椅，能够满足计算要求。

（3）设备材料准备（每工位）见下表。

序号	名 称	规格型号	单位	数量	备 注
1	电能计量接线仿真系统		台	1	现场准备
2	电能表现场检验仪	钳形电流互感器：5～100A	套	1	现场准备
3	配电第二种工作票		张	若干	现场准备
4	温湿度计		个	1	现场准备
5	数字万用表		块	1	现场准备
6	螺丝刀	平口	把	1	现场准备
7	螺丝刀	十字口	把	1	现场准备
8	斜口钳	中号	把	1	现场准备
9	验电笔		支	1	现场准备
10	考试记录表		页	若干	现场准备
11	草稿纸	A4	张	若干	现场准备
12	科学计算器		个	1	现场准备
13	安全帽		顶	1	现场准备
14	封印		粒	若干	现场准备
15	签字笔（红、黑）		支	2	现场准备

五、考核评分记录表

低压三相四线电能表现场校验考核评分记录表

姓名：　　　　　　　　　　准考证号：　　　　　　　　　　单位：

序号	项目	考核要点	配分	评分标准	得分	扣分	备注
1	工作准备						
1.1	着装穿戴	戴安全帽、线手套，穿工作服及绝缘鞋，按标准要求着装	5	1. 未戴安全帽、线手套，未穿工作服及绝缘鞋，每项扣 2 分； 2. 着装穿戴不规范，每处扣 1 分			
1.2	填写工作票	正确填写工作票	5	工作票填写错误扣 5 分，涂改每处扣 1 分			
1.3	检查工器具	前期准备工作规范，相关工器具、仪表准备齐全	5	1. 工器具、仪表齐全，每缺少一件扣 2 分； 2. 工器具、仪表不符合安检要求，每件扣 1 分			
2	工作过程						
2.1	计量装置检查	1. 验电； 2. 外观检查； 3. 计量异常检查； 4. 检查校验仪电压、电流试验导线	20	1. 工作前未验电扣 5 分，验电不正确扣 3 分； 2. 掉落物件，每次扣 2 分； 3. 计量箱（柜）外观漏检扣 5 分，检查不规范扣 2 分； 4. 未检查计量装置有无违约窃电、故障隐患和不合理计量，每处扣 2 分			
2.2	误差测试	1. 检验接线； 2. 电能表时钟、时段检查； 3. 测量工作电压、电流及相位； 4. 检查计量接线； 5. 测定电能表误差； 6. 拆除检验仪接线； 7. 加封	60	1. 现场检验仪器接线顺序错误扣 5 分； 2. 检验仪器使用前未检查扣 2 分； 3. 未选择合适量程的钳形电流互感器扣 5 分； 4. 检验记录表漏填、错填每处扣 2 分，涂改每处扣 1 分； 5. 拆除检验仪接线顺序错误扣 5 分； 6. 未加封扣 5 分，少一处扣 2 分			
3	工作终结验收						
3.1	安全文明生产	汇报结束前，拆除临时电源，检查现场是否有遗留物，清点设备和工具，并清理现场	5	1. 出现不安全行为扣 5 分； 2. 现场未恢复扣 5 分，恢复不彻底扣 2 分			
合计得分							

否定项说明：① 违反《国家电网公司电力安全工作规程（配电部分）》；② 违反职业技能鉴定考场纪律；③ 造成设备重大损坏；④ 发生人身伤害事故

考评员：　　　　　　　　　　　　　　　　　　　　　　年　月　日

六、项目记录单

低压三相四线电能表现场检验记录单

姓名：　　　　　　　　　　准考证号：　　　　　　　　　　　　单位：

户名：　　　　温度：　　　℃　　　　　　湿度：　　　　　　%RH

型号		编号				等级	
常数		规格				有效期	
现场检测结果		各相电压（V）		各相电流（A）			功率因数
		封印编号	误差（%）		平均值		化整值
检测设备型号		等级		编号			
检测人		检测日期		年　　　月　　　日			
客户签字	×××	表内日期时间					
其他情况		结论					

No.：

电能表现场检验结果通知单

尊敬的客户（户号：　　　　　）：

　　我公司已对您的电能表（编号：＿＿＿＿＿＿＿＿）进行现场检验。

　　检验结论为：

　　　　□合格

　　　　□不合格

　　　　□需拆回实验室进一步确认

　　感谢您的配合与理解！

　　现场检验人员：　　　　　　　　　　　　　　检验日期：

检测单位（章）×××

配 电 第 二 种 工 作 票

单位_____　　　　　　　　　　　　　　编号_____

1. 工作负责人（监护人）_____　　班组_____

2. 工作班人员（不包括工作负责人）_____

_____共___人。

3. 工作任务

工作地点或设备［注明变（配）电站、线路名称、设备双重名称及起止杆号］	工作内容

4. 计划工作时间：自___年___月___日___时___分至___年___月___日___时___分

5. 工作条件和安全措施（必要时可附页绘图说明）

_____

_____

_____

_____

工作票签发人签名_____　年_____月_____日_____时_____分

工作负责人签名_____　年_____月_____日_____时_____分

6. 现场补充的安全措施

_____

7. 工作许可

许可的线路、设备	许可方式	工作许可人	工作负责人签名	许可工作（或开工）时间
				年　月　日　时　分
				年　月　日　时　分

8. 现场交底，工作班成员确认工作负责人布置的工作任务、人员分工、安全措施和注意事项并签名：

_____

_____

工作开始时间：___年___月___日___时___分　工作负责人签名_____

9. 工作票延期：有效期延长到_____年_____月_____日_____时_____分。

工作负责人签名_____　年___月___日___时___分

工作许可人签名_____　年___月___日___时___分

10. 工作完工时间___年___月___日___时___分　工作负责人签名_____

11. 工作票终结

11.1　工作班人员已全部撤离现场，材料工具已清理完毕，杆塔、设备上已无遗留物。

11.2　工作终结报告

终结的线路或设备	报告方式	工作负责人签名	工作许可人	终结报告（或结束）时间
				年　月　日　时　分
				年　月　日　时　分
				年　月　日　时　分
				年　月　日　时　分

12. 备注

12.1　指定专责监护人_____负责监护_____

_____（地点及具体工作）

12.2　其他事项

项目四：高压电能计量装置和终端安装与调试

一、考核内容

完成对某一高压客户的电能计量装置与终端的安装与调试。

二、考核要求

（1）正确填写工作单。

（2）检查电路，正确使用验电笔进行验电。

（3）接线质量工艺要求：接线、导线线径、相色选择正确；电气连接可靠、接触良好；安装牢固、整齐、美观；导线无损伤、绝缘良好、留有余度。

（4）文明考试。

三、考核时长

60min。要求在规定时间内完成。

四、考场准备

（1）场地准备：必备至少4个工位，布置现场工作间距不小于1m，各工位之间用栅状遮栏隔离，场地清洁，工位前铺设绝缘垫。配备扫把、旧线回收箱。

（2）功能准备：各工位可以同时进行作业；每工位能够实现"高压电能计量装置和终端安装与调试"操作；工位间安全距离符合要求，无干扰。必备至少4个工位，布置现场工作间距不小于1米，各工位之间用栅状遮栏隔离，场地清洁，工位前铺设绝缘垫。配备扫把、旧线回收箱。

（3）设备材料准备（每工位）见下表。

序号	名　称	规格型号	单位	数量	备注
1	高供高计电能计量装置安装模拟装置		套	1	
2	智能电能表	3×100V，3×1.5（6）A	块	1	
3	专变终端	3×100V，3×1.5（6）A	只	1	
4	试验接线盒		只	1	
5	SIM 卡		张	1	
6	RS−485 线	2×0.75mm²	盘	若干	
7	单股铜芯线	2.5mm²	盘	若干	黄、绿、红
8	单股铜芯线	4mm²	盘	若干	黄、绿、红
9	尼龙扎带	3×150mm	包	1	
10	秒表		块	1	
11	卷尺		把	1	
12	板夹		个	1	
13	万用表		块	1	
14	验电笔	10kV	支	1	
15	验电笔	500V	支	1	
16	封印		粒	若干	黄色
17	急救箱		个	1	
18	交流电源	3×110V	处	1	
19	通用电工工具		套	1	

五、考核评分记录表

高压电能计量装置和终端安装与调试考核评分记录表

姓名：　　　　　　　　　　准考证号：　　　　　　　　　　单位：

序号	项目评分	考核要点	配分	标　准	得分	扣分	备注
1	工作准备						
1.1	着装穿戴	穿工作服、绝缘鞋；戴安全帽、线手套	5	1. 未穿工作服、绝缘鞋，未戴安全帽、线手套，每项扣2分； 2. 着装穿戴不规范，每处扣1分			
1.2	材料选择及工器具检查	选择材料及工器具齐全，符合使用要求	5	1. 工器具缺少或不符合要求，每件扣1分； 2. 工具未检查、检查项目不全、方法不规范，每件扣1分			
2	工作过程						
2.1	填写工作单	正确填写工作单	5	1. 工作单漏填、错填，每处扣2分； 2. 工作单填写有涂改，每处扣1分			
2.2	带电情况检查	操作前不允许碰触柜体，验电步骤合理	10	1. 未检查扣5分； 2. 未验电扣5分； 3. 验电前触碰柜体扣5分； 4. 验电方法不正确扣3分			
2.3	电能表、互感器测试	测试方法正确	5	未正确进行测试扣5分			
2.4	导线选择	导线线径、相色选择正确	15	1. 导线选择错误，每处扣2分； 2. 导线选择相序颜色错误，每相扣5分； 3. 接线错误本项及2.5、2.6项不得分			
2.5	设备安装	1. 设备安装工序合理、操作熟练、作业安全，满足作业指导书的相关要求； 2. 设备安装布局美观，接线正确、顺序合理； 3. 安全工器具使用得当； 4. 不得发生设备损坏或影响设备运行效果的作业行为	40	1. 压接圈应压接在互感器二次端子两个平垫之间，不合格的每处扣1分。 2. 压接圈外露部分超过垫片的1/3，每处扣2分。 3. 线头超出平垫或闭合不紧，每处扣1分。 4. 线头弯圈方向与螺丝旋紧方向不一致，每处扣1分。 5. 压点紧固复紧不超过1/2周但又不伤线、滑丝，不合格的每处扣2分。 6. 表尾、试验接线盒接线应有两处明显压点，不明显每处扣2分。 7. 导线压绝缘层每处扣2分。 8. 横平竖直偏差大于3mm，每处扣1分；转弯半径不符合要求，每处扣2分。 9. 导线未扎紧、绑扎间隔不均匀、绑线间距超过15cm，每处扣2分。 10. 离转弯点5cm处两边扎紧，不合格的每处扣2分。 11. 芯线裸露超过1mm每处扣1分。 12. 导线绝缘有损伤、有剥线伤痕，每处扣2分。 13. 剩线长超过20cm，每根扣2分。 14. 螺丝、垫片、元器件掉落，每次扣2分；造成设备损坏的，每次扣5分。 15. SIM卡、天线安装不可靠，每处扣2分			

序号	项目评分	考核要点	配分	标　　准	得分	扣分	备注
2.6	送电调试及完工	1. 送电前后须进行必要的安装及设备运行状态检查；2. 专变终端参数设置正确；3. 安装及采集调试工作完成后，计量回路施封完整	10	1. 未履行送电前检查程序的扣2分；2. 首次送电未汇报扣2分；3. 通电后未检查设备运行情况，每少一项记录扣1分，本项最多扣3分；4. 参数设置错误每项扣2分，每少设置一项扣3分，本项最多扣5分；5. 带电插拔SIM卡扣1分；6. 计量回路未施封每处扣2分，施封不规范每处扣1分			
3	工作终结验收						
3.1	安全文明生产	汇报结束前，所选工器具放回原位，摆放整齐；无损坏元件、工具；无不安全行为	5	1. 出现不安全行为扣5分；2. 现场未恢复扣5分，恢复不彻底扣2分；3. 损坏工具，每件扣2分；4. 工作单未上交扣5分			
			合计得分				

否定项说明：① 违反《国家电网公司电力安全工作规程》；② 违反职业技能鉴定考场纪律；③ 造成设备重大损坏；④ 发生人身伤害事故

考评员：　　　　　　　　　　　　　　　　　　　　　　　　年　月　日

六、项目记录单

高压电能计量装置和终端安装与调试项目记录表一

姓名：　　　　　　　　　　准考证号：　　　　　　　　　　单位：

申请编号：/　　　计量点编号：/　　　计量点名称：/　　　上级计量点编号：/

计量点级数：1　　　申请类别：高压新装

客户名称				客户编号	/	合同容量	kW(kVA)	用电性质（关口分类）	用电客户
地址		/		变电站（开关编号）	/	供电线路	/	计量方式	高供高计
联系人		/	联系电话	/	客户类型	电压等级	交流 kV	计量点性质	结算
抄表号		/	柜箱屏型号	/	柜箱屏编号	/	出厂时间	/	/
二次回路截面		/	长度	/	导线型号	/	安装位置	/	

装	电能表	资产编号	额定电压	电流	准确度	综合倍率		总	尖	峰	平	谷
			V	A			正向有功					
			V	A			反向有功					

		资产编号		额定电压	电流	地址码	SIM卡号	最大需量		/	/	/	/
装	终端			V	A				无功总	无功I象限	无功II象限	无功III象限	无功IV象限
				V	A								
		资产编号	出厂编号	额定电压	变比	准确度	相别		箱柜门	端子盒	端钮盒	其他	
	电流/电压互感器		/	kV			U	封印					
			/	kV			V						
			/	kV			W						
			/	kV			U	申请备注:					
			/	kV			V						
			/	kV			W						

装拆人员: /	被派工人员: /	装拆日期: 年 月 日
友情提示: 请用电客户对装表底度及施加封印情况签字确认。	客户签字:	年 月 日

高压电能计量装置和终端安装与调试项目记录表二

姓名: 　　　　　　　　准考证号: 　　　　　　　　单位:

调 试 工 作 单

1. 通电检查电能表数据记录					
Uu		Uv		Uw	
Iu		Iv		Iw	
2. 采集调试设置参数					
数据项	参数值		数据项		参数值
终端逻辑地址			抄表端口号		
电能表表地址			测量点序号		

第四节 二 级 项 目

项目一: 反窃电(违约)用电检查处理

一、考核内容

利用工具仪表分析判断客户计量装置违约用电或窃电状况,根据检查结果规范填写各种通知书并正确计算追补电费、违约使用电费。

二、考核要求

(1)着装穿戴正确,正确选择合格的工器具、仪表,正确填写工作票。

(2)正确填写反窃电(违约)用电检查相关工作单,通过测量判断是否存在窃电行为,并计算更正系数、实际电量、退补电量与违约使用电费。

（3）文明考试。

三、考核时长

60min。要求在规定时间内完成。

四、考场准备

（1）场地准备：必备4个及以上工位，布置现场工作间距不小于1m，各工位之间用栅状遮栏隔离，场地清洁。

（2）功能准备：4个及以上工位可以同时进行作业；每工位能够实现"反窃电（违约）用电检查处理"操作；工位间安全距离符合要求，无干扰；能够保证考评员正确考核；必要的桌、椅，能够满足计算要求。

（3）设备材料准备（每工位）见下表。

序号	名　　称	规格型号	单位	数量	备注
1	反窃电综合实验装置		台	1	现场准备
2	钳形电流表		块	1	现场准备
3	万用表		块	1	现场准备
4	螺丝刀	平口	把	1	现场准备
5	螺丝刀	十字口	把	1	现场准备
6	验电笔		支	1	现场准备
7	考试记录表		页	若干	现场准备
8	草稿纸	A4	张	若干	现场准备
9	线手套		副	1	现场准备
10	科学计算器		个	1	现场准备
11	安全帽		顶	1	现场准备
12	封印		粒	若干	现场准备
13	签字笔（红、黑）		支	2	现场准备

五、考核评分记录表

反窃电（违约）用电检查处理考核项目评分记录表

姓名：　　　　　　　　　　准考证号：　　　　　　　　　　　　单位：

序号	项目	考核要点	配分	评分标准	得分	扣分	备注
1	工作准备						
1.1	着装穿戴	戴安全帽、线手套，穿工作服及绝缘鞋，按标准要求着装	5	1. 未戴安全帽、线手套，未穿工作服及绝缘鞋，每项扣2分； 2. 着装穿戴不规范，每处扣1分			

序号	项目	考核要点	配分	评分标准	得分	扣分	备注
1.2	检查工器具	前期准备工作规范,相关工器具、仪表准备齐全	5	1. 工器具、仪表齐全,每少一件扣2分; 2. 工器具、仪表不符合要求,每件扣1分			
2	工作过程						
2.1	测量过程	1. 验电; 2. 仪表的使用; 3. 数据测量	20	1. 工作前未验电扣5分,验电方法不正确扣3分; 2. 掉落物件,每次扣2分; 3. 仪表使用前未检查、未自检扣2分; 4. 仪表档位、量程选择错误,每次扣2分; 5. 测量数据错误,每处扣2分			
2.2	工单填写	1. 正确填写低压用电检查工作单; 2. 正确填写用电检查结果通知书; 3. 正确填写违约用电处理工作单; 4. 正确填写窃电处理工作单	25	1. 未填写工作单、通知书,每份扣5分,内容或数据错误、漏项,每处扣2分,涂改每处扣1分; 2. 法律条款适用错误每条扣5分,未明细某条某款,每处扣2分,条款内容不全,每处扣2分			
2.3	退补电费、违约电费计算	1. 计算功率表达式; 2. 计算更正系数; 3. 计算实际电量; 4. 计算退、补电量; 5. 计算违约使用电费	40	1. 功率表达式错误扣5分,无计算过程扣2分; 2. 更正系数计算错误扣5分,无计算过程扣2分; 3. 实际电量、退补电量计算错误,每处5分,无计算过程扣2分; 4. 违约使用电费计算错误扣5分,无计算过程扣2分; 5. 单位符号书写不规范,每处扣1分; 6. 涂改每处扣1分			
3	工作终结验收						
3.1	安全文明生产	汇报结束前,所选工器具放回原位,摆放整齐,现场恢复原状	5	1. 出现不安全行为扣5分; 2. 现场未恢复扣5分,恢复不彻底扣3分			
合计得分							

否定项说明:① 违反《国家电网公司电力安全工作规程(配电部分)》;② 违反职业技能鉴定考场纪律;③ 造成设备重大损坏;④ 发生人身伤害事故

考评员:　　　　　　　　　　　　　　　　　　　　　　　　　　　年　月　日

六、项目记录单

反窃电（违约）用电检查工作单

姓名：　　　　　　　　　　准考证号：　　　　　　　　　　单位：

户名	×××				户号	×××	
用电地址	×××				审核批准人	×××	
检查人员	×××	检查时间		电工总数	×××	电话号码	×××
负荷等级	三类	用电类别	×××	行业类别	×××	电气负责人	×××
主接线方式	×××	运行方式	×××	生产班次	×××	厂休日	×××
检查项目							
进线刀闸	×××		架空及电缆		×××		
配电箱柜	×××		计量表计				
防倒送电	×××		安全、消防用具		×××		
规章制度	×××		安防及反事故措施		×××		
工作票	×××		工作记录		×××		
电工管理	×××		其他情况		×××		
《供用电合同》内容、执行情况：有违约行为写具体内容							
电源性质	×××	主供电源	××	受电容量	×××	批准容量	×××
供电线路	×××	备用电源	××	保安电源/容量		×××	
自备电源	×××		用电设备容量		×××		
容量核定情况	×××		转供电情况		×××		
计量方式		TA变比		电价类别		力率标准	×××
计量容量	×××	倍率		电费交费方式	×××	无功补偿装置	×××
有功表计	××	无功表计	×××	有否欠费	×××	封印情况	
检查结论：							
						客户签名：×××	

注：已打×的地方不需填写。

三相计量装置现场检查记录单

姓名：　　　　　　　　　　准考证号：　　　　　　　　　　单位：

用户名	×××	表号			容量		封印	
户号	×××	表型号			表示数		TA 变比	
正常运行电压	U： V： W：	表尾侧电压	U： V： W：		正常运行电流	U： V： W：	表尾侧电流	U： V： W：

分析计算

正确时有功功率：

错误时有功功率：

更正系数：

错误接线时的电量：

追补电量：

追补电费：

违约使用电费：

单相计量装置现场检查记录单

姓名：　　　　　　　　准考证号：　　　　　　　　单位：

用户名	×××	表号		容量		封印	
户号	×××	表型号		表示数		TA 变比	
正常运行电压		表尾侧电压		正常运行电流		表尾侧电流	

分析计算

正确时有功功率：

错误时有功功率：

更正系数：

错误接线时的电量：

追补电量：

追补电费：

违约使用电费：

反窃电（违约）用电结果通知书

姓名：　　　　　　　　　　准考证号：　　　　　　　　　　　　单位：

户名	×××	户号	×××

经我公司用电检查，发现贵客户电力使用存在以下问题：

用电检查员：××　　　　　　　　　客户签收（盖章）××

用电检查证号：××

检查日期：　年　月　日　　　　　　检查单位公章××

注：已打×的地方不需填写。

违约用电处理工作单

姓名：　　　　　　　　　　准考证号：　　　　　　　　　　单位：

户名	×××	户号	×××	地址	×××

违约情况及处理情况	判定性质： 判定依据： 处理结果：

当事人	签章×××
检查人	签章
处理人	签章×××
日　期	年　月　日

审批意见	×××× 负责人（签章）：××× ××年×月×日

项目	数额	收据号	收款人	日期
补电费（电量）	××××	××××	××××	××××
违约使用电费		××××	××××	年　月　日
××××	业务记录	××××	电费记录	××××

注：已打×的地方不需填写。

窃 电 处 理 工 作 单

姓名：　　　　　　　　　准考证号：　　　　　　　　　单位：

户名	×××	户号	×××	地址	×××

窃电情况及处理情况	判定性质： 判定依据： 处理结果：

当事人	签章×××
检查人	签章
处理人	签章×××
日　期	年　月　日

审批意见	负责人（签章）：××× ××年×月×日 ××

项目	数额	收据号	收款人	日期
补电费		××××	××××	年　月　日
违约使用电费		××××	××××	年　月　日
××××	业务记录	××××	电费记录	××××

注：已打×的地方不需填写。

配 电 第 二 种 工 作 票

单位＿＿＿＿＿＿＿＿　　　　　　　　　　　　　　编号＿＿＿＿＿＿＿＿＿＿＿

1. 工作负责人（监护人）＿＿＿＿＿＿＿＿＿＿＿＿＿　班组＿＿＿＿＿＿＿＿＿＿＿

2. 工作班人员（不包括工作负责人）＿＿＿＿＿＿＿＿＿＿＿＿＿＿＿＿＿＿＿＿＿

＿＿＿＿＿＿＿＿＿＿＿＿＿＿＿＿＿＿＿＿＿＿＿＿＿＿＿＿＿＿　共＿＿人。

3. 工作任务

工作地点或设备［注明变（配）电站、线路名称、设备双重名称及起止杆号］	工作内容

4. 计划工作时间：自＿＿年＿月＿＿日＿＿时＿＿＿分至＿＿年＿＿月＿＿日＿＿时＿＿＿分

5. 工作条件和安全措施（必要时可附页绘图说明）

＿＿＿＿＿＿＿＿＿＿＿＿＿＿＿＿＿＿＿＿＿＿＿＿＿＿＿＿＿＿＿＿＿＿＿＿＿＿＿

＿＿＿＿＿＿＿＿＿＿＿＿＿＿＿＿＿＿＿＿＿＿＿＿＿＿＿＿＿＿＿＿＿＿＿＿＿＿＿

＿＿＿＿＿＿＿＿＿＿＿＿＿＿＿＿＿＿＿＿＿＿＿＿＿＿＿＿＿＿＿＿＿＿＿＿＿＿＿

＿＿＿＿＿＿＿＿＿＿＿＿＿＿＿＿＿＿＿＿＿＿＿＿＿＿＿＿＿＿＿＿＿＿＿＿＿＿＿

工作票签发人签名＿＿＿＿＿＿＿＿＿＿＿＿＿＿＿＿＿＿年＿＿＿月＿＿＿日＿＿＿时＿＿＿分

工作负责人签名＿＿＿＿＿＿＿＿＿＿＿＿＿＿＿＿＿＿年＿＿＿月＿＿＿日＿＿＿时＿＿＿分

6. 现场补充的安全措施

＿＿＿＿＿＿＿＿＿＿＿＿＿＿＿＿＿＿＿＿＿＿＿＿＿＿＿＿＿＿＿＿＿＿＿＿＿＿＿

＿＿＿＿＿＿＿＿＿＿＿＿＿＿＿＿＿＿＿＿＿＿＿＿＿＿＿＿＿＿＿＿＿＿＿＿＿＿＿

7. 工作许可

许可的线路、设备	许可方式	工作许可人	工作负责人签名	许可工作（或开工）时间
				年　月　日　时　分
				年　月　日　时　分

8. 现场交底，工作班成员确认工作负责人布置的工作任务、人员分工、安全措施和注意事项并签名：

＿＿＿＿＿＿＿＿＿＿＿＿＿＿＿＿＿＿＿＿＿＿＿＿＿＿＿＿＿＿＿＿＿＿＿＿＿＿＿

工作开始时间：＿＿＿年＿＿月＿＿日＿＿时＿＿分　　工作负责人签名＿＿＿＿＿＿＿＿

9. 工作票延期：有效期延长到＿＿＿＿＿＿＿年＿＿＿＿月＿＿＿＿日＿＿＿时＿＿＿分。

工作负责人签名＿＿＿＿＿＿＿＿＿＿＿＿＿＿＿＿年＿＿＿月＿＿＿日＿＿时＿＿＿分

工作许可人签名＿＿＿＿＿＿＿＿＿＿＿＿＿＿＿＿年＿＿＿月＿＿＿日＿＿时＿＿＿分

10. 工作完工时间＿＿＿年＿＿月＿＿日＿＿时＿＿分　　工作负责人签名＿＿＿＿＿＿＿＿

11. 工作票终结

11.1　工作班人员已全部撤离现场，材料工具已清理完毕，杆塔、设备上已无遗留物。

11.2　工作终结报告

终结的线路或设备	报告方式	工作负责人签名	工作许可人	终结报告（或结束）时间
				年　月　日　时　分
				年　月　日　时　分
				年　月　日　时　分
				年　月　日　时　分

12. 备注

12.1 指定专责监护人＿＿＿＿＿＿＿＿＿＿＿＿＿负责监护＿＿＿＿＿＿＿＿＿＿＿＿＿＿＿＿＿

＿＿＿＿＿＿＿＿＿＿＿＿＿＿＿＿＿＿＿＿＿＿＿＿＿＿（地点及具体工作）

12.2 其他事项

＿＿＿

＿＿＿

项目二：高压电能计量装置带电检查

一、考核内容

高压电能计量装置错误接线类型判断及更正系数的计算。

二、考核要求

（1）着装穿戴正确，正确选择合格的工器具、仪表，正确填写工作票。

（2）正确测量，判断接线方式，绘制相量图，计算更正系数并化为最简式。

（3）文明考试。

三、考核时长

60min。要求在规定时间内完成。

四、考场准备

（1）场地准备：必备 4 个及以上工位，布置现场工作间距不小于 1m，各工位之间用栅状遮栏隔离，场地清洁。

（2）功能准备：4 个及以上工位可以同时进行作业；每工位能够实现"高压电能计量装置带电检查"操作；工位间安全距离符合要求，无干扰；能够保证考评员正确考核；必要的桌、椅，能够满足考核要求。

（3）设备材料准备（每工位）见下表。

序号	名　称	规格型号	单位	数量	备　注
1	电能计量接线仿真系统		台	1	现场准备
2	相序表		块	1	现场准备
3	相位伏安表		块	1	现场准备
4	螺丝刀	平口	把	1	现场准备
5	螺丝刀	十字口	把	1	现场准备
6	万用表		块	1	现场准备
7	验电笔	500V	支	1	现场准备
8	变电站（发电厂)第二种工作票	A4	张	若干	现场准备
9	急救箱		个	1	现场准备
10	线手套		副	1	现场准备
11	科学计算器		个	1	现场准备
12	安全帽		顶	1	现场准备
13	封印		粒	若干	现场准备
14	签字笔（红、黑）		支	2	现场准备

五、考核评分记录表

高压电能计量装置带电检查考核评分记录表

姓名：　　　　　　　　　准考证号：　　　　　　　　　单位：

序号	项目	考核要点	配分	评分标准	得分	扣分	备注
1	工作准备						
1.1	着装穿戴	戴安全帽、线手套，穿工作服及绝缘鞋，按标准要求着装	5	1. 未戴安全帽、线手套，未穿工作服及绝缘鞋，每项扣2分； 2. 着装穿戴不规范，每处扣1分			
1.2	填写工作票	正确填写工作票	5	工作票填写错误扣5分，涂改每处扣1分			
1.3	检查工器具	前期准备工作规范，相关工器具、仪表准备齐全	5	1. 工器具、仪表齐全，缺少每件扣2分； 2. 工器具、仪表不符合安检要求，每件扣1分			
2	工作过程						
2.1	测量过程	1. 验电； 2. 仪表的使用； 3. 数据测量	20	1. 工作前未验电扣5分，验电不正确扣3分； 2. 掉落物件每次扣2分； 3. 仪表使用前未检查扣2分； 4. 仪表挡位、量程选择错误，每次扣2分； 5. 测量数据错误，每处扣2分			
2.2	判断接线方式	1. 相量图绘制； 2. 接线方式	20	1. 相量图画错扣20分； 2. 角度绘制与实际测量值偏差大于10º，每处扣1分； 3. 相量图符号标注不正确，每处扣1分； 4. 电压、电流组合判错，每元件扣5分； 5. 涂改每处扣1分			
2.3	计算更正系数	1. 计算功率表达式； 2. 计算更正系数	40	1. 功率表达式错误，每元件扣5分； 2. 总功率表达式错误扣10分，无计算过程扣2分，未化为最简式扣2分； 3. 更正系数表达式错误扣10分，无计算过程扣4分，未化为最简式扣2分； 4. 更正系数值计算错误扣10分； 5. 单位符号书写不规范，每处扣1分； 6. 涂改每处扣1分			
3	工作终结验收						
3.1	安全文明生产	汇报结束前，所选工器具放回原位，摆放整齐，现场恢复原状	5	1. 出现不安全行为扣5分； 2. 现场未恢复扣5分，恢复不彻底扣3分			
合计得分							

否定项说明：① 违反《国家电网公司电力安全工作规程（配电部分）》；② 违反职业技能鉴定考场纪律；③ 造成设备重大损坏；④ 发生人身伤害事故

考评员：　　　　　　　　　　　　　　　　　　　　　　　年　月　日

六、项目记录单

高压电能计量装置带电检查记录分析表

姓名： 准考证号： 单位：

一、电能表基本信息				
型号		等级		出厂编号	
规格		制造厂家		

二、实 测 数 据		
线电压	$U_{12}=$	$U_{32}=$	$U_{13}=$
电流	$I_1=$	$I_2=$	电压相序判断：
相位角度	$\overset{\wedge}{\dot{U}_{12}\dot{I}_1}=$	$\overset{\wedge}{\dot{U}_{32}\dot{I}_2}=$	

三、错误接线相量图
（电压和电流相量用 1、2、3 和 u、v、w 双下标）

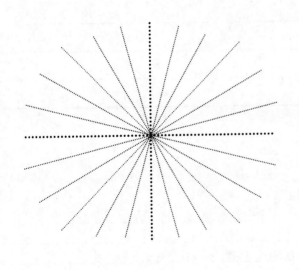

四、错误接线形式：下标用 u、v、w 表示

第一元件：

第二元件：

五、写出错误接线时功率表达式

$P_1=$ $P_2=$

$P=P_1+P_2=$

六、写出更正系数 K 的表达式，并化为最简式

$$K=\frac{P_0}{P}=$$

变电站（发电厂）第二种工作票

单位 _____ 供电公司 _____ 编号 _____

1. 工作负责人（监护人）_____ 班组 _____

2. 工作班人员（不包括工作负责人）_____

_____ 共____人。

3. 工作的变配电站名称

_____ 电力用户 _____

4. 工作任务

工作地点及设备双重名称	工作内容
计量箱（柜）	电能表现场检验

5. 计划工作时间

自_____年_____月_____日_____时_____分

至_____年_____月_____日_____时_____分

6. 工作条件（停电或不停电，或邻近及保留带电设备名称）

_____不停电

7. 注意事项（安全措施）确认电流在钳形电流互感器量程内；严禁误碰设备带电部分。

_____

工作票签发人签名（供电公司方/客户方）_____年____月____日____时____分

工作票会签人签名_____年____月____日____时____分

8. 补充安全措施（工作许可人填写）

工作地点周围装设安全围栏，悬挂"在此工作"标示牌。

_____

9. 确认本工作票第1~8项

许可工作时间：_____年____月____日____时____分

工作许可人签名（供电公司方）、（客户方）工作负责人签名_____

10. 本次工作危险点分析及防范措施（由工作负责人填写）

工作中存在的危险点	防 范 措 施
误碰带电设备	（1）在电气设备上作业时，应将未经验电的设备视为带电设备。 （2）在高、低压设备上工作，应至少由两人进行，并完成保证安全的组织措施和技术措施。 （3）工作人员应正确使用合格的安全绝缘工器具和个人劳动防护用品。 （4）高、低压设备应根据工作票所列安全要求，落实安全措施。涉及停电作业的应实施停电、验电、挂接地线、悬挂标示牌后方可工作。工作负责人应会同工作票许可人确认停电范围、断开点、接地、标示牌正确无误。工作负责人在作业前应要求工作票许可人当面验电；必要时工作负责人还可使用自带验电器（笔）重复验电。 （5）工作票许可人应指明作业现场周围的带电部位，工作负责人确认无倒送电的可能。 （6）应在作业现场装设临时遮栏，将作业点与邻近带电间隔或带电部位隔离。作业中应保持与带电设备的安全距离。 （7）严禁工作人员未履行工作许可手续擅自开启电气设备柜门或操作电气设备。 （8）严禁在未采取任何监护措施和保护措施情况下现场作业。 （9）当打开计量箱（柜）门进行检查或操作时，应采取有效措施对箱（柜）门进行固定，防范由于刮风或触碰造成柜门异常关闭而导致事故
走错工作位置	（1）工作负责人对工作班成员应进行安全教育，作业前对工作班成员进行危险点告知，明确指明带电设备位置，交代工作地点及周围带电部位及安全措施和技术措施，并履行确认手续。 （2）核对工作票、工作任务单与现场信息是否一致。 （3）在工作地点设置"在此工作！"标志牌
金属表箱外壳漏电	工作前应用验电笔对金属表箱进行验电，并检查表箱接地是否规范、可靠
短路或接地	（1）工作中使用的工具，其外裸的导电部位应采取绝缘措施，防止操作时短路或接地。 （2）加强作业过程监护，及时纠正
使用临时电源不当	（1）接取临时电源时安排专人监护。 （2）检查接入电源的线缆有无破损，连接是否可靠。 （3）检查电源盘漏电保护器工作是否正常
现场检测安全距离不够而引起触点	根据带电设备的电压等级，检测人员应注意保持与带电体的安全距离小于《国家电网公司电力安全工作规程（变电部分）》中规定的距离
现场检测不穿戴或不正确穿戴安全帽、绝缘鞋、工作服而引起人员伤害事故	工作中应正确佩戴安全帽、护目镜，穿着长袖工作服、手套、绝缘鞋等劳动防护用品，正确使用安全工器具。防止人员电弧灼伤、触电伤害
表箱门坠落伤害工作人员	应防止表箱门坠落伤害工作人员。将不牢固的上翻式表箱门拆卸，检验后恢复装回
工作终结后，又到设备上工作	（1）办理工作终结手续前，工作负责人应监督工作班成员整理好仪器仪表、工器具，恢复作业前设备。 （2）办理工作终结手续后，工作负责人应监督所有工作班成员离开作业现场，防止工作班成员未经允许重新回到作业现场，造成安全事故
仪器仪表损坏	（1）操作过程中应正确设定仪器仪表的量程，规范使用。 （2）防止接线时压接不牢固、接线错误导致设备损坏
检验过程中发生电压回路短路	严格执行监护制度，确认后规范接线；一旦发现任何隐患，立即停止试验检查原因
设备材料运输、保管不善造成损坏、丢失	设备材料在运输时应有防尘、防振、防潮措施，加强材料设备的运输管理
客户有违约用电或窃电行为	停止工作保护现场，通知和等候用电检查（稽查）人员取证处理

11. 确认工作负责人布置的工作任务、安全措施和危险点及防范措施

工作班人员签名_____

12. 工作票延期

有效期延长到_____年___月___日___时___分

工作负责人签名_____ _____年___月___日___时___分

工作许可人签名_____ _____年___月___日___时___分

13. 工作负责人变动情况

原工作负责人_____离去，变更_____为工作负责人

工作票签发人_____ _____年___月___日___时___分

工作人员变动情况（变动人员姓名、变动日期及时间）：

_____

工作负责人签名_____

14. 每日开工和收工时间（使用一天的工作票不必填写）

收工时间				工作负责人	工作许可人	开工时间				工作许可人	工作负责人
月	日	时	分			月	日	时	分		

15. 工作票终结

全部工作于_____年___月___日___时___分结束，工作人员已全部撤离，材料工具已清理完毕。

工作负责人签名_____ _____年___月___日___时___分

工作许可人签名_(供电公司方)、(客户方)_____ _____年___月___日___时___分

16. 备注

_____

项目三：电能计量方案确定

一、考核内容

正确完成电能计量方案确定。

二、考核要求

（1）电能计量装置的分类。

（2）利用计算结果选择计量装置的规格型号。

（3）规范填写计量装置清单。

（4）计量装置选择中不发生人身伤害和设备损害事故。

（5）文明考试。

三、考核时长

60min。要求在规定时间内完成。

四、考场准备

（1）场地准备：必备4个工位，布置现场工作间距不小于1m，各工位之间用遮栏隔离，场地清洁。

（2）功能准备：4 个工位可以同时进行作业；每工位实现电能计量装置选择操作；工位间安全距离符合要求，无干扰；能够保证考评员正确考核。

（3）设备材料准备（每工位）见下表。

序号	名 称	规格型号	单位	数量	备 注
1	电压互感器	JDZ－10	只	3	现场准备
2	电流互感器	150/5A，0.5S 级	只	3	现场准备
3	电流互感器	200/5A，0.5S 级	只	3	现场准备
4	电流互感器	300/5A，0.5S 级	只	3	现场准备
5	三相四线智能表	3×220/380V；3×1.5（6）A	块	1	现场准备
6	三相四线智能表	3×220/380V；3×10（100）A	块	1	现场准备
7	单相电能表	220V，10（60）A	块	1	现场准备
8	负荷控制终端	3×220/380V；3×1.5（6）A	个	1	现场准备
9	联合接线盒	三相四线	只	1	现场准备
10	板夹		块	4	现场准备
11	中性笔		支	2	现场准备
12	安全帽		顶	1	现场准备

五、考核评分记录表

电能计量方案确定考核评分记录表

姓名： 准考证号： 单位：

序号	项目	考核要点	配分	评分标准	得分	扣分	备注
1	工作准备						
1.1	着装穿戴	穿工作服、绝缘鞋；戴安全帽、线手套	5	1. 未穿工作服、绝缘鞋，未戴安全帽、线手套，每缺少一项扣 2 分； 2. 着装穿戴不规范，每处扣 1 分			
1.2	材料选择及检查工器具	选择材料及工器具齐全，符合使用要求	5	1. 工器具、仪表缺少或不符合要求，每件扣 1 分； 2. 工器具、仪表未检查、检查项目不全、方法不规范，每件扣 1 分			
2	工作过程						
2.1	计量配置	1. 计量装置计算公式； 2. 变比配置	40	1. 不能正确分析计算表达式扣 20 分，公式正确、计算错误扣 10 分； 2. 缺少判定依据或不完整，每处扣 3 分； 3. 容量与变比判断不准确扣 10 分			
2.2	选择计量装置	1. 按标准选择计量装置； 2. 电压、电流互感器选择	35	1. 表计型号选择错误扣 10 分； 2. 电压、电流互感器规格、型号选择错误，每件扣 5 分； 3. 少选、漏选，每件扣 5 分			

续表

序号	项目	考核要点	配分	评分标准	得分	扣分	备注
2.3	填写计量装置清单	1. 计量装置规格、型号规范填写； 2. 计量清单填写整洁	10	1. 漏填、错填，每项扣 1 分； 2. 涂改每项扣 1 分			
3	工作终结验收						
3.1	安全文明生产	工作过程中无损坏元件；工具现象；无不安全行为工作结束后，所选工器具放回原位，摆放整齐	5	1. 出现不安全行为，每次扣 3 分； 2. 损坏工器具，每件扣 5 分； 3. 作业完毕，现场未清理扣 5 分，清理不彻底扣 2 分			
		合计得分					

否定项说明：① 违反《国家电网公司电力安全工作规程（配电部分）》；② 违反职业技能鉴定考场纪律；③ 造成设备重大损坏；④ 发生人身伤害事故

考评员：　　　　　　　　　　　　　　　　　　　　　　　　　　　　年 月 日

六、项目记录单

电能计量方案确定计算表

姓名：　　　　　　　　　　准考证号：　　　　　　　　　　单位：

试题：
配置计算过程：（要求有判定依据及计算公式）

电 能 计 量 装 置 清 单

姓名： 准考证号： 单位：

客户名称		变压器容量	
计量方式		用电性质	
计量装置清单			

序　号	名　称	规格型号	单位	数量	备注

项目四：低压台区营业普查

一、考核内容

对低压台区进行营业普查，填写各项工作单，对普查结果进行营销分析，提出整改措施及处理意见。

二、考核要求

（1）填写低压用电检查工作单。

（2）抄录台区电能表信息，对台区用电情况进行分析。

（3）对台区管理存在问题提出整改措施及处理意见。

（4）正确使用安全工器具。

（5）文明考试。

三、考核时长

60min。要求在规定时间内完成。

四、考场准备

（1）场地准备：必备4个工位，布置现场工作间距不小于1m，各工位之间用栅状遮栏隔离，场地清洁。

（2）功能准备：4个工位可以同时进行作业；每工位能够实现低压台区营业普查；工位间安全距离符合要求，无干扰；能够保证考评员正确考核。

（3）设备材料准备（每工位）见下表。

序号	名　　称	规格型号	单位	数量	备注
1	抄核收模拟装置		台	1	现场准备
2	三相四线电源		只	1	现场准备
3	三相智能电能表		块	2	现场准备
4	单相智能电能表		块	4	现场准备
5	验电笔	500V	支	1	现场准备
6	客户档案信息		份	1	现场准备
7	桌子		张	1	现场准备
8	凳子		把	1	现场准备
9	计算器		个	1	现场准备
10	答题纸	A4	张	若干	现场准备
11	现行电价表		张	1	现场准备
12	板夹		块	1	现场准备
13	安全帽		顶	1	现场准备
14	线手套		副	1	现场准备
15	签字笔		支	1	现场准备

五、考核评分记录表

低压台区营业普查考核评分记录表

姓名：　　　　　　　　　　准考证号：　　　　　　　　　　单位：

序号	项目	考核要点	配分	评分标准	得分	扣分	备注
1	工作准备						
1.1	着装穿戴	戴安全帽、线手套，穿工作服及绝缘鞋，按标准要求着装	5	1. 未戴安全帽、线手套，未穿工作服及绝缘鞋，每项扣2分； 2. 着装穿戴不规范，每处扣1分			
1.2	检查工器具	前期准备工作规范，相关工器具准备齐全	5	1. 工器具齐全，缺少每件扣1分； 2. 工器具不符合安检要求，每件扣2分			
2	工作过程						
2.1	工作流程	整体工作流程正确	5	1. 操作流程不正确，每次扣1分； 2. 工单流程不正确，每项扣1分			
2.2	抄录电能表示数	1. 正确验电； 2. 抄表过程中不得触及按钮以外的部位； 3. 抄录数据完整； 4. 不得错抄、漏抄数据； 5. 数据记录清晰无涂改	10	1. 工作前未验电扣5分，验电方法不正确扣3分； 2. 抄表过程中触及按钮以外的部位，每次扣2分； 3. 抄表数据不完整，每处扣1分； 4. 漏抄每处扣2分，错抄每处扣1分； 5. 涂改每处扣1分			
2.3	异常情况检查	准确记录异常情况	10	异常记录未查出每处扣2分			
2.4	电量电费核算	1. 电量计算； 2. 电费计算	20	1. 电量、电费计算错误每项扣5分； 2. 单位符号书写不规范每处扣2分			
2.5	营销活动分析	1. 营销指标完成情况及分析； 2. 分析营业管理过程存在的问题； 3. 提出整改意见； 4. 制定防范措施	20	1. 指标分析每缺少一项扣2分； 2. 存在问题每缺少一项扣3分； 3. 整改意见每缺少一项扣3分； 4. 防范措施每缺少一项扣3分			
2.6	工单填写	工单填写规范、准确	20	1. 漏填工单，每张扣5分，错填工单，每处扣2分； 2. 填写有涂改，每处扣1分			
3	工作终结验收						
3.1	安全文明生产	汇报结束前，所选工器具放回原位，摆放整齐，现场恢复原状	5	1. 出现不安全行为扣5分； 2. 现场未恢复扣5分，恢复不彻底扣2分			
合计得分							

否定项说明：① 违反《国家电网公司电力安全工作规程》之规定；② 违反职业技能鉴定考场纪律；③ 造成设备重大损坏；④ 发生人身伤害事故

考评员：　　　　　　　　　　　　　　　　　　　　　　　年　月　日

六、项目记录单

低压台区营业普查技能操作考核电能表抄表单

姓名：　　　　　　　　准考证号：　　　　　　　　单位：

项目	表位	总表	三相智能-01	单相智能-01	单相智能-02	单相智能-03	单相智能-04
户名		给定	给定	给定	给定	给定	给定
用户编号		给定	给定	给定	给定	给定	给定
电能表型号							
资产编号							
电能表常数							
用电类别							
TA 变比							
本期有功抄见	总						
	尖						
	峰						
	平						
	谷						

低压台区营业普查技能操作考核电量电费核算表

姓名：　　　　　　　　准考证号：　　　　　　　　单位：

客户名称	有功电量（kWh）	其中				总电费（元）	其中			
		尖段电量	峰段电量	平段电量	谷段电量		尖段电费	峰段电费	平段电费	谷段电费
给定										
给定										
给定										
给定										
给定										
给定										
给定										
给定										
合计										
本期总表电量			本期分表电量			本期线损电量			本期线损率		

低压台区营业普查技能操作考核现场检查异常情况记录表

姓名：　　　　　　　　　准考证号：　　　　　　　　　单位：

用户编号	户名	异常内容

低压台区营业普查技能操作考核低压用电检查工作单

姓名：　　　　　　　　　　准考证号：　　　　　　　　　　单位：

户名				用户编号		
用电地址	×××			审核批准人		
检查人员	×××	检查时间	×××	电工总数	×××	电话号码	×××
负荷等级	三类	用电类别	×××	行业类别	×××	电气负责人	×××
主接线方式	×××	运行方式	×××	生产班次	×××	厂休日	×××

安全检查项目，执行情况：正常打√

进线刀闸	√	架空及电缆	√
配电箱柜	√	计量表计	
防倒送电	√	安全、消防用具	√
规章制度	√	安防及反事故措施	√
工作票	√	工作记录	√
电工管理	√	其他情况	√

《供用电合同》内容、执行情况：有违约行为写具体内容

电源性质	×××	主供电源	××	受电容量	×××	批准容量	×××
供电线路	×××	备用电源	××	保安电源/容量		×××	
自备电源	×××		用电设备容量		×××		
容量核定情况	×××		转供电情况		×××		
计量方式		TA 变比		电价类别		力率标准	×××
计量容量	×××	倍率		电费交费方式	×××	无功补偿装置	无
有功表计	××	无功表计	×××	有否欠费	无	封印情况	×××

检查结论：

客户签名：×××

日　　期：　　年　月　日

注：已打×或√的地方不需填写。

低压台区营业普查技能操作考核低压用电检查结果通知书

姓名：　　　　　　　　　　　准考证号：　　　　　　　　　　　单位：

户名		客户编号	×××

经我公司用电检查，发现贵客户电力使用存在以下问题：

用电检查员：　　　　　　　　　　　　　　客户签收（盖章）××

用电检查证号：××

检查日期：　　年　月　日　　　　　　　　　检查单位公章××

注：已打×的地方不需填写。

低压台区营业普查技能操作考核分析报告

姓名：　　　　　　　　　准考证号：　　　　　　　　　单位：

1. 本台区本月电力营销情况。

2. 本台区营销管理过程存在问题。

3. 下一步工作计划及整改意见与措施。

低压台区营业普查技能操作考核违约用电处理工作单

姓名： 准考证号： 单位：

户名		客户编号			地址	
违约情况及处理情况	判定性质： 判定依据： 处理结果： 					

当事人	签章×××
检查人	签章
处理人	签章×××
日 期	年 月 日

审批意见	负责人（签章）： 年 月 日

项目	数额	收据号	收款人	日期
补电费（电量）		————	————	————
违约使用电费		————	————	————
	业务记录	————	电费记录	————

注：已打×或√的地方不需填写。

低压台区营业普查技能操作考核窃电处理工作单

姓名：　　　　　　　　准考证号：　　　　　　　　单位：

户名		客户编号		地址	
窃电情况及处理情况	判定性质： 判定依据： 处理结果： 				

当事人	签章×××
检查人	签章
处理人	签章×××
日　期	年　月　日

审批意见	
	负责人（签章）： 年　　月　　日

项目	数额	收据号	收款人	日期
补电费（电量）		——	——	——
违约使用电费		——	——	——
业务记录		——	电费记录	——

注：已打×或√的地方不需填写。